纺织科学与工程高新科技译丛

高性能服装

材料、发展及应用

[英]约翰·麦可劳林(John McLoughlin)
[英]塔斯尼姆·萨比尔(Tasneem Sabir) 编著
陈　雁　何佳臻　王立川　译

中国纺织出版社有限公司

内 容 提 要

本书分为3部分。第1部分详细论述高性能服装及其所用材料、纱线、缝纫线、织物的特点及加工和后整理方法。第2部分主要介绍高性能服装设计内容,包括功能设计、人体测量技术、产品开发技术以及高性能服装的关键特性。第3部分主要介绍高性能服装和可穿戴技术,包括智能纤维、功能性整理纺织品及复合材料、用于高性能服装的电子器件等支撑技术及终端产品、高性能服装的评价等。此外,本书还提出了研究和产品开发面临的挑战以及相关的理论与实践。

本书可作为高等院校纺织、服装专业本科生或研究生教材,也可供纺织、服装领域工程技术人员、科研人员及营销人员阅读。

图书在版编目(CIP)数据

高性能服装:材料、发展及应用/(英)约翰·麦可劳林(John McLoughlin),(英)塔斯尼姆·萨比尔(Tasneem Sabir)编著;陈雁,何佳臻,王立川译.--北京:中国纺织出版社有限公司,2020.5
(纺织科学与工程高新科技译丛)
书名原文:High-Performance Apparel
ISBN 978-7-5180-6637-7

Ⅰ.①高… Ⅱ.①约… ②塔… ③陈… ④何… ⑤王… Ⅲ.①高性能化—服装 Ⅳ.①TS941.7

中国版本图书馆 CIP 数据核字(2019)第187099号

策划编辑:沈 靖 孔会云 责任编辑:沈 靖
责任校对:寇晨晨 责任印制:何 建

中国纺织出版社有限公司出版发行
地址:北京市朝阳区百子湾东里 A407 号楼 邮政编码:100124
销售电话:010—67004422 传真:010—87155801
http://www.c-textilep.com
中国纺织出版社天猫旗舰店
官方微博 http://weibo.com/2119887771
北京云浩印刷有限责任公司印刷 各地新华书店经销
2020年5月第1版第1次印刷
开本:710×1000 1/16 印张:22.5
字数:303千字 定价:128.00元

原书名: High-Performance Apparel

原作者: John McLoughlin, Tasneem Sabir

原 ISBN: 978-0-08-100904-8

高性能服装:材料、发展及应用(陈雁、何佳臻、王立川译)

ISBN:978-7-5180-6637-7

注意

序一

从满足人类基本需求起步而不断发展，服装产业持续发展的重要驱动之一就是对提升服装功能的不懈追求。在人类社会活动不断进步、着装环境更加复杂、材料和制造技术飞速发展的背景下，高性能服装逐步成为服装产品的一个重要分支，在具备服装基本功能的同时在某一方面具有独特和超常功能，在特定的用途方面显示出绝对的优势，同时也赋予服装更多的科技内涵。高性能服装不仅适用于极端的工作环境，也正在向日常服装扩展，以满足日益增长的舒适、安全、保健、防护的需求。中国纺织出版社有限公司引进的《高性能服装》外版书籍可以为服装从业人员和消费者全面、深入了解该领域的知识体系提供很好的帮助。

《高性能服装》一书以纤维加工到服装制造的全产业链的不同环节为线索，全方位展现了纺织材料、产品开发和生产技术对服装性能的贡献与影响，介绍了性能评价方法与技术，以及新材料和新技术在高性能服装领域的应用。功能服装开发则需要在这些知识的基础上，采用与传统服装设计不同的路径，从使用功能需求出发，寻找实现功能的对策，满足使用需求。

本书中各章节的作者都是来自全球的相关领域的专家，作者们将多年以来的研究成果，包括高性能服装的原理、方法、技术、工艺等各个方面，加以总结与归纳。本书介绍了高性能服装的应用现状，也对未来需求和发展趋势进行了预测，能够帮助读者扩展和加深对高性能服装的认识。

高性能服装的技术含量高于普通服装，对高性能服装的研究将推动服装科技的持续发展。服装产业的设计师、科研人员、制造商和经营者正在对各类服装的需求进行思考，在满足消费者和使用者对服装装扮功能的基础上，提供特定的、超常的性能，使高性能服装伴随人类进入社会活动的各个领域。《高性能服装》一书可以帮助人们迈出重要的一步！

翻译《高性能服装》是知识回顾的过程，多年积累的专业知识、研究经验都得到激发；同时也是学习的过程，每个章节都有闪光点和精华。这都使得翻译工作充满了乐趣和期望。有幸能与中国纺织出版社有限公司一起，为构建全球纺织服装领域的知识桥梁做出贡献。

限于知识的局限性和时间的紧迫性，还有些内容没能进行深度考证，有些专业词语表达还不够精准，敬请谅解！

译者
2020 年 4 月

序二

曾经，人类通过将动物的皮毛包裹在身体上保温，以达到保护自己的目的。第一种染色纤维的出现可以追溯到 36000 年前，而机织物成为服装的原材料也已经有 27000 年左右的历史。与大多数结构材料一样，高性能材料的性能取决于其个体组成，并决定着最终产品的特性。人们生产合成纤维已有近一个世纪的历史，在这段时间内，又通过改性的方法使合成纤维的性能远远超过材料开发时设定的所模仿的天然材料的性能。通过改变纺丝原液的化学组分和设计不同的喷丝口，改变纤维的细度和截面形状，可以获得具有比棉纤维的排汗功能更加高效的合成纤维，以及具有阻燃特性并且比羊毛纤维防火性能更佳的合成纤维。

但是，仅仅对纤维成分和结构进行研发是不够的，还要求后续加工过程能够以相似的速度发展。不仅需要纺制合适组分的纱线，不断创新机织物和针织物的结构；而且只有当后整理加工也能够得到相应的发展时，用于高性能服装的织物才能够满足使用的需要。

针对不同的使用环境，高性能服装需要具有不同功能、不同款式来满足特定的使用要求。以马拉松运动员与回旋滑雪运动员的服装为例，尽管两类运动员穿着的服装都属于运动装范畴，但是对服装的需求是完全不同的。还有一些场合需要服装具有防护功能，能够保护穿着者免受极热、极冷、致命病毒、放射性物质、金属飞溅物、火焰、弹片和子弹、刺刀攻击等伤害。防护对象枚不胜举，科学家和技术人员不懈努力设计和开发新材料，以保障穿着者能够安全地履行职责，或者达到帮助人体提高承受极端条件的耐受力的目的。

尽管合体性是高性能服装成功的关键，这类服装仍需要满足舒适性的要求，特别是满足生理舒适的要求。适当的三维设计（例如，允许气流通过服装）和正确的尺寸表对穿着者的舒适和健康是至关重要的。实验室防护服的设计应当与士兵战斗服的设计一样考虑舒适性和实用性。即使生产出来的织物具备良好的特性和品质，也还需要对服装结构进行精心设计，并在后续服装制作过程中采用精良的工艺，这些高技术纺织材料才能够表现出最好的性能。服装的设计与制造是在纺织材料和穿着者之间建立联系的关键环节，在高性能服装开发过程中的重要性不容低估。

人类已经走过了近 4 万年的漫长道路，经历了纺织服装从满足人类基本需求起步而不断进步的过程。虽然人们历来都注重时尚，但是在过去的 100 年里，我们见证了纺织服装在材料和制造技术领域的爆炸式发展。有时，产品开发人员将新材料推向市场；有时，消费者的需求推动材料的发展。无论是由哪一方引发和主导，纺织和服装的发展都能够使人们越来越接近人类行为的更高目标，防止人体受到伤害，与监测、通信和导航技术协同，保障人身安全和健康。

现有很多关于高性能纺织材料的文章和著作，但是少有将材料、服装及其最终产品予以结合的专著。本书不能够涵盖目前的所有应用实况，对未来的需求和发展趋势也只是预测，但是设计师、科学家、制造商和经营者正在对未来的需求进行思考，并且已经开始构建高性能服装的未来。

在过去的二三十年里，与本书的作者们一起工作是一种殊荣，也是一种乐趣，这些作者都是各自领域的专家。通过阅读本书的各个章节，读者对高性能服装的知识和理解都将得到延伸和加强。

H. D. 罗威

英国纺织学会副主席

H. D. Rowe

Vice President

The Textile Institute

目　　录

第2部分 高性能服装的设计

第3部分 高性能服装和可穿戴技术的应用

第1章 概　　述

John McLoughlin, Tasneem Sabir
曼彻斯特城市大学，英国，曼彻斯特

本书对高性能服装及其性能和用途相关的研究进行了全面介绍。在过去的70年中，随着合成纤维的发展，高性能服装领域取得了很大的成就，不再是一种新的概念。纤维科学、纱线加工、机织和针织工程技术的发展，使服装加工制造和穿着使用形成了新的方式。

高性能服装的开发和生产可以追溯到几千年前。例如，中世纪骑士服装中的骑士内衣，如亚麻衬衣和亚麻内裤。这种服装对于骑士很重要，可以防止盔甲在战斗中与骑士的皮肤摩擦。此外还有可以用来遮盖腿部的毛线长筒袜，以及各式各样加有衬垫的服装，这种服装就是表面布满缝线针迹，内部填塞了干草的外套，骑士们可将其穿在盔甲的外边，成为有衬垫的又一层盔甲。骑士们穿着铁链式盔甲和这种软性盔甲服装，可以防止受到弓箭和刺刀的伤害。

如果再往前追溯几千年，还可以发现有关罗马帝国对于军团战服的描述，其中涉及下列拉丁术语和短语。

腰布（loin cloth）：腰布是指由羊毛或亚麻制成的一片式服装。

袜子（udones）：袜子是一种很常见的行军用品，当士兵远距离行军时，袜子能够提高士兵的舒适感。

腿绑带（puttees）：腿绑带是从脚踝包裹到小腿的条状材料。

裤子：Braccae为裤子的拉丁文表达，通常由羊毛、棉布或亚麻布做成，在寒冷气候下条件下广泛用于士兵军服。穿上后用抽绳系在腰部，裤子的长度多样，短的到膝盖以上，长的至脚踝。

皮革披风（leather lappets）：皮革披风在罗马军团使用，从战士的肩部垂到腰部以下。

军用鞋/靴子（sandals/boots）：这种鞋很结实，鞋子上加有铁钉，远距离行军不易磨损。

与罗马帝国相似，在古希腊时期，斯巴达人也将类似的衣服用于军队。

现在我们将眼光从古代转向当今，随着军事的进步，有了用于警察和军队的高性能服装。军队的头盔和背心大多是由聚酰胺（尼龙）衍生物KEVLAR纤维制成，其单位重量的强度要高于钢材料。这种纤维的优点是重量轻、强度高。用这种材料生产的服装重量轻，而且能阻挡从一定距离射出的子弹，能够达到军人的穿着要求。这种材料还可以设计成防刺服装，给予穿着者更高程度的防护。NOMEX 等织物广泛应用于军用飞机飞行员、消防员和赛车手的服装。赛车手的服装曾经由 100%羊毛制成，这是因为羊毛具有阻燃性，如果赛车驾驶舱发生火灾，羊毛材料不会燃烧而是形成焦炭，能保护赛车手不被烧伤。同样，由对位芳酰胺和芳酰胺材料加工而成的服装也能在飞机被击落时为飞行员提供保护，降低飞行员在火灾中受伤甚至死亡的风险。

由于涉及织物品种、线缝加工要求和织物性能等因素，用于织造新型织物和缝制服装的方法也有很大不同。电子技术的发展使纺织工业发生了革命性的变化，机织物和针织物加工技术也有了很大进步，其中包括不锈钢长丝纤维在纺织与服装领域的应用。将不锈钢长丝用机织或针织的方法织入织物中，使织物具有导电性，这种织物称为智能纺织品。

在过去十年中，智能技术已经得到飞跃式的发展，几乎涵盖了服装生产的所有领域。可穿戴技术的进步之一就是将纺织材料与发光二极管相结合，开发出发光夹克。透气防水服装能够保持人体凉爽感，同时也具有保暖功能。

合成纤维随着尼龙的问世从 1948 年就开始出现，但是天然纤维在高性能服装中仍然发挥着重要作用。例如，20 世纪 30 年代，英国曼彻斯特锡莱研究所（Shirley Institute）发明的透气防水织物——Ventile 就是由天然纤维材料加工而成，这种织物最终用于加工皇家空军（RAF）飞行员的服装。当时，消防软管和水桶都是用亚麻纤维制成，随着战争临近，英国政府认为亚麻将会短缺，需要寻找另外一种替代品，锡莱研究所就开始研究用棉纤维进行织造的技术，最后获得成功。

第二次世界大战期间，对研究的需求发生了变化。当时英国依靠护航队运载重要物资，而俄罗斯护航队在穿越北冰洋时特别容易受到潜艇和远程轰炸机的攻击。因为距离遥远，通过英国皇家空军战斗机护卫是不可能的。因此，温斯顿·丘吉尔提出了从商船甲板上弹射飞机以实现就地掩护。在当时条件下，飞机返回时是无法降落在甲板上的，飞行员可以选择丢弃飞机而跳伞入海。尽管能够发现有信号或灯光的跳海飞行员，但是水温太低，生存时间只能维持几分钟，大部分飞行员还是会因为无法及时得到救援而死亡。

由此就急需一种新型防护服装，在进行战斗时，飞行员穿着这种服装不仅在驾驶舱内能够保证舒适，落入海水中仍然能够保持温暖和干燥。研发出的此种服装将飞行员的生存时间从几分钟延长到二十多分钟，为营救提供了保障，保证大约百分之八十落入海水的飞行员能够存活下来。需要指出的是，直到现在这种材料仍然被军方广泛使用，尤其是皇家空军在航空母舰和其他诸如护卫舰和驱逐舰等军用船只上都有使用。其中一个重要的原因就是在这种特定情况下，棉纤维比合成纤维更具优越性，如果服装着火，合成纤维会熔化粘贴到皮肤上引起剧烈疼痛，而棉纤维材料会燃烧，但不会粘在皮肤上。透气织物仍然广泛用于生活中的许多领域，如户外运动和医疗行业。

本书分为三个部分。第一部分论述高性能服装的特点、材料和制造；第二部分介绍高性能服装设计方面的内容，包括人体测量技术和产品开发技术；第三部分描述高性能服装在产品制造这一新兴领域的发展和应用，内容包含高性能服装的展望和特点。

本书旨在为服装加工制造领域的工程师、设计师、产品开发人员以及在极端条件下工作的防护产品研究人员提供有价值的参考，并且提出了关于研究和产品开发实用性面临的挑战以及相关的理论与实践。

第 1 部分

高性能织物、材料和制造

第2章　高性能服装用纤维材料

Tasneem Sabir
曼彻斯特城市大学，英国，曼彻斯特

2.1　概述

人类的日常生活离不开纺织品，从日常服装到家用纺织品，再到用于医疗和工业产品的更先进的技术材料。纺织品设计和制造就是为了实现某一个特定的目标，而下一代高性能纤维能够使纺织品在技术应用领域同时满足多种功能的需求。Mcloughlin和Hayes在2013年曾指出，数千年来纺织品一直是人类活动的同义词，随着岁月的流逝，其用途越来越广泛，也越来越多样化。Chandler在2016年指出，纤维重塑了人类与周围世界互动的方式，而人类还是在以几乎同样的方式使用织物，以满足基本的保暖和美学需求[1]。许多人仍然认为纺织品属于传统材料，仅可以用于服装、家具、窗帘和床上用品，然而，纺织品的多样化和先进性正在进入能够影响人们日常生活的领域。例如，汽车用纺织品，甚至是能够与周围环境实现交互的智能纺织品的高科技产品领域；用于露营、散步和徒步旅行等户外活动的高性能产品也是纺织品市场的主要领域。纺织品从20世纪30年代开始发展至今，能够具有高防水性，同时具有透气性，使皮肤感觉舒适。一些服装在进行设计时就已经考虑选用那些能够在极端情况下挽救或延长生命的织物。所有这些高性能纺织品，无论是用于制作服装还是在极地探险中使用，纤维都是决定织物性能的一个重要因素。纺织工业在纤维的研究和开发方面投入了大量的资金。开发抗菌纤维和防水纤维，并在医疗领域应用，可以实现更高水平的防护功能和使用性能。

2.2　高性能服装的要素

Watkins和Dunne在2015年提出，功能性服装可以被定义为能够满足某些使用需求、具备特定功能的服装[2]。高性能服装需要确保穿着者能够保持凉爽、舒适和干燥的感觉。设计高性能服装时，需要了解穿着者的需求和织物性能，必须同时兼顾环境、穿着者和服装需求。随着人们对服装能够体现个人最佳水平的要求不断提高，功能服装的需求也在不断增长。功能性、时尚感和风格是功能性服装的主要构成要素。

服装质量具有两个维度，即物理特征和功能特性，这两者在高性能服装中同样重要。Dedhia 在 2015 年指出，物理特征就是服装的属性，包括设计、材料、构造和后整理；功能特性则是服装的使用目标[3]。在设计高性能服装时，所有纺织品的出发点是纤维。Bourbigot 和 Flambard 在 2002 年指出，对高性能纤维的需求是源于对“更快、更强、更轻、更安全”纺织品的需求[4]。Bourbigot 和 Flambard 还指出：目前纤维的发展已经能够为制造高性能服装提供切实的保障，高性能纤维开发是出于对特殊物理性能和特殊技术功能的需要，高技术纤维应该至少在以下某一种特性上具有较高的水平：拉伸强度、温度控制、耐热、阻燃、化学防护。

高性能纤维的应用领域包括航空航天、生物医学、土木工程、建筑防护、运动服装等。Nelson Raj 和 Yamunadevi 认为，高性能服装注重于所使用的技术材料和性能特性，而不是仅仅专注于服装的美观或装饰[5]。制造具有理想性能的特种纤维就可以实现高技术纤维的工业化生产。根据北方公司在 2011 年提出的观点，增强纤维性能可以通过以下手段来实现：纤维细度、长度、强度、颜色、横截面。

改变织物性能可以为高性能服装的开发提供必要的条件。

2.3　纤维：复合结构

Kornreich 在 1966 年时将纺织纤维定义为柔韧的、细的、长度与细度比极高的物质单元[6]。纺织纤维是用来制造无数纺织材料的基本单元。

纺织纤维通常分为天然纤维和人造纤维两类，如图 2.1 所示。这些纤维来源于不同的生长环境和不同的化学物质。目前纺织纤维有许多不同的定义：Murthy 在 2016 年解释说，纤维是指可以通过使用一系列机器纺成纱线并通过交织或编织的方法形成织物的材料。这个过程很长，需要高度发达的技术形式[7]。科学的进步使新型纤维得到发展，使用这些纤维可以开发出许多新型、轻质和非常坚牢的织物。

材料选择对于成品的功能、性能和质量至关重要[8]。因此，选择何种纤维是制造高性能服装时需要做出的最基本决定。在纺织品使用的许多不同种类的纤维中，本章只讨论用于服装产品的最常用的高性能纤维和织物。

2.3.1　植物纤维

植物纤维是从种子的外壳、叶子、根茎或者内皮提取得到，纤维的提取物决

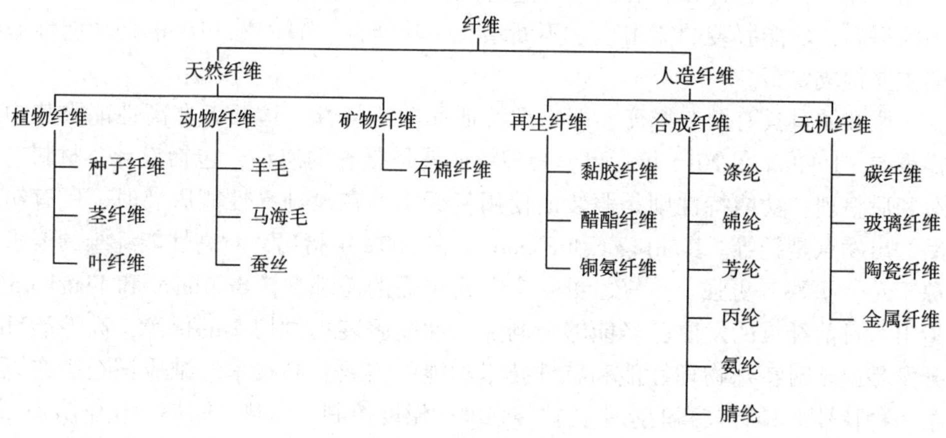

图 2.1　主要纤维种类

定了纤维的类别[9]。几个世纪以来，人类已经广泛使用植物纤维[10]。植物纤维有三大类。

（1）水果纤维：原料来源于水果的纤维，具有毛绒，重量轻。

（2）韧皮纤维：原料来源于植物根茎的纤维，纤维较长。

（3）叶纤维：原料来源于叶子的纤维。

植物纤维的基本构成是纤维素，纤维素则由碳、氢和氧组成[7,11]。植物纤维的一般特性是强度高、密度高、导热性好、吸收性强、耐高温[12]。在分析天然纤维的性能时，需要注意的是其原料来自所有自然生长的材料，其性能取决于环境、温度、湿度、土壤组成和收获时间，这些因素都会对纤维的长度、强度和密度产生影响。

2.3.2　动物纤维

动物纤维为蛋白质纤维，可以从动物毛发、羽毛、羽绒以及茧丝中获得[10]。蛋白质纤维可以分为以下两种类型。

（1）动物毛纤维：取自绵羊、羊驼、骆驼、绒山羊、伊拉玛和安哥拉山羊的纤维。

（2）动物吐出的丝形成的纤维：如蚕丝和蜘蛛丝。

Horrocks 和 Anand 认为，动物纤维由蛋白质组成。羊毛纤维的蛋白质是角蛋白，而丝绸的蛋白质是丝蛋白[11] Kadolph 指出，蛋白质分子中的基本元素是碳、氢、氧和氮，所有的蛋白质纤维都具有相似的化学成分，因而具有共同属性[13]。动物纤维具有弹性高、吸湿好、阻燃、湿强低、导热性低等特点。

2.3.3 人造纤维

顾名思义，这些纤维不是自然生长的，而是由人工制造而成。Sinclair 和 Houck 将人造纤维定义为，由天然或合成的聚合物加工而成的纤维状物质[10,14]。Kadolph 在 2014 年指出，这些纤维是由化学聚合物组成，因此与天然纤维的特性不同[13]。有再生纤维和合成纤维两种不同类型的人造纤维。

再生纤维由纤维素聚合物材料加工而成，这些聚合物在原始形态时是无法使用的。具有代表性的再生纤维有黏胶纤维和醋酯纤维。Houck 指出，用于加工合成纤维的聚合物材料在整个加工过程完成以后才形成纤维状，如聚酯纤维和尼龙[14]。人造纤维具有独特的性能和功能，可用于特定的用途。人造纤维的性能特征为强度高、吸湿差、回弹性好、耐磨等。纤维素再生纤维具有极好的舒适性，而合成纤维的舒适性则较差。本章将对人造纤维进行详细的介绍。

2.4 纺织纤维的特点

每种纤维都具有独特的特性[14]，可用于生产高性能服装。

2.4.1 总体形态

总体形态是指纤维在纵向和横截面的形态。光学显微镜和电子显微镜可以用来研究天然纤维和人造纤维的长度、细度和形状。天然纤维的结构由它们的生长情况和成熟度决定，因此，大多数天然纤维都可以通过显微镜进行识别。然而，采用技术手段加工而成的人造纤维具有相似的特征，相互之间的差异很难通过纵向形态识别。因此，可以使用其他方法，如光谱、扫描电子显微镜和溶解度等来进行纤维鉴别。人造纤维加工过程中使用的喷丝板决定了纤维的形态，使人造纤维具有很多不同形状的横截面。纤维的横截面形状可以影响纤维的某些特性（图 2.2）。例如，圆形横截面的纤维具有较强的光泽，锯齿形横截面则会降低纤维或织物的光泽[15]。

人造纤维的横截面形状有圆形、三叶形、锯齿形和中空形等多种形式，每种横截面形状都会赋予纤维独特的特性。纤维横截面对于液体传输也起着关键作用，四孔和六孔截面的纤维具有更好的液体传输性能。聚酯纤维是普遍用于运动类服装的合成纤维之一，使用三叶形和三角形横截面形状的纤维可以有效改善服装的水分传输性能[16]。对合成纤维进行变形处理可以改变其表面性能和其他方面的性能。合成纤维变形处理可以增加纱线和织物的体积和舒适度。天然纤维的纵向特征可以在显微镜下进行观测，例如，棉纤维呈扭曲形态，羊毛纤维表面具有鳞片结构。纤维的表面特征十分重要，能够对纤维的抱合、润湿、芯吸、沾污、光泽和覆盖性产生影响（图 2.3）[10]。

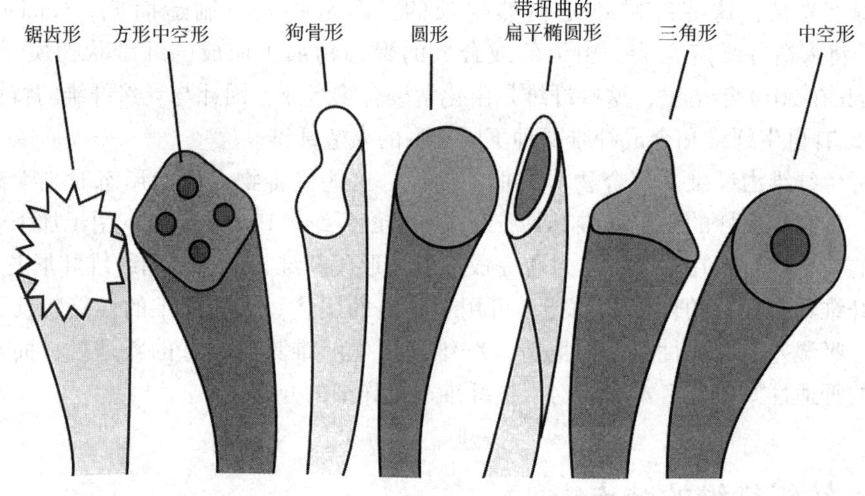

图 2.2　纤维的横截面形状

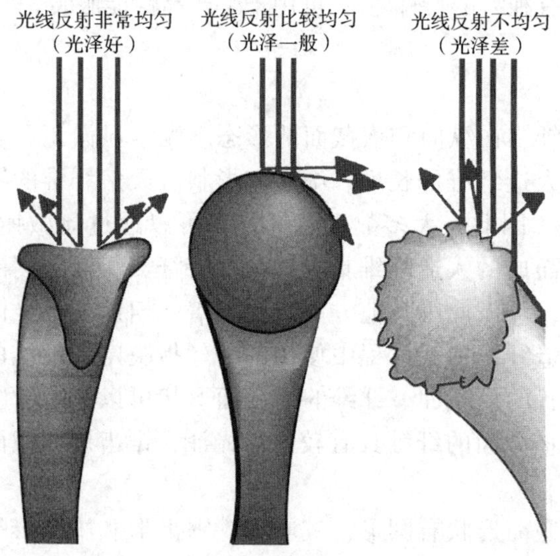

图 2.3　光线在横截面上的反射

2.4.2　纤维的化学结构

纤维的化学组成和取向度可以通过分子或微细结构衡量。Kadolph、Demirel、Yara 和 Elcicek 分别在 2011 年和 2014 年指出，分子链在纤维中有不同的构型，结晶区的聚合物分子链平行排列并紧密堆砌，非结晶区中聚合物分子链的排列呈现无序状态[13,17]。纤维内部分子链的排列对纤维的强度、柔韧性和可拉伸性有影响，结晶区和非结晶区分子链的不同排列和比例，将最终决定纤维的性能[18]。例如，水能够很容易地渗透到纤维中，染料能够很容易进入非结晶区，非结晶区更容易产生伸长。对于人造纤维而言，结晶区与非结晶区的比例主要取决于纺丝过程和最终使用要求。结晶区比例高的纤维强度高，也比较硬，不容易发生伸长变形，伸长变形后易快速回复。非结晶区比例高的纤维则容易发生变形、吸湿性好、耐久性较差、容易染色。

2.5　纺织纤维的主要性能

Kadolph 在 2007 年指出，纤维特性在许多应用场合中都非常重要，所以需要根据纤维的性能确定生产纱线、织物或其他形式纺织品的技术方法和工艺参数，以使不同纤维之间的差异最小化[19]。纤维是纺织品中最小的、最重要的组成单元，因此，掌握纤维的主要性能至关重要。根据 Bubonia 在 2014 年给出的观点，纤维的主要性能包括美学、舒适性、耐用性和适用性[8]，这些也都会体现在高性能服装领域。Howes、Laughlin 和 Sinclair 分别在 2012 年和 2015 年对纺织纤维所具有的一系列物理、力学和化学性能进行了说明[10]（图 2. 4）。

2.5.1　物理性能

2.5.1.1　长度和细度

在开发高性能服装时，对纤维的选择要非常慎重，需要考虑纤维的适用性、性能和特征。不同纤维的长度不同，天然纤维中除了真丝以外，长度在 0. 95~49. 53cm（3/8~19. 5 英寸）。Murthy 和 Eberle 分别在 2014 年和 2016 年指出，人造纤维长度可以控制在 2. 54~20. 32cm（1~8 英寸）不等。纤维长度会对纱线的整体性能产生影响[7,20]。短纤维需要加上一定的捻度使纤维抱合成纱。通过加捻形成的短纤维纱线无光泽、不均匀、毛羽多、强度较高（取决于加捻的程度）。长丝纱线是由细长的连续纤维加工而成，纱线的捻度很低，甚至可以没有捻度，具有光滑的外观和较强的光泽。Taylor 指出，纤维细度是高性能服装生产需要关注的基本性能之一，低于 5dtex 的纤维可以用于服装。纤维细度会影响手感、平滑度和光泽，对耐磨性能和起毛起球性能影响较大。

2.5.1.2　吸湿性

吸湿性会影响穿着者的舒适感，对服装的收缩率、干燥速度、抗静电性以及其他一些力学性能也会产生影响[21]。大多数纺织纤维在正常使用情况下都会吸收

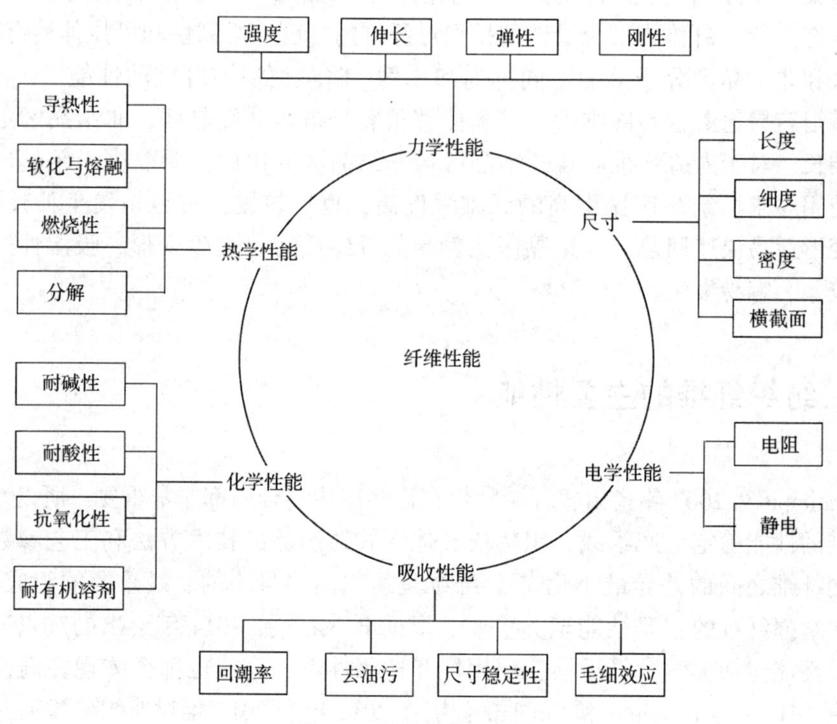

图 2.4　纤维的主要性能

水分，因此，在生产高性能服装时，要确定吸湿后对纺织纤维性能的影响程度。例如，羊毛回潮率比聚酯纤维高很多，吸湿后对性能的影响也更大。

2.5.1.3　肌理

根据材料种类和最终用途的不同，天然纤维和人造纤维的肌理和质感是不同的。天然纤维织物的触感比较柔软，而光泽较暗，这是因为大部分天然纤维都是短纤维。人造纤维织物触感光滑、光泽感强，主要是因为使用了长丝纱[22]。

2.5.1.4　静电

静电是由于织物之间相互摩擦而产生的，会使穿着者有电击感[21]。当带正电荷和带负电荷的表面材料聚集在一起时就会产生静电。聚酯纤维、聚酰胺纤维和聚丙烯腈纤维都非常容易产生静电；棉和黏胶纤维等材料在干燥的情况下也会产生静电。

2.5.1.5　卷曲

天然纤维中的卷曲是自然形成的，如羊毛纤维的卷曲就是其固有的特征，而人造纤维的卷曲是人为施加的。卷曲能使纤维具有弹性[21]。此外，卷曲也能够增加纤维的抱合力、回弹性、耐磨性、拉伸性、丰满度和温暖感[13]。

2.5.2 力学性能

2.5.2.1 耐磨性

耐磨性是指纺织纤维承受长期摩擦而不受损伤的能力[19]。其他因素也会对耐磨性产生影响，如纱线的结构、机织物或针织物的结构以及后整理[22]。锦纶和芳纶具有优异的耐磨性，而醋酯纤维则表现出较低的耐磨性。

2.5.2.2 尺寸稳定性

尺寸稳定性是衡量纺织纤维的伸长或收缩性能的指标[19]。有些纤维在不同湿度条件下能保持长度不变，而有些纤维吸收水分后长度就会发生改变[22]。

2.5.2.3 弹性回复性

弹性回复性是纺织纤维在拉伸变形后回复到原来长度的能力。弹性纤维在受到拉伸变形后可以 100% 回复[22]。由弹性回复性能较差的纤维（如棉和人造丝）加工而成的织物受到外力拉伸作用后容易变形，且不能完全回复。聚酯纤维和聚酰胺纤维具有良好的弹性，受到外力作用后仍然能够回复原来的形态[13]。

2.5.2.4 回弹性

回弹性是指纤维在弯曲或折叠后回复到原来形状的能力。聚酯纤维等比天然纤维的回弹性更好，选择使用这类纤维有利于保持织物外观不变[22]。

2.5.2.5 耐久性

耐久性是指纺织纤维的强度和服装的使用寿命。一般来说，聚酯纤维和聚酰胺纤维之类的人造纤维在纺丝过程中，纺丝液通过喷丝板后经过拉伸，纤维的取向度高，因此强度高。而醋酯纤维和丙烯酸酯纤维具有较低的强度[22]。

2.5.3 化学性能

2.5.3.1 吸湿和毛细效应

吸湿性或回潮率是纺织品吸收水分的能力[22]。这与贴身纺织品的舒适度有关。亲水纤维易吸收水分，不会使穿着者感到不适，而疏水纤维则不吸收水分。亲水纤维比疏水纤维更容易吸收染料和进行后整理。毛细效应是纺织纤维表面的传湿能力。合成纤维具有优异的毛细芯吸性能，被广泛用于高性能服装[22]。

2.6 纤维素纤维

纤维素纤维是由植物加工而成的纤维，是使用最广泛的纤维。其中，棉纤维最重要，占世界纤维总量的 50% 以上。纤维素纤维广泛用于家居服和外衣，因其具有舒适、透气和吸湿等特性，可以保持皮肤滋润和舒适，得到了广泛的认可。

纤维素纤维与合成纤维（特别是氨纶）混纺，可以应用在许多领域，特别是在衬衫上使用广泛，抗皱性能优良的聚酯纤维与回潮率高、舒适性好的棉纤维混纺，其混纺织物加工的衬衫通常可以加上“易保养”的标签。最常见的混纺比是65%聚酯纤维与35%的棉纤维，该混纺比能够使服装易于熨烫和保养。纤维素纤维也被用于开发高性能产品，如透气织物，本章将针对这种织物进行详细介绍。Horrocks 和 Anand 在 2004 年发表了将赛灭磷（Proban）和吡咯烷酮（Pyyrovatex）用于棉纤维的阻燃整理的研究报告[11]。借助显微镜可以观察到，棉纤维比较细，为扁平的带状纤维。棉纤维的横截面如压扁的管子[21]（图 2.5、图 2.6）。根据质量不同，棉纤维长度为 10~65mm 不等。纤维越长，成纱质量越好，可以生产出更舒适、质量更好的产品。

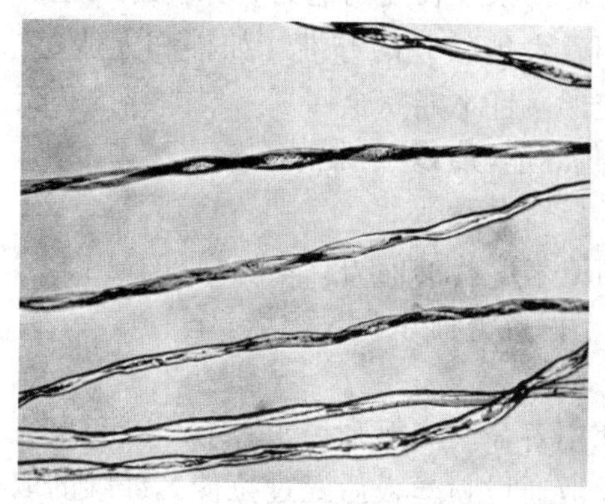

图 2.5　棉纤维纵向形状图

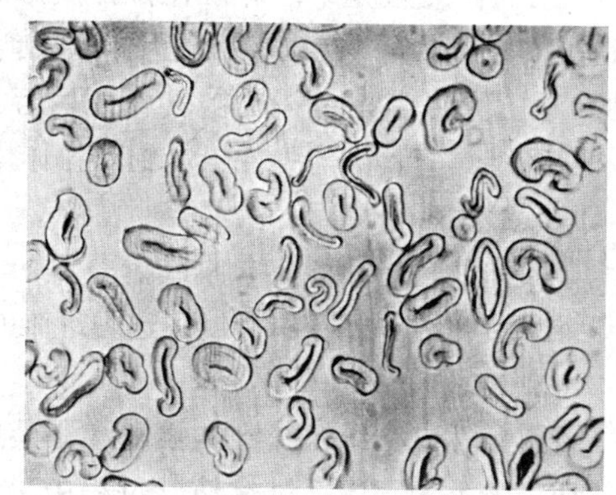

图 2.6　棉纤维横截面形状图

棉纤维的其他特性如下。

（1）棉纤维是唯一在潮湿时强度增加的纤维，能够承受织造过程的摩擦使织物加工过程更加顺利。

（2）由于聚合物状态和结晶结构，棉纤维的强度相对较高。

（3）由于结晶结构，棉纤维的弹性较低。

（4）棉纤维属于亲水纤维，其非结晶区使纤维在湿态时能吸收高达 50% 的水分。

（5）棉纤维具有较好的热传导能力，可以使热积聚所产生的影响减到最小，可以承受较高的熨烫温度。

（6）棉纤维不耐酸，酸性物质会使纤维强度下降，从而损伤纤维。

用于棉纤维染色的染料不同，质量也有差异。其中直接染料的价格最低，用直接染料染的棉织物耐日晒牢度适中，耐水洗牢度中等甚至较差，因此，必须避免将白色织物与染有明亮色彩的棉织物一起洗涤。另外一种广泛使用且质量较好的染料是活性染料。活性染料具有较高的耐日晒牢度和耐水洗牢度，因而染色织物具有更好的质量。用活性染料染色的织物具有防紫外线和防阳光辐射功能，还具有降解空气污染物的作用。硫化染料具有良好的耐水洗牢度，但耐日晒牢度较低，这是由于硫化染料分子对紫外线的光化学效应缺乏抵抗力。还原染料是所有用于棉纤维染色的染料中质量最好的一种，具有优异的耐日晒牢度和耐水洗牢度，并且能抵抗紫外线，降解阳光和空气中的污染物。

2.6.1　棉纤维在高性能服装中的应用——透气织物

1943 年，透气防水织物投入生产并用于英国皇家空军（RAF）的服装。近年来，服装款式改变多次，但该材料仍然广泛用于英国皇家空军制服，并在户外服装业得到了应用。这种面料非常耐用，能够满足人体保护和舒适的需求。与合成纤维服装相比，棉纤维服装具有一个突出的优点：如果出现着火情况，棉纤维服装可以方便地脱下，与皮肤分开，而合成纤维服装会熔融并黏附在皮肤上，引起剧烈疼痛和伤害。表 2.1 为不同等级透气织物的特征参数。

表 2.1　透气织物参数

类别	L34	L28	L24	L19
重量（g）	165~168	285~300	200~205	235~240
经密（根/cm）	95	71	81	66
纬密（根/cm）	35	26	30	24
静压力（mm 汞柱）	750	900	750	750
透气率	93%~98%	—	—	—

透气织物的其他用途包括以下几方面：狩猎、钓鱼、攀登、徒步旅行和滑雪服装；雨衣；骑马装及配件；外科手术服。

2.6.2　绒毛织物的生产与性能

绒毛织物是一种厚重的棉织物，通过织造和分割的方法在织物表面形成直立的绒毛。这种织物也可以加工成仿麂皮材料，用来制作不同类型的服装，包括裤子、夹克和制服。

大多数绒毛织物都用于加工服装。用这种织物加工的服装柔软、耐用，当密度足够高时防风透水性好。有些绒毛织物是由强度非常高的经纱与紧密排列的纬纱交织而成（每 2.5cm 超过 400 根纬纱）。所有绒毛织物的共同点是用高质量的棉纱织造，这一点在织物的质量和价格上得到了充分的体现。

2.6.3 麻

麻纤维比棉纤维更重，穿着时会感到不舒适。麻纤维的使用历史可以追溯到埃及，麻曾广泛用于埃及军队。亚麻纤维的截面比棉纤维粗得多。亚麻纤维纵向类似于竹子，表面有节点，横截面呈多角形并排列在一起[21]，如图 2.7 和图 2.8 所示。亚麻纤维的长度在 10~100cm，颜色从浅金色到灰色，颜色的不同是由栽培和气候条件不同而造成的。

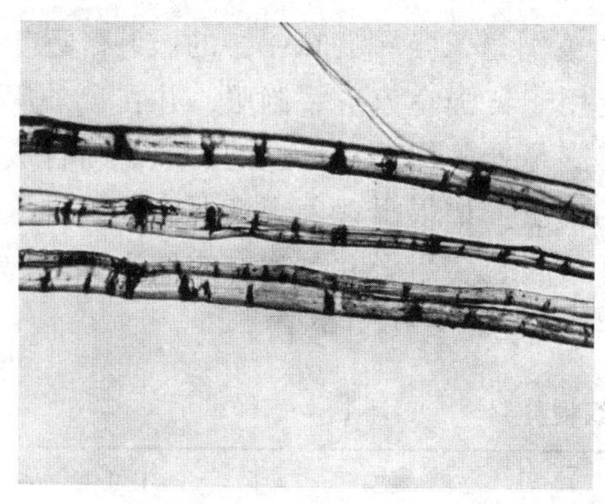

图 2.7 麻纤维纵向形状图

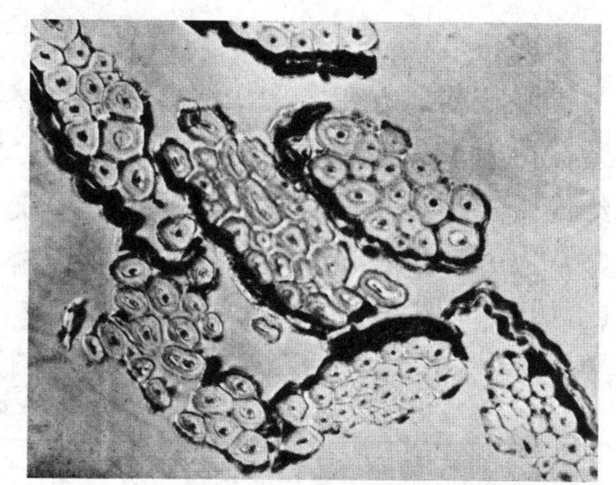

图 2.8 麻纤维横截面形状图

2.7 蛋白质纤维

蛋白质纤维来自于动物，包括羊毛、丝、马海毛、羊驼毛、安哥拉羊毛、羊绒等。其中只有最常用的羊毛和丝被用于高性能服装。“Wool”一词来源于古英语中“Wull”，特指家养绵羊的毛，其纵横截面形状如图 2.9 和图 2.10 所示。羊毛为卷曲的、粗细不匀的纤维，纵向表面有天然的鳞片[21]。羊毛纤维弹性好，因此抗皱性和回弹性优异。羊毛纤维拥有大量储气空隙，因此羊毛织物的保暖性优于其他纤维织物。纤维的天然卷曲结构能够聚集较多的静止空气，并具有较高的伸长能力，因此羊毛纤维是一种优异的隔热材料[11]。

羊毛的其他特性如下。

（1）拉伸强度较低。

（2）吸湿能力强，回潮率可达到 100%左右。

（3）由于卷曲结构，具有良好的弹性和弹性回复能力。

（4）耐酸能力优于耐碱能力。

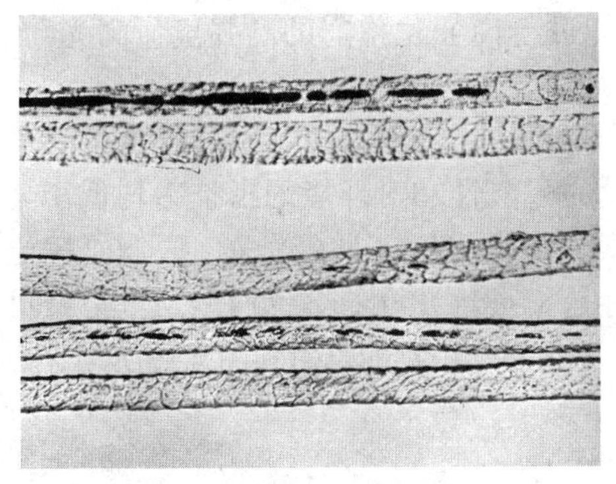

图2.9 羊毛纤维纵向形状图

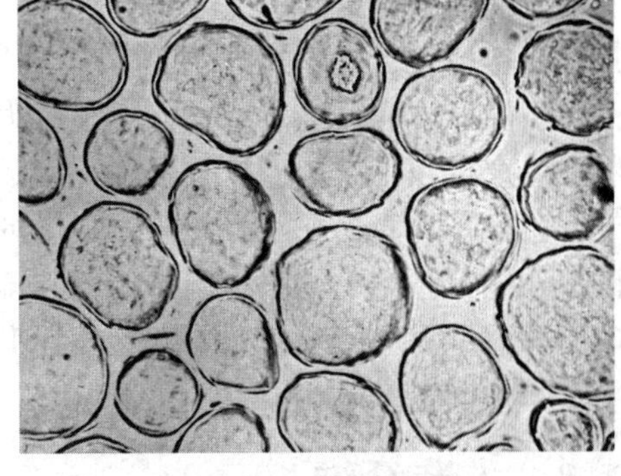

图2.10 羊毛纤维横截面形状图

(5) 暴露在阳光和大气下，羊毛产品的颜色会发黄或变暗。

(6) 羊毛纤维本身具有一定的阻燃能力，通过化学处理方法，如氧化锆处理，可以进一步提高阻燃性能。

与棉纤维一样，羊毛纤维也是容易染色的纤维。对羊毛纤维染色效果最好的染料为酸性染料、铬或媒介染料、金属化染料和活性染料。像所有天然纤维一样，染料分子通过溶液进入聚合物体系的非结晶区。羊毛在火焰下不会燃烧，而只是成为灰烬。多年来，羊毛纤维织物在许多领域得到了应用，其中包括一级方程式赛车手的服装。目前，羊毛纤维在此方面的应用已逐步被合成纤维 Nomex 替代。

蚕丝纤维是一种半透明的长丝细纤维，如图2.11和图2.12所示。蚕丝纤维广泛用于服装与服饰，尤其是衬衫、连衣裙和领带。蚕丝的外层为丝胶蛋白，这层包覆在纤维表面的蛋白质使纤维长时间暴露于外部环境中时仍能保持原有性能，

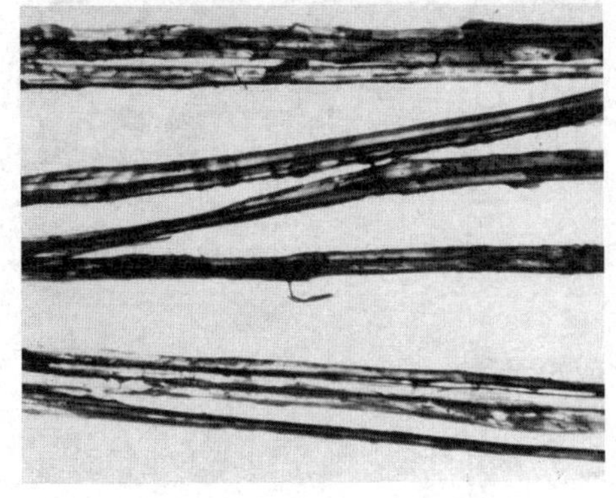

图2.11 蚕丝纤维纵向形状图

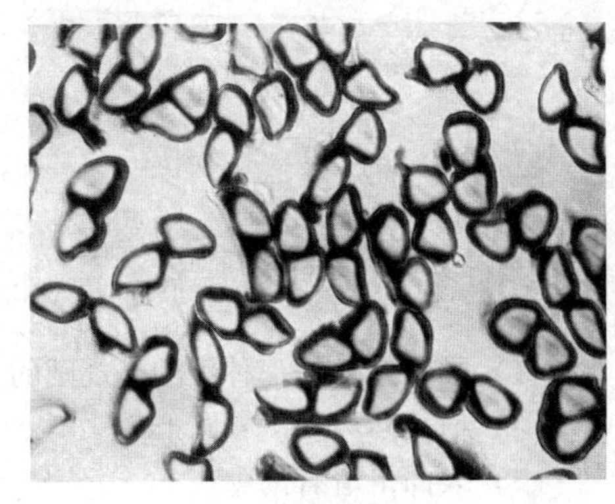

图2.12 蚕丝纤维横截面形状图

具有较高的强度和耐气候性。蚕丝是唯一能进行商业化生产的高强度、高光泽、尺寸稳定的天然长丝纤维[11]。

蚕丝纤维的强度较高，但吸湿后强度会下降，因为湿态时，蚕丝纤维的化学物质会产生相互作用，导致强度下降。蚕丝的耐酸性和对环境的抵抗力均低于羊毛。曾经军队使用蚕丝织物制作战士的制服。传统的盔甲非常笨重，限制了骑士的战斗能力，而蚕丝织物制作的服装质地轻盈。蚕丝纤维的染色性能与羊毛纤维非常相似，蚕丝纤维的光泽优于羊毛纤维，因此蚕丝织物的色彩和图案更明亮。

2.8 人造纤维

人造纤维的出现为高性能纱线和织物的开发创造了条件，大部分人造纤维具有很高的抗拉强度、防水性、舒适性和透气性。

人造纤维的种类很多，本章将讨论其中最常见的三种纤维：聚酰胺纤维、聚酯纤维和黏胶纤维。

2.8.1 黏胶纤维

黏胶纤维是由树皮等天然纤维素材料制成的人造纤维，属于再生纤维素纤维。纤维的大致形态如图 2.13 和图 2.14 所示，黏胶纤维具有以下性质。

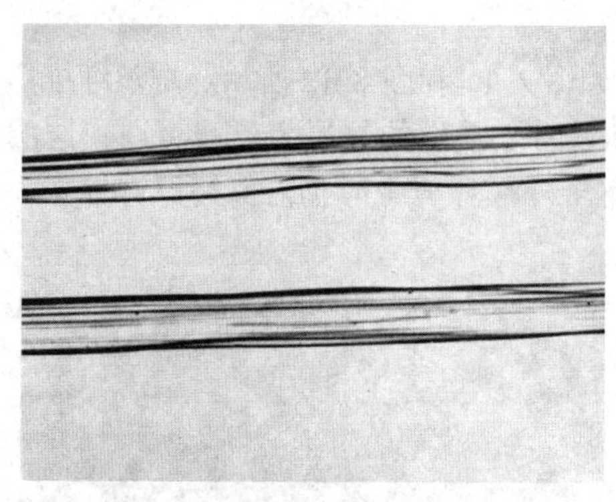

图 2.13 黏胶纤维纵向形状图

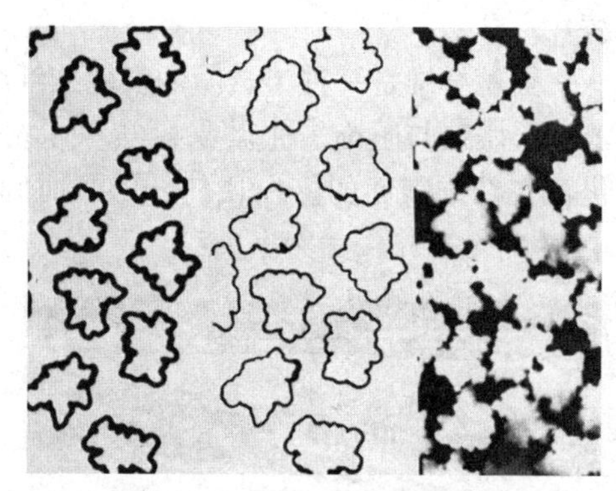

图 2.14 黏胶纤维横截面形状图

（1）黏胶纤维是一种细的、规则的长丝或短纤维。

（2）横截面为中空腰圆形。

（3）表面平滑有沟壑。

（4）经过化学药品处理，纤维呈白色。

（5）纤维的非结晶度较高，易吸收水分。

（6）比棉纤维的强度低。

（7）吸湿后纤维强度只有干燥时纤维强度的一半。

2.8.2 聚酯纤维

聚酯纤维是最常见的人造纤维，其普及程度仅次于棉纤维。聚酯纤维的比重大，加工成厚型织物的重量太大，因此通常被加工成薄型织物。聚酯纤维广泛应用于服装，常与棉纤维混纺或交织加工成衬衫、内衣、裤子和西装面料，以及其他产品，如高性能夹克、滑雪服、帐篷和汽车座椅套等。由于具有易护理、耐久性好以及兼容性好等优势，聚酯纤维得到广泛使用。聚酯纤维的主要特性如下。

（1）聚酯纤维是一种细小的、规则的、半透明的纤维（图 2.15 和图 2.16）。

（2）疏水性好（防止水渗透的能力较强）。

（3）能够进行卷曲和变形处理。

（4）易护理，特别是与棉纤维混纺后的护理保养性能优良。

（5）纤维结晶度高，具有较好的防水性能。

（6）纤维强度高。

（7）纤维色牢度优异。

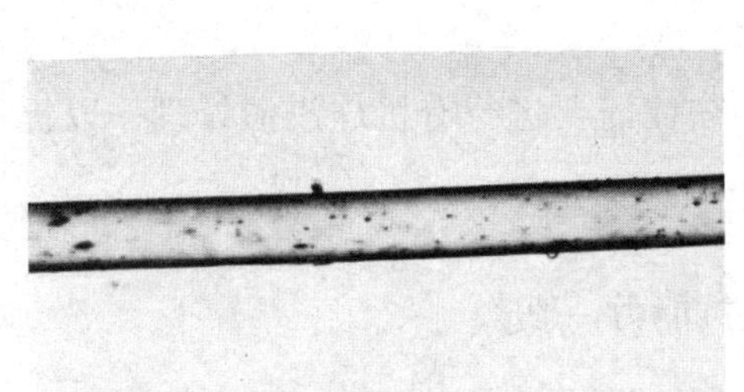

图 2.15　聚酯纤维纵向形状图

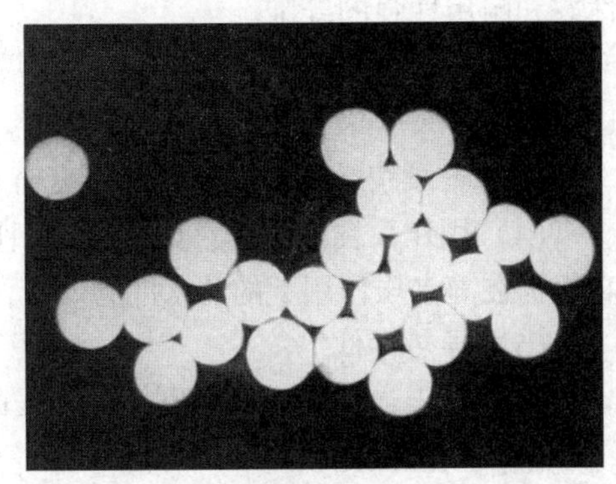

图 2.16　聚酯纤维横截面形状图

由于聚酯纤维难以染色，因此，专门针对其开发了分散染料进行染色。聚酯纤维或者织物的染色需要在高温下进行，以促进染料进入纤维聚合物内部。

2.8.3 聚酰胺纤维

聚酰胺纤维由聚酰胺材料加工而成，是一种非常规则的半透明纤维。两种最常见的、在外衣面料中应用广泛的聚酰胺纤维产品为尼龙 66 和尼龙 6。聚酰胺纤维的纵向和横截面都非常均匀通透，与玻璃非常相似（图 2.17 和图 2.18）。由聚酰胺纤维加工而成的纺织品非常轻，因此，成为户外运动服装的理想材料，尤其适用于徒步旅行的户外用品和背包。这是由于聚酰胺纤维的比黏度低于聚酯纤维，因而纤维密度较小，重量较轻。

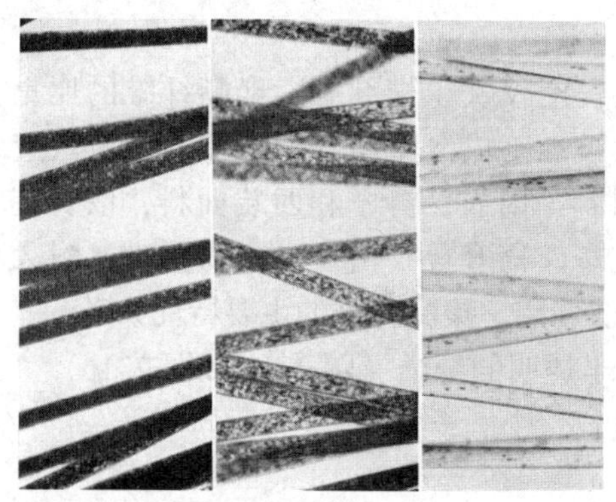

图 2.17　尼龙 66 纵向形状图

图 2.18　尼龙 66 横截面形状图

聚酰胺纤维的主要性能如下。

（1）由于结晶聚合物体系和化学结构的特点，聚酰胺纤维是一种强度高、弹性好和耐用性强的纤维。

（2）尼龙 66 比尼龙 6 强度高、延展性差。制作帐篷时，延展性较小的织物较适用。

（3）聚酰胺纤维受潮以后，强度会有所下降。

（4）用作高性能织物，如帐篷材料时，往往需要进行有机硅浸渍处理，以提高织物在静水压作用下的防水能力。

（5）导热性低。

（6）对阳光和天气，特别是紫外线的抵抗能力一般。

（7）吸湿性比较差。

聚酰胺纤维染色采用的染料与羊毛纤维类似，为酸性染料和金属络合染料染色，也采用聚酯纤维染色的分散染料。

2.9　高性能纤维

高性能纤维比传统纤维的力学和物理性能更优越[23-24]。许多高性能纤维具有特殊的用途，在特定的场合具有比其他纤维更加突出的优势[24]。以 Gore-Tex 材料的高性能服装为例，使用 Gore-Tex 合成纤维面料加工的服装，在保证服装透气的同时，还具有较好的防水性和穿着舒适度。Gore-Tex 材料是基于热膨胀的聚四氟乙烯和其他氟聚合物产品。这些材料在许多种领域广泛应用，如高性能织物、医用植入物、过滤介质、电线和电缆的绝缘材料、垫圈和密封剂等。Gore-Tex 最知名的应用是防水透气雨衣。

2.9.1　间位芳香族聚酰胺纤维：Nomex（杜邦）

在现有的许多纤维中，最著名的芳香族纤维是间位芳纶（m-aramid），纤维的耐热性和强度都很优异[24]。Mather 和 Wardman 在 2011 年的研究报告中称，间位芳纶不会燃烧、熔化或滴落[23]。这使它们具有优异的阻燃性，在针对恶劣环境的防护制品中得到广泛使用。与传统纤维相比，间位芳纶在高温下具备更好的力学性能稳定性。间位芳纶的主要用于作为耐热材料[4]。此外，间位芳纶的应用领域还包括汽车用材料、隔热材料、热空间、安全和防护材料。

Nomex 是最著名的间位芳纶。Nomex 是一种全新的耐热纤维防护材料，能够在最极端环境下提供防护[25]。Nomex 在 370℃ 的高温下仍然能够保持优异的特性。Nomex 纤维主要有以下几方面特性[4]。

（1）不易燃烧。

（2）耐用性好，在其使用寿命期间极难磨损，并耐撕裂。

（3）舒适性好，在不同动作下都与普通纺织品感觉相同。

（4）燃烧后能自动熄灭。

（5）接近火焰时，Nomex 会变硬，并开始熔化、变色和炭化，形成保护层，起到阻挡和保护的作用。

2.9.2　对位芳香族聚酰胺纤维：Kevlar（杜邦）

对位芳纶（p-aramid）具有高度定向的刚性分子结构，这种纤维具有高强度、高拉伸模量和优异的热性能和热防护性能[24]。与间位芳纶相比，两者的耐热温度相似，但对位芳纶的强度和模量要高 3~7 倍，适用于防护服装。对位芳纶的唯一不足就是耐化学性比较差。

Kevlar 是一种性能优良的对位芳纶，可用于复合材料、飞机、卡车以及防弹背心和头盔等防弹用品[23]。所有的对位芳纶受光照后都容易发生降解，用于户外产品时需要采取防晒保护措施。

Kevlar 含有苯环结构，具有极长的分子链，呈近似折叠状结构。Kevlar 的性能特点如下。

（1）具有较高的强度重量比。

（2）具有优异的热稳定性。

（3）耐拉伸疲劳。

（4）抗剪切性好。

（5）具有良好的抗弯曲性。

（6）耐磨性差。

（7）抗紫外线能力差。

Kevlar是众所周知的个人防护用品材料，可以用于生产手套、袖套、夹克、护腿和其他保护使用者免受切割、磨损、过热等伤害的衣物和用品。摩托车手安全服装是Kevlar纤维的另一个使用领域。

2.9.3 高密度聚乙烯（HDPE）纤维：Dyneema

HDPE纤维的强度与对位芳纶相似。Dyneema是日本开发的高密度聚乙烯纤维[24]。Dyneema早在1963年就开发出来，但到1990年才由DSM公司实现商业化生产。这种纤维被誉为世界上最强的纤维，单位重量的强度是钢材料的15倍。HDPE纤维具有很好的耐磨性、优异的化学性能和电阻性能[24]。HDPE纤维非常柔软，具备对机械危害的高度防护功能，其主要性能如下。

（1）单位重量的强度极高。

（2）比重低，能够浮在水面上。

（3）具有优异的耐化学性能。

（4）抗紫外线能力强。

（5）不吸湿。

（6）非常耐用。

HDPE纤维的主要应用领域包括汽车、玻璃、造纸、食品加工、家用设备、钢铁、建筑业和应急服务行业等。

2.9.4 高性能无机纤维

高性能无机纤维具有独特的性能，玻璃纤维、石棉和最近开发出的碳纤维是三种最著名的无机纤维[11]。现主要介绍玻璃纤维和碳纤维。

2.9.4.1 玻璃纤维

玻璃纤维属于无机纤维，分子既不定向排列也不存在结晶区域[24]，被认为是出现最早的人造纤维之一。玻璃纤维广泛用于绝缘材料和增强材料，通常在低伸长率和非常低的密度条件下具有很高的强力；还具有良好的热性能，是理想的隔热材料；不可燃烧，暴露于高温中也不会释放任何蒸汽或有毒物质；耐油、耐脂肪和耐溶液；并具有良好的耐酸碱性。玻璃纤维的主要特性如下。

（1）单位重量的强度高。

（2）具有极高的弹性回复能力。

（3）具有良好的热性能。

（4）具有极强的耐日晒能力。

(5) 具有良好的耐酸性，但会受到浓酸、氢氟酸、硫酸、热磷酸的损伤。

(6) 对一般用途的大多数化学品具有高度耐受性。

(7) 具有优良的耐有机溶剂性能。

(8) 具有优异的声学性能。

玻璃纤维的最终用途包括垫子、隔热、电绝缘、隔音材料以及各种材料的加固材料，如帐篷撑杆、吸音材料、耐热耐腐蚀织物。其他用途有高强度织物、撑杆拱顶、箭、弓和爱尔兰踢踏舞鞋等。

2.9.4.2　碳纤维

根据模量、拉伸强度和热定型温度的不同，碳纤维有很多种类。命名为Panox的碳纤维由英国和德国的SGL碳纤维公司（SGL Carbon Group）实现了商业化生产[4]。这种纤维的用途包括增强材料和耐热材料，例如，在航空航天、航船、运动娱乐设备、外科手术中的应用，包括心脏瓣膜和髋关节置换[24]。以下为碳纤维的独特性能。

(1) 不可燃烧和不熔化。

(2) 具有超强的耐高温能力（熔点，4000℃）。

(3) 阻燃性好。

2.10　未来趋势

本章介绍了传统纤维以及高性能纤维的重要性。纺织纤维的研究具有悠久的历史，研究表明，古代文明使用传统的纺织纤维材料，如棉花、蚕丝和亚麻，这些纤维足以解决人类的穿衣问题。人造纤维是针对天然纤维的一些不足开发出来的材料。科学技术的发展引发了对传统纺织纤维材料的创新，这些新纤维可以针对某一种用途的需要提供特定的性能，从而满足服用的需要。新纤维在高性能服装和材料中得到广泛应用。然而，随着高性能服装行业的发展，工业界正在探索采用不同的方法开发适应不同领域的纤维材料。

将具有特定力学性能的材料用于高性能服装，使服装满足运动和恶劣环境的使用要求。高性能纤维已经在运动与娱乐设施、汽车、医疗和防弹衣等方面广泛应用，其中最重要的是高性能纤维已经成为智能材料应用领域的核心。传统的纤维也不应被忽视，其应用符合回归大自然的趋势，其重复和循环使用亦是研究与发展的趋势。

使用和开发性能独特的纤维材料，并将其转化为商品已经逐步成为现实。高性能纤维具有特殊的力学性能，与传统纤维和织物相比具有许多优势，并可满足多种用途的需要。高性能纤维的一些突出特性，如高强度、较高的工作温度和阻燃能力，能够适用于很多领域。每种纤维都有其各自的优点和缺点，但有些纤维更适合用于高性能服装。高性能纤维的市场充满商机，将继续为市场带来新型智能材料。

新型纤维的研究使纤维科学取得了重大进展。之前的研究工作取得了大量的成果，仍然正在不断开辟新的研究领域[26-27]，其中包括警察和武装部队防刺背心的研究、法医学应用研究、使用回收材料制造运动服装以及用于医疗行业的纤维。纺织纤维领域的发展将逐步改变人们未来使用高性能纤维的方法。本章初步介绍了市场上一些新的纤维，并将在本书中进一步讨论高性能纤维及其应用。

参考文献

[1] Chandler, D. L. (2016). New institute will accelerate innovations in fibers and fabrics. Retrieved from http://news. mit. edu/2016/national-public-private-institute-innovations-fibersfabrics-0401 (Accessed 25 January 2017).

[2] Watkins, S. M., & Dunne, L. E. (2015). Functional clothing design from sportswear to spacesuits. New York: Fairchild Publications.

[3] Dedhia, E. M. (2015). Functional and aesthetic aspects in apparel. Retrieved from http://www. textilevaluechain. com/index. php/article/technical/item/166-functional-and-aestheticaspects-in-apparel [Accessed 2 March 2017].

[4] Bourbigot, S., & Flambard, X. (2002). Heat resistance and flammability of high performance fibres: A review. Fire and Materials, 26, 115-168.

[5] Nelson Raj, A. E., & Yamunadevi, S. (2016). Application of textile fibres for technical and performance enhancement in sports. International Journal of Multidisciplinary Research and Development, 3 (12), 40-45.

[6] Kornreich, E. (1966). Introduction to fibres and fabrics their manufacture and properties. London: Heywood Books.

[7] Murthy, S. H. V. (2016). Introduction to textile fibres. India: Woodhead Publishing Ltd.

[8] Bubonia, J. E. (2014). Apparel quality lab manual. New York: Fairchild Publications.

[9] Collier, B. J., Bide, M., & Tortora, P. G. (2009). Understanding textiles (7th ed.). London: Pearson Education.

[10] Sinclair, R. (2015). Textiles and fashion: Materials design and technology. Cambridge: Woodhead Publishing Ltd.

[11] Horrocks, A., & Anand, S. C. (2004). Handbook of technical textiles. Cam-

bridge: Woodhead Publishing Ltd.

[12] Pickering, K. L., Efendy, M. G. A., & Le, T. E. (2016). A review of recent developments in natural composites and their mechanical performance. Composites: Part A, 83, 98-112.

[13] Kadolph, S. J. (2014). Textiles (11th ed.). Essex: Pearson Education.

[14] Houck, M. M. (2010). Identification of textile fibers. Cambridge: Woodhead Publishing Ltd.

[15] Cohen, A. C., & Johnson, I. (2010). Fabric science (9th ed.). New York: Fairchild Books, an imprint of Bloomsbury Publishing.

[16] Manshahia, M., & Das, A. (2014). High active sportswear—A critical review. Indian Journal of Fibre and Textile Research, 39, 441-449.

[17] Demirel, B., Yaraş, A., & Elçiçek, H. (2011). Crystallization behavior of pet materials. Baüfen bil enst dergisi cilt, 13 (1), 26-35.

[18] Cook, J. G. (2001). Handbook of textile fibres: Natural fibres: Vol. 1. Cambridge: Woodhead Publishing Ltd.

[19] Kadolph, S. J. (2007). Quality assurance for textiles and apparel (2nd ed.). New York: Fairchild Publications.

[20] Eberle, H. (2014). Clothing technology... from fibre to fashion (6th ed.). Haan-Gruiten: Europa-Lehrmittel.

[21] Taylor, M. A. (1997). Technology of textile properties. London: Forbes.

[22] Elsasser, V. H. (2010). Textiles concept and principles (3rd ed.). New York: Fairchild Publications.

[23] Mather, R. R., & Wardman, R. H. (2011). The chemistry of textile fibres (2nd ed.). Cambridge: Royal Society of Chemistry.

[24] Smith, W. C., & Greer, S. C. (1999). High performance and high temperature resistant fibers—Emphasis on protective clothing. Retrieved from http: //www. intexa. com/downloads/hightemp. pdf [Accessed 23 January 2017].

[25] Dupont (2017). Protective applications of Nomex® fibres. Retrieved from http: // www. dupont. co. uk/products - and - services/personal - protective - equipment/thermal - protective - apparelaccessories/videos/video - nomex. html (Accessed 6 April 2017).

[26] Erenler, A., & Oǧulata, R. T. (2015). Investigation and prediction of chosen comfort properties on woven fabrics for clothing. Journal of Textile and Apparel, 25 (2), 125-134.

[27] Kemp, S. E., Carr, D. J. J., Niven, B. E., & Taylor, M. C. (2009). Investi-

gation and prediction of chosen comfort properties on woven fabrics for clothing. Forensic Science International, 191 (1-3), 86-96. 11.

[28] Jones, I., & Stylios, G. K. (2013). Joining textiles: Principles and applications. Cambridge: Woodhead Publishing Ltd.

扩展阅读

[1] Arthanarieswaran, V. P., Kumaravel, A., Kathirselvam, M., & Saravanakumar, S. S. (2016).

[2] Mechanical and thermal properties of Acacia leucophloea fiber/epoxy composites: Influence of fiber loading and alkali treatment. International Journal of Polymer Analysis and Characterization, 21 (7), 571-583.

[3] Hatch, K. L. (2006). Textile science. New York: West Publishing Co.

[4] Hudspeth, M., Li, D., Spatola, J., Chen, W., & Zheng, J. (2016). Clothing from organic/inorganic composite fibers for reduction of X-ray exposition. Textile Research Journal, 86 (9), 897-910.

[5] Mahltig, B., Günther, K., Askani, A., Berger, T., Bohnet, F., Brinkert, N., et al. (2016). Technical textiles. Technical Textiles International, 59 (1), 20-22.

[6] Miraftab, M. (2004). Technical fibres. In A. R. Horrocks & S. C. Anand (Eds.), Handbook of technical textiles (pp. 26-41). North America: Woodhead Publishing.

[7] Stoffberg, M. E., Hunter, L., & Botha, A. (2015). The effect of fabric structural parameters and fiber type on the comfort-related properties of commercial apparel fabrics. Journal of Natural Fibers, 12 (6), 505-517.

[8] Yang, L., Yang, J., & Li, L. (2013). The effects of off-axis transverse deflection loading on the failure strain of various high-performance fibers. Wool Textile Journal, 41 (11), 52-56.

第3章　高性能服装用纱线加工方法

M. Tausif[*], *T. Cassidy*[*], *I. Butcher*[†]
[*]利兹大学，英国，利兹；[†]高士集团公司，英国，乌克斯桥

3.1　概述

纺纱是通过加捻或其他方式将短纤维或长丝抱合在一起形成纱线。在生产过程中，长丝是由成纤高聚物从喷丝口中挤出并受到牵伸作用而形成的，这些长丝随后也可通过切断加工成为散乱的短纤维。

ASTM D4849 将纱线定义为：适用于针织、机织或以其他方式交织形成纺织物的长度连续的短纤维、长丝其他或材料的通用术语。因此，纱线可被视为由短纤维（限定长度）或长丝（连续长度）组成的、可以用于生产机织物、针织物、编织物和绳索等纺织品的中间材料。纱线具有极高的纵横比（长径比），这赋予纱线可弯曲性，可以通过机织、针织和编织等方法将纱线转变为纺织产品。非织造织物直接由短纤维或长丝制成，不需要将纤维加工成纱线这一中间过程。一般来说，唯一的例外情况就是在缝合成形的非织造织物中会使用到纱线。

从广义上讲，纱线可分为如图3.1所示的三种主要类型。短纤维纱线由短纤维（天然短纤维、人造长丝切断或拉断所形成的短纤维）制成。在长丝纱线中，一股或多股连续长丝沿着纱线的长度方向排列。喷丝成形的纱线由单根纤维或多根纤维组成，分别称为单丝纱线和复合纱线。复合纱线是由短纤维和连续长丝组合而成。真丝是唯一的天然长丝，而其他长丝都是通过喷丝纺纱生产的。人造纤维可进一步分为合成纤维（成纤聚合物为合成原料，原油副产品）、再生纤维（来源于天然原料，如木浆中的纤维素）和无机纤维（如玻璃纤维和碳纤维）。短

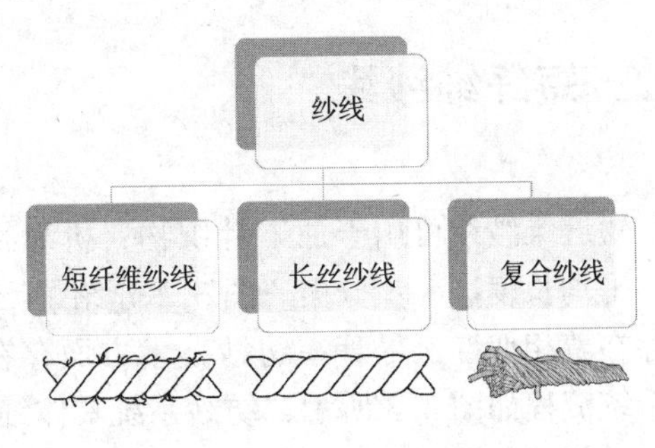

图3.1　纱线分类

纤维纱线可使用天然纤维（如棉花和羊毛）或切断的人造纤维（涤纶、尼龙、黏胶纤维）。使用两种纤维混合纺制的纱线，可以满足一定的性能需要和具备经济上的优势。将人造长丝切断或拉断后可用现有的短纤维纺纱设备进行纱线加工。织物中纱线的纤维种类、结构和排列决定了织物的性能。

高性能服装是为了实现某种功能或达到一定性能水平而设计加工的，超过了普通服装所具有的一般功能。高性能服装可分为防护类服装和运动类服装。防护类服装可以保护穿者者免受暴露环境、危险工作条件或敌对行动的极端状态对人体造成的危害。在运动类服装应用中，高性能服装通过水分管理、温度调节和其他技术，帮助运动员和活动个体保持凉爽、舒适和干燥。因此，高性能服装可以避免人体受到恶劣环境的影响，提高服装的服用性能和穿着者的生活质量。纤维类型、纱线和织物结构、表面处理方法和服装设计是赋予服装所需功能或性能的关键控制点。

纤维材料是所有纺织产品的基本组成，服装的性能直接受到纤维的化学、力学和形态特性的影响。用于高性能服装用的人造纤维主要是由改进力学能的需求所发展的，然而，在高性能服装中，优良的力学性能可能并不是唯一的属性要求。例如，具有特定横截面的高聚物纤维（如 Invista 公司的 Coolmax 纤维）具有优良的吸湿性能，力学性能并不是非常优良的耐热纤维也可以用于高性能服装。同样，在高性能服装中，使用能对外部刺激作出反应的智能纤维，可以实现预期的性能水平。天然纤维及其混合物在高性能服装中也有广泛的应用。例如，消防员穿着的美利奴羊毛背心，由于羊毛的固有特性和非热塑性，可以保证舒适性和安全性。环锭纺生产的芳纶与棉的混纺纱线可用于加工防切割手套。单丝纱线可以用于生产拉链，复丝纱线可以用于鞋类产品。股线是特种纱线形式，有多种不同的类型，可以用普通的纱线加工方法生产。纱线中的纤维纤维性能决定了纱线性能，并进一步表现为最终产品的性能。短纤维或长丝在纱线中的排列分布根据所采用的纺纱技术不同而有差异。因此，纱线的生产方法需要根据纤维种类和产品用途进行选择。

3.2 短纤维纱线

短纤维纱线可用于加工针织物、机织物和缝纫线等。短纤维纱线可以根据纤维的平均长度进一步分类。图 3.2 介绍了不同的短纤维纺纱系统，不同纺纱系统之间存在着相似性，尽管在纺纱技术方面存在不同，但基本原理基本一致。主要纺纱系统流程如图 3.3 所示，纺纱系统具体细节将在后续章节中介绍。

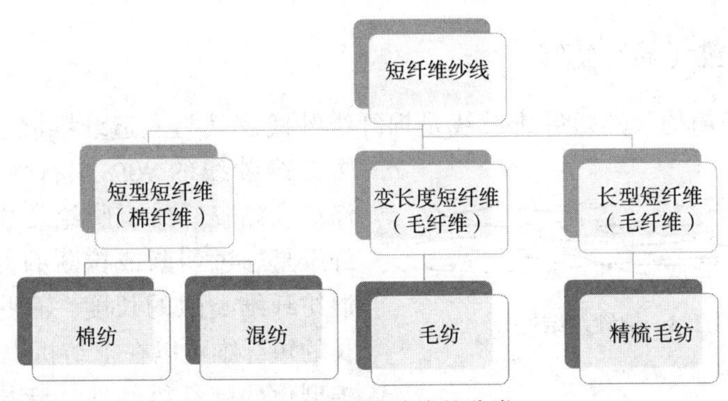

图 3.2　短纤维纱线的分类

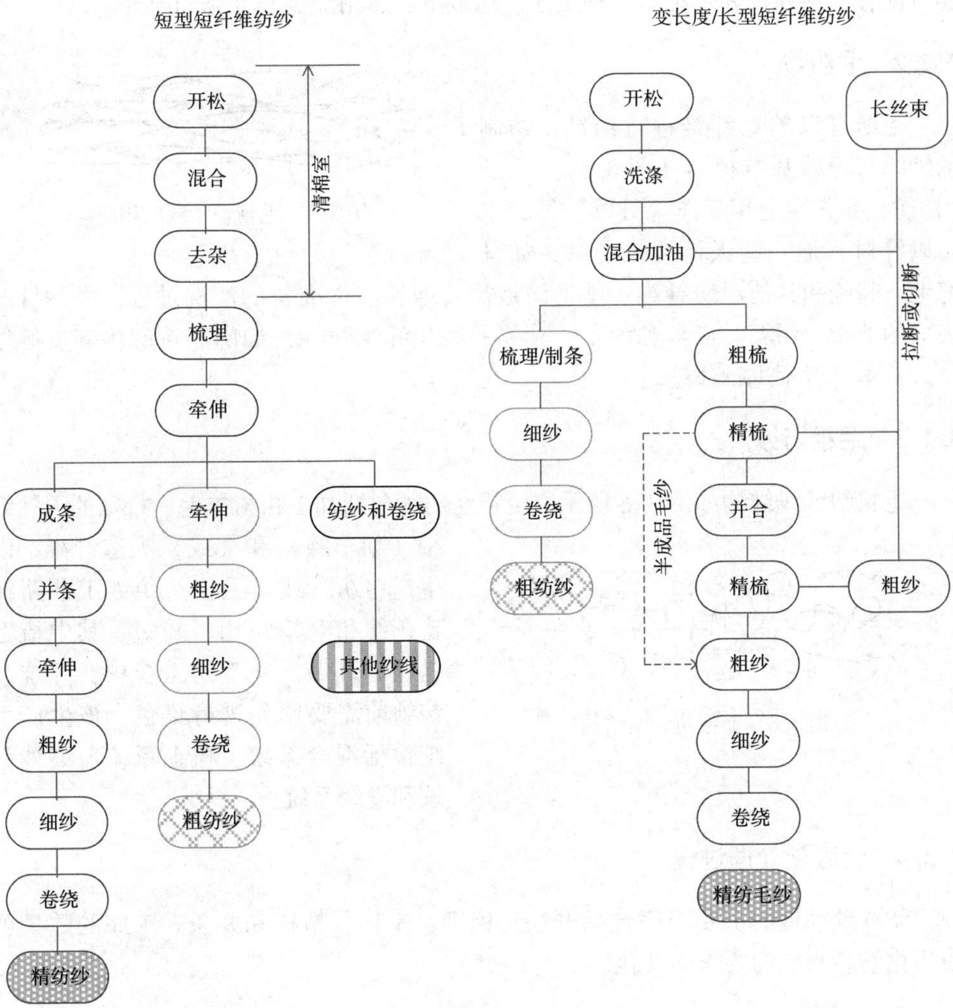

图 3.3　主要纺纱系统流程图

3.2.1 短纤维（棉）纺纱

使用最普遍的天然短纤维纱线是棉纤维纱线及其与人造纤维混纺的纱线，占短纤维纱线的90%左右。人造纤维中，涤纶、黏胶纤维、腈纶使用最广，这些纤维是通过切断或拉断的方法达到与其混纺纤维类似的长度。有些情况长度较长的短纤维可以在棉纺机上加工。例如，棉型化的麻纤维纱线、麻与棉的混纺纱线都可在棉纺机上加工（图3.4）。在短纤维纱线纺制过程中，采用不同的技术，还可配合一系列预处理和后整理工序。纺纱主要运用加捻和卷绕的原理。

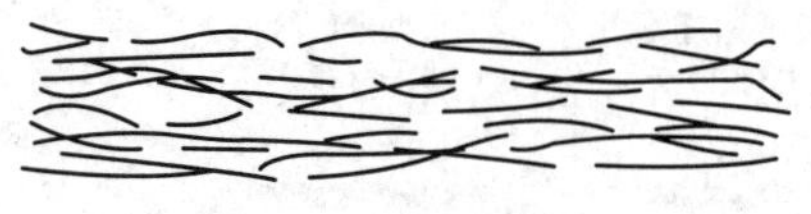

图3.4 棉纱线结构

3.2.2 毛纺纱

毛纺是以羊毛纤维进行纺纱，纺制的纱线与棉纱基本相同（图3.5）。毛纺（精纺）系统主要用于羊毛纤维纺纱，也可以针对其他一些天然纤维纺纱，如马海毛、腈纶和其他混纺纤维。羊毛纺纱需要增加前道准备的清洗过程，去除纤维表面的油脂、污垢、灰尘和沙子。其他一些长纤维纺纱，如麻和黄麻等韧皮纤维纺纱，本书暂不进行讨论。

图3.5 毛精纺纱线结构图

3.2.3 毛粗纺纱

毛粗纺纱线结构如图3.6所示。毛粗纺纺纱包括加工粗梳羊毛、特殊的天然纤维（如羊绒）和（或）人造纤维，以生产粗纺纱线。毛粗纺纺纱工艺路线比棉纺和毛精纺相对较短，其中梳毛是核心环节。在毛纺系统中，纤维在纺纱前需要预先进行染色。该生产系统包括混合系统、梳毛系统、细纱系统和卷绕系统。

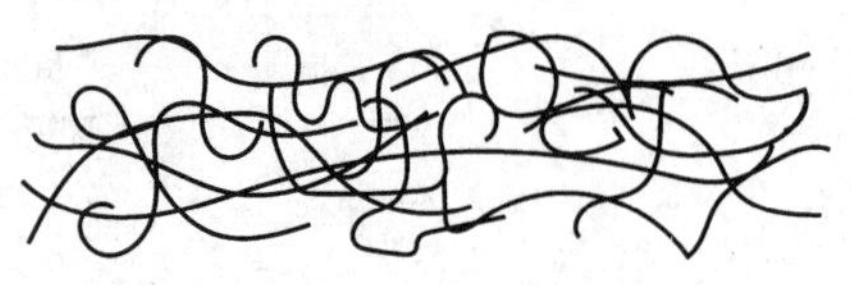

图3.6 毛粗纺纱线结构

3.2.4 纺纱预处理过程

纺纱预处理的主要工序包括开松、梳理、牵伸、精梳和并条。工序的数量可以根据纺纱系统的要求而变化。

3.2.4.1 开松

开松是将纠缠在一起的纤维松解，去除混入的杂质，并使纤维充分混合。纤维的清洁和混合对天然纤维非常重要，尤其是棉纤维，因为天然纤维中含有杂质。人造纤维不含杂质，但也可能有人为因素混入的杂质，如包装残留物等。棉纤维含有大量的非纤维成分（茎、苞片、树皮、种皮碎片、尘埃和树叶等）和污染物(由人为因素混入的聚丙烯、聚乙烯和黄麻等)，清除杂质对生产优质纱线至关重要。棉花的清洗主要采用物理方法，而羊毛纤维和其他天然蛋白质纤维则需要采用化学方法进行脱胶或精炼。

纤维原料以紧密压缩成捆的形式进入纺纱厂。图3.7所示的纤维开松机包括带尖头的角钉帘、均棉罗拉、打手机构（打手、打手刀片）和尘笼，这些机构用来将压紧的纤维松解，开松过程的操作包括抓取、撕扯、拍打。纤维在机器不同机构之间运行，通过专门设计的管道装置吹入气流，尽量减少纤维的弯曲，避免形成缠绕，气流也具有一定的开松效应。除杂清洁从成捆纤维的表面开始，通过清洁过程中的辅助开松操作，可以连续形成新的纤维表面。严格的除杂处理可以使纤维达到较高的清洁水平，但有可能造成纤维损失、缠结和损伤。因此，生产需要控制在一个最佳水平。平均而言，一个气流管线可去除40%~70%的杂质[1]。在清棉室内，加入同种或不同类型的纤维至关重要。捆与捆之间、不同种植区之间的棉纤维质量有所差异，均匀混合纤维对于生产质量一致的纱线至关重要[2]。将不同颜色的纤维在清棉室中混合，可以生产混色纱线。在拉伸阶段将不同种类的纤维混合是更加普遍的方法。最终纤维以小的簇状形式被均匀地送入下一道梳理工序。

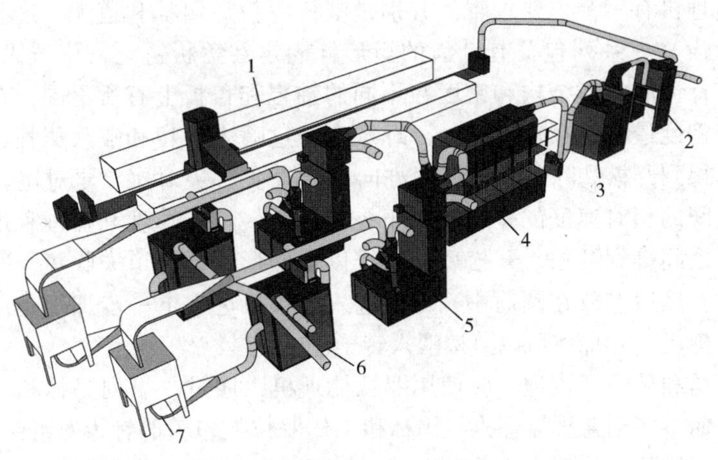

图3.7 特吕茨勒（Trützschler）纤维开松机

1—纤维撕扯/抓取机构 2—凝棉机构 3—集棉机构 4—纤维混合机构 5—清棉机构 6—除尘口 7—棉条出口

3.2.4.2 梳理

梳理的目的是将输入的成束的、相互缠绕的纤维进一步开松。通过梳理工序将开松后的纤维以网状形式收集起来，并通过加捻形成条子。对于天然纤维，梳理过程中也能进行清洁。梳棉机主要有盖板梳理机（图3.8）和罗拉梳理机（精纺和粗纺）两种类型。

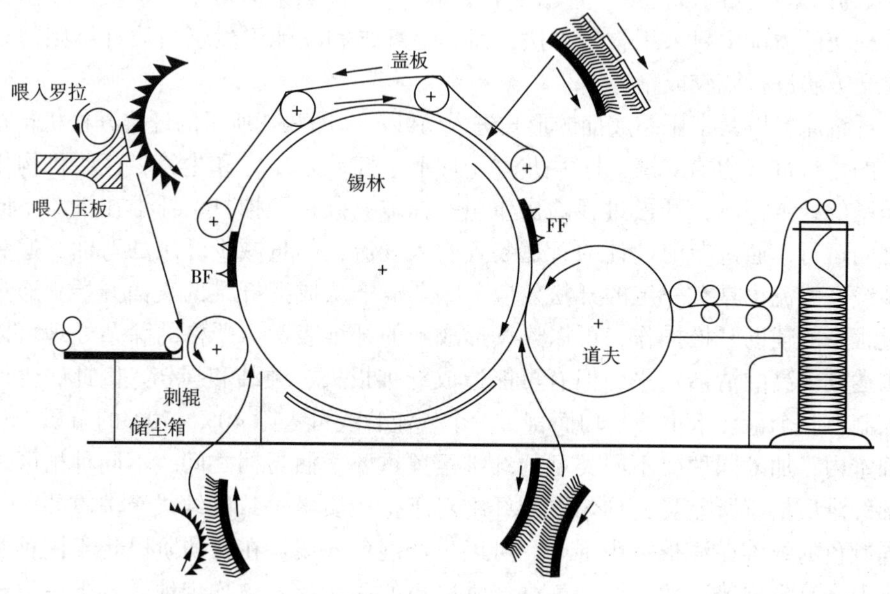

图3.8 盖板梳理机

盖板梳理机有三个主要轴辊，分别是喂入罗拉、锡林和道夫，这些轴辊表面都包覆有针齿。一系列包覆有针齿的矩形杆固定在盖板链上，位于锡林的上方，称为盖板。针齿的几何结构和密度在不同的轴辊和盖板上有所不同，在锡林和盖板之间的齿密度最高。在输入口处，纤维束经过喂入罗拉和喂入压板，在刺辊的共同作用下得到开松和除杂。针齿的方向（尖对尖、尖对尾、尾对尾）和两个相互作用表面间的相对速度的差异有助于控制纤维转移的速度和梳理程度，纤维在锡林和压板之间得到开松。开松后的纤维以平网形式通过道夫收集，并通过喇叭口形成条状，然后卷放在圆筒中，可以进入并条机进入下一步加工[3]。在一些新型高性能梳棉机中，棉条可以直接喂入转子进行纺纱。

对于粗纺和精纺的梳理，应使用罗拉梳理机，通过一系列锡林和罗拉处理羊毛等纤维，而不使用盖板梳理机。锡林和工作罗拉上包覆的针齿对纤维进行梳理。剥毛罗拉将纤维从工作罗拉上剥离下来，而锡林和剥毛罗拉之间也具有同样的关系。精梳机比盖板梳理机长得多，但比粗梳机短。在羊毛粗梳机中，纤维经过梳理、开松、集束成条子，然后输送到机器的下一道工序进行加工。最后，毛纤维网从罗拉表面剥离卷绕成束。

梳理被称为纺纱的核心，在三种梳理方式中，粗纺梳理对纱线的最终质量有着最显著的影响。

3.2.4.3　牵伸

纤维经过梳理后形成的条子为生条，纤维在其中的排列并不整齐，而只有当纤维排列整齐时，才能将纤维强度最大限度地转化为纱线强度。因此，牵伸的目的就是生产出纤维伸直、排列整齐、相互平行的棉条。牵伸是将梳理后的条子并合，并通过罗拉进行牵伸。并条是指将两条或两条以上，通常是六至八根生条组合在一起，输入到并条机。并合后的条子牵伸倍数等于输入生条的数量。这种加倍牵伸有助于减少条子的粗细不均匀，并使纤维得到很好的混合。一束生条的横截面上有 20000~40000 根纤维，在最后加工而成的纱线横截面上，纤维数量只有约 100 根。

罗拉牵伸是牵伸、粗纺和精纺作业的重要组成部分。在罗拉牵伸中，前一组罗拉运转速度比后一组罗拉更高，前、后罗拉表面速度的比值决定了牵伸的程度。图 3.9 所示为两区牵伸系统，上、下两层各有三个罗拉。沿着纤维移动方向排列的罗拉表面速度逐渐增大，形成 A、B 两个牵伸区。B 区的牵伸为后区牵伸，也称为退捻牵伸（牵伸倍数通常在 1.1~1.4），退捻会降低纤维间的抱合力和摩擦力，为主牵伸区 A 输送纤维。实际牵伸量是输出长度与输入长度相比的增加量或条子线密度的降低量[1-3]。

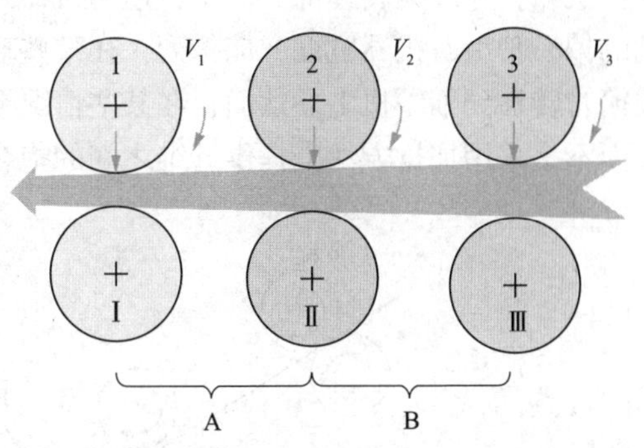

图 3.9　牵伸过程中的轴辊排列

牵伸重复次数可以为 1~3 次。通常，两次牵伸用于生产单种纤维的纱线，三次牵伸可以在牵伸过程中进行纤维混合。天然纤维和人造纤维（如棉和聚酯纤维）的混合主要在牵伸阶段进行。在棉纤维（短型短纤维）和羊毛纤维（长型短纤维和变长度短纤维）纺纱中，牵伸操作分别在并条机和梳理机上进行。在精梳过程中，采用带梳针的单区牵伸系统，梳针箱中梳理并排列较长的精梳纤维，这种纤维能够承受更强劲的机械作用。

3.2.4.4　精梳

精梳机用于生产高品质的高支棉纱和精梳毛纱，而生产粗梳棉纱或粗纺毛纱则不需要使用这种设备。精梳工序可以提高纤维的伸直度和取向度，去除较短的纤维。精梳工序可以将多根棉条组合在一起，形成一个卷绕式梳棉条。棉条由钳口夹持后送入精梳机，精梳机的旋转滚筒上方有梳齿，没有进入夹口的短纤维被去除，进入夹口的纤维被拉直。然后，纤维的精梳棉条与之前的粗梳棉条相结合形成新的精梳条。棉纤维精梳是一种间歇式精梳工艺，长纤维精梳采用类似的较大机器。棉纤维精梳过程中除去的废料主要是短纤维，称为精梳落棉。落棉可用于生产低质量的环锭纱，或漂白后生产卫生保健用的棉非织造布[2-3]。

3.2.4.5 粗纱

在环锭纺纱过程中，为了获得预设的纱线质量，需要进一步降低牵伸后棉条的细度。连续的纤维棉条是通过牵伸和加入少量的捻度为纤维提供抱合力，然后卷绕在筒管上。通常使用三上三下的牵伸系统（图 3.10），在高牵伸区放置一对挡板以控制纤维流动。旋转导纱钩给从前牵伸罗拉输入的纤维棉条上加捻。输出的粗纱卷绕在直立在往复摆动横梁轨道上的旋转空心筒管上。粗纱筒子的表面速度与导纱钩的速度之间存在的速度差使得粗纱能够卷绕在筒子上。筒子转速高于导纱钩转速的机器为筒子主导型机器，导纱钩转速高于筒子转速的机器则为导纱钩主导型机器。两排控制筒管摆动的偏心轴沿着机器宽度方向排列，在某些现代机器中，自动落纱装置可以直接将绕线筒管转移到细纱机上。然而，在某些情况下，摩擦纺纱机是利用纤维间的摩擦作用，而不是采用加捻方法来提供纤维之间的抱合力[3-4]。

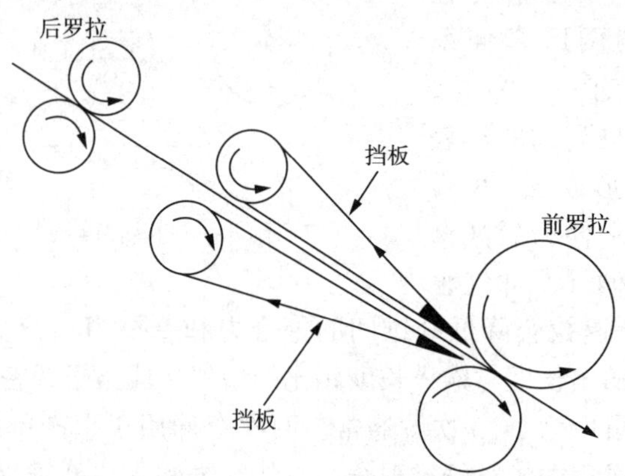

图 3.10　带有双挡板的粗纱机上的罗拉排列

3.2.4.6 牵切纺

将长纤维拉断或切断后形成半成品纱条，然后进行纺纱。在拉断长丝过程中，罗拉的拉伸比超过长丝的断裂伸长，导致纤维拉伸并随后发生断裂，拉断的纤维具有不同长度。在小于纤维拉伸断裂伸长范围内进行热拉伸，断裂后的纤维在高温作用下产生收缩[4]，丙烯酸纤维常用这种加工方法，其他纤维如芳纶、聚酯纤维、聚丙烯纤维和黏胶纤维。这样的加工过程省略了传统纺纱的开松和梳理操作。在某些情况下，仍然要进行梳棉加工，以便与天然纤维混合从而获得混纺纱线。

3.2.5 纺纱方法

在所有短纤维纱的纺纱系统中，都是将输入的棉条或粗纱逐步拉伸到目标线密度，纱线的拉伸强度取决于棉条上的捻度和将纱线卷绕到筒子上而受到的影响。虽然加捻是提高强度最常用的方法，但它并不是唯一方法，相关纺纱系统中会提到例外情况。目前，转杯纺纱（自由端纺纱）应用较广，其他的新型纺纱系统也相继出现。在自由端纺纱过程中，使输入棉条中的纤维分离，形成自由端，并使自由端的纤维聚集在种子纱线的尾部随加捻器回转形成纱条（图 3.11）。其他的新型纺纱系统如摩擦纺纱、喷气纺纱和涡流纺纱等。这些新型纺纱系统可提供高生产率、减少纺纱准备工作和实现更高水平的自动化[5]。图 3.12、图 3.13 分别为不同纺纱系统纱支范围和最高纺纱速度。本节主要讨论高性能服装用纱线的主要纺纱系统，包括传统纺纱系统和新型纺纱系统。有关新型纺纱系统的更多信息，请参阅参考文献[3,5]。

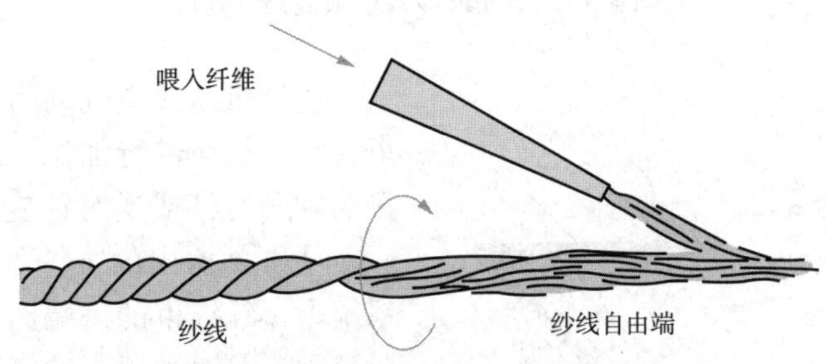

图 3.11 自由端纺纱原理

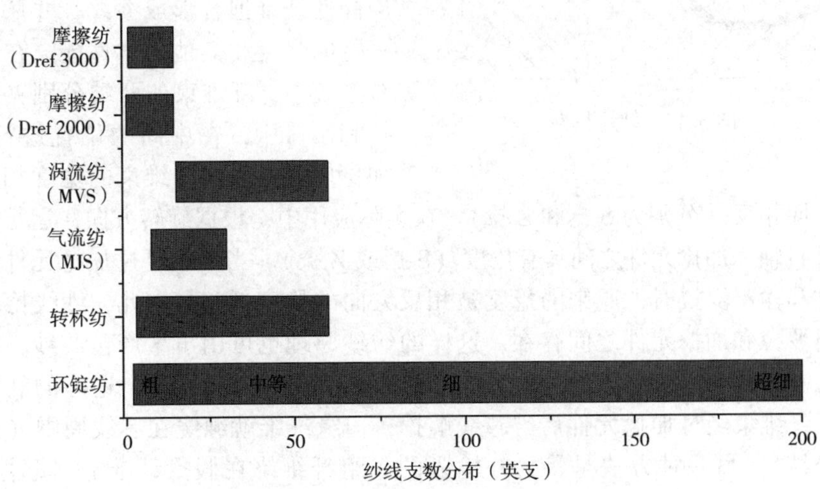

图 3.12 不同纺纱系统纱线支数分布

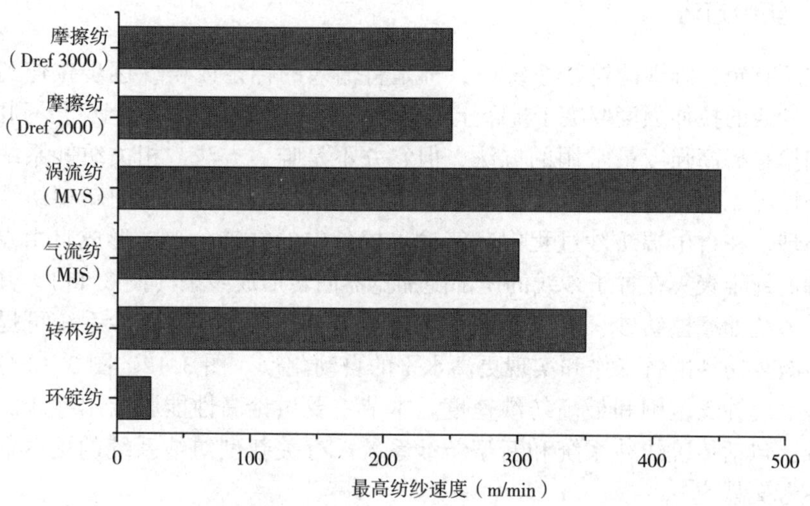

图 3.13　不同纺纱系统最高纺纱速度

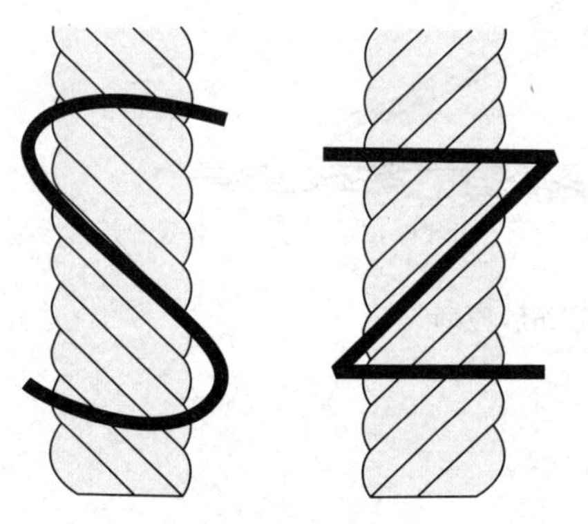

图 3.14　纱线捻向

通过机械或空气动力学方法使纤维束旋转，从而进行加捻。纱线可以绕自身的轴顺时针或逆时针旋转，分别生产S捻向和Z捻向的（图 3.14）。在加捻系统中，纤维束的一端固定在前罗拉的钳口中，并通过适当的机构使纤维束的另一端产生旋转，形成S捻或Z捻。捻度能使纤维抱合形成纱线，并赋予纱线一定的强度和其他力学性能。在假捻纺纱系统中，纤维束的两端分别夹持在罗拉和钳口中，在中间的位置进行加捻。加捻位置两边的纤维束的捻度相同，但加捻方向相反（分别为S捻和Z捻）。在实际应用中，根据旋转方向，运行中的纱线在进料轴和加捻元件之间具有捻度（S捻或Z捻）。当纱线经过加捻元件到达加捻元件和输出罗拉时，原来的捻度被相反方向的捻度抵消。因此，纱线捻度只是在进料罗拉和加捻元件之间存在，这样的纺纱原理也可用于生产包芯纱，即纤维包覆在平行排列的芯线表面，输入的纤维束具有一定直径，位于边缘的纤维不会加捻。纤维束经过加捻元件后，芯线解捻，边缘纤维就缠绕在芯线周围（两喷嘴喷气纺纱）。另一种方法是将另外输入的一组纤维绕在假捻纤维上（摩擦纺纱，Dref 3000）。

在自捻纺纱系统（Repco 纺纱系统）中，两股含有各自捻度的纱线由于退捻作用相互缠绕形成双股纱线。纤维束各自的捻度是摩擦罗拉通过搓捻罗拉往复运动形成的，在这个往复运动区域部分纤维没有捻度。因此，要周期性地移开这两股纱线，以避免在合股纱上形成无捻区。

纺纱新技术还包括 Twilo 和 Pavina 工艺和使用纤维黏合剂（如可使用水溶性聚乙烯醇）。纤维黏合剂可以在织物成形后被洗掉，但织物中的纤维抱合力比较差。这些方法由于不够经济并没有取得商业化成功[5]。以下介绍的是在商业上取得成功并得到工业化应用的纺纱系统。

3.2.5.1　环锭纺纱

环锭纺纱是短纤维纺纱最常用的方法，生产的纱线适用于各种织物。

环锭纺纱的前道准备是生产粗纱，需要经过开松、梳理、牵伸、精梳，然后生产出细纱。由于前道粗纱加工占总成本 11%，且环锭纺纱生产率比较低，占总成本 60%，因此，环锭纺纱是一种比较昂贵的纺纱方法。

环锭纺纱的工作原理如图 3.15 所示。粗纱筒子垂直放置将纱线送入倾斜的牵伸区。与粗纱机相似，牵伸系统由高牵伸区的环形挡板罗拉对粗纱进行牵伸。加捻在纤维束牵伸以后的输出过程中进行，通过旋转主轴和在锭子上旋转的 C 形钢圈（加捻器）完成。纱线捻度是在纤维束上从外向内产生的，外层纤维比较松散地缠绕在芯部纤维外。加捻区间在牵伸机构和输送罗拉的钳口之间。捻度不会到达输送罗拉的位置，位于三角区中的纤维束是无捻的，这个区域被称为加捻三角区。由于金属之间的摩擦力和空气阻力，导纱钢圈的转动速度低于纱筒的转动速度，从而将纱线卷绕到筒子上[6]。导纱钢圈最大速度（45m/s）决定了环锭纺纱的生产效率[5]。高速运行状态下，导纱钢圈上会产生热量，如果不能及时散热就会对纱线造成损伤。此外，锭子的尺寸限制了纱筒卷装尺寸，使落纱和卷绕的停机时间增加（见第 3.2.6.1 节）。环锭纺也可以用于精纺，加工过程及原理与短纤维环锭纺纱相似。环锭纺纱系统用于纺制羊毛纱线时，在纤维输入罗拉纱嘴前面使用假捻管，并且将牵伸倍数控制在比较低的水平。

紧密纺纱是传统环锭纺纱系统的一种重要形式。紧密纺纱中，在牵伸点和前罗拉钳口的纱线形成点之间采用吸风装置，以控制纤维的侧向移动，能使加捻三角区达到最小，因此，表面纤维能更好地抱合在一起。紧密纺制成的纱线毛羽较少、弹性较高、均匀度较高。环锭架还可以改进为从一个纱锭中对两个纤维束进行加捻。纤维束离开前牵伸罗拉后分别进行加捻，然后并合形成加捻纱线（Siro/Duo 纺纱）。与合股纱不同（见第 3.2.6.2 节），两股纤维束的捻向和纱线的捻向是相同的。这项技术最初用于精纺纱线，目前已经不再广泛使用，少数短纤维纺纱采用这种技术生产毛羽较少的细棉纱。环锭纺纱还有一种重要形式是套锭纺纱或芯锭纺纱，将长丝作为芯线，短纤维作为包覆生产包芯纱，这部分内容将在第 3.4.1 节进行介绍。

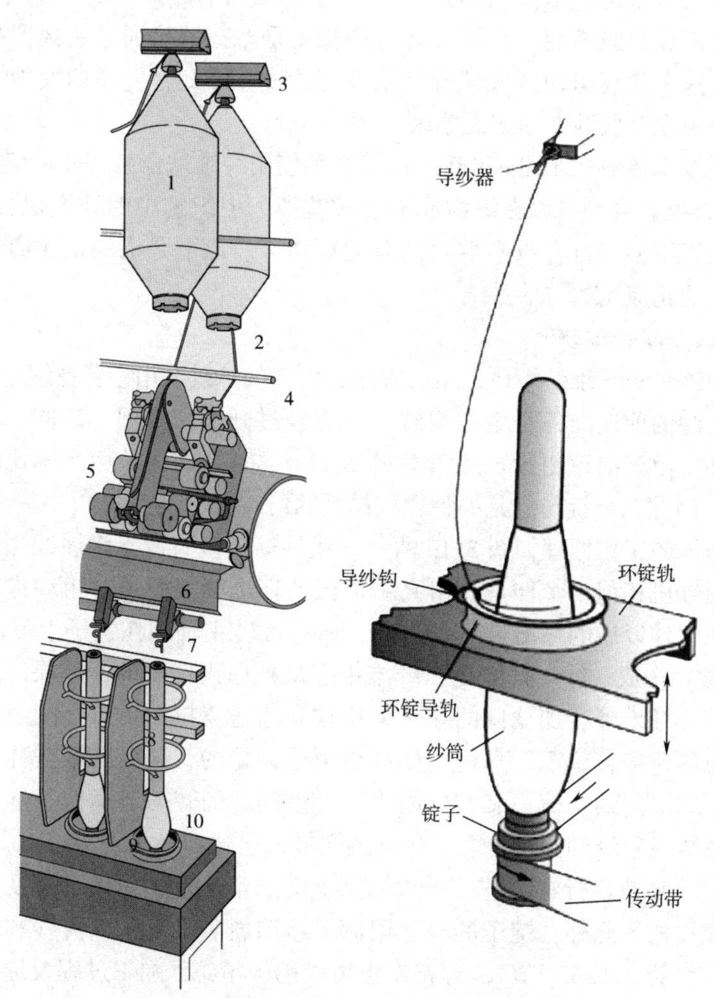

图 3.15 环锭纺纱工作原理

1—纱线筒子 2—转动导纱机构 3—筒子架 4—导纱杆 5—牵伸系统 6—加捻区 7—导纱器 8—锭子 9—导纱钢圈 10—环锭

3.2.5.2 转杯纺纱

转杯纺纱是一种自由端纺纱方法（图 3.16），是广泛使用的短纤维纺纱系统。输入棉条（最常见的经过牵伸的棉条）通过开松罗拉被分离成单根纤维。开松罗拉上的钢齿为喂入罗拉输入的棉条提供较高的牵引力，并将纤维从棉条上分离开来。吸风装置用于收集和输送开松后的纤维，逐步收窄的管口有助于纤维整齐排列。高速运转的转子产生的离心力将纤维收集在转杯中，并在转杯周围形成带状。在这个阶段，种子纱通过船形管引入，纱的另一端已经卷绕在纱线筒子上。种子

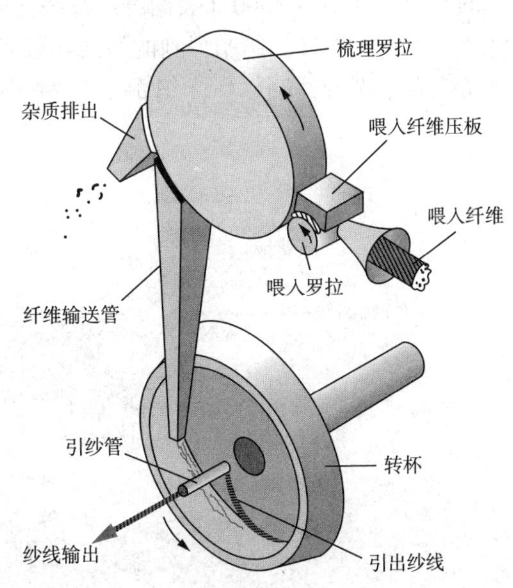

图 3.16　转杯纺纱原理

纱在离心力的作用下附着在纤维束上。种子纱每转一圈纱线加一个捻，捻度加到转子槽中的纤维束上。同时，纱线向卷取方向的轴向运动，纤维从转子槽分离，卷绕到筒子上，捻度就加到纤维束上。纱线中的纤维添加过程持续进行，新纤维不断加入到转子槽中。转杯纺纱系统可分为中心区域和外围区域两个主要区域。在中心区域，纤维沿着加捻中心进行排列；在外围区域，纤维以不同的角度包缠在纱线周围。外围区域的纤维倾斜排列造成纱线强度有一定程度的下降。

转杯纺纱的生产效率比较高，转杯转速最高达到约 175000r/min。由于长型短纤维纺纱需要转杯以低速运转，因此该技术适用于短型纤维纺纱[7-8]。转杯纺纱线在牛仔服、裤子、运动服、衬衫和内衣等服装中应用广泛。纱线的线密度范围为 10～194tex（3～60 英支），大部分纱线的线密度为 15～97tex（6～40 英支）范围内[9]。

3.2.5.3　*摩擦纺纱*

摩擦纺纱作为一种自由端纺纱系统发展起来，后来发展到采用假捻原理的表面纤维缠绕纺纱。在图 3.17 所示的自由端纺纱系统中，开松后的纤维被收集在带有孔眼的摩擦罗拉上，摩擦罗拉内部有吸力并以同样的方向旋转，拧成一条不断旋转的纱线的端部，在摩擦力的作用下在沟槽中形成两股纤维束。形成的纱线沿着摩擦罗拉的长度方向卷绕到纱线筒子上，纤维不断加入由两个罗拉形成的进料槽中。在假捻摩擦纺纱法中（图 3.18），除了由开松罗拉送入的纤维以外，摩擦辊之间的纤维集料槽中也有纤维加入。由梳理辊加入的纤维采用假捻的方法包裹在经过牵伸的纤维束的外层[5,8]。取得商业化成功的纺纱系统有 Dref 2000（真正靠机械方式实现自由端加捻

图 3.17　自由端纺纱原理

纺纱的系统）和 Dref 3000（表面纤维缠绕在假捻纤维束上的纺纱系统）。由于摩擦纺纱的纤维结构不良，纺制得到的纱线比较粗、强度较低，主要用于运动休闲服、防护纺织品、外衣和技术纺织品。这种纺纱方法也适用于再生纤维纱线的纺制[5,7-8,10]。

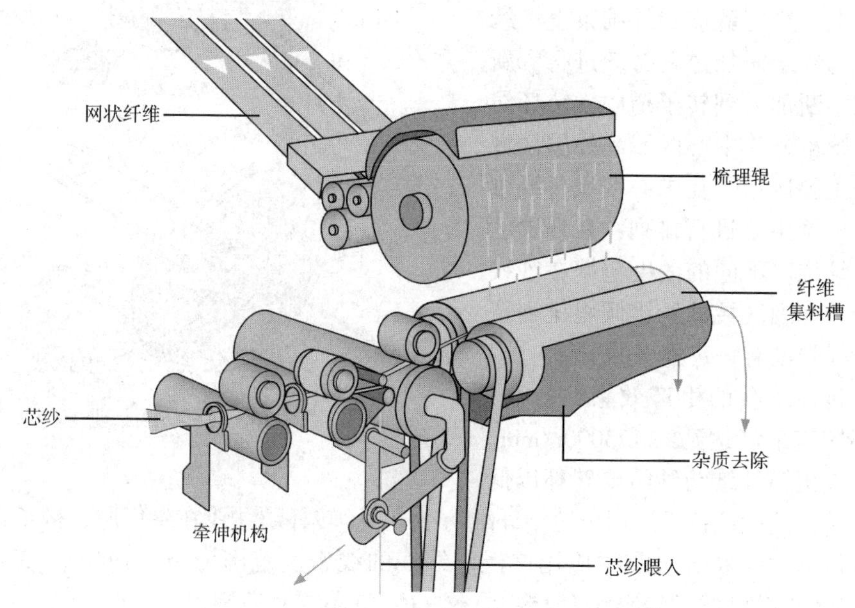

图 3.18　假捻摩擦纺纱原理

3.2.5.4　喷气纺纱

第一台取得商业成功的喷气纺纱机采用的是假捻原理（双喷嘴喷气纺纱），如图 3.19 所示，在双喷嘴喷气纺纱系统中，熟条受到牵伸，纤维束受到两个喷嘴的扭矩作用产生捻度。第二喷嘴施加的捻度比第一喷嘴大，纤维从传送轴辊送出时，在第二喷嘴的作用下产生捻度。第一个喷嘴对纤维的作用低于第二个喷嘴，且捻度方向相反，从而导致边缘部分的纤维没有捻度，或捻度与芯纤维捻度方向相反。一旦加捻后的纤维束经过第二喷嘴，根据假捻原理，芯部纤维平行排列，外层纤维缠绕在芯部周围，形成包覆型纱线结构[5,7]。

3.2.5.5　涡流纺纱

涡流纺纱是双喷嘴喷气纺纱的另外一种形式，并不采用假捻原理。如图 3.20 所示，在空气涡流产生的负压作用下，牵伸后的纤维束从前轴辊输送到涡流管中，在纱线导杆上方又有一个喷嘴，喷嘴下方的喷气节流孔以规定的角度在纱线导杆尖端周围形成空气涡流。当纤维束的前端进入涡流管以后，尾端与纤维束分离，落下后绕在主轴的周围，然后绕在未加捻的芯纤维上。与喷气纺纱相比，涡流纺纱中的纤维排列紧密、规整，因此，具有更高的强度，缺陷率低，毛羽少，伸长率低。这两种系统主要用于生产人造纤维和棉的混纺产品。村田涡流纺纱系统生产的 100%棉纱成功率较低。

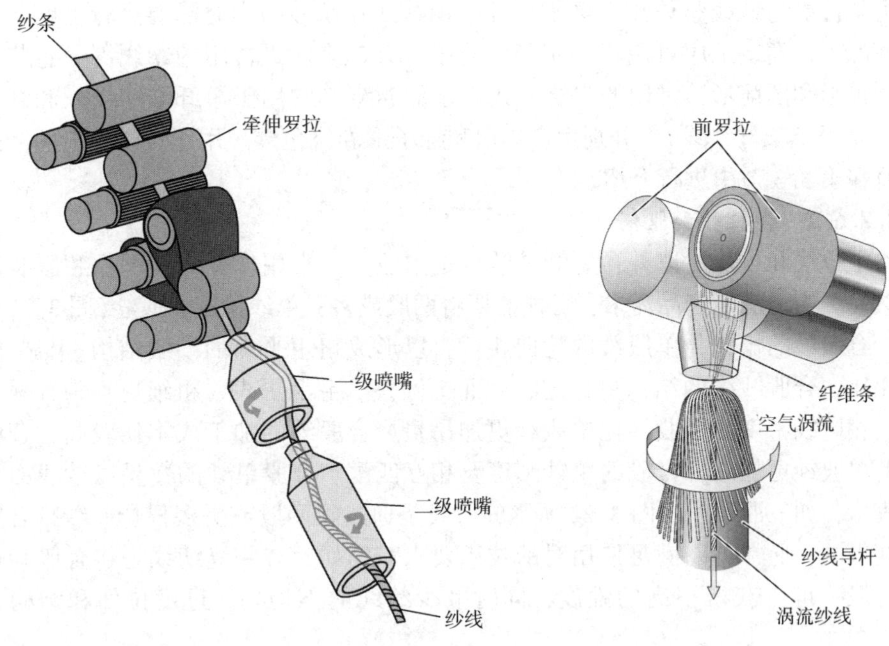

图 3.19　双喷嘴喷气纺纱原理　　　　图 3.20　村田公司涡流纺纱系统工作原理

3.2.6　纺纱后道工序

纺制的纱线可以通过进一步的加工获得合适的卷装和性能，用于将纱线加工成线、绳、编织物和织物。纺纱的两个关键后道工序是卷绕和并线，二者并非总是必要的。例如，转杯纺纱在卷绕成型时经过上蜡，可直接用于制备针织物。

3.2.6.1　卷绕

除环锭纺纱外，所有纺纱方法都需要经过后道加工将纱线卷绕在筒子上，以适合后续生产加工，如机织和针织。环锭纺纱时的卷装尺寸受到环锭尺寸的限制，因此，需要额外的卷绕工序来产生所需大小的卷装形式。小卷装的筒子上卷绕的纱线长度短，会给高速运行的整经工序带来困难，在织造过程中，需要经常更换纱线筒子，会严重影响生产效率。因此，多个筒管的纱线需要重新卷绕以形成规定长度的卷装。

现代卷绕机上还配有清纱装置，可连续感应并移除纱线疵点。常见的清纱装置为电容式，当纱线粗细变化时，导致电容变化，当电容变化超出预设值时，就会出现纱线疵点。将纱线上的疵点去除后，还需要将纱线的两端接上。

在现代络筒机上，压缩空气可以将纱线断头的两端拼接到一起，生产出无结子的纱线。这种对接方法就是将两个断头的纤维束混合起来，使接头处的纱线外观和力学性能与纱线整体没有区别。针织用纱线在纺纱的同时需要进行上蜡。在有些情况下，卷绕工序可用于将用剩的筒子合并起来。最常用的纱线筒子卷装形式是圆锥形和圆筒形，常用的卷绕方式为鼓形卷绕（常用于短纤维纱线）和纡式卷绕（常用于长丝纱线），分别生产鼓形和纡子形卷绕包装。用于长丝纱线的纡式卷绕将在第 3.3 节中进行介绍。

3.2.6.2 合股纱和股线

除了捻线和自捻纱以外，短纤维纱线是单股纱，常用作普通纺织品和服装用纱。然而，为了满足产品需求，可能需要将两股或多股单纱捻成合股纱(图 3.21)。通常，合股纱的捻向与单股纱的捻向相反，以形成扭矩平衡的纱线结构。与单股纱线相比，合股纱线的结构更稳定、截面更圆整、毛羽更少、粗细更均匀、强度更高。相同线密度的合股纱比单股纱更加昂贵。合股纱的加工成本比较高，合股成纱的单股纱更加细，合股的单纱细度要相互匹配。合股单纱的数量以纱线的名称来表示，如三股纱线。图 3.22 所示的股线是通过将两股或更多根合股纱捻合在一起获得的，通常可以满足使用时的技术要求。例如，有些缝纫线是将合股纱进行再合股，可以获得很高的强度，同时减少纱线的不均匀、过度拉伸和结构不稳定。

图 3.21 合股纱

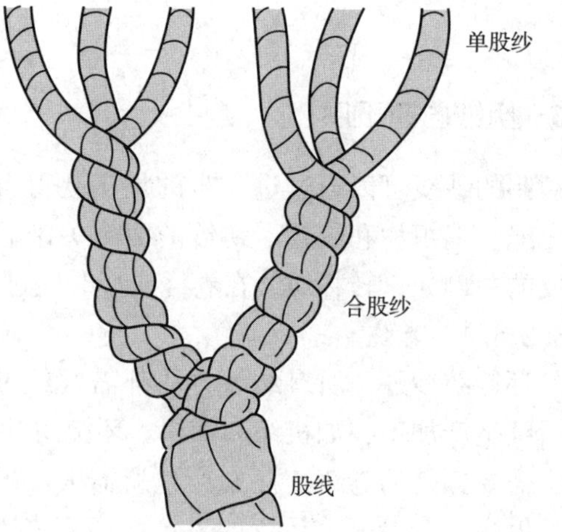

单股纱
合股纱
股线

图 3.22 股线

合股过程包括并合和加捻。在并合过程中，将所需数量的单股纱线组合在一起进行卷绕。常用的加捻方法有环锭加捻、上加捻和倍捻加捻。环锭加捻时，导纱器在锭子上转动，每转动一周，纱线就加上一个捻。上加捻时，卷绕组合装置安装在主轴上，纱锭每转一圈就形成一个捻，纱线以恒定的速度卷绕到纱线筒子上。在倍捻机加捻（图 3.23）时，退绕的纱线穿过纱线筒子的中心，纱锭每旋转一周就加上两个捻。第一个捻是在纱线运行在筒子和主轴之间加上的，第二个捻是纱线运行在主轴和卷取轴之间加上的。类似的原理也适用于合股纱加工的股线。

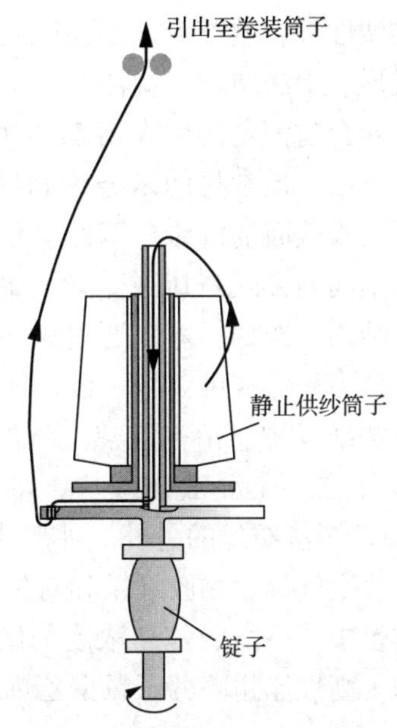

图 3.23　倍捻机工作原理

3.3　长丝纱

长丝纱线是除了单丝纱以外的、由连续长丝加工而成的。人造长丝纺纱采用的基本原理是将黏性聚合物熔融后挤压通过有若干细孔的喷丝头，以产生一条细长的聚合物流体。该聚合物流体通过不同的方式进行固化、牵伸变细并卷绕成合适的卷装形式。纺丝原料可以是聚合物颗粒或片状体，或者在某些情况下，将化学反应物直接连接到喷丝口。挤压螺杆和计量泵产生的压力共同作用使聚合物通过喷丝头。

在进行人造短纤维纺纱时，通过切断或拉断纤维束的方法获得短纤维（见第 3.2 节）。长丝挤出（通常称为纤维纺丝）的主要方法是熔融纺丝、湿法纺丝、干法纺丝和凝胶纺丝。图 3.24 所示的熔融纺

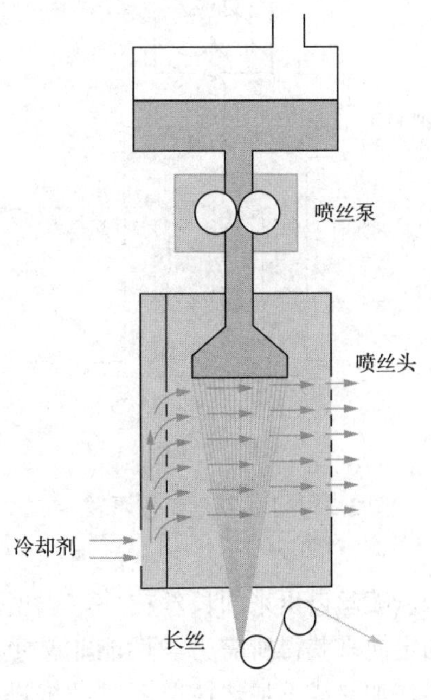

图 3.24　熔融纺丝工作原理

丝中，热塑性聚合物熔化后经挤压通过喷丝头。挤压后的纤维在冷空气中冷却，并卷绕成形。干法纺丝、湿法纺丝和凝胶纺丝可以归为溶剂纺丝，因为这几种方法纺丝的聚合物都是溶解在溶剂中用来制备纺丝的原液。熔融纺丝是最常用的挤压式纺丝方法，最常见的是涤纶和尼龙。通过改变喷丝头孔的几何形状，可以获得各种不同横截面的纤维。双组分纺纱近年来引起了人们极大兴趣，两种不同的聚合物以不同的方式挤压成单丝。最常见的配置是皮芯结构、并列结构、饼状楔形和海岛结构。例如，可以通过采用饼状楔形结构来生产微细纤维，两种聚合物的界面黏合力很低，可以将一根纤维分裂成许多根超细纤维。

在干法纺丝中，溶剂在热空气的作用下蒸发形成长丝（图 3.25），常见的有聚丙烯酸纤维。在湿法纺丝中，喷出的长丝是在不溶性溶剂的液体浴中凝固（图 3.26）。湿法纺丝的另外一种形式是干喷湿法纺丝，因为在细丝进入混凝浴之前经过一段空气层。黏胶纤维和对位芳纶分别通过湿法纺丝和干喷湿法纺丝生产。在凝胶纺丝中，挤出的是高浓度的纺丝原液，纤维先通过空气干燥，然后在液体浴中冷却。高性能超高分子量聚乙烯纤维就是采用凝胶纺丝技术制备的。

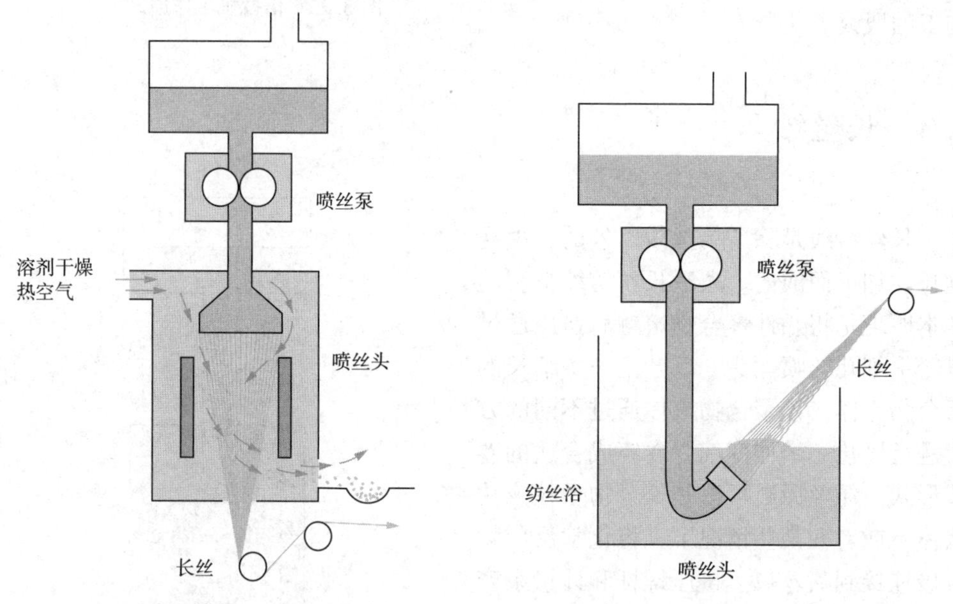

图 3.25　干法纺丝工作原理

图 3.26　湿法纺丝工作原理

从喷丝口出来的长丝在一定程度上是随机定向的，拉伸对于通过聚合物分子链的定向来获得所需力学性能非常重要。纺丝过程中用到两个或两个以上的导丝辊，在加热或不加热情况下对纤维进行牵伸，其中前导辊转速高于后导辊转速从而实现对纤维的拉伸。例如，涤纶是进行热拉伸，而尼龙则是冷拉伸。纤维牵伸可以一步完成，来生产全取向纱（FOY）。也可以是两步完成，第一步拉伸制备部分取向纱（POY），作为下一步牵伸的进料，如变形纱的生产，在纱线进行变形处理时，纤维实现全取向。随后的加工包括对纤维的热定型、纺纱整理、卷曲整理、短纤维切断、变形整理和加捻等。

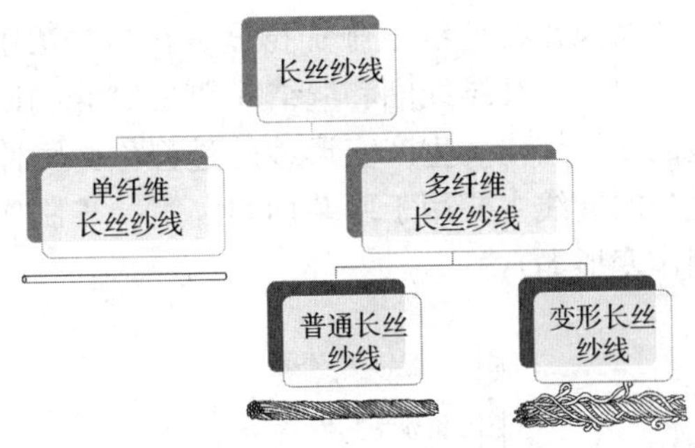

图 3.27 长丝纱线的分类

长丝的两种主要类型是单丝和复丝（图 3.27）。单孔喷丝头和多孔喷丝头分别用于生产单丝纱和复丝纱。复丝纱还可进一步分为普通纱和变形纱[10-11]。

3.3.1 单丝纱

顾名思义，单丝纱是由一根纤维组成。单丝纱的横截面通常是圆形和实心的。纤维的截面形状可以改变，以产生非圆形和（或）中空的单丝纱。单丝纱的直径为 100~2000μm，由于单丝的蓬松性差、抗弯刚度强，在服装上的应用受到限制。日常生活中单丝纱常用于钓鱼线、牙线、运动球拍和牙刷刷毛等。中空单丝纱可用作柔软的缝纫线，弹性单丝纱可用于生产压力服装。

3.3.2 复丝纱

在复丝纱生产中，每个喷丝头上有多个孔（通常为 30~100 个），每个喷丝孔喷出一根细纤维。因此，复丝纱是极细单丝的集合（通常单丝直径为 10~50μm）。复丝纱在同等线密度条件下比单丝纱更柔软，并且具有更高的覆盖能力。在复丝纱上加入少量的捻度可以保持纱线的结构稳定性。多组分长丝可以通过冷空气喷射（可替代加捻）产生缠绕，以产生网络纱或混合纱。网络纱含有单一类型的长丝，而混合纱则含有多种纤维。圆形截面的复丝纱比其他截面形状的纱具有更高的填充率。因此，其他结构的纱比较蓬松。复丝纱有两种主要类型：普通纱和变形纱。

普通纱是低捻度的复丝纱。这些纱表面光滑，因此有光泽（在纺丝液中加入添加剂可以改变光泽）、蓬松度较低、覆盖率低、在较小的负荷下拉伸率极低，用途有限。变形纱在服装方面应用广泛，经过变形处理可以降低纱线透明度，减少纱线之间滑移，增加保暖性（通过容纳更多的空气）和改善吸收性。变形处理是通过在纤维中形成环形、卷曲和线圈来实现的，常用的变形处理方法有假捻法和喷气法。假捻法是以第 3.2.5 节中介绍的原理为基础，平直的长丝纱经过拉伸、假捻、热定型后进行退捻，使复丝纱具有所需的伸长、卷曲和弹性。采用如图 3.28

所示的摩擦盘在纱线上施加捻度。在喷气法中，将平直纱线进行超喂、拉伸和热定型，以产生纤维线圈和缠结（图 3.29）。长丝之间相互缠结，可以产生类似短纤维纱的变形结构。生产变形纱的过程称为膨体长丝纱（BCF）生产。两步 BCF 流程生产的纱线主要用于服装面料，第一步制作普通 POY，第二步应用假捻变形工艺制作变形 FOY。

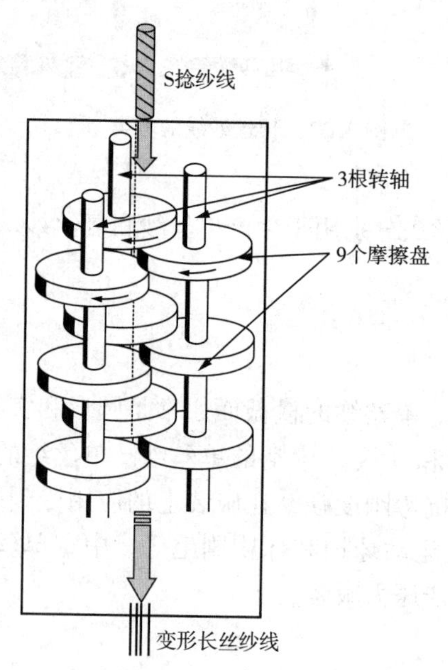

图 3.28　假捻法生产变形长丝纱的摩擦盘

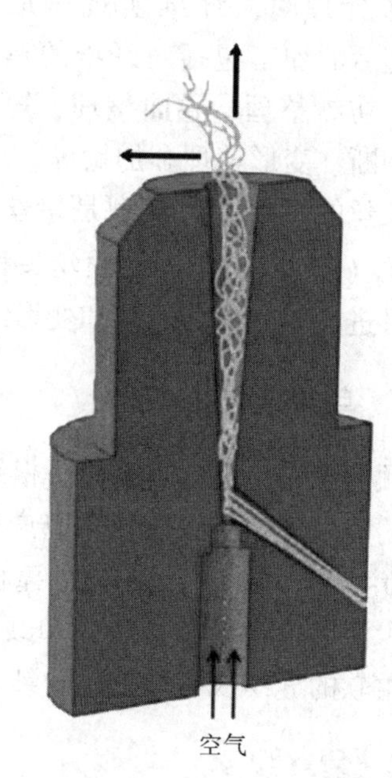

图 3.29　空气变形长丝纱生产原理

3.4　复合纱

复合纱是短纤维和长丝结合而成的纱线，有两种主要配置形式，即短纤维包覆在长丝芯纤维外，或者长丝包覆在短纤维芯外。有些情况下，用多种长丝作为芯丝，或者芯纤维可以在后道工序中溶解而形成中空纱。

3.4.1　包芯纱

生产包芯纱最常用的方法是在将长丝加入环锭纺纱系统中进行纺纱。长丝从纱筒上退绕后送入前牵引辊（图 3.30）。这种方法适用于涤纶/棉以及涤纶/涤纶包芯缝纫线的生产，弹性纤维在受控张力条件下输入，图 3.31 所示的生产方法用于生产缝合弹性紧身服装的弹性包芯纱[8]。棉纤维包覆弹性长丝的包芯纱在服装领

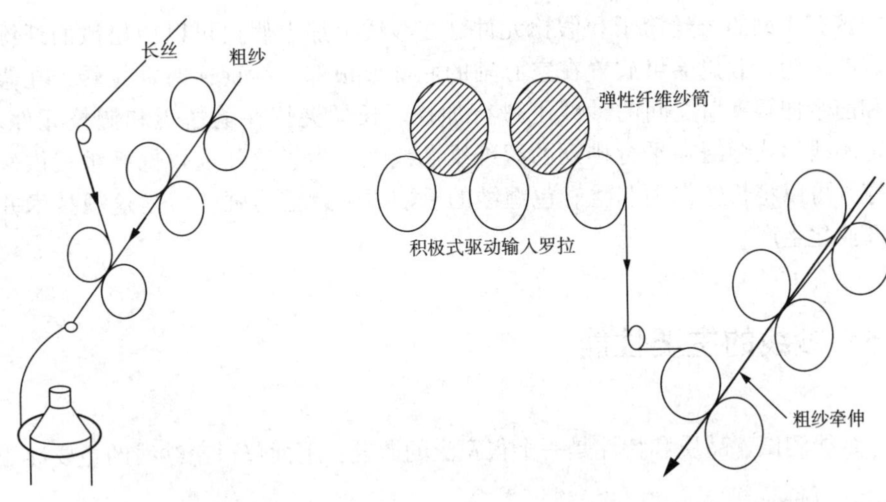

图3.30　非弹性纤维包芯纱生产原理　　图3.31　弹性纤维包芯纱生产原理

域应用广泛，最近开发出了棉纤维包覆多根芯线的包芯纱。包芯纱也可以在环锭纺、摩擦纺（自由端和假捻）和喷气纺（双喷嘴和涡流）等纺纱系统上通过适当的改造或增加辅助装置进行生产。例如，用于抗切割针织手套的纱线就是采用摩擦纺纱系统生产的（使用钢丝作为芯线，对位芳纶短纤维进行包覆）；采用涡流纺纱，生产以水溶性聚乙烯醇纤维（PVA）为芯线、棉纤维为包覆纱的包芯纱，在后处理过程中，将聚乙烯醇纤维（PVA）溶解在水中，得到中空纱。

另一种以长丝为芯线的包芯纱生产方法是采用黏合工艺。以单丝或复丝作为芯线，外层涂上熔融聚合物，将短纤维附着在熔融层上。长丝在通过喷丝口时，在外层涂覆熔融聚合物层，然后将短纤维附着在该熔融层上，并使用假捻方法使短纤维的黏合更加牢固。这项技术虽然有意义，但并没有实现一定规模的商业化生产。

3.4.2　包缠纱

在中空锭子纺纱机上将长丝平行地包覆在纤维束外层（图3.32）。牵伸罗拉通过旋转的中空纱锭喂入粗纱，在这个纱锭

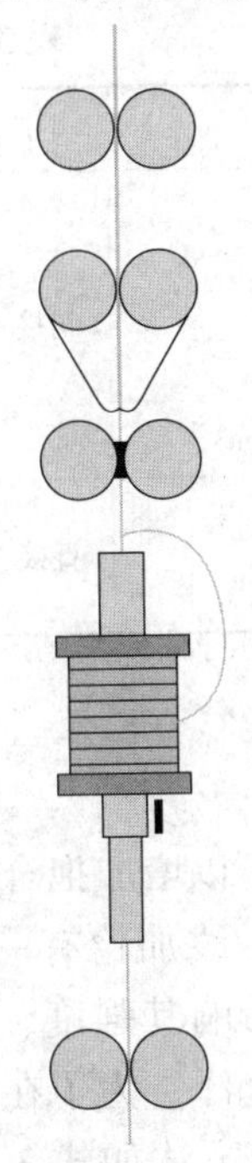

图3.32　中空锭子包覆纱线生产

上安装有小型的长丝筒子和假捻元件。在纱线上加上假捻可以使松散的纤维具有稳定的结构。假捻器可放置在空心轴的底部或顶部。纱锭逆时针旋转，在假捻元件和前牵伸辊夹口之间的纱线上进行加捻。长丝夹持在输送辊和假捻元件之间，以螺旋线形式缠绕在平行排列的短纤维芯线上。为了给强度较低纤维提供额外的支撑，可以将长丝作为芯线。包缠纱的毛羽少，遮盖力强，但是这项技术并未实现商业化生产。

3.5 纱线的主要性能

纱线测试、品质和特性是一个很宽泛的课题，下面仅讨论纱线的主要性能。

3.5.1 细度

由于纤维特性、纱线结构和聚合物密度等因素，纱线的直径或横截面积无法进行精确控制。线密度是表示纱线粗细的常用指标，线密度可以用直接法或间接法表示。直接法测定的是单位长度的质量，而间接法则测定单位质量的长度（表 3.1）。

表 3.1 不同纱线细度指标的定义和关系

单位	类别	定义	单位长度	转化为 Tex
英制支数（Ne_c） 粗纺支数（YSW/Ny） 精纺支数（Ne_w）	间接	每磅汉克数	1 汉克 = 840 码 1 汉克 = 256 码 1 汉克 = 560 码	$590.5/Ne_c$ 1938/Ny $885.8/Ne_w$
公制支数（Nm）		每千克汉克数	1 汉克 = 1000 米	1000/Nm
特克斯（tex） 旦尼尔（旦）	直接	1000m 长度纱线的质量克数 9000m 长度纱线的质量克数		tex 0.1111×旦尼尔

3.5.2 捻度

纱线加捻可以增加抱合力，使纤维集聚在一起，同时使纤维与纱线轴线具有一定的角度。纱线加捻有一个最佳捻度水平，超过该水平就会影响纱线的强度。纱线的捻度会影响其强度、伸长率、活泼性、吸湿性、手感、外观、耐久性、抗起毛起球性和光泽。为了在不同纱线线密度条件下达到相同的加捻水平，引入捻度系数 K，计算方法如式 3.1 和式 3.2 所示。将纱线退捻至纤维平行于纱线轴线时，就可以测量纱线的捻度。值得注意的是，由环锭纺纱和涡流纺纱等纺纱系统生产的纱线是无法通过解捻的方法测量纱线捻度的。

$$K_{间接} = \frac{\frac{捻度}{单位长度}}{\sqrt{纱线支数}} \tag{3.1}$$

$$K_{直接} = 每米捻度 \times \sqrt{纱线支数} \tag{3.2}$$

3.5.3 拉伸强度

纱线的力学性能，特别是拉伸强度，对纱线的深加工和使用性能有着重要的影响。拉伸强度是将纱线延伸至断裂点所需的最大拉伸力。强伸率是指纱线的拉伸强度除以其线密度，用于比较不同线密度（支数）纱线的强度。伸长率是指纱线伸长量与初始长度比值的百分比。

3.5.4 条干均匀度

纱线条干均匀度是指纱线单位长度的重量变化，或横截面面积的变化，或直径的变化。描述纱线均匀度最常用的指标是平均偏差百分比或变异系数。纱线质量和直径通常采用光学法和电容法测量，后者在工业中更为普遍。在电容法测量时，具有一定介电常数的纱线从两个平行的电容器平板间通过，两个平板间的电容随纱线粗细的变化而变化。单位长度中纱线的细节、粗节、糙结数量定义为疵点指数（IPI），乌斯特仪能够给出不同纱线的基准数据。

3.6 缝纫线

显然，在高性能服装中，服装的接缝和拼接方式非常重要，而缝纫线在拼接过程中起关键作用。

缝纫线的生产工艺与其他纱线基本相同。但是，为了使缝纫线能够承受更大的张力和摩擦力，还需要增加一些工艺和后整理（如表面润滑）。缝纫线受到的张力和摩擦力是由于高速牵引缝纫线通过机针、成圈机构和织物层而产生的。

生产缝纫线使用的纤维和长丝需要比普通纱线的纤维和长丝更加均匀，以保证缝纫线在服装生产过程中更加均匀可控。缝纫线中各组分纤维或长丝之间需要在沿着纱线长度方向上有尽可能多的表面接触，以提供最佳强度有效值，从而使纱线具备必要的强度和延伸性能。服装缝纫工序中，要求缝纫线具有较好的拉伸性能，功能服装在这方面的要求比普通服装和时尚服装更高。

3.6.1 捻度

纱线的捻度使纱线具备必要的强度和伸长特性。在纺纱阶段，这种捻度为单向捻。两股或两股以上的单股纱在加捻或并合（有时称为合股或并线）过程中，则要进行反向加捻来平衡纱线结构。如果没有反向加捻，纱线结构会很不稳定，在缝纫过程中无法控制。捻度是以每厘米或每米的加捻圈数（捻回数）来测量的。若捻度过低，纱线容易断裂；若捻度过高，纱线结构不稳定，无法控制。捻度系数可以用来确定要加入的捻回数，请参见第3.5.2节中的式3.1和式3.2。若想了解缝纫线的捻度，可以采用手动方法或使用自动捻度测试仪将纱线退捻，测出合股纱线和单股纱的捻度。

3.6.2 捻向

与所有短纤纱一样，缝纫线有两种不同的捻向，即Z捻或S捻。锁式缝纫机进行缝纫时，缝纫线中会增加少量Z捻。如果使用的缝线为Z捻，缝纫线的捻度会增加而达到最佳的力学性能平衡状态；如果使用的缝纫线为S捻，由于缝纫机组件的作用，缝线会出现退捻，强度降低。因此，大多数缝纫线的最终（合股）捻向都是Z捻，当然也会有一些例外。需要指出的是，如果缝纫机的工作方向相反，则情况相反。在某些具有较多反向缝合的加工中，需要避免接缝强度不一致。因此，使用短纤维纱或股线未必是正确的选择，其他缝纫线可能是更好的选择，例如，长丝纱线或包芯纱线，这种缝纫线的拉伸强度基本上不依赖于纺纱时纤维间的摩擦，因此，不会受到捻度变化的影响。

3.6.3 股线和合股线

大多数缝纫线是双股或三股，偶有四股纱并合而成（图3.21）。合股线是由多根股线组合而成的，适用于强度要求较高的场合。其中三个Z捻股线加上S捻以后形成三股合股线，两根这样的线加捻后可以形成六股合股线。

3.6.4 短纤维纱线

最常见的短纤维纱线结构形式如图3.33所示。这些纱线都是用短纤维（纤维素纤维或合成纤维）纺制而成的，纺纱过程中纤维相互抱合产生足够的摩擦力，纱线的抗拉伸强度完全取决于纤维间的摩擦力。

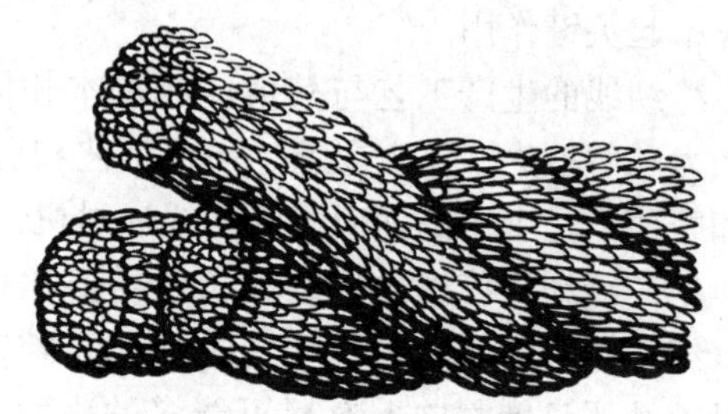

图3.33 短纤维纱线[12]

3.6.5 包芯纱线

在单纱纺制阶段，将长丝作为芯线，短纤维覆盖在长丝外层，以起到保护作用，然后再进行卷取（图3.34）。长丝和短纤维的组合有助于提高缝纫线的强度。与短纤维纱线相比，包芯纱线具有更高的韧性，同时能够适应缝纫机高速运转。这种缝纫线强度较高，可缝纫性能好，是缝纫高密度、低伸长的紧密织物的良好选择。

图3.34 包芯纱线[12]

3.6.6 长丝纱线

长丝缝纫线的种类较多，但本质相同，纱线都是由连续的长丝组成（图3.35）。虽然这类缝纫线有很高的强度，但普遍认为，在使用时，与相同线密度的短纤维纱线和包芯纱线相比，缝纫速度需要降低。

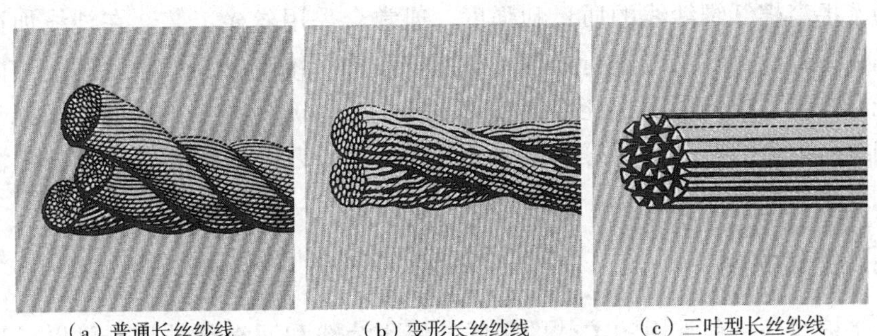

（a）普通长丝纱线　（b）变形长丝纱线　（c）三叶型长丝纱线

图3.35 几种常见的长丝纱线

3.6.7 纱线细度

与普通纱线相同，缝纫线的细度也可以用支数或线密度来表示。此外，用户必须认识到，票号是将公制支数（Nm）乘以3得出的数值，不同类型缝纫线的票号不同。表3.2给出了合成纤维缝纫线的tex、dtex和票号之间的对应关系。

表3.2 常用合成纤维纱线的细度指标之间关系

tex	dtex×股数（两股纱线）	dtex×股数（三股纱线）	dtex总值	票号	票号计算
40	200×2	133×3	400	75	（1000/40）×3
60	300×2	200×3	600	50	（1000/60）×3
80	400×2	267×3	800	38	（1000/80）×3
100	500×2	333×3	1000	30	（1000/100）×3

3.6.8 润滑

缝纫线上使用的润滑剂类型和质量非常重要。劣质润滑剂会使服装制造商的生产效率和产品质量下降。对缝纫线进行润滑的要素有以下三个：①纱线表面润滑剂必须均匀一致；②润滑油应保护缝纫线免受缝纫机针热量的影响，同时能够对机针进行润滑；③润滑剂应有助于缝纫线承受突然的应力，因为在工业化缝纫生产过程中，缝纫线以高于80000m/h的速度运动，每针反复穿过机针和织物约40次。另外，缝纫线表面润滑剂还会影响正常的张力设置。这就要求用于同一织物和同一机器的所有缝纫线的润滑油含量都相同。每次更换包装时，润滑剂出现任何变化都需要对张力重新调整，以保证缝纫过程正常。

3.6.9 丝光棉线

为了提高棉纤维纱线的质量和强度，通常会采用丝光工艺。在纱线加捻后染色前，用苛性钠对缝纫线进行处理。碱能够使棉纤维膨胀，形状变圆，从而使纱线的光泽更强，拉伸强度也能够提高12%左右，丝光处理是不可逆的。此外，丝光缝纫线对染料的亲和力很好，适用于任何染色工艺，在丝光棉织物的服装上使用时优点更加明显。

3.6.10 上浆棉线

上浆棉线是一种常用的柔软的棉线。使用淀粉和润滑剂处理，可以提高纱线强度，增加纤维抱合，然后通过旋转装置对缝纫线进行抛光处理，提高缝线外观平滑度和光泽感。这种表面处理不是永久性的，缝纫完成后洗涤即可去除浆料。

3.6.11 缝纫线伸长

虽然缝纫线的延伸性通常是由缝型的线迹类型决定的，但当织物具有极强的拉伸性时，仅靠线迹类型无法达到所需的缝纫线伸长量。在这种情况下，就要使用具有高伸长能力的缝纫线。缝纫线的伸长率从4%（棉线）~60%（聚对苯二甲酸丁二醇酯）不等。

3.6.12 缝纫线卷装

缝纫线卷绕的筒子类型是重要的考虑因素，取决于所使用的缝纫机类型、缝纫速度和所需的缝纫线长度。图3.36为几种不同类型的缝纫线卷装形式。

有边筒子是带有小型边盘的塑料筒管，适用于家用缝纫机。

线轴是小型无边纸板或塑料筒管，适用于工业平缝机，主要用于时尚产业，缝制加工周期短、颜色变化多的服装。线轴上的纱线交叉卷绕，防止不同层缝纫

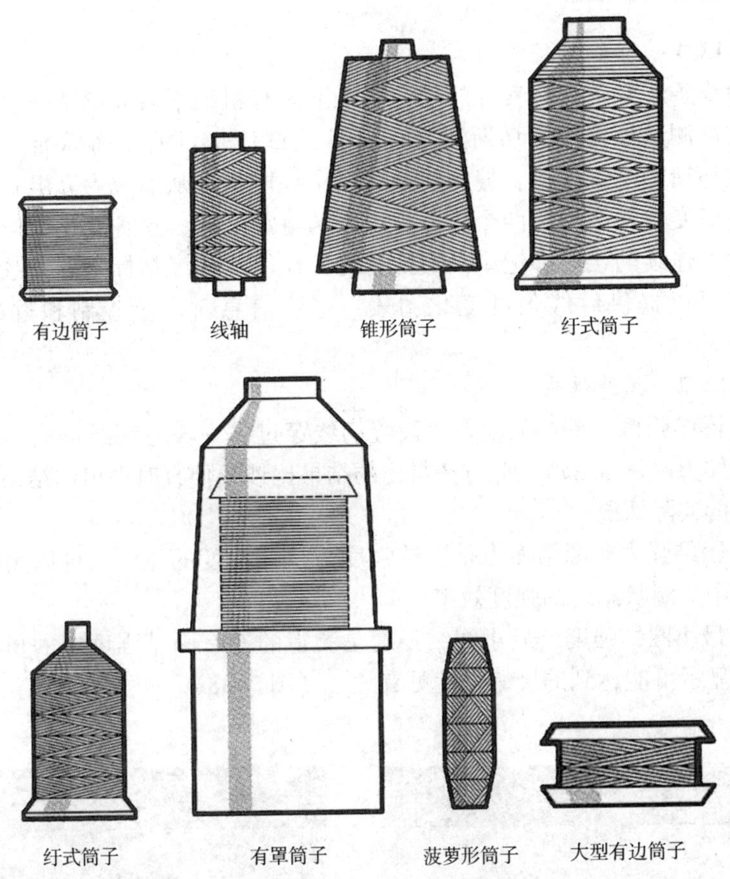

图 3.36　几种不同类型的缝纫线卷装形式

线之间相互纠缠，而造成缝线退绕困难和断线。

锥形筒子上可以容纳 2500m 或更长的缝纫线，并且能以间歇或连续的方式进行输送。

纡式筒子可以是短管或小角度锥形管，这种筒子的底部有凸起的边盘，可以防止缝纫线滑脱，当缝纫线的表面非常光滑时，很容易从筒子上滑脱。

有罩筒子可以用来控制非常不稳定的单丝缝纫线的输送。容器顶部通常配有润滑剂涂抹器。

菠萝形筒子是自支撑的卷装形式，没有供缝纫线卷绕的中心轴，这种卷装形式通常在多针绗缝机中使用，有时也在绣花机上使用。

大型有边筒子上纱线的长度比平缝机上常用筒子的纱线更长，可以避免在生产中缝线耗尽的情况发生。

3.6.13 缝纫线质量

3.6.13.1 均匀度

缝纫线条干必须具有良好的均匀性，不能有粗细不匀或捻度变化的情况。在纱线均匀度测试仪器中，乌斯特（Uster）测试仪是目前较高标准的均匀性测试仪器。在乌斯特测试仪中，缝纫线通过两个导电板，从而成为介电材料。缝纫线质量的任何变化都会导致两个导电板之间的电容变化，这种变化可以通过计算机进行即时、连续的接收和记录。最常用的缝纫线均匀度指标是变异系数。乌斯特测试仪还可以提供纱线匀度变化图表，这些信息对质量控制和过程控制非常重要。

3.6.13.2 拉伸性能

（1）圈结强度。圈结强度是一段缝纫线穿过另一段缝纫线形成圈套被拉断时所需的拉伸力（图 3.37）。此方法得出的结果比纱线伸直时得出的结果更接近缝纫线缝合后的实际情况。

（2）圈结强力。圈结强力是圈结强度与拉伸强度的比值，可以用于评价缝纫线在线迹中成圈状态时的强度效率。

（3）最小圈结强度。最小圈结强度是测得的所有圈结强度中的最低值，这项指标对于显示可能达到的接缝强度更有意义（图 3.38）。

图 3.37 圈结强度示意图[12]

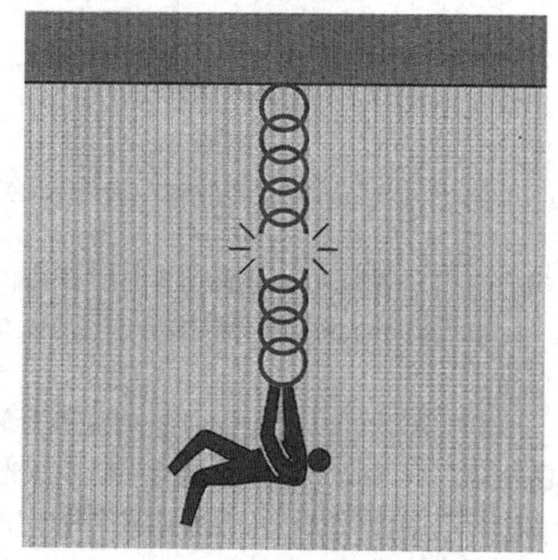

图 3.38 最小圈结强度示意图[12]

（4）缝纫线强度。伸长能力小的织物在线缝处承受的应力大于伸长能力大的织物。如果将这项因素与缝纫线拉伸强度、每英寸针数（SPI）、线迹类型和线迹系数一起考虑时，就可以给出合理的缝纫线强度预测值：

SPI×缝纫线拉伸强度×线迹系数=缝纫线强度预测值　　(3.3)

如果是在密度大、伸长率低的织物上缝制，实际缝纫线强度比用式（3.3）计算得出的缝纫线强度低40%左右。

线迹系数为：

2线锁式线迹（BS301）=1.5；

2线链锁线迹（BS401）=1.2。

例如，锁式线迹的缝纫线强度：

12（SPI）×1208g（缝纫线拉伸强度）×1.5（线迹系数）=12×1208g×1.5
=21.744kgf

紧密织物：　21.744kgf×（1−40%）=13.045kgf

链锁线迹的缝纫线强度：　12×1208g×1.7=24.643kgf

紧密织物：　24.643kgf×（1−40%）=14.785kgf

制造商必须测试和控制的缝纫线其他重要性能有：弹性、收缩率、回潮率、尺寸稳定性和耐磨性。

参考文献

[1] Klein, W. (2016a). The rieter manual of spinning—Technology of short-staple spinning: Vol. 1. Winterthur: Rieter Machine Works Ltd.

[2] Gordon, S., & Hsieh, Y. -l. (2006). Cotton: Science and technology. Cambridge: Woodhead Publishing Ltd.

[3] Lawrence, C. A. (2003). Fundamentals of spun yarn technology. Boca Raton, FL: CRC Press.

[4] Lord, P. R. (2003). Handbook of yarn production: Technology, science and economics. Cambridge: Elsevier.

[5] Stalder, H. (2016a). The rieter manual of spinning—Alternative spinning systems: Vol. 6. Winterthur: Rieter Machine Works Ltd.

[6] Stalder, H. (2016b). The rieter manual of spinning—Ring spinning: Vol. 4. Winterthur: Rieter Machine Works Ltd.

[7] Horrocks, A. R., & Anand, S. C. (2000). Handbook of technical textiles. Cambridge: Elsevier.

[8] Lawrence, C. A. (2010). Advances in yarn spinning technology. Cambridge: Elsevier.

[9] Ernst, H. (2016). The rieter manual of spinning—Rotor spinning: Vol. 4. Winterthur: Rieter Machine Works Ltd.

[10] Alagirusamy, R., & Das, A. (2010). Technical textile yarns. Cambridge: Elsevier.
[11] Weide, T. (2016). The rieter manual of spinning—Processing of man-made fibres: Vol. 7. Winterthur: Rieter Machine Works Ltd.
[12] Coats, (1996). The technology of threads and seams (3rd ed.). London: Coats.

第4章　高性能织物的先进织造技术

X. Gong[*], *X. Chen*[†], *Y. Zhou*[*]

[*]武汉纺织大学，中国，武汉；[†]曼彻斯特大学，英国，曼彻斯特

4.1　概述

织造是纺织工业最重要的一个分支。一维纱线按不同的规则进行交织可以形成二维或三维结构织物。机织物是服装用和家用纺织品的主要材料，这些材料以风格和舒适度为主要需求。另一方面，机织物在高性能织物中也占据重要地位，织造过程中能够使用各种原料，并将这些原料转化为具有各种几何形态的产品。

在漫长的织造技术发展中，织造原理基本保持不变。开口、引纬和打纬是织机在织物成形过程中的基本运动，其次是卷取和送经，以保证整个织造过程的连续性。表4.1详细介绍了织机的主要运动及功能。

表4.1　织机运动及其功能

织机运动	功　能
开口	将经线分为上下两层以形成织口，使得新的纬线能够穿过织口形成织物。织口的形式决定了织物结构
引纬	将选定的纬线引入织口，有不同的引纬方式
打纬	将新引入的纬线打向织口（织物与经线交界处）以形成织物，打纬运动由钢扣的运动完成
卷取	将织物从织口处移开，其速度根据预设的纬线密度而定。卷取运动也能够为下一根要织入的纬线留出空间
送经	从经线轴上送出适量的经线进行织造。经线上保持一定的张力，以保证织造的持续进行

高性能机织物的高效生产需要解决很多问题，如使用非常规纱线进行织造、减少经纱和纬纱在织造过程中的损伤、保持特种结构织物的成形性等。

本章对生产高质量、高性能机织物的现代织造技术进行介绍，综合了用于织

造高性能织物的纤维材料、织造准备、织造原理和织物结构等方面的内容，为面料创新设计提供全方位的信息，以满足时尚服装、家用纺织品和技术纺织品的需求。

4.2 高性能织物用纤维材料

4.2.1 天然纤维和再生纤维

棉、羊毛、亚麻和蚕丝是最重要的天然纺织纤维，其次是黄麻、大麻等。天然纤维的长度和性能各不相同，一致性较差，并且含有杂质，需要经过处理以去除杂质并减少长度不匀。通过在纤维束加上足够的捻度，将纤维加工成相互抱合的、连续的且具有一定强度的纱线。

蚕丝综合了高强度、高伸长性和高蓬松性的力学性能。黄麻和大麻是高强度纤维，会产生脆性断裂，断裂伸长量很小，具有很高的初始模量，但回弹性较差。棉纤维是最重要的天然纤维素纤维，长度和细度是衡量其质量的重要指标。棉纤维具有较好的亲水性和多孔性，浸水后内部孔隙会充满水膨胀。化学改性可以改善棉织物很多方面的性能，包括吸色性、永久定型性、阻燃性、去污性和抗菌性等。

再生纤维由天然聚合物制成，使用最广泛的再生纤维是黏胶纤维和醋酯纤维。黏胶纤维种类众多有普通黏胶纤维、高强度黏胶纤维、低湿模量黏胶纤维、高湿模量黏胶纤维、高强度/高伸长黏胶纤维、阻燃黏胶纤维、高吸水性黏胶纤维、中空黏胶纤维及铜氨黏胶纤维。高强度黏胶纤维用于需要高强度、高弹性和耐久性的场合，可用于加强轮胎、传送带、传动带和软管。黏胶纤维的其他应用还包括工业缝纫线、帐篷织物和防水布等。

醋酯纤维和三醋酯纤维织物的手感、染色性、柔软性（舒适性）和悬垂性较好，通常用于女装。醋酯纤维纱线可用于经编针织物和机织物。使用此类纤维的女装包括连衣裙、衬衫和内衣。醋酯纤维织物可以取代黏胶纤维织物用作男式西服的衬里，但不能同时满足易于护理和美观的要求。三醋酯纤维一个重要的应用是生产需要进行起毛、起绒和仿麂皮等表面处理的服装面料。

4.2.2 合成纤维

与天然纤维形成的聚合物不同，合成纤维是由化学高分子或高分子化合物聚合而成的[1]。合成纤维产品具有易保养和耐用的特性，但服装舒适性、光泽和可缝制性的问题成为限制100%合成纤维面料在服装领域广泛应用的主要障碍。合成纤维长丝可以被切断为与天然纤维长度相匹配的短纤维，与天然纤维混合后纺制成具有特定性能的混纺纱用于服装。

4.2.2.1　聚酯纤维

就产量和应用而言，聚酯纤维特别是聚对苯二甲酸乙二酯纤维（PET）是全球最重要的合成纤维。聚酯长丝可以通过环锭加捻或假捻方法加工成膨体丝。许多服装尤其是女装面料，采用的长丝纱需要经过变形处理，以获得理想的美观性。聚酯短纤维也可以与棉、毛或其他天然纤维混合，纺制混纺纱线，其与羊毛和棉混纺的纱线非常成功，但容易起毛起球。PET是一种强度非常高的纤维，强力值约为5g/dtex。但是，在65%的相对湿度下，回潮率仅为0.4%，容易产生静电。

4.2.2.2　聚酰胺纤维

聚酰胺纤维有尼龙66和尼龙6。聚酰胺纤维具有优异的力学性能，与橡胶等其他材料具有良好黏合性，在各种应用场合都具有相当的优势。聚酰胺纤维可用于女式丝袜、衬衫、内衣和泳装类的弹性产品等；也可用于窗帘和室内装潢等家居用品；在产业用织物中也应用广泛，如汽车轮胎、降落伞、网和帐篷；由于高强度、高弹性、高耐磨性，聚酰胺纤维在军事领域也广泛应用。

4.2.2.3　聚丙烯腈纤维

聚丙烯腈纤维的横截面有很多形式，有几乎完美的圆形和骨头形。干法纺的聚丙烯腈纤维为骨头形横截面，具有较低的弯曲模量。骨头形截面可以防止纤维紧密堆积，因此纱线非常蓬松。聚丙烯腈纤维耐光性好，加工而成的帐篷和雨篷等户外产品具有很高的价值。各种细度的聚丙烯腈长丝可以作为蚕丝替代品用于高级时装面料。聚丙烯酸纤维其他重要用途包括地毯、窗帘和室内装饰物。

4.2.2.4　聚丙烯纤维

高弹性、低密度和化学稳定等特性是所有聚丙烯纤维产品固有的。聚丙烯纤维越来越多地用于汽车内饰和家装内饰。由低线密度聚丙烯纤维（<1.5dpf）制成的机织物具有优异的热防护性能，可以提供良好的透气性，并且能够防水。因此，在服装中使用聚丙烯纤维可以消除皮肤干燥和出汗引起的体味，从而保证穿着舒适性和个人卫生。聚丙烯纤维的主要用途为冬装、登山和滑雪运动服、工作服和内衣。

4.2.3　纤维主要性能

为了满足纱线加工的需要，纤维必须具有一些基本性能和其他必要性能。表4.2和表4.3给出了不同纤维的回潮率、强力和伸长率。

表4.2　纤维的回潮率

纤维	羊毛	蚕丝	黏胶纤维	麻	棉	醋酯纤维	聚酰胺纤维	三醋酯纤维	聚丙烯酸纤维	聚酯纤维
回潮率（%）	13.6	11.0	11.0	8.75	7.0	6.6	4.5	3.5	1.5	0.4

表 4.3　纤维强力与伸长率

指标	尼龙（普通）	尼龙（高强）	尼龙（短纤维）	涤纶	涤纶	Orlon 丙烯酸纤维	Orlon 丙烯酸纤维	黏胶纤维（普通）	黏胶纤维（高强）	醋酯黏胶纤维	羊毛	棉	蚕丝
强力（g/旦）	4.5~5.0	6.5~7.7	3.8~4.5	4.4~5.0	3.0~3.9	4.7~5.2	2.0~2.5	1.5~2.4	2.4~4.6	1.3~1.5	1.0~1.7	2.0~5.0	2.2~4.6
伸长率（%）	18~25	14~20	25~37	18~22	25~40	15~17	20~45	15~30	9~20	23~30	25~35	3~7	10~25

4.2.3.1　纤维长度和细度

短纤维的长度会影响其可加工性和纱线的力学性能，因此，是一项非常重要的指标。用于纺纱的短纤维长度因用途而异。例如，用于环锭纺纱的聚酯纤维或黏胶纤维可切断为 31~51mm，用于精纺系统的为 60~90mm，棉纤维的典型长度为 20~45mm。

天然纤维的长度变异通常很高（棉纤维为 40%），但在纺纱过程中可以得到改善，以获得满意的纱线规律性。较长的短纤维在纺纱过程中是有优势的，只需要较少的捻度就可以获得与较短的纤维相同的纱线强度。低捻度生产出来的纱线比较蓬松。

较粗的纤维更难加捻，加捻以后会比细纤维储存更高的扭矩应变能量。这一点可以通过纱线在松弛状态下呈现的扭结和缠结表现出来。线密度小于 0.33tex 的纤维具有较好的弹性，可以用于服装；用于产业用纺织品的纤维，线密度一般为 0.66~1.66tex，有时会更大。线密度高的纤维可以提高纱线和织物的耐磨性。

4.2.3.2　纤维横截面

纤维横截面不仅影响织物的外观和手感，也会影响纤维之间的抱合力、弯曲刚度及纤维在纱线中的填充度。棉纤维具有 U 形截面，外部有一层角质层和一层主壁，内部中空。黄麻纤维的横截面呈多边形。合成纤维可以设计成任何横截面形状，如圆形、三叶形、多叶形、中空等。圆形截面的纤维具有较大表面积，与相邻纤维之间的接触面大，纤维间的抱合力通常比非圆形截面的纤维强。纤维之间的抱合力取决于横截面形状、纤维的细度、抗弯刚度和抗扭刚度。

4.2.3.3　纤维卷曲

棉纤维等天然纤维具有卷曲性，有利于纤维加工和提高纱线蓬松度。在合成纤维中需要加上适当的卷曲以利于加工，通常每厘米 3.5~5.5 个卷曲。短纤维中的卷曲结构可防止纤维相互压紧，以增加纱线的体积。卷曲也可以提高纤维之间的抱合力。

4.2.3.4　纤维性能

表 4.4 比较了一些常用纤维的性能。聚酯纤维的基本性能最好，其次是聚酰胺纤维，聚丙烯腈纤维、纤维素纤维和羊毛。聚丙烯酸纤维在实用性和特定应用领域排名第一。机织服装需要具有良好的洗涤性能、耐磨性和抗皱性，与聚酯纤维混纺或采用交联剂树脂整理对改善棉纤维性能有积极的作用。

表 4.4　常用纤维性能比较（以 1~5 进行评分，5 分为最高分）

	聚酯纤维	聚酰胺纤维	聚丙烯腈纤维	羊毛	纤维素纤维
第 1 类：基本性能					
耐磨（耐久性）	4	5	3	3	3
强度（耐久性）	4	5	3	2	3
洗可穿	5	3	3	1	1
抗折皱	5	3	3	4	1
抗起毛起球	3	1	3	3	5
第 2 类：实用性					
蓬松（覆盖性）	3	3	5	4	1
传湿（热湿舒适性）	3	2	5	3	4
抗静电	2	1	4	5	5
速干	5	5	5	1	1
第 3 类：功能性					
阻燃	5	5	3	5	1
抗干热降解	5	3	5	5	3
抗湿热降解	3	4	5	2	4
抗日光降解	3	3	5	2	3
抗菌	5	5	5	1	1
抗微生物	5	5	5	1	1

4.2.4　新型纤维

4.2.4.1　对苯二甲酸基的聚酯纤维

聚对苯二甲酸丁二酯（PBT）与聚对苯二甲酸乙二酯（PET）的化学组成稍有不同，但在性能方面有明显的差异，PBT 纤维具有较高的结晶度和较低的熔点，可以在较低的温度下进行熔融纺丝，且比 PET 纤维的颜色更白。PBT 纤维的弹性好，在小变形条件下具有很好的弹性和回复性。与 PET 纤维不同，PBT 纤维易用分散染料煮染，耐光氧化，不易泛黄。良好的回复能力和易染色性使 PBT 纤维在地毯织物中具有一定的优势。

聚对苯二甲酸 1，3 丙二醇酯（PTT）是另一种聚酯纤维，具有优异的回复性。PTT 纤维具有独特的弹簧状晶体结构，制成的地毯具有很好的回弹性，PTT 纤维还具有较低的静电荷积聚性和较强的抗污渍性。PTT 纤维也可用于贴身服装和服装衬里以及汽车和家居内饰。

4.2.4.2 单丝纤维

超细纤维是线密度低于 1.2dtex 的聚酯纤维，或线密度低于 1.0dtex 的聚酰胺纤维。普通聚酯纤维的线密度为 3~5dtex，而超细聚酯纤维的线密度仅为 0.5dtex。超细纤维纺制的纱线赋予织物优良的加工性能，且柔韧性好、手感柔软、悬垂性佳，以及良好的外观。由于单纤维极细，染色后织物的色彩纯正、光亮。超细纤维很细，热容量小，熨烫时纤维容易由于过热而受损伤。在加工过程中，超细纤维容易出现勾丝，需小心处理。

在典型的超细纤维织物中，高密度的纤维赋予织物良好的防风防水特性。织物中纤维空隙小，空气不易通过，由于表面张力作用阻止水分穿透织物，因此，织物基本上不会受到水分影响。而汗水可以透过织物蒸发，从而保证了穿着舒适性。超细纤维织物还具有良好的隔热性能。0.5dtex 的聚酯纤维（密度 1.4g/cm^3）直径约为 7μm，正好位于红外线波长的中间（2~20μm）。超细纤维对于辐射具有良好的散射作用，能够减少人体热量的辐射损失。因此，超细纤维广泛用于户外服装和运动服。

4.2.4.3 双组分纤维

双组分纤维是由不同聚合物组成的长丝，组分间有很多种几何排列形式。三种主要排列形式为并列型、皮芯型和多芯型（或海岛型）。“可分割饼状”的配置形式也用于超细纤维的生产。并列双组分纤维可用于生产膨体纱线，纤维经过拉伸和松弛后，两种不同相对分子质量的 PET 纤维就会形成螺旋卷曲。皮芯型双组分纤维适应性强，将不同的聚合物包覆在一根聚酯纤维芯线外，从而使表面具有多种不同的性能，同时保持聚酯纤维材料的性能。多芯或海岛结构也是不同组分的超细纤维，中空纤维的中空芯中包含空气，对于衬里等织物，往往是通过加入热黏合双组分纤维来获得稳定的纤维中空结构。

4.2.4.4 高性能纤维

目前有很多种根据具体应用需要而生产的产业用纺织品。产业用纺织品的种类比服用纺织品多，涉及的纤维材料也多种多样，如玻璃纤维、陶瓷纤维和玄武岩纤维。玻璃纤维长丝纱可以通过变形、折叠或合股等，广泛应用在航空航天、汽车、海运、民用、体育用品以及电气或电子领域。陶瓷纤维耐高温（2000~3000℃），可用于热电偶、炉挡板、炉衬、密封件和垫圈等。玄武岩纤维在高温环境、高性能机械、汽车、造船、航空、低温技术和海上平台中广泛应用。

芳纶和高性能聚乙烯纤维是有机聚合物材料。芳纶可用于防弹衣、头盔、帆布和网球拍等，也用于汽车、电气或电子和医疗等领域。高性能聚乙烯纤维也可用于绳索、渔网和防弹装备。此外，碳纤维是一种有用的准有机聚合物，它的优势是热稳定性高，在火箭、卫星、飞机、捕鱼设备、高尔夫球杆、汽车或自行车、机械零件和耐腐蚀设备等方面有较高的应用价值。

高模量、高韧性（HM-HT）纤维，具有分子链充分延展的优良定向性结构，可以通过两种完全不同的方式生产。一种方法是将刚性分子转化为纤维，这种纤维在纺丝过程中高度定向，如聚苯对苯二甲酰胺纤维或芳纶。另一种制造高模量、高韧怀纤维的方法是将柔性、惰性分子链进行非常高度的拉伸，形成一个完全展开的定向形状，如超高分子量聚乙烯（UHMWPE）纤维。

当加工成纤维时，定向热致液晶聚合物（TLCP）（如芳族聚酯 Vectran）与金属、陶瓷和碳相比，具有很高的拉伸性能和较低的密度。然而，其剪切和压缩方面的性能存在明显不足。LCP 纤维的关键应用领域包括硬式盔甲（车辆、头盔）、软式防弹盔甲和背心、防割手套和各种复合材料（如蜂窝结构材料、压力容器材料和橡胶加固材料等）。

4.2.4.5　生物降解或医用纤维

可生物降解聚酯纤维应用广泛，最成功的是外科手术用缝线，这种缝线在体内可以被逐渐吸收。可生物降解纤维也用于一次性物品，如湿巾。这类材料对环境无害，而且可在最高 50℃ 的温度下发生水解。聚乳酸（PLA）纤维或长丝可以用于植入式缝合线和韧带组织的支架，通过静电纺丝获得，直径为 50~500nm 的纤维。聚己内酯（PCL）海藻酸盐也可以用于组织工程支架的制作。

4.2.4.6　导电纤维

导电纤维可以用于数据传输、无线通信的传感器，以及智能纺织品的电磁屏蔽材料。导电纱线是通过包缠纺纱方法加工而成的，芯部为导电长丝。反光、发光、磷光、光致发光和电致发光纱线等产业用纺织纱线在反光服、路标等领域广泛应用。这类纱线是将银转移膜层压在聚酯纤维材料上制成的。

4.2.4.7　智能纤维

纤维是柔性的、机械强度高的一维结构材料，可以转换成各种二维和三维柔性结构，如韧带（人造肌肉）、机织物、非织造网和膜。智能纤维可以根据环境的刺激改变形状，开辟了新的应用领域。例如，智能纤维用在服装上能够在高温和潮湿的气候条件下降温除湿，在较低的温度条件下保持热量。

4.2.5　纱线及其可织造性

中等偏细的长丝纱线适用于服装面料，非常细的长丝纱线更适用于针织品，也适用于地毯、运动服和产业用纺织品。短纤维纱线适用于衬衫、裤子、西服和家用纺织品。

纤维是构成纺织品的基本单元，纤维的力学性能对织物的力学性能有很大影响。然而，因为纺纱系统不同，纱线的结构和性能有很大差异，对纱线的筒装形式、表面性能和力学性能都会产生影响。织物结构也会影响织物性能，如纱线排列密度和织物组织，改变这些参数会使织物性能更加多样化。纺织品在服装、家居和产业领域的使用取决于所需性能的组合。例如，服装面料需要一定的舒适性、悬垂性、透气性、易保养性、耐用或耐磨性、美观性、易染色以及可缝制性等。家用纺织品（如窗帘和室内装潢）对织物的要求是具有良好的悬垂性和美观性，以及一定的强度和耐久性。

一般来说，机织物的主要原料有：单纤维或混纺纤维的短纤纱和变形纱、包芯纱等。对于织物加工和其他用途而言，纱线卷装要尽可能达到最大限度。织物性能取决于纱线结构、粗细和蓬松性，这些因素决定了织物是否能够满足某项技术要求。

4.3 织造技术

4.3.1 经线准备

整经是织造准备过程中的一个加工环节[2]。在这个过程中，纱线从筒子架上退绕，卷绕到整经机的经轴或织机的织轴上。常用的整经方法有直接整经和间接整经（分条整经）。

短纤维纱线或长丝纱线都可以采用这两种方法整经，可以根据生产织物的品种和质量要求来确定整经方法。

4.3.1.1 直接整经

直接整经通常与经纱上浆工序相结合，以提高经纱质量。整经机由纱线筒子架和整经架两个单元组成。

纱线筒子架的容量应满足织物总经线数和优化整经的要求。由于织物有很多根经线，通常需要数个经轴，组合后才能够满足织物总经纱数的要求。

4.3.1.2 间接整经（分条整经）

不需要经过上浆的经线可以采用分条整经，适用于小批量高档织物整经。与直接整经相比，所用经线筒子数量比较少。分条整经机由筒子架、卷取轴和整经三个基本单元组成。

在分条整经中，全幅织物所需的经纱被分成若干条（段），每一条上的经纱密度与织机织轴的经纱密度相同。经纱被一条一条地缠绕在经轴上，直到所有的纱线都卷绕在经轴上，然后将经轴上的纱线卷绕到织轴上。

4.3.2　织机运动

4.3.2.1　概述

机织物是将两组纱线垂直排列并相互交织所形成的织物。沿织物长度方向的为经纱，沿织物宽度方向的为纬纱。经纱和纬纱相互交织的方式称为织物组织。一般来说，机织物可分为以下三类。

(1) 经纱和纬纱以直角相交的织物，也是最常见的织物。

(2) 一些经纱在相邻经纱的左右交替出现并进行交织的织物，这种织物被称为绞纱织物和纱罗织物。

(3) 经纱或纬纱从织物表面向外伸出，并在织物的表面形成毛圈或毛绒。这些织物被称为起绒织物（如地毯、毛巾、天鹅绒和灯芯绒）。

图 4.1 为经纱在织机上的路径，无论是手动织机还是电动织机都基本相同。所有从织轴上引出的经纱都要穿过综丝上的综眼，综丝由综框控制，综框上下运动带动综丝，从而带动穿入的经纱一起进行升降运动。所需的综框数取决于织物的组织结构，机织物需要至少两片综框进行织造。织机上的钢筘是由平行排列的筘齿组成，筘齿之间有间隙，所有经纱都要穿过钢筘的筘齿，以保证均匀排列并相互平行。在织轴放置到织机后方位置以前，要将每一根经纱穿入相应综框上的综丝眼中，然后穿过钢筘的筘齿，这部分作业称为织机装造。

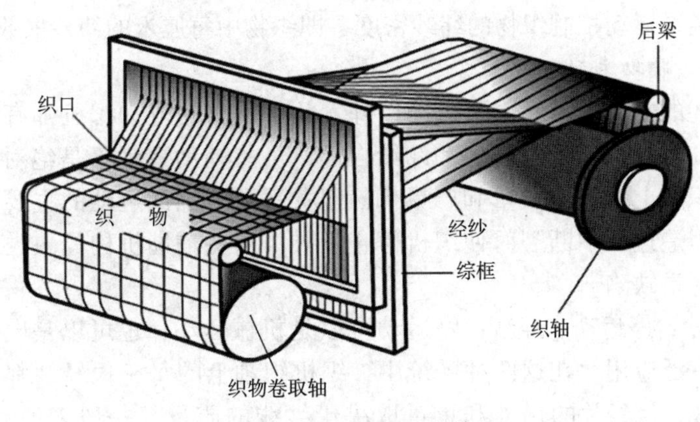

图 4.1　织机上的经纱

4.3.2.2　基本运动

为了使经纱与纬纱进行交织，必须依靠三个主要机构的运动来完成一个织机循环或完整运转周期，即开口、投纬和打纬。没有这些机构就不能进行交织。

(1) 开口。开口机构将一部分综框向上提起，同时使一部分综框下降，经纱被分为上下两层。由于织机经轴上的每一根经纱都穿过综框上综丝的孔眼，当部分综框通过开口机构升降时，相应的经纱会升高或降低，从而形成开口，也就是梭口，以配合随后的主要机构运动——投纬。梭口可以由曲柄、连杆、多臂和提花机等不同类型的开口机构形成。形成梭口的最小数量综框数为2。当使用的综框数量超过2时，综框的升降规律就取决于织物的组织结构。

（2）引纬。当经纱被分为上下两层形成梭口时，纬纱穿过梭口，形成经纱与纬纱的交织。梭子是长时间以来一直使用的引纬载体，使用梭子可以保持织物中的纬纱连续不断，能够形成完整光洁的布边。纬纱引入后，随着综框运动方向的改变，梭口闭合。现代织机采用无梭的方式引纬，织机效率高，无梭织机的引纬载体有飞梭、剑杆、高速气流和高速水流。

（3）打纬。纬纱进入梭口后，就开始打纬。在钢筘的作用下，引入的纬纱被推到已经织好的织物边缘，这个位置被称为织口。在不同织机上，钢筘根据不同的原理进行前后运动。因此，在织机一个运动周期内，所有三个主要运动都将发生。随着交织的持续进行，三个运动不断重复。

4.3.2.3 次要运动

织机的次要运动包括送经和卷取，以保证织机的连续织造，二者同步进行。

（1）送经。在电动织机上，送经装置以恒定的速度从织轴上送出经纱，使张力保持在预先设定的水平。织口位置始终保持在固定的位置，以确保织物质量均匀。

（2）卷取。当织物持续进行织造时，卷取机构将织物以恒定的速度自动卷到卷取轴上。卷取运动控制织物的纬纱密度，即织物中每厘米的纬纱根数。

4.3.2.4 辅助运动

除了上述的主要运动和次要运动以外，几乎所有的电动织机都有一些辅助运动。这些辅助运动包括经纱自停和纬纱自停。虽然辅助运动不是绝对必要的，但对控制电动织机上织物的质量和产量仍然至关重要。辅助运动的主要功能是当纬纱或经纱在织造过程中断裂时使织机停止运转。这些辅助机构的缺失或故障会导致织物出现严重缺陷。

（1）经纱自停运动。经纱自停运动可以是机械运动，也可以是电气运动，这两种形式都广泛应用。在这两种系统中，织机织轴上的每一根经纱都要穿过一个特殊的停经片，停经片的尺寸和重量取决于纱线的质量（一般来说，纱线越粗，停经片越重）。如果经纱穿过停经片的作业不是在织机上完成的，则停经片的底端可以是闭合的，如果是在织机上将经线穿过停经片，则停经片的底端应该是开放式的。

最常见的一种机械式经纱自停机构是将停经片悬挂在三个有槽或锯齿状的杆子上，位于外侧的两根杆子是固定的，中间的杆子则可以移动。当经纱断裂时，停经片掉落并中断锯齿杆的运动，再通过某种方式将锯齿杆的运动信息传递到织机开关，织机停止运转。电子经纱自停机构除了没有锯齿杆和停经片外，基本原理相同，经线穿过特殊的导线，当纱线断裂时，导线会落下，与一对电极接触，形成一个回路，通过继电器介质，使织机停止。

（2）纬线自停运动。纬纱自停运动的主要功能是在纬纱断裂或筒子上的纬纱用完需要更换时，使织机停止运转。如果发生这种情况织机未立即停止，就会产生织物疵点，即断纬；如果没有纬纱织机继续运行，就会产生更严重的织物缺陷。这两种情况都会使操作工花费时间来解决，从而增加工作量，降低生产率。

4.3.3　现代织机的开口机构

开口是织机运转过程中的第一项主要运动，在每一个织造周期开始的时候提升和降低所选定的经纱，将经纱分为上下两层[3]。经线提升或下降的规律取决于织物组织。

开口机构有积极式和消极式。在积极式开口机构中，综框是通过曲柄、凸轮或连杆系统来提升和降低。在消极式开口机构中，综框的提升或降低是通过开口机构完成的，随后通过弹簧或往复式轴辊机构等外部装置将综框回复到原来的位置。表 4.5 总结了主要开口机构的特点。

表 4.5　开口机构的主要特点

开口机构	主要特点
踏盘（凸轮）	（1）维护简单 （2）织机速度较快 （3）组织循环限制在 8~10 片综框以内 （4）不宜经常更换织物组织，适用于同种组织织物的大批量生产 （5）织造中很少出现疵点 （6）织物组织的纬线循环数受到限制
曲柄	（1）大部分特点与凸轮机构相同 （2）主要使用在高速喷气织机上织造平纹和基础组织的织物
多臂	（1）最多可以控制 48 片综框，通常为 32 根水平提杆，每根提杆控制 1 片综框 （2）图案的纬线循环不受限制 （3）容易进行花纹变换，只需要将新图案的经线提升规律转化为塑料纹版上的孔眼，或者在木纹版上订上纹钉 （4）初始投入大，维修保养费用高 （5）容易形成织物疵点
提花	（1）理论上能够生产经纬线循环不受限制的任何花纹 （2）除了最新型的提花机，一般织造速度都低于凸轮和多臂开口机构 （3）初始投入大，维修保养费用高

4.3.3.1 踏盘开口机构

在踏盘开口机构中，每个综框都是由凸轮驱动，凸轮轮廓形态决定综框的运动。所有的凸轮都以同步方式固定在织机的底轴上。由于凸轮在控制综框升降，因此踏盘开口机构又称凸轮开口机构。

(1) 消极式踏盘开口机构。图4.2为消极式踏盘开口机构的工作过程。开口凸轮（踏盘）安装在底轴上并在其驱动下进行旋转。当凸轮转动时，将随动件转子压下，转子安装在踏杆上，踏杆支点朝向织机后部。综框的下端与踏杆相连，而顶部则通过吊绳与两个直径不同的转动轴相连组成往复转动轴。凸轮转动时将转子向下推，从而压下踏杆和相应的综框，一片综框向下运动的同时，通过安装在顶部的转动轴作用，使另一片综框向上提升。

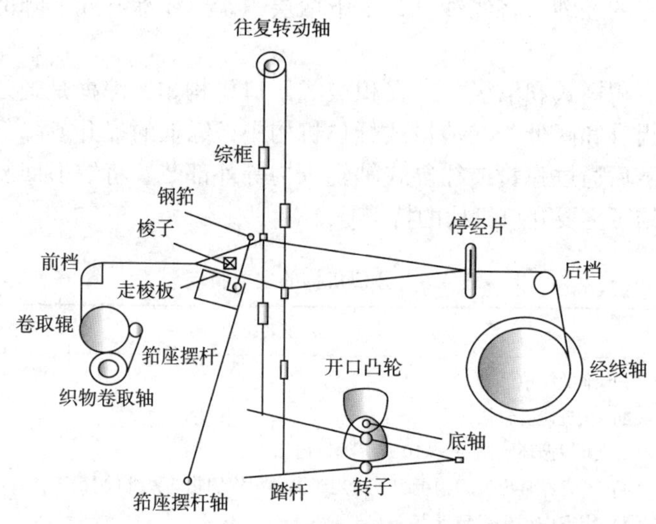

图4.2 消极式踏盘开口机构

(2) 积极式踏盘开口。图4.3所示为积极式踏盘开口机构。凸轮轴上安装了带有槽口的凸轮。转子与槽口相吻合。综框通过连杆与对应凸轮杆的一端固定支点连接。当凸轮受到凸轮轴驱动进行旋转运动时，转子会沿着槽口的路径移动，并将运动传递给连杆，根据转子在凸轮槽中的位置不同，连杆带动综框向上或向下运动。

由于综框的上下运动是由凸轮控制的，所以这种类型的开口被归类为积极式开口，凸轮装置的数量与综轴的数量相同。踏盘或凸轮开口机构可以位于织机的内侧或外侧。

苏尔寿织机采用了另一种积极式凸轮开口机构，如图4.4所示。这种双凸轮开口机构由一对安装在转轴上的相互匹配的凸轮组成，固定支点的摆动连杆上有两个摩擦滚轮，分别与两个匹配的凸轮面相接触。双凸轮开口机构和运动传递机构

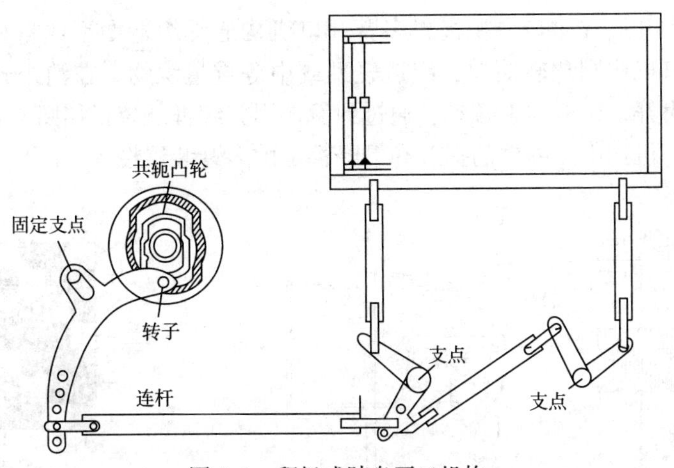

图 4.3　积极式踏盘开口机构

的数量与总综框数相同，每个双凸轮都有各自的配对摩擦滚轮。当凸轮沿顺时针方向连续旋转时，摆动连杆进行顺时针和逆时针方向摆动，必要时会停留在末端位置。摆动连杆通过一系列连杆与综框相连，摆动连杆的顺时针和逆时针运动转换成综框的向上和向下运动。吊综绳向上或向下移动可以调节梭口的开口深度，而不影响梭口的开口高度。这样的调节在 B 处进行。

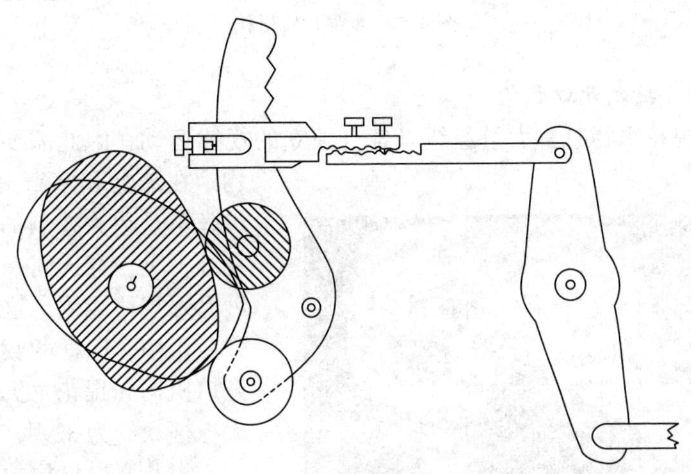

图 4.4　双凸轮匹配式开口机构

4.3.3.2　多臂开口机构

多臂开口机构的使用已有 150 多年，期间在设计上不断改进，可以满足现代高速织机的要求。多臂开口机构比大多数开口机构的变化范围大，可以生产简单花纹的面料。现代多臂开口机构分为单升降式和双升降式、或积极式和消极式两种。单升降式多臂开口机构可以形成下闭合梭口，而双升降式多臂开口机构可以形成全开放式或半开放式梭口。积极式多臂开口机构通常织造中型或重型织物，而消极式多臂开口机构则比较简单，织造轻型或中等重量织物。在消极式多臂开口机构中，综框由开口机构向上拉动，通过弹簧作用将综框复位，如图 4.5 所示。在积极式多臂开口机构中，综框的提升和下降都是由多臂装置控制。

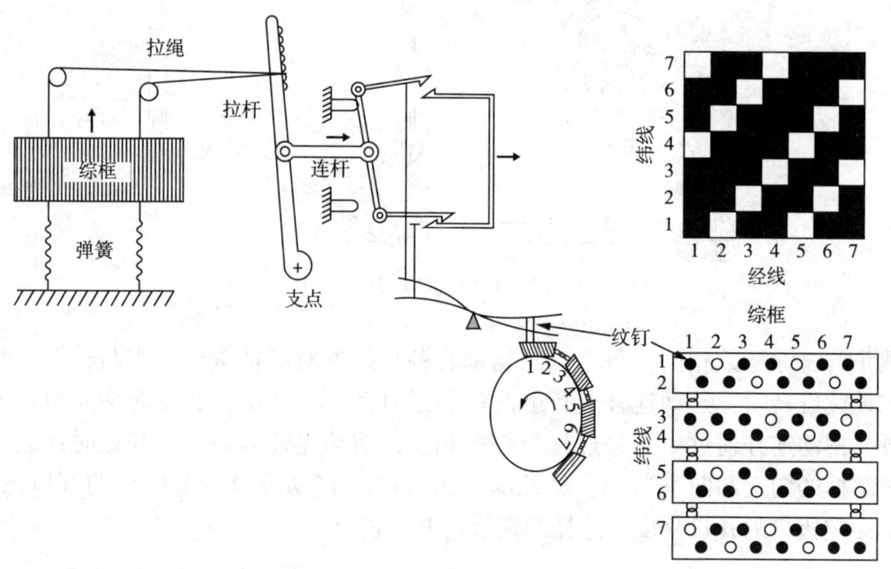

图 4.5　多臂开口机构

4.3.3.3　提花开口机构

织造大提花织物时，大量经线以各自独立的规律运动，因此需要提花开口机构。在踏盘和多臂开口机构中，综丝不是单独控制的，而是连接在综框上，穿入同一片综框的经纱升降规律相同。这两种类型的开口机构，综框的数量少，多臂开口机构（提花龙头）控制的最大综框数约为 32 片。

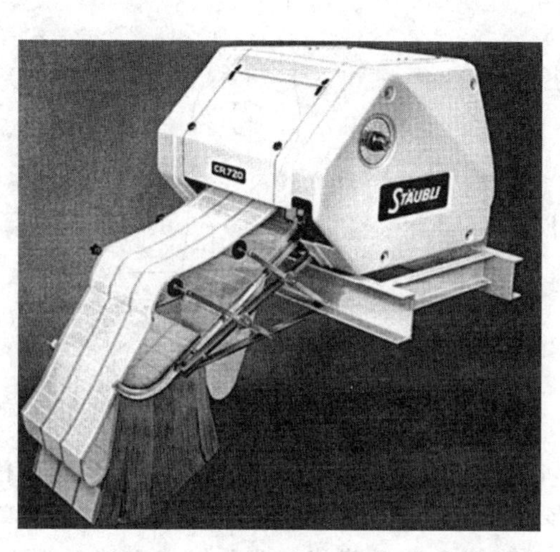

图 4.6　机械式大提花龙头

提花开口机构的综丝并不是通过综框进行整体控制，而是通过综丝单独控制。提花开口机构一般安装在织机机架上方。图 4.6 所示为机械式大提花开口机构（龙头）。

图 4.7 所示为单花筒单向提

升的提花龙头示意图。传统提花龙头的基本元素是竖针、横针、带孔的方形花筒和带提刀的针箱。在单向提升提花机上，每个竖针上都有一个钩子，竖针的一端位于带有弹簧的弹簧箱中，弹簧可以将竖针向右压离横针板。每个横针对准方形花筒上的一个孔。每根横针都有一个小的弯凸，竖针就靠在这个弯凸上。如果在纹版上与横针对应的位置上有孔，横针可以进入花筒的孔中，相应的竖针钩子的位置就不会发生变化。同时，位于顶部带有提刀的提刀箱每一纬上下运动一次。如果竖针没有从其原来的位置上被推开，竖针上的钩子就挂在提刀箱里的提刀上，并且在提刀箱向上运动时会带着竖针一起提升。在竖针的底部，通过一个钢丝环与通丝相连，经纱穿过通丝控制的综丝中，当竖针上升时，所控制的经线也随之上升。

如果横针对应的纹版位置上没有打孔，这个横针就会被纹版推向左边，其所控制的竖针就被推离提刀运动的路径，提刀上升时不会带动竖针一起提升，竖针所控制的经线也就不会提升。每根竖针控制的通丝数取决于经线宽度方向上的花纹循环个数。

这种提花机形成的是下闭合梭口，织机的速度受到了一定的限制。提花机织造花纹的能力受到竖针数的限制。

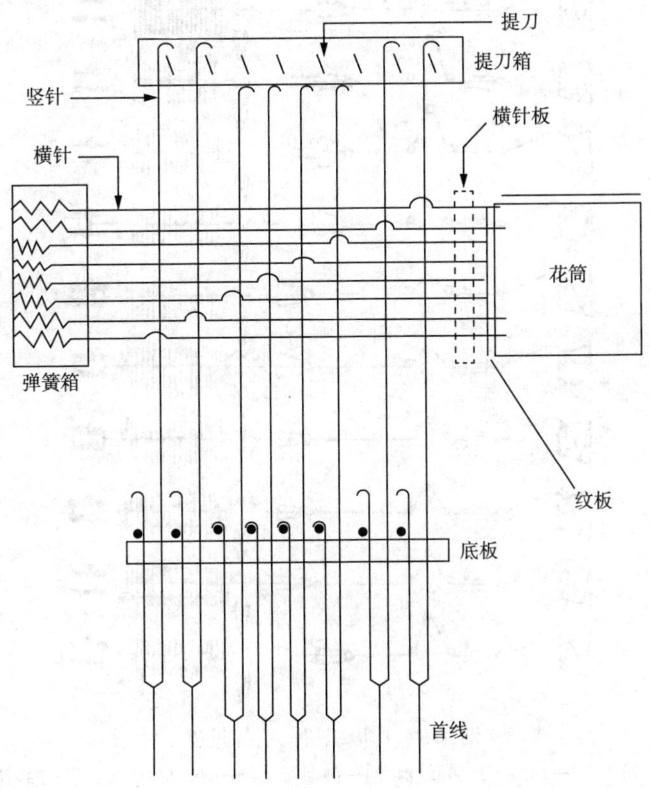

图 4.7　单花筒单向提升的提花龙头示意图

4.3.4 现代织机的引纬

4.3.4.1 片梭引纬

1952 年，苏尔寿公司首次将片梭引纬技术推向市场，并于 1955 年在布鲁塞尔举行的国际纺织机械展览会上展出。几十年来，该公司的设计取得了重大进展，获得了市场的广泛认可。这种引纬方法具有以下优势。

（1）可以织造 33~540cm 范围内不同宽度的织物。

（2）低能耗。

（3）具有独特、整洁的织边，减少了纬纱浪费。

（4）低备件消耗和易于维护。

片梭织机的引纬是用重量仅为 40~60g 的片梭从入纬一侧抛射到接收一侧将纬纱导入梭口。投掷片梭的能量来源于扭杆中的剪切应变，扭杆被扭曲到预定量后释放，进行投梭。在织机运行过程中，片梭在导轨中通过梭口并将纬纱夹持进入梭口。

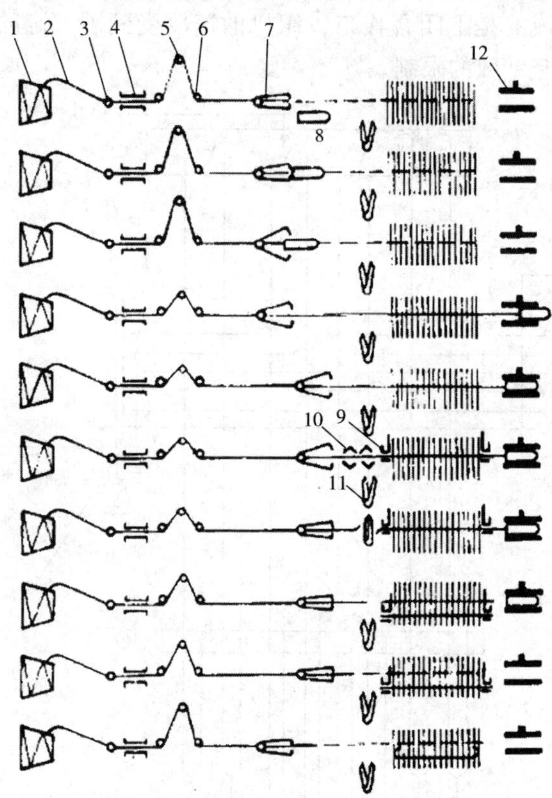

图 4.8 片梭织机的引纬过程

1—筒子 2—纬纱 3—导纱器 4—制动器 5—张力补偿器 6—导纱孔
7—递纬器 8—片梭 9—纱尾钳 10—纱线定位器 11—剪刀 12—制梭箱

片梭织机的引纬过程如图 4.8 所示。片梭进入投梭位置，打开梭夹；储纬器提供的适合于不同门幅织物的定长度纬线通过导纱器、制动器、张力补偿器和导纱孔后由片梭夹持；投梭机构将片梭打向梭口的另外一侧，进入制梭箱；投梭侧的递纬器将纬线送至经纱处，留出一定长度的纬纱；纱尾钳夹住纬纱，剪刀将纬线剪断，递纬器夹持住纬纱并退回；到达另一侧的片梭退出制梭箱，下落到输送链返回投梭侧，准备下一个投纬循环。

图 4.9 所示为苏尔寿片梭织机的引纬机构，其核心部件就是扭轴（9），该轴一端固定在机架，另一端为自由端，在投梭前扭轴加扭储存弹性位能作为投梭的动力。投梭前，投梭凸轮（2）转动，通过驱动转子（5）使三臂杠杆（4）顺时针转动，使连杆（7）向上移动，推动套轴（8）的摇臂逆时针转动，使扭轴发生扭转；扭杆保持在其最大扭转位置时，击梭棒（10）和击梭块（11）静止；扭轴迅速复位，通过击梭棒（10）和击梭块（11）使片梭飞速进入梭口。通常片梭的速度约为 30m/s。投纬系统中的剩余能量通过液压缓冲器吸收。

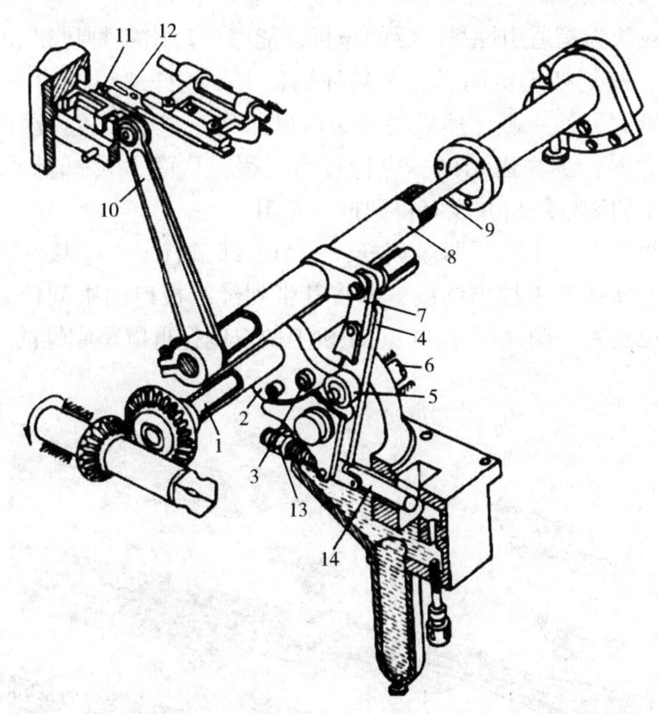

图 4.9　片梭织机的引纬机构

1—投梭凸轮轴　2—投梭凸轮　3—击梭转子　4—三臂杠杆　5—驱动转子　6—三臂杠杆轴　7—连杆　8—套轴　9—扭轴　10—击梭棒　11—击梭块　12—片梭　13—定位螺钉　14—液压缓冲器活塞

图 4.10 显示了一个夹持了纬线的片梭在导向装置控制下进入梭口的情况。

图 4.10　进入梭口时的纬线

4.3.4.2　剑杆织机

剑杆织机被认为是适用性最广泛的织机，能够生产出各种风格和花纹的织物，有单剑杆织机和双剑杆织机两类。单剑杆织机上，剑杆从织机的一侧进入梭口，将纬纱引向织机的另外一侧，然后沿着梭口退回到原来的位置。因此，剑杆只把纱线带向一个方向，剑杆运动的一半行程为空程，从而大大限制了织机的速度，因此，这种类型的剑杆织机并没有得到推广应用。

在双剑杆织机中，使用了两个剑杆，一个送纬剑杆，一个接纬剑杆。送纬剑杆从机器一侧的储纬器中拉出纱线，并将其带到经纱梭口的中间位置，由接纬剑杆接住经纱并拉到另一侧（图 4.11）。织机上的双剑杆可以是刚性的，也可以是柔性的。

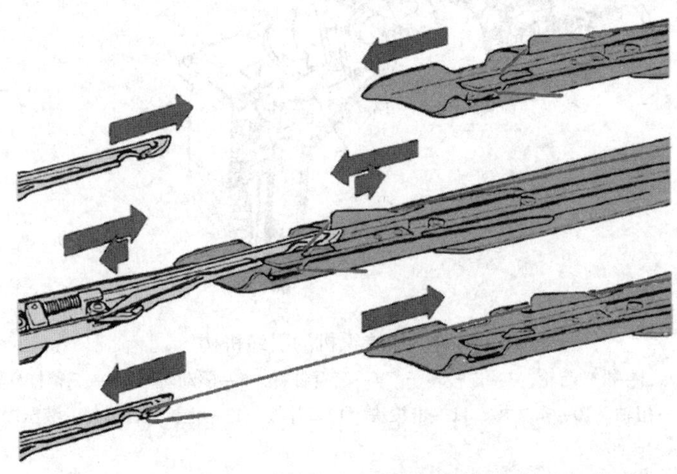

图 4.11　双剑杆织机纱线在送纬剑杆和接纬剑杆之间传递

对于刚性双剑杆织机，纬纱是通过点对点传递进行交接，或者通过剑杆上的钩子进行交接。在点对点交接（DEWAS）系统中，送纬夹头握持住纬线，并将其送到接纬剑杆，接纬剑杆头将纬线拉到梭口另一侧。在钩子接纬（Gabler）系统中，纬线由送纬剑杆的钩子钩住后再将纬线传递到接纬剑杆，然后由接纬剑杆将纬线拉到织物另一侧。每一根纬线从储纬器上拉出通过梭口的一半行程，这期间会对纱线施加张力，所以有时会限制纬纱的范围。这种引纬方法目前并不常见，但是，这种方法能够形成光洁的布边。

4.3.4.3　流体引纬

在喷气织机中，纬纱通过喷嘴引到梭口位置，气流和纬纱之间的相对速度对纬纱产生牵引力，将纬纱引入梭口。由于施加在纬纱上的牵引力不是很大，因此无法将纬纱直接从交叉卷绕的筒子上退绕下来，因此需要事先将纬线由储纬装置准备好。

在大多数喷气织机中，投纬系统都安装在织机的一侧，因此打纬机构只承载钢扣或风道的重量。喷气织机打纬机构的转动惯性很小，因此运转非常平稳。

喷气织机上使用的压缩空气由供气中心或织机单独配备的内置式空气压缩装置提供。在现代喷气织机中，纬纱由一个主喷嘴和一系列同步的辅喷嘴输送。这使得织机可以织造门幅比较宽的织物和使用较粗的纬线。喷水织机配有单独的喷射泵，水从总水管供应，废水流入排水管。喷水织机可以用于织造聚酯、尼龙等疏水性长丝纱线织物。

（1）喷气织机。喷气织造是被认为生产轻薄型到中等重量织物最有效和生产率最高的引纬方法。与剑杆织机和片梭织机的引纬方法相比，喷气织机的引纬机构质量很小，可以实现高引纬率（WIRS）。尽管第一台商业化单喷嘴喷气织机早在 1958 年就在 ITMA 展出，但真正的突破是在 1967～1968 年，当时在 165cm 宽的织机上采用了辅喷嘴，引纬率达到 530m/min。在过去的几十年里，喷气织机在技术上有了进一步的发展，织物宽度从 190cm 提高到 340cm，引纬率从 2000m/min 提高到 2900m/min。

喷气引纬原理如图 4.12 所示。纬纱在输送到主喷嘴之前，由恒速运转的储纬器从纬纱筒子上退绕下来，同时空气从压力调节阀输送到控制阀。辅喷嘴组装在打纬系统上，沿着整个钢扣间隔分布，用于保证纬纱的运行速度。主喷嘴提供初始速度，而辅喷嘴以较高的速度带动纬纱穿过整个梭口。作业人员通过控制终端的中央处理器统一控制辅喷嘴与主喷嘴。送经运动、经纱张力传感器、梭口控制、纬纱检测和经纱检测也均由中央处理器控制。吸嘴在接收侧织边外侧。纬纱进入由梭口后，沿着钢扣排列的辅喷嘴形成的通道运行，钢筘可以为气流提供导向，并将纬纱与经纱分开。当纬纱穿过梭口以后，剪刀就会切断这根纬纱。

（2）喷水织机。20 世纪 70 年代和 80 年代的近 20 年时间中，喷水织机因其高

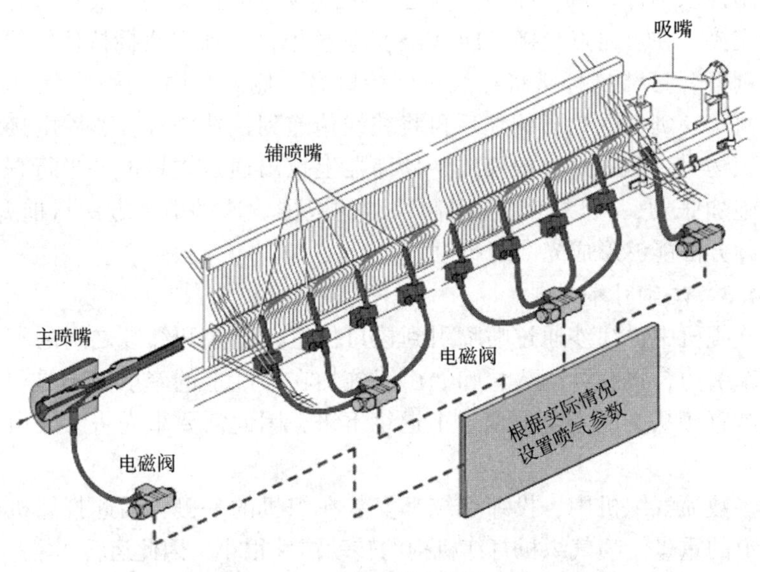

图 4.12　喷气织机的引纬原理

达 2700m/min 的引纬率而被视为先进的织机。然而，这种织机仅限于织造 100%疏水纤维材料的织物，从 80 年代起，喷气织机和剑杆织机的生产率开始大幅提高，使喷水织机的推广应用受到影响。

虽然喷水织机的工作原理与喷气织机相似，但喷水织机在结构和工作条件上与喷气织机有许多不同之处。每台喷水织机都有配有微型泵，在压力作用下向喷嘴供水，供水必须保持温度恒定。喷水织机的结构紧凑，机构简单，所需的能量远低于喷气织机。喷水织机最适合织造疏水长丝纱线、聚烯烃纤维和玻璃纤维织物。

4.3.5　不同织造机构的特点

织机的生产效率以 m/min 为单位进行评价，在织机连续运转的情况下，与织机速度成正比。引纬率为每分钟内织入织物中的纬纱长度，织机生产效率与引纬率呈正相关，引纬率又与织机速度和钢筘的筘齿宽度有关。表 4.6 给出了不同引纬方法的引纬率（WIR）。相比之下，现代有梭织机的最大引纬率为 550~650m/min。

表 4.6　不同引纬方式的引纬率

织机种类	引纬率（WIR）（m/min）
剑杆织机	1000~1400
喷气织机	1500~2000
片梭织机	1200~1500

4.3.6　三维织物和高性能纤维的织造技术

三维织物已经在航空航天等领域应用了较长时间。三维织物通常在织物厚度方向形成某种连接，是纺织基复合材料的重要增强和预成型材料。许多三维结构材料都是通过机织、编织、针织、非织造和挤压成型等方法加工而成的。三维结构机织物可以使用传统织机织造，也可以使用特制的织机织造。

4.3.6.1　三维织造的织机

根据机织原理，采用多层织物或纱线能够获得具有一定厚度的织物结构，通常称为三维织物。其中一部分三维织物可以在传统织机上加工，对织机不需要进行改动或仅需进行很小改动[4]。传统织机从以下几个方面支持三维织物的织造。首先，多臂机、提花机等可以形成不同的梭口，可以处理从数千到数万根经纱。送经系统的灵活性允许经纱从多个织轴，甚至直接从纱线筒子上输送出来，可以具有独立的纱线消耗量和纱线张力。此外，传统织机允许非常大（实际上无限大）的纬纱循环数，这对于形成结构更复杂的三维织物至关重要。厚度大的织物具有明显优势，其中包括完整的织造结构、不同的几何形状，以及可满足许多最终用途对体积的要求[5]。此外，织造技术能够保证纱线在织物中以卷曲或伸直的形式交织，以适应不同用途的要求[6]。

4.3.6.2　定制的三维织造装置

在新开发的纺织设备中，织造三维织物的织机已经有了成功的例子。图 4.13（a）[1]显示了 Mohamed 所使用的三维织造原理，图 4.13（b）[8]为 Khokar 开发的新型三维织物结构。这些新技术将经纱排列成三维形状，并从一个或两个方向上引入纬纱。利用这种技术生产的织物有很多优点，与传统的编织方法相比，在织造完成后不需要进行大幅度修整就可以获得网状预制件，并保持结构的完整性，减少材料的浪费；另一个明显的优点是，这种织造设备可以生产出比传统技术织物厚度大得多的三维织物。相比之下，传统的织造技术也可以生产各种类型的三维织物，但

（a）Mohamed织造原理

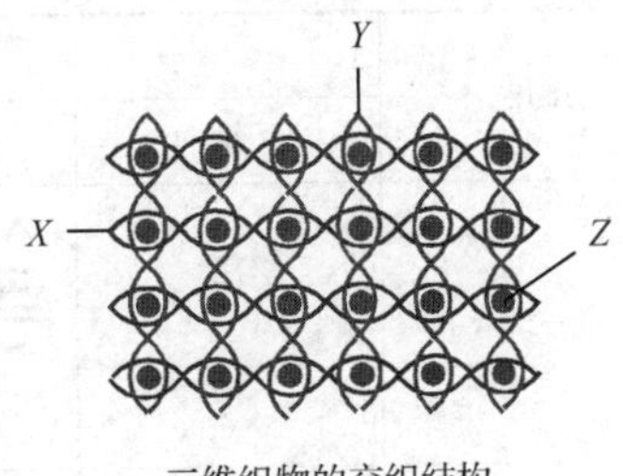

（b）Khokar提出的三维织物结构

图 4.13　三维织造技术和三维织物结构

是在织物厚度方面受限，尤其是在制作实心平板型织物的时候，这个问题更加突出。目前，利用传统织造技术制作三维织物仍然有很广泛的应用，主要因为：首先，一些三维织物的生产并没有超出传统织机的能力；再者传统织机的技术基础广泛，很容易转化应用于三维织物生产。

4.3.6.3 三维织物的分类

三维织物有多种形式，可以根据不同的标准对织物进行分类，如根据纱线排列方向、织造工艺和织物的几何形态等进行分类。Scardino 将纤维集合体分为四个水平，即纤维、纱线、二维织物和三维织物[9]，见表 4.7。

表 4.7 复合材料的纤维结构

水平	加固系统	纺织物结构	纤维长度	纤维取向	纤维缠结
1	离散的	短纤维	不连续	不可控	无
2	线性的	长纤维纱线	连续	线性	无
3	层状的	简单织物	连续	平面	平面
4	整体的	先进织物	连续	三维	三维

福田和青木提出了表 4.8 所示的三维织物分类系统，综合考虑了制造方法，如结构尺寸、织物结构、纱线细度和纱线在织物构件内的方向等因素[10]。Khokar 报道了一种三维机织物，这种织物在长度方向和厚度方向上都能够形成织口，从而允许纬纱在两个方向引入织物[11]，在此基础上对机织物进行了分类，见表 4.9。根据这一分类，二维和三维机织物的关键标准是织口的形式。Solden 和 Hill 根据织造工艺对三维机织物进行了分类，其中包括经纱黏合、经纱换层、平面内接结纱线和填充经纱，以形成一个整体结构[12]。

表 4.8 福田和青木提出的织物分类系统

维度	轴向				
	无轴向	单轴向	双轴向	三轴向	多轴向
一维		粗纱			
二维	短纤维毡	预浸布	平面织物	三轴织物	多轴针织物

续表

维度		轴向				
		无轴向	单轴向	双轴向	三轴向	多轴向
三维	线性组合	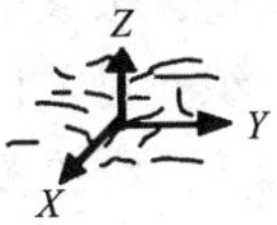	 三维带状材料	 多层织物	 三轴三维织物	 多轴三维织物
	平面组合	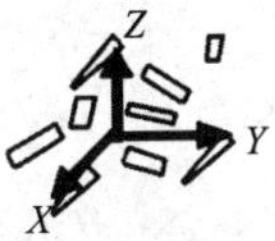	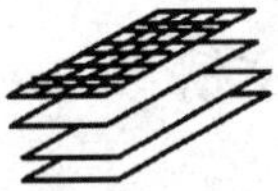 层压织物	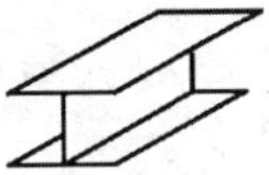 H 梁织物	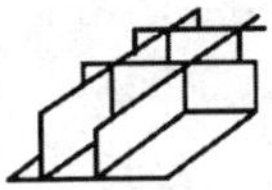 蜂窝织物	

表 4.9　Khokar 提出的织物分类系统

	织机	织物维度	构成方法	纱线交织
1	普通二维织机	2 维	垂直相交	经纬线在同一平面中垂直交织
2		2.5 维	普通织造	绒经或绒纬直立在织物平面
3		3 维	多层织造	经线或纬线在不同层织物间交织
4		3 维	非织	不存在经纬线的交织
5	特殊三维织机	3 维	垂直相交	三组相互垂直的纱线在水平方向和垂直方向形成织口获得行列式结构

4.3.6.4　用于三维织物的高性能纤维

根据最终的用途，可选择不同类型的高性能纤维织造三维织物。织造三维织物最常用的纤维有碳纤维、玻璃纤维、Vectran 纤维、芳纶、超高分子量聚乙烯纤维、PBO 纤维、陶瓷纤维和玄武岩纤维。这些纤维大多韧性差，延展性小，因此，需要将织机进行不同的设置，以满足良好的织造条件和织物质量。

4.4　未来趋势

机织生产的二维和三维柔性织物可以用于三个不同领域，即服用产品、家用纺织品和产业用纺织品。从织机的角度来看，电子控制和计算机化的趋势有望得到延续，未来可以根据原材料规格以及织物的预期特征自动进行织机设置。

CAD/CAE/CAM 技术的应用可以使未来的织造效率和精度更高。开发新型织造设备进行各种三维织物加工的研究将继续深入展开。在织机上处理各种高性能纱线的能力将进一步增强，使织机能够适应更多种类织物的生产，并保证织物质量。一些现代织机不能生产的结构，如三角形和盒状织物，未来会得到更多关注和发展。机织物的特点是相互垂直的经纱和纬纱进行交织，目前已经开展了在机织物中加入斜向排列纱线的研究，这方面的研究还会继续。纤维复合材料产业的进一步发展促进了作为预制件和加固材料的大型三维纺织结构的研究。二维织物和三维机织物的结构将继续应用于仿生学和医学领域。

参考文献

[1] Denton, M. J., & Daniels, P. N. (Eds.), (2002). Textile terms and definitions (7th ed.). Manchester: The Textile Institute.

[2] Lord, P. R., & Mohamed, M. H. (1982). Weaving: conversion of yarn to fabric (2nd ed.). Darlington: Merrow.

[3] Marks, R., & Robinson, A. T. C. (1986). Principles of weaving. Manchester: The Textile Institute.

[4] Chen, X., & Tayyar, A. E. (2003). Engineering, manufacture and measurement of 3D domed woven fabrics. Textile Research Journal, 73, 375-380.

[5] Chen, X., & Hearle, J. W. S. (2008). Developments in design, manufacture and use of 3D woven fabrics. In: TEXCOMP9 (International Conference on Textile Composites), University of Delaware, USA.

[6] Ko, F. K. (1999). 3D textile reinforcements in composite materials. In A. Mirvete (Ed.), 3D textile reinforcements in composite materials. Cambridge: Woodhead Publishing Ltd.

[7] Mohamed, M. H. (2008). Recent advances in 3D weaving. In: Proceedings to the 1st World Conferences in 3D Fabrics and Their Applications, Manchester, UK.

[8] Khokar, N. (2008). Second - generation woven profiled 3D fabrics from 3D - weaving. In: proceedings to The 1st World Conferences in 3D Fabrics and Their Applications, Manchester, UK.

[9] Scardino, F. L. (1989). Introduction to textile structures. In T. W. Chou & F. K. Ko (Eds.), Textile Structural Composites. Covina, CA: Elsevier.

[10] Fukuta, K., & Aoki, E. (1986). 3D fabrics for structural composites. In: proceedings to the 15th Textile Research Symposium, Philadelphia, PA, USA.

[11] Khokar, N. (2001). 3D-weaving: Theory and practice. Journal of the Textile Institute, 92, 193-207. Part 1, No. 2.

[12] Solden, J. A., & Hill, B. J. (1998). Conventional weaving of shaped preforms for engineering composites. Composite Part A: Applied Science and Manufacturing, 29 (7), 757-762.

扩展阅读

[1] Chen, X. (Ed.), (2010). Modeling and predicting textile behavior. Cambridge: Woodhead Publishing Ltd.

[2] Chen, X. (Ed.), (2015). Advances in 3D textiles. London: Elsevier.

[3] Chen, X. (Ed.), (2016). Advanced fibrous composite materials for ballistic protection. London: Elsevier.

[4] Fan, J., & Hunter, L. (2009). Engineering apparel fabrics and garments. Cambridge: Woodhead Publishing Ltd.

[5] Hearle, J. W. S. (Ed.), (2004). High-performance fibers. Cambridge: Woodhead Publishing Ltd.

[6] Horrocks, A. R., & Anand, S. (Eds.), (2016a). Handbook of technical textiles, Vol. 1: Technical textile processes. (2nd ed.). London: Elsevier.

[7] Horrocks, A. R., & Anand, S. (Eds.), (2016b). Handbook of technical textiles, Vol. 2: Technical textile applicatoions. (2nd ed.). London: Elsevier.

[8] Hu, J. (2008). 3-D fibrous assemblies: properties, applications and modeling of three-dimensional textile structures. Cambridge: Woodhead Publishing Ltd.

[9] Hu, J. (Ed.), (2011). Computer technology for textile and apparel. Cambridge: Woodhead Publishing Ltd.

[10] Morton, W. E., & Hearle, J. W. S. (2008). Physical properties of textile fibers (4th ed.). Cambridge: Woodhead Publishing Ltd.

[11] Tao, X. (Ed.), (2001). Smart fibers, fabrics and clothing. Cambridge: Woodhead Publishing Ltd.

[12] Wilusz, E. (Ed.), (2008). Military textiles. Cambridge: Woodhead Publishing Ltd.

第 5 章　高性能服装的新型针织技术

E. J. Power
哈德斯菲尔德大学，英国，哈德斯菲尔德

5.1　概述

许多国际、国家和商业组织（世界贸易组织、欧盟统计局、欧睿国际和英国国家统计局）已经充分认识到纺织和服装产业对全球经济的重要性。2012 年，世界服装市场价值为 1.7 万亿美元，就业人员为 6000 万～7500 万[1]。有报告指出，欧洲市场的重要性体现在以下方面：欧盟服装和纺织品出口在 2014 年增长 2.4%，预计营业额为 1653 亿欧元[2]。在 2014 年，据报道，针织面料占欧盟进口纺织品总量的 5%，出口占 7%。这个数字可能与机织领域的数据相比显得微不足道，机织物出口占纺织品出口总量的 28%。但针织物在产业用纺织品进出口方面做出了重大贡献。针织物销售量约占在欧盟以外纺织品销售量总额的 37%[3]。针织物在产业用纺织品中的增长可以归结为许多因素，其中，至 2020 年，智能纺织品将达到 472281 万美元，2015～2020 年 5 年内增长 33.58%[4]。在智能纺织品市场中，先进的针织技术发挥着越来越重要的作用。

过去十年中，纺织市场的巨大变化导致了传统纺织行业的重大变化，纺织品的应用范围更加多样化，在许多行业都得到应用，其中关键应用领域包括军事、防护、建筑、医疗保健、体育健身、时尚、娱乐、生活以及汽车和工业。针织品具有很强的回弹性和形态适应性，能够不断进行技术变革和开拓新的应用领域。据报道，服装产业将快速从土耳其和中国转移到非洲国家，这个预测得到了广泛认同，针织行业正在摩洛哥（卡萨布兰卡）和埃塞俄比亚等低成本区域迅速增长[5-6]。也有证据表明，针织产品正在向高科技应用转变，在运动服装和保健服装等高性能针织服装市场该趋势更加明显。全球分散的针织行业正在逐步整合，非洲国家也充当了重要的角色。

目前，高性能服装可以分为运动健身和防护两大类。广义上，高性能服装可以被定义为用于特殊用途或具有他特殊功能的服装；从实际应用上讲，也可以扩大到所有与健康和保健有关的服装，涵盖运动和防护两个方面的需求。目前全球高性能服装（运动、防护和健康）市场预计价值在 65 亿美元左右，据报道，以上三种服装都显示出强劲的增长趋势。2015 年的一份报告预测，到 21 世纪末，防护服市场生产价值将达到 90 亿美元以上，增长率为 6.2%。这主要是由于发达国家的卫生和安全法规发生了变化，这些法规对防护服在高温、机械和化学应用场合提出了更严格的要求。同时，运动服装行业也出现了强劲的增长。2017 年，全球运动服装市场增长至 3000 亿美元[7]，这将为针织高性能服装带来巨大的机遇，而这些服装又可以通过创新结构设计而获得更好的功能。

性能卓越的先进材料已不再局限于运动和医疗纺织品，消费者对普通服装也提出了越来越高的透气性、压缩性和耐磨性等。最近的一份报告指出，时装行业的重要主题是健康和可持续发展[8]。最近与体育品牌合作的时装设计师和体育人士不断增加：Yohji Yamamoto 与 Adidas，Puma 与日本时装设计师 Mihara Yasuhiro，Stella McCartney 与 Adidas 的合作关系已经形成了一种强强联合的新模式，Tommy Hilfiger 和 Donna Karen，都在把休闲装推向主流时尚的过程中发挥了重要作用[9-10]。将功能与时尚结合在一起并不是新的思想，Gale 和 Kaur 在 2004 年推出的“设计师运动装”可以追溯到 19 世纪 20 年代 Chanel 和 Patou 的设计[11]。这两位设计师都在时尚服装中利用针织面料的延展性创造出适合现代女性旅行和娱乐活动的无束缚感的舒适服。

5.2　先进针织技术的挑战

针织行业在其 160 年的发展过程中面临着许多挑战，尤其是 20 世纪 90 年代，低成本、快时尚服装生产的增加导致了传统服装行业的离岸生产趋势[12]。然而，这也给欧洲时装和纺织行业向高附加价值制造业创造多元化发展的机会。在 20 世纪初期，针织品行业向小批量、高利润率的制造业服务市场转变。在欧洲，功能性产品包含高水平创新设计的产品，具有非常广阔的应用空间[13-15]，这就对高性能针织服装提出了新的挑战。

针织行业的一个主要例子是 Santoni 开发的无缝（或更少接缝）圆机纬编针织技术，这项技术使贴身服装和运动服装在舒适性、美学和功能性方面得到综合提升。然而，最近的一份行业报告指出，在时尚产品和服装市场的一些领域，仍然存在很多没有解决的技术问题[16]。这种制造方法的优点已经得到普遍认同，包括减少侧缝病疵、改善拉伸和回复性能、提升舒适度和贴合度、增加美观性、增加健康效益以及可选择编织不同结构的织物。可以将这种无缝纬编产品设计成服装的不同部件，以改善压力、透气和吸汗等性能。

针织生产技术面临的其他挑战包括新产品开发和设计过程中的文化变革。服装设计师需要融合到跨学科技能的设计团队中，越来越多的合作伙伴和机构需要理解和解释复杂的测试数据（包括工程、纺织技术和化学等学科的数据）。针织服装的结构和适体度设计需要同步进行，这要求设计开发团队对针织物生产有详细的了解；对纤维、特性、结构、制板工程和人体测量学的了解也是非常必要的，因此，跨学科合作对于保持创新和竞争优势至关重要。

高级泳衣的发展就是一个值得研究的案例。Speedo 公司的报告指出，该公司用超过三年的时间开发如图 5.1 所示的紧身泳衣。功能设计是基于对鲨鱼在水中滑行状态的研究，也称为仿生设计。目前已经开发出许多独特的材料，Speedo 公司最新的 Fastskin 服装和 LZR 赛车服装 RacerX 分别使用了 Comprex 和 Pulselite 两种织物。Comprex 在水平方向受到压缩时，在同一织物内的垂直方向就会形成拉伸。Pulselite 是一种新型的超轻材料，这种材料将机织物和针织物以独特的方式组合在一起，以减少水中的阻力。

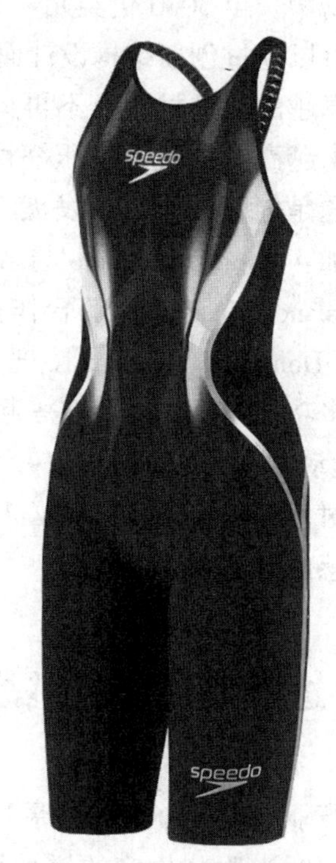

图 5.1　Speedo 公司的紧身泳衣

随着针织技术的不断创新，针织机械也迅速发展，先进的针织机械能够生产高附加值的功能性服装，需要高技能的程序员和能够理解技术的设计师，这是针织行业目前普遍存在的问题。许多研究学者，包括 Brackenbury[17]、Eckert[18]、Black[19-20]、Sayer、Challis 和Wilson[21]、Power[22]以及 Taylor 和 Townsend[23]都认同这一点。Brackenbury 认为高性能服装样衣制作需要较长的时间[17]，首先是因为设计师的技能和技术人员的复杂图案编程能力，其次是开发时间问题。Black 认为，设计师和技术专家需要努力抓住创新所带来的机遇。据报道，即使经过 20 年的实践，全成型纬编针织服装机的技术也不能充分发挥其商业潜力。现在比以往任何时候都需要创建跨学科的设计团队，在针织物设计开发过程中形成新的认识，增加设计师的技术知识和技术人员的编程技能，最终提升服装及其他领域的创新功能设计的能力。

5.3 针织服装发展趋势与创新

针织产品在许多领域的高性能服装中具有非常广泛的应用。其中得到特别关注的是压力服装，这种服装的应用已经超越了传统医疗市场，转向高性能和运动服装。创新的另一个关键领域是适合各种应用需求的贴身服装，包括航空航天、极限运动和防护服装。针织产品最新进入的领域是鞋类市场，包括跑步鞋和足球鞋[24]，以下介绍最近开发的、采用先进针织结构开发的高附加值高性能针织服装。

5.3.1 压力针织物

针织物在医用纺织品领域的应用远超过在吊带、洗衣袋和家具覆盖物等普通纺织品领域的应用。目前，针织物在外科肠疝修补、美容、泌尿妇科的防脱垂装置以及整容手术网等领域拥有很大的市场[25]。压力产品是医用纺织品中的一个关键领域，其中经编和纬编织物都起着重要作用。压力针织物相关产品的需求增长有三个主要原因：人口老龄化、糖尿病人增加以及更频繁的运动损伤。压力治疗不仅包括对伤口的治疗，还包括开发辅助产品以降低褥疮发生的风险。博尔顿（Bolton）大学开发了一种按照气垫的形状成型的智能材料，这种三维航天用针织材料在拉舍尔经编机上生产，是为防止褥疮而开发的。三维经编织物可洗、透气性好，比凝胶或流体填充的垫子更便宜，并且减小了身体较大面积接触时所产生的压力，也适用于服装。Baltex 和 Heathcoat 是医用针织隔垫织物的主要供应商，图 5.2 所示为 Baltex 纬编衬垫织物样品。根据预测，压力服装的其他用途是利用纬编结构进行压力监测。此外，Shima 研究报告说，可以使用针织压力绑带来监测胎儿，这有可能减少到医院就诊检查的次数[6]。

图 5.2　纬编衬垫织物

5.3.2 航天针织服装

功能性针织物也已应用于航天领域，美国宇航局宇航员和俄罗斯宇航员穿着美利奴羊毛基布的服装进行航天飞行[26]。英国 Derby 公司生产了一系列个人防护装备（PPE），用最好的美利奴羊毛纺制成优质纱线，然后加工成针织服装。被称为“眼镜蛇”的纬编T恤以优异的阻燃性（最高600℃）、防臭性和调温能力被航天局选用，最重要的是这种织物具有抗静电性，纤维不会脱落，避免了脱落的纤维导致的航天器空气过滤系统出现故障。这种服装已成为太空装备的重要组成部分（图5.3），最近，英国宇航员Tim Peake在国际空间站执行任务时就穿着了这种服装[27]。Armadillo公司生产的其他产品包括军队和紧急任务执行者（消防和警察）的服装。该系列功能性针织物最初是为军事应用开发的，用于减少因在爆炸中对士兵造成的皮肤灼伤，但目前在许多极端环境中也得到了应用。

图5.3 “眼镜蛇”纬编T恤

5.3.3 极限运动针织产品

一些内衬服装采用最先进的纬编和经编无缝技术。例如，Patagonia使用耐久性羊毛和再生聚酯纤维混纺纱线开发了一种新型的无缝针织服装。美利奴羊毛空气织物是一种轻型的多层针织物，适合在寒冷天气条件下使用。针织面料的独特锯齿结构形成了不平滑的表面，即使有较大的气流存在，仍然能够保持很好的保暖性和透气性。

其他运动产品公司，如Nike，则在其职业拳击系列服装中提供了超保暖和快速降温的功能，以保证冲击防护性能，这种先进的服装是根据多年来收集到的运动员人体资料开发的。该系列服装设计结合无缝针织物独特的结构，具备透气性、透湿度、冲击保护和压力控制等性能。Nike与美国足球运动员合作，设计了针织基布，作为服装的一个组成部分可以针对冲击进行防护。Adidas也在2014年推出了 Climachill 针织基布，其采用钛和铝冷却外层面料，为在炎热的气候下比赛的运动员提供即时降温。

5.3.4 功能性鞋用针织物

在2012年奥运会之前，Adidas 和 Nike 在跑鞋市场上位于领先地位，后来又开发出针织足球鞋。首先，Nike 推出了革命性的 Flyknit 鞋，鞋帮采用纬编无缝技术制成（图5.4）。这项专利技术用不同纱线和不同结构实现特定造型、超轻的无缝鞋面，以满足高性能的特殊运动需求。2012年下半年，Adidas 推出了商业化的“零阿迪”，融合了 Primeknit 技术，采用无缝纬编技术生产一体式鞋帮，采用熔接纱线为鞋内提供支撑，并采用网格结构保证透气性能。在针织跑鞋基础上，Adidas 和 Nike 于2014年推出针织足球鞋。首先是 Adidas 推出的 Primeknit 足球鞋，然后是 Nike 的 Magista 足球鞋。Nike 运动鞋是基于与 Flyknit 技术相似的原理，并将运动袜与运动鞋融为一体，提供了最佳性能。这两种产品都具有良好的舒适性能，并经过涂层处理，具有更好的耐用和防风防雨性。

图5.4　Nike 跑步鞋创新设计

针织鞋的多样化展示了迄今为止最具创新性的发展，即从平面纬编到高性能产品，这一趋势将持续下去，扩大经编技术的鞋类市场而采取的其他举措也在酝酿之中。2011年成立了一个跨学科联盟，并通过欧洲委员会资助，一直持续到2015年。该委员会探讨了形状记忆合金在经编针织物鞋面结构中的应用。该联盟创造了“即时鞋项目”，可以进行鞋子定制，旨在解决主要影响女性穿着的脚型问题。首先，选择鞋子样式，然后使用三维扫描仪和专门的应用程序测量脚型；然后使用数字模型模拟个人脚型，通过控制 SMA 经编材料（包含镍钛醇）自动变形和修改以保证鞋内的几何结构能够适合用户的脚型。在该项目研究的基础上，2016年由西班牙鞋展制造商 Calzamedi 在全球范围内实现了定制鞋的商业化销售。针织鞋业还将继续发展下去，经编专家 Karl Mayer 于2015年推出两款针对三维高性能鞋业市场的新机器，从简单的平针到复杂的多层结构均可生产。

5.4 针织用高技术纤维

目前已经开发出来大量的、具有特定高性能的可用于针织产品的纤维和纱线。

然而，高性能针织服装面临的挑战之一是这些高性能纤维以及用于开发这些高性能纤维的成本不断上升和产品的商业化。先进材料的高成本是许多因素造成的，包括不断增长的制造成本（部分原因是能源和燃料的增加）和先进纤维或纱线的测试成本，且相关立法成本也在不断增加。

高性能针织服装中，具有很好的湿度调控性能的服装正在快速增长。这类服装的湿度调控性能通常是通过使用高性能纤维和纱线，以及复杂的针织物结构实现的，并且在运动服装和功能服装中得到广泛应用。Amicor 就是一个例子：抗菌丙烯酸纤维于 20 世纪 90 年代开发出来，1997 年由 Acordis Group（现属于泰国丙烯酸纤维公司 Aditya Group）实现了商业化，多年来广泛应用于服装、鞋类、家庭和医疗领域。生产中利用喷丝纤维加工技术将抗菌和抗真菌添加剂加入纱线芯部，这项生产工艺使这种纤维能够适用于儿童和婴儿服装。据报道，Amicor 纤维具有持久的抗菌和抗真菌性能，可经受 100 次洗涤，也适用于与棉、黏胶纤维天丝以及其他纤维混合。高技术纤维的另一个发展领域是智能纺织品。据报道，许多使用智能纤维和纱线的针织产品已经进入保健、高级服装、防护和安全等市场，这是未来纤维的发展方向。新纤维的开发还包括导电聚合物、光纤、金属和纳米复合材料，这种纤维能够提供许多功能，包括紫外线防护、防水、自清洁以及抗菌和抗真菌。

针织物已在防护领域应用多年，其中一个用途是使用专用针织机生产安全手套。近年来，健康和安全解决方案的全球领导者 Ansell 公司和全球光纤生产商 DSM Dyneema 公司合作推出了一种新产品，即“Hyflex 11 - 318”安全手套。Dyneema 是一种凝胶纺丝超高分子聚乙烯（UHMWPE）纤维，于 1990 年进入市场，其强度比钢纤维和芳纶更高。2015 年夏季，Dyneema 首次进入安全手套市场，用 Dyneema 纤维替代传统纤维研制出的安全手套，其厚度是传统手套的一半。基于人体工程学设计，在 18 号机器上编织而成，该机器将 Dyneema Diamond 功能纤维的强度和保护性能与氨纶的柔韧性很好地结合在一起，使用者在装配、包装和产品检验等使用过程中具有最好的灵活性和控制能力。

5.5 先进针织技术

横机针织技术可以实现全成型服装生产；无缝针织技术也是圆机纬编技术创新的前沿；经编技术得到了发展，可以生产全成型服装；还有专门用于织造鞋用材料的纬编和经编针织机。近年来的趋势是开发材料浪费少和高效节能的针织专业机器，这方面的针织技术将引领针织行业的发展。

5.5.1　横机纬编针织新技术

自 1995 年 Shima Seiki 推出第一台全成型针织机以来，横机纬编行业已经有了重大的创新。在机器设计的先进性和编程方便性方面，横机纬编针织行业的全成型服装生产技术有了显著发展。高性能全成型运动服在穿着中的优势是没有接缝，可以提高舒适性，减少摩擦，减少线缝对皮肤的刺激。德国 Stoll 公司开发了一种特殊的纱线载体，这种载体可以使浮长纱线沿着纬纱方向进行交织形成针织物；这种技术可用 32 个导纱器采用纱线嵌入编织技术生产织物，在先进的运动服装领域广泛应用。此外，瑞士 Steiger 公司通过生产一种结合了全成型针织技术、多层针织和纱线嵌入编织技术的机器，为纬编行业提供了新的视野。

5.5.2　圆机纬编针织新技术

圆机针织的最大创新之一是纺纱与编织一体化技术，这项技术并不亚于 Santoni 公司的无缝针织革命。在一体机上，纤维粗纱加工成纱线，然后进行编织，这样就实现了可连续进行的大规模针织物生产。圆机纬编针织机的其他创新发展还有为裁剪和缝纫应用而设计的针织鞋类织物。意大利 Santoni 公司提供的无缝技术或少接缝技术，在贴身无缝服装、沙滩装和细针距运动服方面仍然处于领先地位。Santoni 公司现在已经开始了经编无缝服装规模化生产，打开了无缝运动服装的新市场。

5.5.3　经编针织新技术

经编针织行业正在稳步发展，近年来的技术重点一直放在效率和速度上。目前，经编无缝针织新技术取得了突破性的进展，可以生产超细针距规格的防抽丝高性能服装，提高了穿着者的舒适度。Cifra 公司和 Santoni 公司是这个市场的主要参与者，经编针织面料将有可能取代传统运动针织面料的市场。

5.6　未来趋势

先进针织物在高性能服装中的重要性不容低估。目前，健康、体育和智能材料三个新兴市场正在全球范围内获得政治支持。2014 年，美国发起了一场创造革命性纤维的竞赛，创建了以纺织制造业为中心的研究机构，该机构的任务是弥合学术界、工业界和研发机构之间的鸿沟，其最初的重点集中在医疗保健用品方面。2014 年日本政府资助了 Fukui 经编针织公司，Teijin 公司和大阪医学院之间的合作项目，旨在开发用于心脏修复的再生贴片。该项目将结合 Teijin 公司在聚合物材料和针织技术方面的专业知识，以及 Fukui 公司在经编针织领域开创的沿针织物长度方向形成折叠的世界级技术，开发一种创新的贴片，该贴片具有强度高、延展性好的特点，适用于大阪医学院指定的心血管外科手术。

先进的纬编和经编针织技术将持续体现在各种各样的应用领域中，包括保健和体育领域。运动服的趋势是包含更多的智能材料和可穿戴技术，例如，2015 年商业化推出的针织 EMS 羚羊套装，或者使用导电聚合物传输心电图数据的 Toray 概念针织无缝贴身衬衫——Hitoe。据一些市场分析人士称，2015 年，体育和全球健身市场在 10 年间增长达到 24. 8%，其中大部分增长体现在智能应用领域。其他智能针织物增长的领域为军事和防护领域，预计 2015 年至 2020 年在有些方面的增长率会高达 27%。

参考文献

[1] Euromonitor.（2016）. The sportswear revolution：Global market trends and future growth outlook. London：Euromonitor International. Retrieved from http：//go. euromonitor. com/SportswearRevolution. html（Accessed January 2016）.

[2] Curtis，M.（2015a）. EU exports increase. Knitting International，121（1438），30-31.

[3] CITH.（2015）. Developments in the technical textiles market. Textile and Clothing Information Centre. Retrieved from http：//euratex. eu/news-events/news/news-detail/? tx _ ttnews% 5Btt _ news% 5D ¼ 5080&cHash ¼ e00397f9288f2be1a7f14754e4a9cb9e（Accessed April 2015）.

[4] Curtis，M.（2015b）. Smart textiles markets to grow 34% by 2020. Knitting International，121（1440），19.

[5] Vogler-Ludwig，K.，& Valente，A. C.（2008）. Skills scenarios for the textiles，wearing apparel and leather products sector in the European Union，Economix.

[6] Curtis，M.（2015c）. Big attendance at ITMA. Knitting International，121（1444），35-38.

[7] Euromonitor.（2015）. State of the apparel and footwear market in 2016. London：Euromonitor International. Retrieved from http：//www. slideshare. net/Euromonitor/state-of-the-appareland-footwear-market-in-2016（Accessed January 2016）.

[8] Cobb，D.（2015）. Outdoor edge. Knitting International，121（1441），26.

[9] Power，J. E.（2008）. Developments in apparel knitting technology. In C. Fairhurst（Ed.），Advances in apparel production. London：Woodhead. Chapter 9.

[10] Power，J. E.（2014）. Yarn to fabric：Knitting. In R. Sinclar（Ed.），Textiles

and fashion: Materials, design and technology. London: Woodhead. Chapter 13.

[11] Gale, C., & Kaur, J. (2004). Fashion and textiles: An overview. Oxford: Berg.

[12] Chapman, S. (2002). Hosiery and knitwear. London: Oxford.

[13] Tyler, D. J. (2003). Knitted products and manufacturing technologies. In R. Anson (Ed.), World markets for knitted textiles and apparel: Forecasts to 2010. Wilmslow: Textiles Intelligence.

[14] Shishoo, R. (2005). Textiles in sport. Cambridge: Woodhead.

[15] DTI. (2007). Multi-sector skills study: Technical textiles. London: Department for Trade and Industry.

[16] Fellingham, A. (2015). Perfect fit. Knitting International, 121 (1435), 28-31.

[17] Brackenbury, T. (1992). Knitted clothing technology. Oxford: Blackwell Science.

[18] Eckert, C. (2001). The communication bottleneck in knitwear design: analysis and computing solutions. Computer supported co-operative work: Vol. 10 (pp. 29-74). Netherlands: Kluwer Academic Publishers.

[19] Black, S. (2002). Knitwear in fashion. London: Thames and Hudson.

[20] Black, S. (2005). Knitwear in fashion. London: Thames and Hudson.

[21] Sayer, K. N., Challis, S., & Wilson, J. A. (2006). Seamless knitwear—The design skills gap. The Design Journal, 10 (1), 38-51.

[22] Power, J. E. (2007). Functional to fashionable: Knitwear's evolution throughout the last century and into the millennium. Journal of Textile and Apparel Technology and Management, 5 (4), 1-16. Fall.

[23] Taylor, J., & Townsend, K. (2014). Reprogramming the hand: Bridging the craft skills gap in 3D/digital fashion knitwear design. Craft Research, 5 (2), 1-31.

[24] Textile Institute. (2014b). Knitting a boot. Textiles, 1, 7.

[25] Curtis, M. (2016). Flexible medical knits. WTIN. 14 January 2016; Retrieved from http://www.wtin.com/article/2016/january/110116/flexible-medical-knits/ (Accessed February 2015).

[26] UKTI. (2014). Armadillo merino wins contract to supply t-shirts to NASA. UK Trade and Investment. Retrieved from https://www.gov.uk/government/news/armadillo-merinowins-contracts-to-supply-t-shirts-to-nasa (Accessed March 2016).

[27] Johnson, R. (2015). British astronaut Tim Peake blasted into space wearing derbyshire-made clothing. Derby Telegraph. Retrieved from http://www.derbytelegraph.co.uk/Britishastronaut-Tim-Peake-blasted-space-wearing/story-28368539-detail/story.html (Accessed January 2016).

扩展阅读

[1] Eurostats.（2015）. Retrieved from http://ec.europa.eu/eurostat/（Accessed January 2016）.

[2] Office of National Statistics.（2015）. UK manufacturers' sales by product (PRODCOM): 2014 intermediate results and 2013 final results. Office of National Statistics. Retrieved from https://www.ons.gov.uk/businessindustryandtrade/manufacturingandproductionindustry/bulletins/ukmanufacturerssalesbyproductprodcom/2014intermediateresultsand2013finalresults#results-by-product（Accessed March 2016）.

[3] WTO（2015）. International trade statistics. Geneva: World Trade Organization. Retrieved from https://www.wto.org/english/res_e/statis_e/its2015_e/its15_highlights_e.pdf (Accessed February 2016).

第6章　高性能服装的功能性整理

R. R. Bonaldi
罗地亚索尔维集团，巴西，圣保罗

6.1　概述

纺织品湿加工通常包括预处理、染色或印花和后整理。后整理是织物生产过程的最后一步，可以赋予织物特殊的性能。在本章中，“后整理”这一术语包含的意义更加广泛，不仅包括针对织物的后整理，还包括对纱线的后整理。此外，所赋予的功能不仅与穿着者有关，而且与环境效益有关。本章介绍了功能性整理在高性能服装领域应用的基本构成，包括纱线和织物两个方面。首先，介绍织物最重要的、与功能有关的性能，然后概述纱线和织物处理的工艺和技术。读者还可以在 Gulrajani[1]、Schindler 和 Hauser[2]、Paul[3]、Pan 和 Sun[4]、Hayes 和 Venkatraman[5]的有关文献中更深入地了解高性能纺织品后整理的知识。

本章讨论的功能性整理主要针对化学后整理（或湿法后整理）而言，因为这是通常用来赋予纺织品新功能的后整理方法。然而，织物的功能并不仅仅通过化学处理而获得，而是结合化学处理、机械处理和织物特性的综合结果。本章没有涉及其他后整理方法，如机械整理（干法后整理）和生物技术后整理方面的内容。机械整理是指以物理方法改变织物的外观、表面和尺寸特征的整理，如丝光、压花、仿麂皮起毛、磨毛、刷毛、起毛、热定形和卫生处理。生物技术后整理主要是依靠酶处理进行特定的表面修饰。

6.2　功能

在本章中，服装功能是根据市场细分进行分类的，分为五个部分：防护、舒适和保健、易于护理、形态和外观、医用。下面将针对这五部分进行介绍，并举例说明最重要的功能和商业应用。

6.2.1　防护功能

人们对军事、特殊作业和运动等用途的高性能服装的防护功能越来越重视，针对火灾、昆虫、紫外线、静电、辐射、弹道、化学和生物的防护属于重点研究领域。

6.2.1.1 防火

由于消防安全要求的不断提高，纺织品阻燃整理变得越来越重要。大多数纺织纤维本质上并不具备阻燃防火功能，但可以通过特定的处理加工获得这种性能。这些处理加工包括通过涂层、喷涂、填充、抽真空和等离子处理等方法在纱线和织物表面添加特定的化学品，或在熔融纺丝的喷丝过程中在纤维聚合物基体加入化学品。每种处理工艺在洗涤后功能效果的耐久性、维护保养、防护功效、柔软性和环境问题等方面都各有优缺点。阻燃织物通常用于消防员制服等工作服，也用于汽车座椅和室内装饰。

阻燃添加剂通常是磷、氮、硫、卤素、硅、铝、镁、锑、锡、硼、锌、碳、锆、钛和钙之类的有机和无机化合物。当暴露在火中时，这些化合物在凝聚态或气态条件下都能够起到阻燃作用。阻燃性能的测试方法包括：极限氧指数（LOI、ASTM D2863/ISO 4589-2）、水平垂直或燃烧试验（IEC 60695-11-10、ASTM D6413、EN ISO 15025）、甲胺药丸试验（ASTM D2859）和辐射板火焰蔓延试验（ASTM E162）。这些试验可以测量维持燃烧所需的氧气含量百分比、燃烧速度、火焰蔓延、阴燃、收缩、熔滴、炭化面积、炭化长度、烟雾密度等。Neisius、Stelzig、Liang 和 Gaan 对此进行了全面的介绍[6]，可进行参考。

6.2.1.2 防病虫

与疾病传播有关的死亡人数增加是全世界关注服装防病虫功能的主要原因。近年来，全球化、城市化和气候变化对疾病传播具有重要影响。齐卡病毒、疟疾、登革热、基孔肯雅和西尼罗河病毒最近正在增加。研究小组和工业界正在不懈地寻找控制蚊子生长和保护人类免遭蚊虫叮咬的方法。

人体的温度、水分、气味、二氧化碳和乳酸都会吸引蚊子。蚊子对气味的感知是通过触角中的化学感受器来实现的。有关驱蚊剂和杀虫剂的作用方式仍然是一个有争议的话题。目前建立了几种影响蚊子感知系统的机制，如驱蚊（无接触）机制或接触杀灭（杀虫剂）机制。驱蚊剂能够阻断蚊虫的嗅觉或味觉感受器，干扰蚊虫的食物味道，或利用蚊虫所避免的气味达到驱蚊的目的。杀虫剂是通过接触化学物质的方法杀死昆虫，这些化学物质具有神经毒性，会干扰蚊虫的神经系统，还能够抑制蚊虫进食，通过饥饿导致死亡，干扰蚊虫的新陈代谢和生长。驱虫剂的目的是防止被蚊虫咬伤，是一种更适合纺织应用的机制，它们提供了比杀虫剂更好的毒理学特征。

天然和合成产品都可以用于驱蚊和灭蚊。合成产品如 *N*，*N*-二乙基间甲苯酰胺（DEET）、异丙啶（Saltidin）和 IR3535 采用的是驱蚊机制。这些合成产品非常有效，使用时间更长，并且在环境保护局（EPA）和世界卫生组织进行了注册。

香精或植物油之类的天然植物防虫产品，由于其蒸发快速，使用寿命有限，有效性比较低，这些产品未经 EPA 注册，可能会涉及毒性方面的问题。

通常用于纺织品的化学试剂属于拟除虫菊酯类，如 Permetrin 和 Cypermetrin，这些产品用于织物上不易被皮肤吸收。拟除虫菊酯是杀虫剂，通过接触方式杀死蚊虫。拟除虫菊酯对猫和鱼有毒性，在紫外线（UV）辐射和高温作用下会发生分解。实验测试结果表明，该化学剂处理的工作服和运动服的防虫耐久性已经超过 70 次洗涤。拟除虫菊酯主要用作织物整理剂，通过浸渍、涂层黏合剂、微胶囊来提高耐久性和控制释放量。有关驱虫纺织品的更多信息，请参见 van Langenhove 和 Paul 在 2015 年给出的报告[7]。

6.2.1.3 防紫外线

太阳辐射发出紫外线（190~400nm）、可见光（380~780nm）和近红外辐射(780~2500nm)。这些光线辐射可能导致人体不适、过热、皮肤损伤、免疫系统抑制和过早老化。纺织品可以用于保护皮肤免受太阳辐射，目前主要用于紫外线防护。通常用于紫外线防护的化学品包括无机和有机紫外线吸收添加剂。无机添加剂采用了能够对光线进行吸收或散射的金属氧化物薄膜或粒子，如二氧化钛、二氧化铈和氧化锌。有机紫外吸收分子包括形成分子内 O—H—O 键的酚类，如水杨酸盐、2-羟基二苯甲酮、2，2-二羟基二苯甲酮、3-羟基黄酮以及形成 O—H—N 键的化合物，如2-(2-羟基苯基）苯并三唑和2-(2-羟基苯基）-1，3，5-三嗪。Kim 提供了有关添加剂及其机理研究的更多详细内容[8]。

将这些添加剂在纺丝过程中加入到纤维基体，或通过浸渍和涂层的方法固着在织物表面。织物的紫外线防护系数（UPF）受纤维含量、单位面积质量、织物结构、覆盖系数、织物染色和紫外线防护后整理的影响。例如，即使含有紫外线防护添加剂，轻薄的织物也能让辐射通过。因此，织物需要采用封闭而致密的结构来阻挡辐射。大部分紫外光被那些从整理剂导电带激发出来的电子所吸收，散射光的强度是粒子大小以及粒子和纺织材料的折射率的函数。采用 ASTM 6603、AATCC 试验方法 183 和 EN 13758-1 等试验标准，可以用分光光度计测量平纹织物的防紫外功能。

6.2.1.4 防电磁辐射

防电磁辐射织物对于阻止可能对电子设备、环境和人类有害的电磁辐射很重要。由于人们越来越关心暴露在辐射下而引起的健康问题，用于电气和电子工业的电磁屏蔽纺织品以及电磁辐射防护服装得到了高度重视。纺织品在电磁屏蔽的新兴领域得到应用主要是由于其在灵活性、多功能性、低质量和低成本方面的良好表现。

电磁辐射光谱可以按频率（f，Hz）或波长（λ，m）进行分类，这两个参数之间的关系为：$f=c/\lambda$（其中 c=光速），频率越高，波长越小。辐射也可分为非电离辐射、电离辐射、热辐射、光辐射等，这些辐射与它们的应用、特性和对人类的危害有关。例如，电离频率大于1016Hz，包括α、β、γ、X和紫外线；非电离辐射小于1016Hz，与微波、红外线、可见光和无线电频率有关。

电磁屏蔽通过屏蔽作用来限制两个位置之间电磁场的流动。在非电离辐射的情况下，屏蔽层具有高导电性、介电常数或高磁导率，屏蔽作用是由于材料能够对辐射形成反射、吸收或多次反射而产生的。纺织品本身属于非电磁屏蔽材料，而是一种隔热材料。但是，在原材料发生变化、采用新的生产工艺或进行工艺调整后，纺织品可以具有导电功能而转化为电磁屏蔽材料。导电织物通常是使用铜、铝、不锈钢、导电聚合物（ICP）、碳材料或金属填料制成的纤维和纱线，或在纱线生产过程中加入的表面涂层。其他方法包括使用层压、涂层、喷涂、离子镀层、化学镀层、真空金属化、阴极溅射和化学气相沉积等工艺在织物表面形成导电层。除了生产导电纺织品技术外，电磁屏蔽性能还取决于织物的结构和厚度。平面样品的非电离辐射屏蔽效能测量中最常用的两个标准是ASTM D4935和IEEE 299。电离辐射可以用剂量测定法测量。

6.2.1.5 防弹和防刺

使用高强度纤维和多层或层压织物，而获得轻质、舒适、经济和有效的防弹和防刺织物的解决方案已经有广泛研究。然而，通过化学整理产生防弹和防刺功能的研究还处于起步阶段。最有前景的化学后整理方法是采用剪切增稠液（STF）产生对子弹和刺刀的阻力。STF是一种非牛顿流体，基于固体纳米粒子分散在液态载体中形成胶体，受到超出临界剪切速率作用时就会呈现膨胀流变行为，黏度增加从液态转变为类固态。可使用有机材料（例如，二氧化硅、碳酸钙、高岭土或聚合物，如聚甲基丙烯酸甲酯）制备STF涂层材料。STF涂层材料可采用传统的浸渍工艺附着在织物上，液态载体主要是聚乙二醇（PEG）或聚丙二醇（PPG）。STF的其他替代物是通过热喷涂加到织物表面的陶瓷或金属材料，以及涂覆或粉末喷涂的硅基膨胀剂粉末。其他化学整理助剂和纤维添加剂（即疏水、疏油、抗紫外线和抗菌等）主要作为多层防护织物的抗冲击性和抗刺穿性的补充以及赋予织物一些额外的性能[9]。

6.2.1.6 防静电

静电是在两种材料接触和分离后产生的，被认为是织物的表面性能。摩擦电荷是在两种材料分离后产生，两种材料在接触面上接触并进行电子或离子交换[10]。静电的产生对纺织工艺和产品应用有着负面影响，会导致纱线断裂、污物或杂质黏附在织物表面而产生缺陷，生产设备的机械部件也会产生污垢；由于静电放电会产生火花，强烈的静电放电会引起火灾和爆炸。非持久性抗静电整理通常在织物加工过程中进行，需要耐久的抗静电性能就要采用耐久的导电整理，例如，抗静电工作服往往采用耐久性抗静电整理。在这种情况下，可以将导电纤维或纱线织入织物来获得抗静电性能。通常用于纺织品表面的工业抗静电剂是离子表面活性剂，如磷酸酯盐、季铵盐和其他有机盐。

6.2.1.7 生物防护和化学防护

由于涉及化学、生物、放射性和核威胁的恐怖活动日益增多，人们对开发用于工作服、医疗和军事用途的生物和化学高性能防护服非常感兴趣。抗菌涂层材料可以用于生物防护，而化学防护可以采用防止渗透和吸附的涂层材料，如疏水涂层材料。化学防护也可通过反应性涂层而获得，其中有害化学物质通过涂层化学剂产生化学中和反应。酶也可用作化学保护剂，例如，已知有机磷水解酶（oph）可水解化学战争用剂，而对氧酶1（pon1）是另一种可能对抗神经气体攻击的酶[11]。一般来说，这些表面处理是通过涂层或织物浸渍方法获得的，以确保对人体有害的生物和化学物品不可渗透到织物内层。抗菌整理可以通过几种方法实现，包括纺纱、织物浸渍处理和涂层等。

6.2.2 舒适与保健

舒适是高性能服装的一个重要特征。服装舒适性不仅影响穿着者的健康，而且影响穿着者的行为和效率。舒适性可以分为四个不同的方面：①热物理舒适性影响人的体温调节，与热量和水分管理功能有关；②皮肤感觉舒适性与织物接触皮肤时产生的机械感觉有关，如光滑度和柔软感；③人体工学的穿着舒适性涉及服装合体性和运动自由度；④心理舒适性受时尚、个人喜好、意识形态等因素影响。

穿着舒适性是纤维成分、织物结构、服装分层系统和化学整理等几个参数共同作用的结果。例如，轻质、多孔和薄织物具有良好的亲水性和快干性，是运动服装用织物的理想选择。化学整理主要包括与亲水性相关的后整理，旨在提高疏水性纺织品的亲水性。化学整理是一种非持久性处理，可能仅能进行几次洗涤，而具有内在水分管理特性的纤维则可在整个纺织品的使用生命周期内保持性能不变。

就纱线类型而言，平滑的合成长丝纱线形成的皮肤感觉特性比较差，而超细纤维纱线或变形长丝纱线具有较好的皮肤感觉特性。超细纤维纱线或变形长丝纱线与皮肤接触点少，具有较好的隔热性能，柔软、手感舒适。纱线横截面的凹槽、毛孔和沿纱线长度方向的毛细吸水通道也很重要，可以增加织物的芯吸速度和表面积，从而具有更快的干燥速度和更好的舒适性。

6.2.2.1 热调节和相变材料

热生理舒适性是基于能量守恒的基础上获得的。人体内新陈代谢产生的所有能量必须通过呼吸和干热扩散方式等消散。通过服装的热传递以下面几种不同的形式发生：①纤维与纤维或纤维与皮肤的接触而产生的传导；②通过织物间隙的空气对流；③身体热量的辐射，通过织物表面散失到周围环境中；④通过周围空气的对流；⑤通过辐射散发到较冷的环境，水分通过衣物的扩散、吸附和蒸发进行传递。

包含空气是服装的一个重要特征。服装材料中含有空气不仅能使服装更加轻便，而且还具有温度调节功能。纺织纤维的导热系数高于静止空气的导热系数，说明纤维的传热率更高。因此，以纺织品为基础的隔热材料应该能够包含尽可能多的空气。此外，衣服和皮肤之间的空气层有助于减小温度变化。通过减少皮肤和服装之间的接触点，使空气自由循环，就能够实现身体与外界的热交换。中空纤维、蓬松纱线或织物表面处理（如拉毛）也会增加结构内部的静止空气量，并有助于提高隔热效果。

棉、羊毛、大麻、丝绸、聚酯纤维、聚酰胺纤维和聚丙烯纤维加工而成的纺织品结构内部存在静止空气，具有低导热性，因此具备一定的隔热功能。使用相变材料（PCM）可以增强服装的热调节功能。相变材料是一种无机或有机化合物，能够吸收或释放固体和液体之间的相变潜热。无机水合盐包括盐水，有机水合盐是石蜡、聚乙二醇、脂肪酸和具有固相转变的多元醇或聚乙烯。当环境温度高于其熔点时，PCM 材料熔化，吸收潜热，从而阻止服装温度升高；当环境温度下降时，PCM 材料固化并释放潜热，提供加热效果。

PCM 材料可以通过不同的工艺和技术加入纺织材料中，例如，含有 PCM 的微胶囊可以通过涂层、印刷或浸渍的方式附着到纺织品上，也可以通过熔融纺丝或溶液纺丝将其加入聚合物基体中，例如，在纤维芯中引入 PCM 的双组分纤维。Outlast Thermocules 是一种微胶囊 PCM 材料，通常用于纺织品。目前利用最新技术开发的热调节功能的纤维和服装已经实现了商业化，例如，Kelheim 纤维公司的新型黏胶纤维、Devan Chemicals 公司的热功能整理产品和含有微胶囊 Schoeller PCM 材料。有关 PCM 材料的更多信息，请参阅 Mondal 在 2011 年、Onder 和 Sarier 在 2015 年发表的文章[12-13]。

6.2.2.2 湿调节

织物需要具有一定的亲水性、芯吸速度和干燥率。如果亲水性太高，如天然纤维，水分会被吸收并储留在纤维内部较长时间，干燥速度就会放缓；如果干燥速度不够快，织物上附着和吸收的水分会逐渐积累而使隔热能力下降，会引起着装者运动后有湿冷感。事实上，干燥时间短是运动服装穿着舒适的主要前提之一。因此，织物应在亲水性、芯吸性和快干性之间达到最佳平衡。

贴身面料对于舒适感要求最高，通常是一种由亲水性或多孔纤维组成的柔软的、皮肤友好型织物，其设计目的是将汗水从身体中吸走，保持一个舒适的皮肤表面微气候。贴身织物控制着皮肤的温度和湿度。静止空气能够维持微环境的温湿度，因此，在低代谢水平情况下，织物必须能够减少空气流动；在较高代谢水平情况下，热量和水分应能够从织物中输送出来，以冷却皮肤，然后通过吸收、传导或对流来控制湿度。

织物吸水性能够降低皮肤表面湿度，在中等活动水平的有限出汗情况下保持相对舒适性。而在代谢水平较高和大量出汗的情况下，服装中过多的水分就会降低隔热效果，从而降低舒适性，并在停止出汗后产生寒冷的感觉。因此，在较多出汗情况下，应采用湿传导的方法，使汗水通过芯吸作用和毛细管效应从皮肤表面传递出去，从而保持皮肤干燥。

合成纤维经久耐用，易于携带，但绝大多数是疏水性的。将疏水性纺织品用于贴身服装，服装内微环境的湿度会随着出汗而迅速增加。因此，疏水性材料的织物需要采用特殊的结构设计，以便通过纤维和纱线之间的毛细管效应快速将水分带走。亲水性或吸湿性纤维通过纤维本身和毛细作用吸收和输送水分，从而促进蒸发。但是，高吸湿性纤维也会延长干燥时间，在出汗量较多的情况下，舒适性较差。这种情况通常发生在羊毛等天然纤维织物中。

棉纤维材料用于正常穿着情况下的服装时具有优良的性能，棉纤维可以对出汗引起的湿度变化形成缓冲，从而保持小气候干燥和舒适。但在用于运动类纺织服装领域时，出汗时间长、出汗量大，棉纤维仅适合用于双层织物的外层，而在紧贴皮肤一侧应使用合成纤维材料。如果将棉纤维作为唯一或主要的纤维成分，织物就会被水分浸湿，最后紧贴在身上。

水分管理特性通常通过吸水性、垂直芯吸、水平芯吸、透气性、水蒸气透过率、耐热性和干燥速率来评估。除上述方法外，热物理和感官测试方法也可用于评价舒适性，如使用加热板、热人体模型以及真实人体进行实验。通过增加织物的亲水性、芯吸速度和干燥速率，可以实现最佳的湿度调节。通常通过以下方式改善服装的湿调节功能。

(1) 纤维改性。在纺纱过程中加入亲水性化学物质，利用特殊的横截面产生毛细管，从而提高芯吸速度和干燥速度。合成纤维是首选材料，因为天然纤维往往是容易吸湿，并且需要更长的干燥时间。

(2) 织物改性。用亲水性柔软剂、整理剂或涂层处理织物。

(3) 服装设计。通过制造包含亲水层和疏水层的多层织物来增强水分传递能力，提高舒适性。

自适应是形状记忆智能材料用于水分管理的一个例子。这种材料具有逆牛顿黏度，这意味着在较低的温度时黏度降低，能够吸收更多水分，保持穿着者皮肤干燥；而在较高的温度下，黏度会增加，释放原来吸收的水分并冷却穿着者的皮肤。

6.2.2.3 防臭（除味）

纺织品从周围环境中吸附挥发性物质，如香烟味、香水味、环境中的异味以及由人体汗液中的细菌引起的难闻气味。纺织品产生的气味会影响服装的舒适性和卫生性，因此，研究者进行了大量的研究以解决这一问题。永久性防臭整理是通过抗菌或抑菌后整理实现的，通过表面处理可以控制服装和织物中的细菌数量，从而减少异味。防臭整理的另一个原理是使用含有吸附、封闭和中和气味分子的物质，也称为气味吸收剂。最常见的例子是使用活性炭，多孔活性炭具有较高的比表面积，具有较强的吸附性。其他材料包括氧化铝和沸石等。此外，近来亦利用环糊精来吸收异味。环糊精是由6~8个D-葡萄糖单元构成的多糖环状分子，具有疏水空腔，可储存其他有机分子以防其微生物分解和产生恶臭。胶囊分子通过正常洗涤就会去除，缺点是除臭功能不够耐久。防臭整理另一个原理是通过催化反应消除气味分子，例如，纳米二氧化钛等催化材料通过将有机气味分子分解成水和二氧化碳而发挥作用。

6.2.2.4 化妆用纺织品

根据欧洲有关化妆用品的说明，化妆用纺织品是一种含有某种物质或制剂的纺织产品，这种物质或制剂会随时间逐步释放在人体的不同表面部位，特别是在人体皮肤上，并含有特殊功能，如清洁、加香、改变外观、保护、保持良好状态或调节体味等。因此，化妆用纺织品是一种嵌有化妆品成分的纺织品，其目的是逐渐释放到穿戴者的皮肤上，以给予健康、美容和健康的效果。

化妆用纺织品具有美容的功效，如瘦身、提神、抗老化等。其中的活性成分，如维生素、芳香剂和药物通常被包裹起来，并通过纺纱工艺加入合成纤维中，或者通过涂层或浸渍的方法储留在纺织品上。使用时，这些成分会随汗液、酸碱度、温度、摩擦等刺激逐渐从织物中释放出来。化学物质的释放通常会持续几个洗涤周期，如果活性成分被加入到纤维中，则会持续更长时间。化妆品还可以包括有助于抑制异味的助剂，如将环糊精加入纺织品中以吸收或去除气味。气味分子被吸入环糊精的空腔中，并在洗涤时被去除。

化妆用纺织品的例子是eSCENTial材料，这种材料中含有香料和护肤成分的反应性微胶囊。另一个例子是iLoad材料，这是一种可重新加载的护肤纺织品。这种材料会将活性物质释放到穿戴者的皮肤上，并可在洗涤过程中使用iLoade乳液重新加载，以确保可以长期使用。

6.2.2.5 红外技术

任何温度高于绝对零度的物体都会发射出红外辐射。红外波长范围为0.75~1000μm，分为近红外、中红外和远红外。本节介绍近红外和远红外技术在纺织工业领域应用的优点和方法。

远红外的保健功能已逐渐扩展到纺织品应用领域。远红外的治疗原理是利用皮肤吸收的远红外辐射提高局部组织的温度，使血管扩张，血氧水平升高，从而增强血液微循环。增强血液微循环可以提高皮肤弹性和柔软度，减轻疼痛和肌肉炎症等。远红外是人体温度激发出来的辐射。发射率是物质的表面特性之一，可以用来描述该物质的发射能力与理论上黑体发射能力的偏离程度。远红外活性材料能够比普通材料发出更多的远红外辐射。

远红外纺织品吸收人体的热量，并以远红外射线的形式反射到人体。因此，远红外纺织品充当了人体的镜子，在特定波长范围内，人体发出的热量以远红外射线的形式反射回人体。远红外活性材料具有一定的电磁吸收和发射能力，可以通过浸渍、涂层、层压和纺纱等技术与织物或纱线结合在一起。远红外织物通常是在熔融纺丝聚合物中添加纳米或微型陶瓷粉末制成的。还有一种远红外纤维是利用竹子所具有的远红外特性[14]。

远红外纺织产品的例子包括 Radici 公司的 Radyarn 和 Starlight，采用的是 PES 纱线，除了能够吸收、反射和发射远红外之外，还能够用于运动服增强微循环效应。Emana 采用了智能聚酰胺纱线，在改善微循环、皮肤弹性、光滑度、肌肉疲劳恢复和减少脂肪团方面表现出卓越的性能。来自 Schoeller 纺织公司的 Energar 的产品也展示了在运动服、瑜伽服和床单应用中的远红外功能。

近红外（NIR）辐射也被研究用于纺织品热管理应用。近红外辐射涵盖了太阳辐射的大部分热能，它可以有效地用来加热或冷却纺织品。例如，来自 Schoeler 的 Solar+产品可以吸收太阳的热射线，并能在任何颜色的纺织品中体现出更好的保暖性。反射近红外辐射的后整理还可用于防止深色织物的吸热，如 ColdBlack®技术。

6.2.2.6 柔软整理

柔软整理是最重要的后整理之一，它赋予织物柔软性、蓬松性、光滑性、柔韧性、悬垂性、弯曲性、亲水性或疏水性。织物的手感与舒适性有关，是买家和用户最重要的需求之一。软化剂的作用主要是与纤维表面发生反应，这取决于软化剂的离子性质和纤维表面的疏水性。阳离子柔软剂以其带正电荷的末端朝向带负电荷的纤维表面，从而形成具有优异柔软性和润滑性的疏水碳链表面。阴离子柔软剂是带负电荷的端部远离带负电荷的纤维表面，从而提高亲水性，但使柔软性降低。非离子柔软剂的取向取决于纤维表面的性质，根据 Schindler 和 Hauser 的研究，柔软剂的亲水部分被吸引到亲水表面，而柔软剂的疏水部分被吸引到疏水表面[2]。

柔软剂可归类于表面活性剂，因为它们由疏水和亲水两部分组成。阳离子柔软剂具有最佳的柔软性、耐洗性和疏水性，使用寿命长久。阴离子柔软剂具有亲水性、抗静电和热稳定性，但耐洗性差。非离子柔软剂是基于石蜡、聚乙烯、聚乙二醇醚和硅酮的助剂，硅酮占纺织工业柔软剂用量的三分之一，具有很高的柔软度、高润滑性以及良好的缝纫性、弹性、褶皱恢复、耐磨性和撕裂强度[15]。

6.2.3 易护理性能

高性能服装的防水、防油、防干污、自清洁、易护理性能一直是人们研究的热点。这些特性可以通过使用不同的技术和处理方法，通过多种化学品来实现。

6.2.3.1　疏水性和疏油性

用于运动服和工作服的高性能纺织品需要具有疏水性和（或）疏油性。这些性能可以改善高性能服装的易护理性、耐久性、保护性、自清洁性和舒适性。为了生产疏油疏水的纺织品，可以将氟化合物涂在织物表面。最近也在使用新的化学品和方法，例如，将纳米结构材料引入织物表面，或使用诸如树枝状大分子、碳纳米管、疏水蛋白和溶胶—凝胶等材料对织物表面进行处理。作为湿化学应用的替代方法，疏水性和疏油性官能团也可以通过等离子体聚合和喷射作用加到织物表面。出于生态方面的考虑，主要考虑PFOS/PFOA/FC自由基表面处理，使用纳米颗粒或微胶囊的莲花效应（Devan H_2O-Repel和SmartRepel-Hydro）、三维超级树枝状聚合物或烃链（Heiq Barrier、仿生FinisheEco和Organitex）和石蜡（如Repellan Eco 100和Ecorepel）实现疏油效果。

水在物体表面的润湿行为由积聚在物体表面上的水滴的接触角决定。接触角较小的表面润湿性比接触角较大的表面润湿性更好。与水呈90°或更大接触角的表面通常被视为疏水表面。织物表面的疏水性能由表面的化学成分、表面纹理或表面粗糙度决定。在织物表面引入纳米结构会形成很大的接触角，这些表面也可以同时是超疏水表面或自清洁表面。可以根据AATCC 193—2007使用水或异丙醇混合物，通过滴水试验测试疏水性。通过滴落试验测试疏油性时，使用的标准为ISO 14419：1998、AATCC 118—2007或3M疏油试验[16]。

6.2.3.2　自清洁

纳米材料可用于织物后整理，使织物表面具有超疏水性而具有自清洁功能。纳米材料处理的织物表面结构可以模拟荷叶表面产生荷叶效应，因为水滴是滚动的而不能停留在织物表面，使得沾附的土壤和灰尘颗粒很容易随着水滴滚动得到去除。基于纳米技术的纳米球整理技术加工的织物——Schoeller，就是这项技术商业产品的成功例子之一，这种织物使得灰尘和水从纺织品表面流出，保持自身的清洁。

自清洁的另一种后整理方法是光催化。例如，光催化二氧化钛的纳米粒子在与紫外线和空气接触时具有自清洁性能。二氧化钛是一种半导体，它的电子随紫外线辐射的能量从介电带转移到导电带。紫外线会形成活性氧（氧和羟基自由基），从而使污染物和气味等有机化合物氧化分解成水和二氧化碳。光催化材料除具有自清洁功能外，还具有抗菌、透气、防臭、去污等功能；水的形成也有助于提高表面的超亲水性。除了二氧化钛以外，钒酸铋和二苯甲酮的自清洁效果也在测评之中。光催化材料可以通过浸渍、涂层和熔融纺丝的方法加入纺织材料。该领域有几项研究工作已经取得了成果，由Kuraray有限公司和武田化学有限公司共同开发的Shine-up纱线就是其中之一。Shine-up是由聚合物中的除臭陶瓷通过熔融纺丝工艺生产的复合材料包芯纱，具有化学中和特性。

6.2.3.3　去污

去污后整理能够提升洗涤时去除污物的能力。为了防止服装沾污，可以使用防污和抗污后整理。在洗涤过程中，可以通过几种机制达到轻松去污。例如，增加纤维的亲水性和膨胀性，从而使洗涤剂更容易渗透到污垢和纤维之间。这一机制是通过化学物质如聚乙烯醇、己内酰胺低聚物、乙氧基化产物、磺酸盐和聚丙烯酸实现的。另一种机制是依靠污垢之间的静电相互作用，即通过阳离子聚合物（如聚丙烯酸酯、CMC或磺酸盐）来实现的，这种聚合物可以排斥带负电荷的污垢。增加纤维的羧基和羟基也有助于增强纤维和污垢之间的排斥力，使污垢更加容易去除。

6.2.3.4　抗皱整理

含有纤维素纤维的纺织品需要进行抗皱的表面处理，以改善保养性能，使高性能服装易护理和易熨烫。纤维素纤维吸收水分会促进非晶态区域内聚合物链的移动，从而破坏内部氢键。干燥时，氢键在不同位置进行重整而产生褶皱。耐久压烫整理通常应用于纤维素和纤维素混纺织物，可以减少纤维的膨胀和收缩变形，从而提高织物的干湿褶皱恢复能力，以及改善织物干燥后的外观光滑度。

使用交联整理剂可以减少纤维素纤维在潮湿条件下的膨胀。常用的交联剂是甲醛基或无甲醛交联剂。它们通常会影响织物的舒适性和力学性能，如拉伸强度、磨损、发黄和耐久性。因此，这些交联剂通常与柔软剂和其他助剂一起使用，采用填充、真空、喷涂等技术对织物进行后整理。

6.2.4　形态与外观

6.2.4.1　变色材料

变色材料能够根据外部刺激改变性能。纺织品领域最主要的应用是热变色（随温度变化而产生颜色变化）、光变色（因紫外光变化而产生颜色变化）、离子变色（或卤变色，随酸碱度变化而产生颜色变化）和电致变色（电流引起的颜色变化）。在高性能服装应用中不太常见的还有溶剂变色、机械变色、时间变色、磁变色和生物变色。热敏变色是纺织品应用中应用最广泛的一种，通常包括微胶囊无色染料或液晶技术。微胶囊化的无色染料依赖于三种材料之间的相互作用形成的颜色：即无色染料、质子供体和低熔点疏水溶剂。无色染料是一种对酸碱敏感的染料，在高温下将溶剂溶解时，通常会与质子供体相互作用，从有色变为无色。然而，在液晶态情况下，由于材料结构随温度变化导致颜色变化，此外，光与液晶的相互作用是通过干涉产生颜色的方式引起的。

变色材料通常通过印刷、涂层和浸渍方法应用于纺织品。变色材料主要应用于美学、防护和医疗领域，如变色织物、军事伪装服、变色服装和医疗应用传感器。2013 年，Christie 对变色机制和材料进行了全面的综述，可供参考[17]。

6.2.4.2 形状记忆材料

虽然形状记忆材料常用于体现服装的美观和时尚，但也具有舒适和易于护理的特点。形状记忆材料根据水分、酸碱度、光和温度等刺激改变形状。它们主要包括形状记忆合金（SMA）和形状记忆聚合物（SMP）。形状记忆效应取决于聚合物的结构特性，如结晶度、交联、氢键等。形状记忆合金的形状回复能力取决于一定温度条件下晶格变化及其超塑性特征。镍钛合金、铜铝镍合金和铜锌铝镍是 SMA 的主要品种。SMA 的变形应变一般在 10%以下。与形状记忆合金 SMA 相比，形状记忆聚合物 SMP 具有重量轻、成本低、易于加工、具有较高的可变形性、可回收性和可适应多种温度的特点。

有些聚合物具有形状记忆特性，如跨聚异戊二烯（TPI）、聚苯乙烯-丁二烯和聚降冰片烯。最常用于纺织应用的是嵌段聚氨酯（PU），它具有嵌段结构和较广的玻璃化转变温度。它由长链多元醇、二异氰酸酯和扩链剂组成。二异氰酸酯和扩链剂形成硬段，而长链多元醇是软段。可以对这些长链进行定制以更改形状记忆效果。SMP 可用于有机整理和纤维纺纱。嵌段聚氨酯被用作服装涂层、表面处理或层压的材料，适用于与温度相关的应用领域，如增加水汽蒸发以改善服装的舒适性。SMP 达到玻璃化转变温度后，就具有良好的阻尼性能，可以吸收冲击能量。由于水分子的塑化作用，水或水分可以触发材料的形状回复，从而提高聚合物分子链的柔性。通过将形状记忆材料和高性能服装设计相结合，就可以获得新的功能，如智能美学设计、湿度或温度管理、防皱易护理、冲击吸收和极端气候防护[18]。

6.2.5 医用性能

医用纺织品是一个备受关注的领域，可分为非植入式材料（如伤口敷料、绷带、膏药等）；人工肾脏和肝脏等体外装置；缝合线和人工肌腱等植入式材料；医院员工和患者的卫生用品，如床上用品、衣服、手术服、布、湿巾、手术巾等。针织医用纺织品具有广泛的功能，其中抗菌性是最重要的性能之一。抗菌纺织品对于伤口的愈合以及预防感染都很重要。

与医疗应用相关的其他功能特性包括使药物从纺织品中缓释、压力机制、抗过敏性和减小摩擦等皮肤友好特性。服装与皮肤产生摩擦，可能会导致皮肤损伤，如水泡、伤口、皮肤刺激和过敏。医用纤维的例子包括异形纤维、纳米 GLIDE 纤维和 Elute 纤维。例如，Profilen 是一种聚四氟乙烯复丝，此种纤维可以缓解皮炎、银屑病，可用于开放性伤口、烧伤和其他医疗应用。在纺丝工艺过程中加入生物制剂和药物，Elute 通过专利纺丝技术能够向植入式装置、再生神经和组织工程中输送药物。另一个例子是含有 20 种来自 EGIS 纳米科技公司的天然纳米矿物的改性剂，该改性剂能产生负离子、增强微循环，具有抗菌作用、防紫外线功能，并且具有较好的抗过敏性。

6.2.5.1　抗菌性

卫生和保健问题引发了对抗菌纺织品的高需求。在纺织品的储存和使用过程中，微生物在纺织品上生长，会产生异味，使织物变色，织物强度和其他性能亦会降低。抗菌整理可以保护纺织品免受微生物的损害，保护使用者免受致病菌或气味的侵害。

纺织品可以通过抗菌整理来抑制或防止微生物的生长。不同的化学物质，如有机化合物（胺或季铵化合物、双胍、醇、酚和醛）、矿物化合物（金属离子、氧化物和光催化剂）、有机金属化合物和天然化合物都可以用于抗菌整理。这些抗菌产品可分为杀菌剂或生物抑制剂。杀菌剂能够杀灭微生物，而生物抑制剂则能够阻止微生物的生长。生物抑制剂能够保存皮肤的天然细菌群，是纺织品抗菌整理的首选。Nayak 和 Padhye 提供了有关添加剂及其机理的更多信息，可供参考[19]。

纺织工业中使用的大多数抗菌剂都采用在有水分的情况下控制释放或渗出机制。渗出作用会导致活性物质逐渐减少。在纺纱喷丝过程中，添加剂可以加入到纤维基体内部，也可以通过传统的涂层或浸渍工艺应用于纺织品表面。

6.2.6　环境特性

环境友好的后整理工艺能够减少水、能源、时间、化学品的消耗，可以减少废物和残渣，已引起大量研究人员的重视。一些研究机构和公司使用等离子技术、超临界二氧化碳处理技术、臭氧技术、激光技术或纳米气泡整理技术来实现各种功能。这些新工艺需要对纤维内部进行一些改进，以便得到合适具有效的处理效果。例如，超临界二氧化碳染色目前只能在聚酯纤维中进行，因此，需要对染料和其他合成纤维进行适当的改性以适合该项工艺。诸如基因或离子功能化（如阳离子活化黏胶纤维和棉花，或阴离子活化聚酯纤维和聚酰胺纤维）等内在纤维改性已经越来越普遍。这些功能性后整理旨在优化染色，降低成本和资源，开发新的功能产品，并最终为环境做出贡献。纳米染料是用于棉花染色可持续发展的一个例子，其目的是减少用水、能耗、化学品和废水。

纺织品可循环利用的技术也得到了各方的关注。对寿命终止的纺织品进行分类，以便于回收和再利用，也可以针对这个目标给纤维添加新功能，例如，添加化学标记，以便于天然纤维和合成纤维之间的分离。另一个趋势是使用生物基原料或添加剂来改变原本不可生物降解的纤维，使其具备生物降解特性，以提高纺织材料的生物降解率，减少废物管理系统中处理环节对环境的影响。

6.3 纱线加工和后整理技术

在不需要在整个织物表面都具备某项功能性的情况下，或者在条件和成本具有相当优势的情况下，可以采用对纱线进行功能整理的方法。此外，如果功能材料是在纺丝过程中加入纤维聚合物基体中，而不是通过局部处理应用于纱线和织物，将改善功能效果的耐久性。一般而言，纱线后整理技术可以是对纱线整体处理，也可以是对纱线表面处理。

6.3.1 纱线蓬松整理

纱线蓬松整理通常是在化学纺丝工艺过程中进行，图 6.1 说明了不同纺丝工艺在熔融/溶解聚合物和凝固阶段的主要区别。

6.3.1.1 熔融纺丝

熔融纺丝是热塑性聚合物（如聚酰胺纤维和聚酯纤维）纺丝最常用的方法。纺丝过程包括熔化聚合物粒子，并通过喷丝口上非常细小的孔将其挤压成细的长丝。熔融聚合物通过旋压泵压入喷丝头，挤压后的长丝与冷却空气接触后就凝固，然后卷绕成纱筒。熔融纺纱机的主要部件包括聚合物切片送料机构、螺杆挤出机构、旋压泵、旋压过滤元件、喷丝口、纺丝整理和筒管卷绕机。在冷却和拉伸过程中，纤维束（纱）可以达到所需的力学性能要求。纺丝过程中通过侧向加料泵或进料装置加入功能性添加剂。

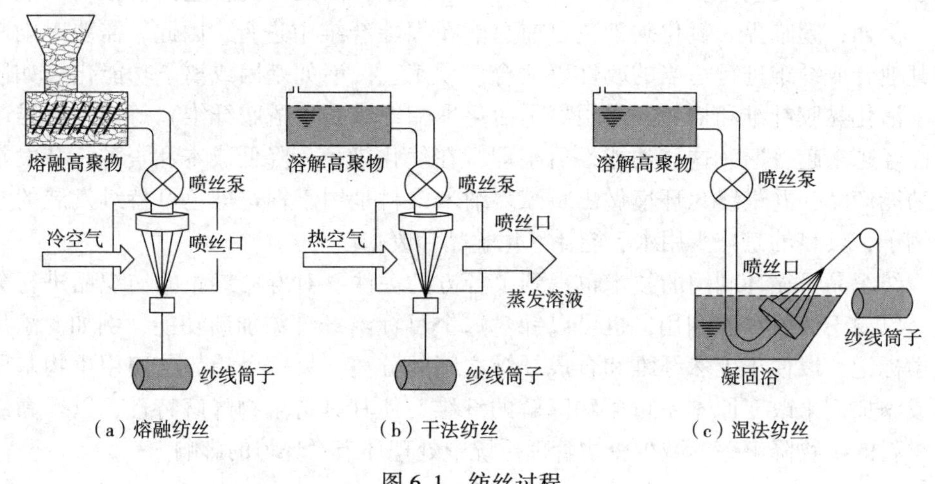

（a）熔融纺丝　（b）干法纺丝　（c）湿法纺丝

图 6.1　纺丝过程

非圆形横截面的长丝通常具有美观、水分管理功能强和亮泽的特点。非圆形截面形状包括空心、骨头形、三叶形、之字形和圆形等，如图6.2所示。这种方法是通过在纤维中纵向引入凹槽和微通道，从而在纤维内部和纤维之间形成适当的空间来增加毛细效应。此外，通过将不同的聚合物从喷丝口同时挤出，形成同轴、并列或其他形式的纤维结构，构成双组分纤维，从而获得特定的功能。例如，Teijin公司采用先进的纳米PES双组分技术开发的纤维具有很好的应用前景，可应用于运动服、内衣和护肤纺织品等功能产品领域。这种纤维具有高表面积、高吸水性、高弹性、冷却性、良好的芯吸能力和柔软性。

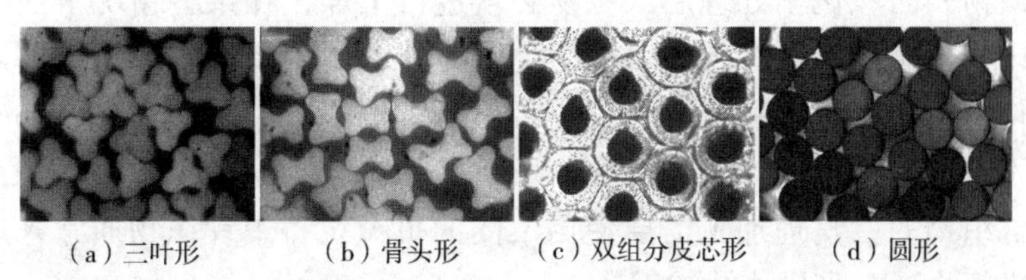

（a）三叶形　（b）骨头形　（c）双组分皮芯形　（d）圆形

图6.2　部分长丝横截面

6.3.1.2　溶液纺丝

溶液纺丝有湿法纺丝和干法纺丝两种。在湿法纺丝过程中，喷丝口位于凝固浴中，凝固的长丝固化后缠绕成纱管。黏胶纤维和超高密度聚乙烯（UHDPE）纤维是湿法纺丝的典型产品。干法纺丝过程与湿法纺丝基本相同，但采用热空气而不是凝固浴进行纤维固化，热空气注入蒸发溶剂中，使得从喷丝头出来的长丝凝固。

6.3.1.3　静电纺丝

静电纺丝的原理是从聚合物溶液中提取纳米纤维，这些聚合物溶液从具有高电压影响的喷射器或类似装置中喷射出来，由接收装置将纳米纤维收集起来。高压用来在两个电极之间形成电场。聚合物纺丝溶液的液滴通过旋转喷嘴在高电压作用下缓慢拉伸，然后受静电荷作用推向收集装置。纳米纤维通过溶剂的蒸发而固化。而采用应力纺丝时，聚合物溶液是在离心力作用下形成纳米纤维。

6.3.2　纱线表面整理

纱线表面整理包括浸渍、涂层和喷涂。可以在纺纱、上油、纱线上浆或整经等加工过程中对纱线进行处理。纱线表面整理还有筒子染色、精练和在水浴中对纱线进行的任何其他处理。干法整理也可以将等离子体处理等方法应用于纱线，提高纱线亲水性、疏水性、黏合性、抗熔性和阻燃性等，在此过程中需要采用特定的气体，通过等离子体活化来改变纱线表面的化学基团。

6.4 织物后整理

织物后整理所采用的技术取决于所涉及的化学品和织物本身。例如，对纤维有强烈亲和力的化学物质通常是在批量加工过程中加到纺织材料上面，如柔软剂和去污整理剂。对纤维不具有亲和力的化学品是通过连续的工艺过程，将织物浸入含有整理剂的水溶液中，或通过诸如涂层、层压、印刷或喷涂等机械手段将整理剂加到织物表面。化学处理后，织物必须进行干燥，在某些情况下还必须进行热固化，以利于化学物质在纤维表面固化。此外，还需要根据耐用性要求选择加工技术和化学制品。化学后整理可以是经过反复洗涤而不会失去效果的耐久型，或是仅用于临时性能需求的不耐久型。织物后整理是通过一系列加工过程进行的，针织物与机织物的后整理加工需要使用不同的机械设备。针织物通常采用批量加工工艺，机织物通常采用连续式工艺。

6.4.1 涂层与印花

涂层是以增稠的溶液或溶剂形式将聚合物分散到织物的表面，与织物形成一个整体的复合结构。最常见的涂层程序是直接法（浮动刀）技术，即织物在固定刮刀下方通过。当织物移动时，刮刀会将聚合物树脂铺散在织物表面。涂层的另外一种形式是在轴辊上加上刀刃。聚合物的用量，也称为添加量，取决于溶液或溶剂的浓度（即固体含量）。其他工艺参数包括密度（针对泡沫涂层的参数）、黏度、加工速度、刮刀类型和轮廓、刮刀与轴辊或轴辊与轴辊之间的距离、织物接触角等。其他涂层技术包括热熔挤出法、滚筒涂层、转移涂层、后轧辊技术、旋转筛涂层等。涂层比较适合用于厚重型功能织物。平纹、斜纹和方平之类的机织物比较硬挺，且具有紧密的结构，适合采用聚合物涂层。针织物的结构松散，尺寸稳定性差，容易产生织物变形、树脂渗透、涂层不连续等缺陷。

层压是两层材料的组合形式，通常需要使用黏合剂，可以产生更厚更硬的材料。通常是使用热熔法进行层压，两层材料通过涂上黏合剂的后轧辊，然后在热和压力的作用下黏合成一个整体。

用于涂层和层压的化学品是聚合物材料，包括天然和合成橡胶、聚氯乙烯、聚乙烯醇、丙烯酸、酚醛树脂、聚氨酯、硅酮、氟化合物、环氧树脂和聚酯。化学制剂通常包括助剂和功能性添加剂，如增塑剂、增黏剂、黏度调节剂、颜料、填料、阻燃剂、催化剂等。

印花是用染料或颜料在织物上印上图案的过程。最常见的方法是直接印花，染料与增稠剂和其他助剂混合组成印花糊料，通过圆网印花滚筒或平网印花筛网涂在织物上形成花纹。颜料印花则使用黏合剂将颜料黏附到织物表面，之后进行干燥和固化。喷墨印花是使用喷墨机械在织物上形成花纹图案。转移印花是通过加热使染料从纸上升华转移到织物上，是一种简单而经济的印花方法。

6.4.2　批量加工与连续加工

对织物进行的化学后整理的方法分为批量加工和连续加工两种。在批量加工技术中，化学物质是通过浸泡液的运动或通过被处理的织物的运动附着到纤维表面。化学物质是通过化学或物理反应扩散到纤维中的最基本的吸附剂。批量加工的配方按照化学物质重量占处理织物重量的百分比进行配置。用于连续加工后整理的机理分为两种：化学液循环和织物循环。前者为织物静止和液体循环，后者则织物和化学液体均进行循环。在连续处理中，织物连续地浸泡在含有化学成分的浴液中，织物运行速度决定织物在溶液中的停留时间。通过挤压辊将多余的化学溶液从织物上除去。织物挤压后残留的浴液量受挤压辊和织物结构的压力控制，称为吸收量。配方是通过计算化学物质用量与浴液量的比例来制订的。

6.4.3　等离子处理

目前对无水的干法后整理环保工艺的需求不断增加，人们对等离子表面处理技术也非常关注。等离子处理是一种经济的后整理方法，能够减少能源、时间和化学物质的消耗，并且不会产生任何浪费。等离子体是部分电离的气体，被称为物质的第四种状态，其特征可以用平均电子温度和电荷密度来表示。电离气中的原子、自由基和电子与纺织材料相互作用，从而在不改变材料的体积特性的情况下改变其表面特性。等离子体能够对包括黏附性、润湿性、亲水性、疏水性、染色亲和力、羊毛防熔、灭菌等性能产生影响。等离子体处理可以应用于几乎所有类型的纺织纤维，通过使用特殊的等离子体设备和机器，在真空或大气条件件下操作，可以在连续加工过程，也可以在批量加工真空过程中进行等离子处理。Kan 提供了等离子处理的更多细节和示例，可供参考[20]。

6.4.4　超临界二氧化碳和基于气体的后整理

超临界二氧化碳染色或后整理技术一直是研究热点之一，已经有公司实现了工业化生产。超临界二氧化碳流体有气体和液体两种状态，在纤维中具有很高的扩散率，可以作为将染料输送到纤维内部的载体。在 31℃ 和 74Pa 压力下可以获得超临界二氧化碳流体。这一过程在密闭容器中完成，因此二氧化碳流体可以在系统中循环利用。二氧化碳流体是一种绿色溶剂，可以定制来溶解各种各样的化学品。因此，无需消耗水、无废水产生、无需进行干燥，对环境有很大的贡献，但对于除聚酯纤维以外的其他类型的纤维，这种处理方法仍需要进行进一步研究。

基于空气的后整理技术包括臭氧处理和纳米气泡处理，利用大气中的空气产生臭氧和纳米气泡。纳米气泡消耗极少量的水、化学物质和空气，并可以作为载体将化学物质和染料输送到纤维内部。它可用于防水、柔软和树脂整理。然而，臭氧处理主要用于改善纺织品的洗涤性能和漂白效果。

6.5 未来趋势

高性能服装化学后整理的未来趋势包括自清洁、抗菌、防水、热舒适、防护、化妆用纺织品和阻燃等功能。医用纺织品在开发低摩擦、低过敏性、防起泡以及伤口愈合治疗的产品方面也开展了越来越多的研究。由于对恐怖主义活动和新出现的疾病的关注，针对化学、生物和冲击防护的研究也逐渐增加。此外，还有一些公司可以提供综合多项功能的产品，以满足穿着者对性能、防护、舒适、美感、健康和保健等方面的需求。另一项研究趋势是轻便、定制、多功能、生物材料、循环使用、生命周期短、亲肤和生态友好的产品开发。利用可再生和可生物降解材料，减少对环境影响和缩短生命周期的技术方法持续受到关注。有关生命周期评估（LCA）的更多信息，请参见 Muthu 在 2016 年给出的研究报告[21]。

环境友好的后整理工艺，对水、能源、时间、化学品的消耗较少，能够对废物和残渣进行再利用，吸引了大量的研究活动。一些研究人员和公司已经将等离子体技术、3D 打印技术、二氧化碳染色技术、臭氧技术、激光技术或纳米气泡的表面处理技术应用于各种纺织品后整理。

在大规模定制、多功能性和环保工艺方面，打印技术以及阳离子活化黏胶纤维或棉花、阳离子活化聚酯纤维和聚酰胺纤维等或离子功能化都呈现出良好的发展趋势。这些后整理的共同特点是优化染色工艺和效果，降低成本和资源，开发新的功能产品。

市场对环保类化学品也有很高的需求，因此开发出无氟聚合物、石蜡和硅作为防水和防油剂。不含卤素、锑和重金属的阻燃剂的使用也越来越普遍。此外，Oeko Tex 最近宣布完成了纺织化学品制造商的“生态护照”验证程序，以确认其产品符合环保纺织品生产标准。

舒适性是高性能服装的另一个关键属性，目前常用来提高舒适性的方法有以下几种，例如，在纤维和织物上使用动态冷却、凉爽和保湿添加剂和表面处理工艺，以及使用智能柔软剂，结合新的纱线和织物结构及混合技术，以获得更加优异的水分管理性能、满足热生理和感觉舒适的要求。

此外，环糊精后整理、抗菌、超疏水、拒水和阻燃等方面的功能性纺织品研究有所增加。防弹产品、活性炭纤维、电磁屏蔽、能量收集和复合材料的研究总体上也呈现出日益增长的趋势。

参考文献

[1] Gulrajani, M. (2013). Advances in the dyeing and finishing of technical textiles. Cambridge: Woodhead Publishing Ltd.

[2] Schindler, W. D., & Hauser, P. J. (2004). Chemical finishing of textiles. Cambridge: Woodhead Publishing Ltd.

[3] Paul, R. (2015). Functional finishes for textiles—improving comfort, performance and protection. Cambridge: Woodhead Publishing Ltd.

[4] Pan, N., & Sun, G. (2011). Functional textiles for improved performance, protection and health. Cambridge: Woodhead Publishing Ltd.

[5] Hayes, S. G., & Venkatraman, P. (2016). Materials and technology for sportswear and performance apparel. Oxford: CRC Press.

[6] Neisius, M., Stelzig, T., Liang, S., & Gaan, S. (2015). Flame retardant finishes for textiles. In R. Paul (Ed.), Functional finishes for textiles (pp. 429-461). Cambridge: Woodhead Publishing Ltd.

[7] Van Langenhove, L., & Paul, R. (2015). Insect repellent finishes for textiles. In R. Paul (Ed.), Functional finishes for textiles (pp. 333-360). Cambridge: Woodhead Publishing Ltd.

[8] Kim, Y. K. (2015). Ultraviolet protection finishes for textiles. In R. Paul (Ed.), Functional finishes for textiles (pp. 463-485). Cambridge: Woodhead Publishing.

[9] Bautista, L. (2015). Ballistic and impact protection finishes for textiles. In R. Paul (Ed.), Functional finishes for textiles (pp. 579-606). Cambridge: Woodhead Publishing Ltd.

[10] Seyam, A. M., Oxenham, W., & Theyson, T. (2015). Antistatic and electrically conductive finishes for textiles. In R. Paul (Ed.), Functional finishes for textiles (pp. 513-553). Cambridge: Woodhead Publishing Ltd.

[11] Turaga, U., Singh, V., & Ramkumar, S. (2015). Biological and chemical protective finishes for textiles. In R. Paul (Ed.), Functional finishes for textiles (pp. 555-578). Cambridge: Woodhead Publishing Ltd.

[12] Mondal, S. (2011). Thermo-regulating textiles with phase-change materials. In N. Pan &G. Sun (Eds.), Functional textiles for improved performance, protection and health (pp. 163-178). Cambridge: Woodhead Publishing Ltd.

[13] Onder, E., & Sarier, N. (2015). Thermal regulation finishes for textiles. In R.

Paul (Ed.), Functional finishes for textiles (pp. 17-98). Cambridge: Woodhead Publishing Ltd.

[14] Dyer, J. (2011). Infrared functional textiles. In N. Pan & G. Sun (Eds.), Functional textiles for improved performance, protection and health (pp. 184-195). Cambridge: Woodhead Publishing Ltd.

[15] Teli, M. D. (2015). Softening finishes for textiles and clothing. In R. Paul (Ed.), Functional finishes for textiles (pp. 123-152). Cambridge: Woodhead Publishing Ltd.

[16] Mahltig, B. (2015). Hydrophobic and oleophobic finishes for textiles. In R. Paul (Ed.), Functional finishes for textiles (pp. 387-428). Cambridge: Woodhead Publishing Ltd.

[17] Christie, R. M. (2013). Chromic materials for technical textile applications. In M. L. Gulrajani (Ed.), Advances in the dyeing and finishing of technical textiles (pp. 3-36). Cambridge: Woodhead Publishing Ltd.

[18] Hu, J. (2007). Shape memory polymers and textiles. Cambridge: Woodhead Publishing Ltd.

[19] Nayak, R., & Padhye, R. (2015). Antimicrobial finishes for textiles. In R. Paul (Ed.), Functional finishes for textiles (pp. 361-385). Cambridge: Woodhead Publishing Ltd.

[20] Kan, C. -W. (2014). A novel green treatment for textiles: Plasma treatment as a sustainable technology. New York: CRC Press.

[21] Muthu, S. S. (2016). Handbook of life cycle assessment (LCA) of textiles and clothing. Cambridge: Woodhead Publishing Ltd.

扩展阅读

[1] Agrawal, A. K., & Jassal, M. (2011). Functional smart textiles using stimuli-sensitive polymers. Woodhead publishing series in textiles. Functional textiles for improved performance, protection and health. Cambridge: Woodhead Publishing. pp. 198-225 (chapter 9).

[2] Coyle, S., & Diamond, D. (2016). Medical applications of smart textiles. In L. van Langenhove (Ed.), Woodhead publishing series in textiles. Advances in smart medical textiles (pp. 215-237). Oxford: Woodhead Publishing (chapter 10).

[3] Kan, C. W. (2016). Plasma surface treatments for smart textiles. In J. Hu (Ed.), Woodhead publishing series in textiles. Active coatings for smart textiles

(pp. 221-241): Duxford: Woodhead Publishing (chapter 10).

[4] Kowalczyk, D., Brzezi_ nski, S., Makowski, T., & Fortuniak, W. (2015). Conductive hydrophobic hybrid textiles modified with carbon nanotubes. Applied Surface Science, 357 (Part A), 1007-1014.

[5] Leclercq, L. (2016). Smart medical textiles based on cyclodextrins for curative or preventive patient care. In J. Hu (Ed.), Woodhead publishing series in textiles. Active coatings for smart textiles (pp. 391-427). Woodhead Publishing Ltd (chapter17).

[6] Liu, S., & Sun, G. (2011). Bio-functional textiles. In V. T. Bartels (Ed.), Handbook of medical textiles (pp. 336-359). Cambridge: Woodhead Publishing Ltd.

[7] Mustafa, O. G., Bilir, M. Z., & Gürcüm, B. H. (2015). Shape-memory applications in textile design. Procedia - Social and Behavioral Sciences, 195, 2160-2169.

[8] Qin, Y. (2016a). Medical textile materials with drug-releasing properties. Woodhead publishing series in textiles. Medical textile materials. Cambridge: Woodhead Publishing Ltd. pp. 175-189 (chapter 13).

[9] Qin, Y. (2016b). Research and development strategy for medical textile products. Woodhead publishing series in textiles. Medical textile materials. Cambridge: Woodhead Publishing Ltd. pp. 217-230 (chapter 16).

[10] Qin, Y. (2016c). An overview of medical textile products. Woodhead publishing series in textiles. Medical textile materials. Cambridge: Woodhead Publishing Ltd. pp. 13-22 (chapter 2).

[11] Qin, Y. (2016d). A brief description of the manufacturing processes for medical textile materials. Woodhead publishing series in textiles. Medical textile materials. Cambridge: Woodhead Publishing Ltd. pp. 43-54 (chapter 4).

[12] Qin, Y. (2016e). Applications of advanced technologies in the development of functional medical textile materials. Woodhead publishing series in textiles. Medical textile materials. Cambridge: Woodhead Publishing Ltd. pp. 55-70 (chapter 5).

[13] Radu, C. D., Parteni, O., & Ochiuz, L. (2016). Applications of cyclodextrins in medical textiles—review. Journal of Controlled Release, 224 (28), 146-157.

[14] Rajendran, S., & Anand, S. C. (2016). Smart textiles for infection control management. In L. van Langenhove (Ed.), Woodhead publishing series in textiles. Advances in smart medical textiles (pp. 93-117). Oxford: Woodhead Publishing Ltd (chapter 5).

[15] Salaun, F. (2016). Microencapsulation technology for smart textile coatings. In J. Hu (Ed.), Woodhead publishing series in textiles. Active coatings for smart textiles (pp. 179-220). Dxford: Woodhead Publishing Ltd (chapter 9).

[16] Shah, T., & Halacheva, S. (2016). Drug-releasing textiles. In L. van Langenhove (Ed.), Woodhead publishing series in textiles. Advances in smart medical textiles (pp. 119-154). Oxford: Woodhead Publishing (chapter 6).

[17] Vaideki, K. (2016). Plasma technology for antimicrobial textiles. In G. Sun (Ed.), Woodhead publishing series in textiles. Antimicrobial textiles (pp. 73-86). Cambridge: Woodhead Publishing Ltd (chapter 5).

[18] Zhong, W. (2016). Nanofibres for medical textiles. In L. van Langenhove (Ed.), Woodhead publishing series in textiles. Advances in smart medical textiles (pp. 57-70). Oxford: Woodhead Publishing Ltd (chapter 3).

第 7 章　高性能服装的加工技术

S. G. Hayes
曼彻斯特大学，英国，曼彻斯特

7.1　概述

高性能服装材料拼接所需的工艺和设备与其他服装产品所用的工艺和设备没有显著差异。然而，在保持服装美观的同时，高性能服装生产过程对接缝的要求更高。高性能服装和其他服装的拼缝之间最显著的区别就是需要提供不透水的屏障，能够具有一定的延展性，或能够抵抗更大的外力作用。高性能服装的接缝受到服装最终用途和应用的影响，而最终用途和应用同时又决定了要拼接的材料类型、服装功能设计和样板设计以及服装的美观性。高性能服装有许多应用，在其加工过程中始终寻求耐久性、保护性和柔软性之间的平衡。这种服装的接缝不仅仅是一种或多种材料和部件之间的连接，它本身还可以充当连接部分，引入其他的一些技术或织物，接缝可以成为一个握持处，也可以是服装的一个开合的部位。当然，从本质上讲，服装产品的接缝通常是将二维织物面料转换为三维服装，将裁片进行造型的首选方法。虽然认为服装材料是高性能服装最重要的元素，而接缝是第二重要元素，但是接缝的重要性不应被低估。接缝可以与其拼接织物的机械特性匹配或不同，可能需要改善接缝的承载力，或者相反，需要降低接缝的承载力，以允许接缝在特定荷载下产生断裂。压力服装的某个部位可能需要加入适当的几何结构、线缝类型、缝线张力和针迹密度构成的接缝，以提高其弹性回复和局部压力传递。可以通过减少接缝来提升舒适感，也可以通过增加接缝来提升舒适感。线缝既简单又复杂，拼接缝的强度有时会高于拼接材料，有时会低于拼接材料。

拼接通常指将两个分离的部分结合在一起。在服装中，则是将同一件服装的不同衣片或部件连接在一起，以达到将二维材料构建成三维形状的目的。构建不同形状的方法很多，包括传统的冲压技术、成型技术以及将预成形、半刚性或刚性部件连接成组合件。服装的拼接主要采用的是裁剪和缝合技术。缝合也正在越来越多地被黏合或融合所取代，但缝纫接缝（通常在缝合后需要用黏合胶带进行覆盖）仍然是绝大多数高性能服装中采用的拼接方法。无论拼接是永久性的还是临时性的，都需要将两个或多个衣片或部件的边缘进行连接，然后缝合、黏合或融合，并且通常还会引入一个附加层。

7.2 拼合

7.2.1 接缝

服装中，材料相互拼合处形成接缝。在这种情况下，接缝有一个具体的定义，如 ISO 4916：1991 第 2 部分所示[1]。然而，接缝的含义也有不同，例如：边缘邻接形成的线条、凹槽或凸条，或者：薄弱或脆弱的区域。上述两个表述都适用于高性能服装的接缝。当然，在许多高性能服装中，所有的缝线都可以很容易地用熔融带、黏合条和胶带代替。

7.2.2 接缝的机理

根据传统结构力学理论，当荷载作用于连接平面和纵向时，如图 7.1 和图 7.2 所示，可以认为服装接缝的作用类似于受力杆。会受到由引力和接触力引起的应力作用，并对这些力作出反应，从而产生拉伸、压缩、弯曲和剪切。接缝的横截面可以像传统机械工程中那样复杂；然而，在进行接缝分析时将其假设为矩形横截面的简单均质梁就足够了。就本文而言，接缝的作用类似于梁，其余材料的作用就与各向异性或折叠材料类似。

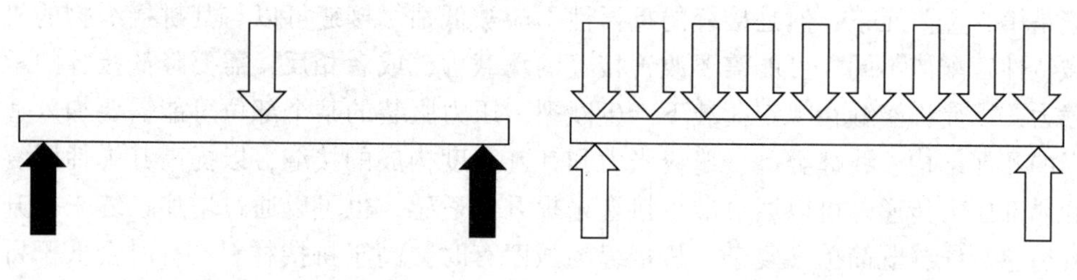

图 7.1　集中受力　　图 7.2　均匀受力

7.2.3 接缝的分类

根据 ISO 4916：1991 第 2 部分，可以将接缝进行分类，一般是将织物的边缘对接在一起，采用如图 7.3 所示的方法将材料进行简单重叠和复杂的多层重叠形成的[1]。实际上，接缝除了将材料进行拼接以外，有时还需要与其他部件组合在一起。由于织物层的厚度变化对接缝和接缝形成的力学性能影响很大，因此，接缝的重叠就产生了许多具体的技术问题[2]。

图 7.3 所示的对接接缝，由于其厚度小、刚度低，最适合贴身穿着的紧身服装或压力服装，除此以外还有两种应用较多的接缝也可以实现衣片之间的拼接。叠合接缝（图 7.4）是由两层或多层织物层叠在一起形成的，拼接的织物层叠在一起，并在一条边上对齐，即操作时每层织物都是可见的，拼合后通常需要翻转。织物通过一行或多行接缝在边缘附近进行拼合，这种拼合需要有一定的接缝余量。多行拼合可以同时进行或依次进行，接缝强度将取决于接缝的缝型。接缝余量越大，横向抗弯能力越强，同时也可以降低接缝披裂的可能性，避免织物中纱线与纱线之间的滑移。

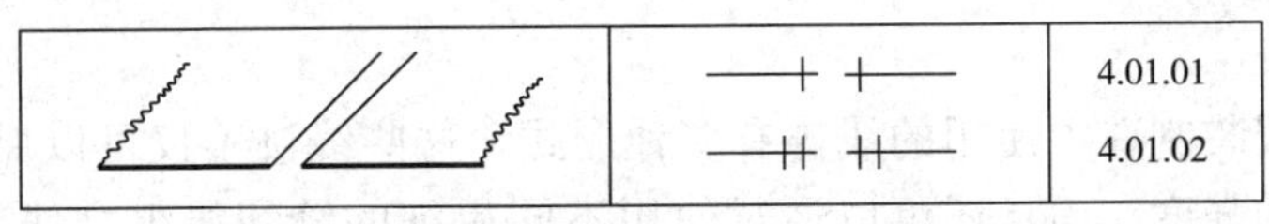

图 7.3　对接接缝（4.01 缝型）

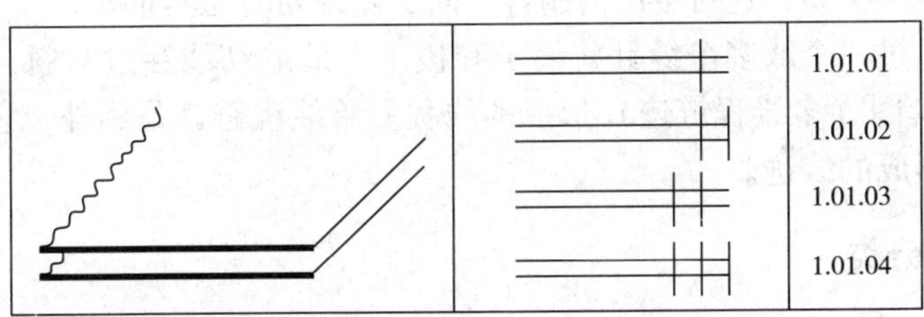

图 7.4　叠合接缝（1.01 缝型）

包折接缝由两层或两层以上的织物构成，织物重叠在一起，如图 7.5 所示，并用一行或多行线迹缝合固定。最常见的接缝是两行或多行缝合的双折叠包缝，这种接缝强度较高并能够保护织物边缘。

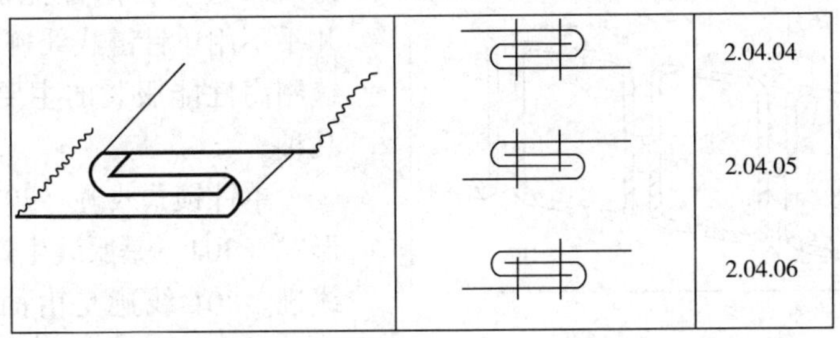

图 7.5　包折接缝（2.04 缝型）

随着层数和折叠数的增加，沿接缝长度方向的弯曲刚度明显增加，两个方向上的延展性降低，拼接强度增加[3]。

7.3 缝合

在拼接中连接多层织物（或其他组件）主要通过缝合实现。原因是多方面的，主要是由于缝合成本低、灵活性强、弹性好和可更换。这并不是说缝纫是连接高性能服装材料的唯一方法，本章后面将讨论融合和黏合。缝纫和胶带接缝仍然是功能性和高性能服装的主要加工方法。

7.3.1 线迹

高性能服装制造中使用的线迹有多种形式。这些线迹不仅可以保证将衣片结合在一起后的强度，而且还可以通过使用不同粗细的缝纫线组合使其具有美感，并使服装舒适耐用。服装中使用的所有线迹都有特定的编号，这使技术团队能够识别和确定线迹类型，这对生产前制订产品工艺计划时尤其重要。

线迹是通过一个或多个缝针将筒子和梭子上的缝纫线穿过材料，并进行钩结（锁线迹）、套圈（多线程链迹）形成的线程。单线程链迹是例外，它是由一根缝线本身套圈形成的线迹。

7.3.2 线迹分类

ISO 4915：1991 缝线和接缝第 1 部分[4]将线迹分为以下几大类：

100——单线链式线迹；200——手针线迹；300——锁式线迹；400——多线链式线迹；500——包缝线迹；600——覆盖链式线迹。

每一类线迹还包含表示线迹和构造特征的特定组合子类。例如，304 是之字形的锁式平缝线迹，401 为双线链式线迹，504 是三线包缝线迹，604 是上下层覆盖链式线迹。在高性能服装加工中，几乎不用单针链式线迹和手针线迹。缝制高性能服装的主要线迹有以下几种。

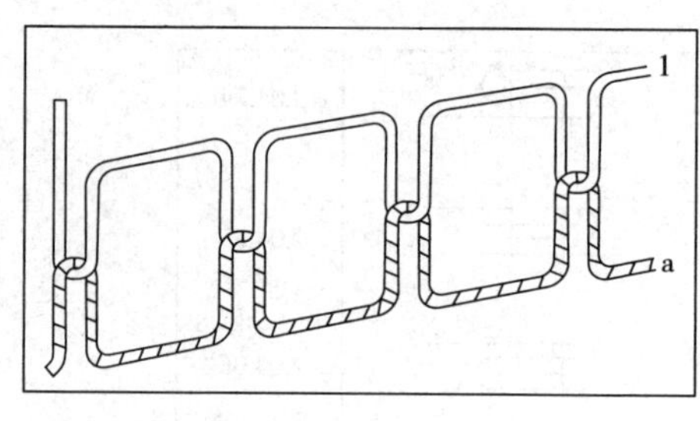

图 7.6　301 锁式线迹
1—机针线　a—梭子线

单针锁式线迹（301）及其变化形式（304）是服装生产中最常用的线迹。301 线迹是由面线通过旋转钩与机器面板下方梭芯的底线钩套形成的（图 7.6）。这些线迹非常安全，其中的一针断开不会导致接缝完全散开。这种线迹可用于缝制伸长回复率高达 30%的舒适弹性服装。301 线迹是唯一正反面外形相同的线迹。由于钩线机构（旋转钩），它也是唯一能缝合 90°或更大角度接缝的线迹。

双线链式线迹（401）是由机器通过一个或多个机针缝线穿过织物，并在织物反面进行套结缝合而成，如图 7.7 所示。与锁式线迹不同，其缝线是从缝纫线筒子退绕，不需要经常更换线轴而可以进行连续缝纫，适合长接缝的缝制。这种线迹的形成机制完全不同于锁式线迹，通常用于袖子或裤腿的内外侧缝，所形成的接缝具有很好的延展性，也可用于裤腰、臀部和胯部区域的缝制。由于这种线迹具有较长的线圈长度，具有大约 60%的伸长和回复能力，约为锁式线迹的 2 倍，缝制操作时采用较小的缝线张力，以形成可延展的线圈结构。

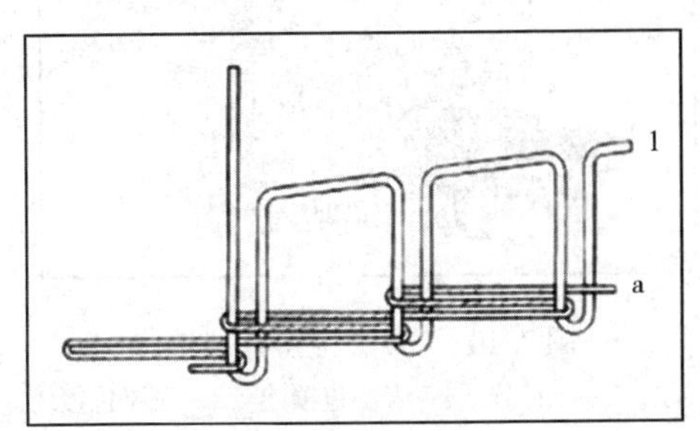

图 7.7　401 链式线迹

1—机针线　a—套线

三线包缝线迹（504）是由一根针线和两条包覆线组成，包覆线在织物层边缘形成包覆，如图 7.8 所示。针线提供接缝强度，而包覆线在则包覆织物边缘，防止布边磨损和散开，从而使线缝具有整洁的外观和较小的体积。

多线链式线迹（406）由两根针线和一根包覆线组成，包覆线穿过线缝的底面而覆盖接缝，如图 7.9 所示。每根针线最初穿过在包覆线形成的线圈，随后穿过针线的线圈。这种线迹具有良好的延展性，同时可以控制和覆盖织物层背面的毛边，通常用于缝制针织服装和压力服装。

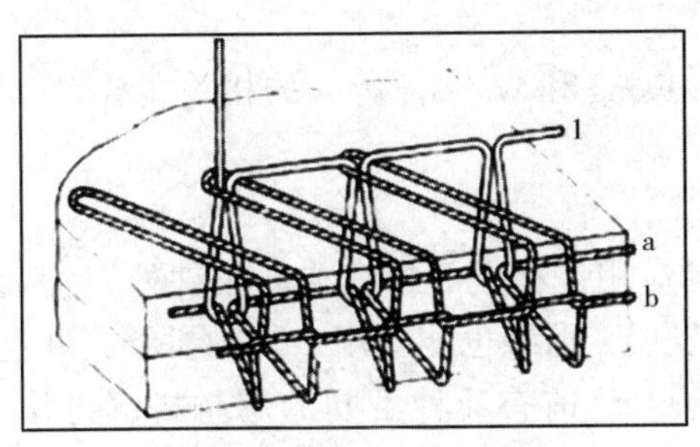

图 7.8　504 包缝线迹

1—机针线　a、b—包覆线

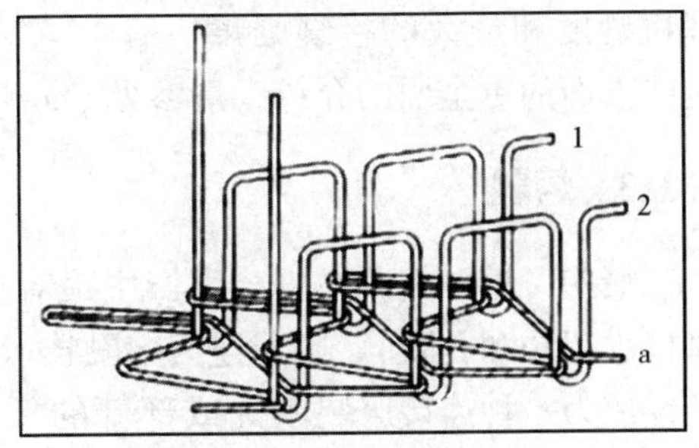

图 7.9　406 多线链式线迹

1、2—机针线　a—包覆线

覆盖链式线迹（605）是由三根针线和一根包覆线形成的，它既形成了针迹，

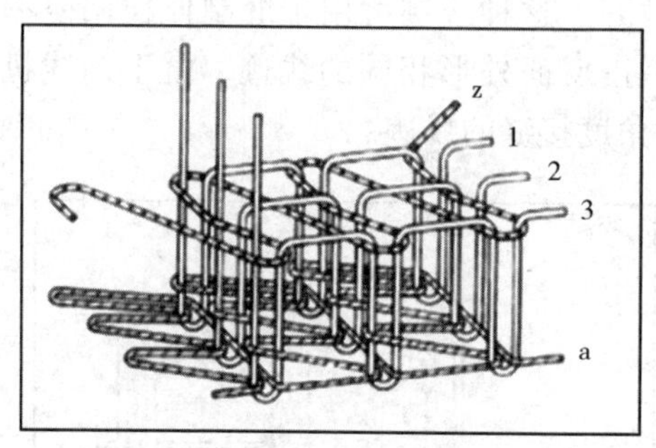

图 7.10　605 覆盖链式线迹

1、2、3—机针线　z—表层包覆线　a—底层包覆线

又能够覆盖线缝。在线迹的表面有一根包覆线，这样可以增加横向连接和覆盖性（图 7.10）。这种缝合类型提供了较高的延展性和回复性，能够在紧身和压力服装的线缝正反面形成光洁的表面，特别适用于轻薄织物的对接接缝。

五线包缝线迹或组合线迹（401，504）由图 7.8 所示的 504 线迹和图 7.7 所示的 401 线迹组合而成。这种线迹是在同一台机器上完成的，具有在织物边缘上用 504 线迹提供整洁布边，同时用双线链式线迹 401 为接缝提供较高的强度和延展性。

还有一种不常用的不连续线迹。在包边机上缝合时，这种不连续线迹更容易拼接衣片和包覆织物边缘，并且衣片展开后较平整，如图 7.11 所示。

图 7.11　不连续线迹（左边为反面）

与所选的缝合类型无关，优化线缝时的主要变量为 SD 或缝合长度 SL（SL = 1/SD）、接缝余量、针距、缝纫线张力和缝纫线性能。任何时候，这些变量都可以进行调整，以获得最佳的接缝延展率、最小的接缝粗糙度和最大的接缝强度。有关这些方面的更全面的介绍，请参见 Cooklin、Laing 和 Webster 等人的相关文献[2-3]。

7.3.3　熔融

最初，熔融技术在服装生产中最有效的应用是在短的接缝或冲压件处（如通风口、钮扣和孔眼）。随着连续熔融技术的发展，熔融也能够用于长的拼缝，并且已经成为一种连接服装衣片或部件的新方法。目前有几种不同的熔融拼缝方法，在所有方法中，其原理都是通过提高温度使热塑性面料或辅料在拼接处熔融，以可控方式施加的压力促使两层材料融合在一起，冷却后形成接缝。熔融技术包括热空气、热密封模压、介电材料熔融（射频）、激光熔融和最常用的超声波熔融，具体如下。

(1) 热空气熔融拼接。聚焦的热压缩空气喷射到织物层之间的连接界面。在该区域正后方放置一个压辊，材料移动通过压辊，在冷却之前或冷却时施加压力。压辊的表面轮廓可决定线缝的压痕，如图 7.12 所示。

图 7.12　热空气熔融拼缝

(2) 热密封模压。电加热钳口与热塑性材料接触，将热量传递到需要拼接的部位并持续一定的时间。钳口的轮廓决定了接缝的形状。

(3) 介电材料熔融拼接（RF）。来自电磁发生器的交变波激发介电材料的双极分子，由振动引起分子间的摩擦，导致织物拼缝界面熔化。在拼合过程中，织物被放置在两个电极之间，一个电极带电，另一个电极接地。

(4) 激光熔融拼接。利用电磁辐射加热服装材料，使分子扩散。将激光对准两个轴辊之间的夹口，服装拼接部位位于轴辊夹口之中，加热时轴辊将接缝处的织物夹紧，精准定位服装材料的拼接界面。在服装材料拼接界面加入一种吸收材料，这种材料暴露在电磁辐射下时会产生分子扩散，作为辅助材料实现热辐射，能够在未染色的热塑性材料层中发生传播[5]。

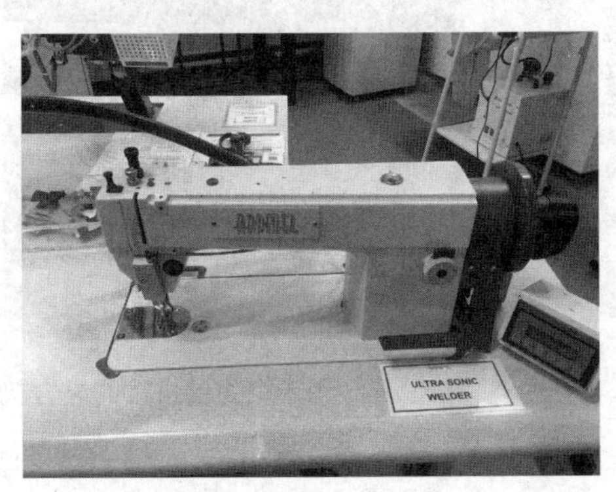

图 7.13　超声波拼缝机

(5) 超声波熔融拼接。超声波拼缝有两种基本形式，即间断式拼接和连续式拼接。在间断拼接中，服装部件放置在工具或喇叭口下；喇叭口在中等压力下放置到服装部件上，开始循环进行拼接。在连续拼接过程中，喇叭口可连续扫描下方或上方的服装部件或服装材料，如图 7.13 所示。

以下三个变量决定了超声波融接头的性能：①振幅，单位为 mm；②压力，单位为 Pa；③拼缝时间，单位为 ms。

以上三个参数的设置可能会有所不同，需要针对具体情况，根据材料特性和工作条件通过实验来确定。为了重现预定值，应仔细记录每次实验的数据。由于需要拼接的各个区域织物的特性、几何结构、材料类型、厚度和表面特征等方面有所不同，通常需要有经验的技术人员通过实验确定设备的设置[6]。

7.3.4 黏合

黏合是使用黏合膜（热塑性薄膜）使两层织物贴合在一起。在这项技术中，将黏合膜裁切成带状，并放置在需要拼接的位置，或者将黏合膜层压到整个门幅的织物上。在此过程中，将黏合剂附着在其中一块织物上，将另一块织物放置于上方。然后通过加热和加压的方法激活黏合剂，或将薄膜熔化并渗透到织物中，在两者之间形成黏合。这一加工顺序要求在每个阶段使用不同的机器，如图 7.14 和图 7.15 所示，第一台机器用于涂膜，第二台机器用于添加额外的材料层和加热层压板。黏合薄膜的特性与温度、时间、压力等机器参数共同决定了拼接处的性能。有些薄膜的延展性优于其他薄膜，供应商可以提供不同的选择，如 BEMIS、ARDMEL 和 SEW。

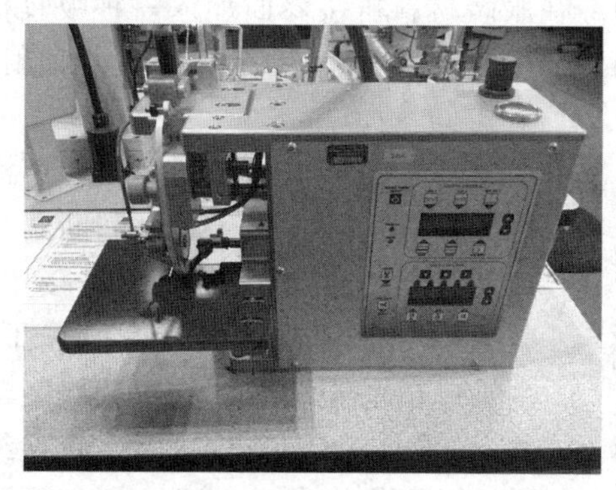

图 7.14 用于黏合膜拼接的黏合机

图 7.15 用于织物层拼接的黏合机

7.4 复合拼接

可以通过熔融或缝合的方法进行服装衣片或部件的拼接，然后用胶带覆盖。复合接缝主要用于防水服，但也可用于其他防护服，如洁净室、CBRN 和医疗用服装。

7.4.1 热封

热空气胶带机用于在缝合后的接缝上附加胶带黏合，通过在接缝上贴一条 20mm 的防水胶带形成不透水的接缝。可分别对热封温度、速度和压力进行设置，以实现最佳接缝，最高黏合温度可达 650℃。图 7.16 为典型的热空气胶带机。

图 7.16　热空气胶带机

7.4.2 填充

为了使接缝不透水，一种更传统的替代胶带的方法是用黏合剂在线缝处进行刷涂，填充所有的针孔以及缝纫线和织物纱线之间的孔隙，以防止气体或液体穿透。这种技术在防水服装中得到使用。

7.4.3 机织物高性能服装常用接缝

机织物高性能服装常用的接缝类型包括包边缝和双层折边缝，这些接缝具有较高的强度。折边缝用在裤腿部位的缝制上，在标签和口袋的区域采用锁式线迹进行缝合。使用的缝纫线主要是涤纶短纤维包芯纱。采用圆头缝针进行缝合，可以将排列紧密的经纬纱线分开而不损伤纤维。

7.4.4 针织物高性能服装常用接缝

在针织物高性能服装接缝通常使用 514 四线包缝线迹，在两层织物上形成重叠的接缝。此外，使用绷缝机或平缝机将两层织物搭接并缝合。常用的缝纫线有涤纶短纤维纱线和涤纶短纤维包芯纱线。使用球形针头机针可以减少对针织物结构的损伤。

7.4.5 弹性织物高性能服装常用接缝

大多数紧身压力高性能服装通常采用无缝技术加工而成的。拼合这些服装最常用的是平缝，线迹主要是 605 和 607，这种线迹具有很好的拉伸和回复性能，沿着接缝的长度方向可以有较大的延伸。在服装内侧的缝纫线通常采用较为蓬松柔软的涤纶短纤维缝纫线。使用小型球形针头的机针可以减少对弹性织物的损伤。

7.4.6 涂层防水织物高性能服装的拼接

涂层防水织物高性能服装主要用于户外运动和个人防护装备（PPE），通常采用叠层、双叠层和黏合接缝的方法进行拼接。黏合拼接的方法可用于合成纤维含量超过60%的高性能纤维织物。通常用尖头机针缝制，机针刺穿织物会形成小的针孔，可以通过缝纫线或采用复合胶带来封闭针孔。

图7.17～图7.19为户外服装常采用的一些拼接方式。

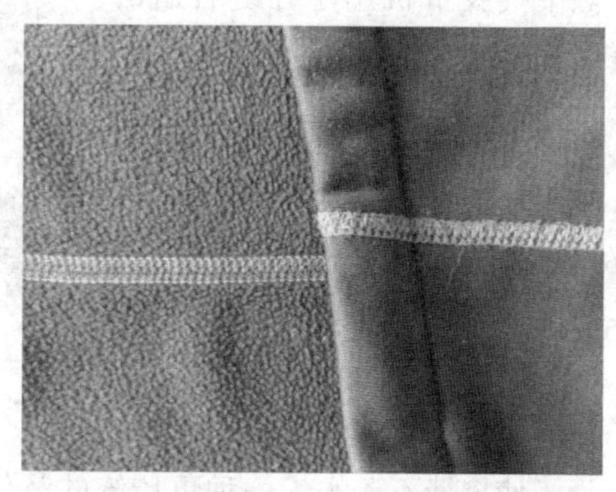

图7.17 平面锁式缝

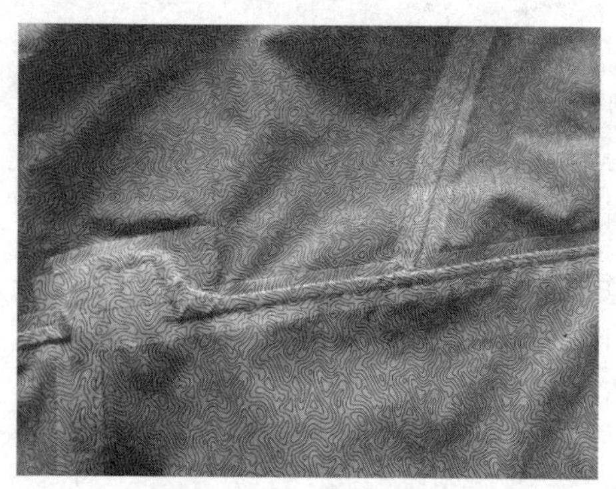

图7.18 黏合包边缝

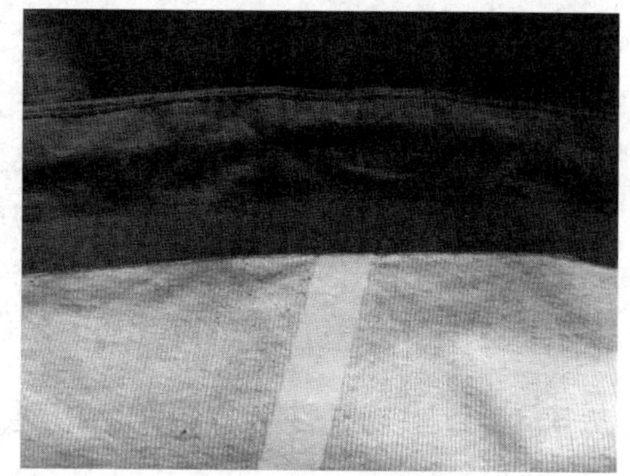

图7.19 热空气包边缝

7.5 未来趋势

未来，服装加工技术将得到进一步的改进，也可能会产生新的高性能服装加工方法。3D打印技术正在发展中，未来服装也可以用这种方法进行生产。这种方法可以避免额外的接缝，连接部位可以被构造得更像是同质服装中的铰链和横梁，可以自由活动。可穿戴技术将越来越多地影响接缝的性质和功能，服装上的接缝还需要起到排线或数据传输的作用。智能服装的发展需要拼接处能够同时作为传感器和执行器对穿戴者提供帮助。无论未来如何发展，仍然需要在设计、开发和生产高性能服装时充分考虑接缝位置和性能。

参考文献

[1] Anon. (1991b). Stitches and seams analysis Part 2 Seams.

[2] Cooklin, G., et al. (2011). Cooklin's garment technology for fashion designers. Hoboken, NJ: John Wiley & Sons.

[3] Laing, R. M., & Webster, J. (1998). Stitches and seams. Manchester: The Textile Institute.

[4] Anon. (1991a). Stitches and seams analysis Part 1 Stitches.

[5] Jones, I., & Stylios, G. (2013). Joining textiles: Principles and applications. Cambridge: Woodhead Publishing Ltd.

[6] Hayes, S. G., & McLoughlin, J. (2007). Welded and sewn seams: A comparative analysis of their mechanical behaviour. In The textile institute 85th world conference.

第 2 部分

高性能服装的设计

第8章　高性能服装的设计与开发

J. Ledbury
曼彻斯特城市大学，英国，曼彻斯特

8.1　概述

根据《纺织世界》报导，高性能服装市场是全球纺织业的主要增长领域之一[1]。据估计，2017年运动服装市场的增长额约为3485.1亿美元[2]，这是由于人类生活方式的改变而导致的增长，同时也产生了对适合某种用途的技术面料和服装的需求。消费者期望他们所穿的服装具有一定的功能性和舒适性，因此，许多性能越来越多地被添加到服装产品中。高性能服装生产商通常是尖端制造技术的领导者，使用先进的功能纺织品来满足消费者日益增长的需求[3]。随着先进的智能材料和针对某种性能而设计的功能服装的迅速发展，消费者期望服装产品能够满足热平衡、最佳运动、触感舒适性、耐用性以及对细菌、气候、化学品、冲击的防护要求，此外，要求服装满足动态设计、美学吸引力和人体工程学的要求[3]。

8.2　设计与新产品开发

对设计的表述多种多样，设计是一个创造性的过程和解决问题的过程，是创造性、科学性和创新性的结合。根据 Laurel 和 Young-A 的观点，当代服装产品开发是一项多方面的活动，是涉及设计、科学、技术、社会学、心理学和产品生产的商业活动，这些产品必须对消费者有吸引力，并可为服装公司带来经济效益[4]。为了生产出成功的产品，设计师需要对材料、技术和实践有深入的了解，对环境、活动和最终使用需求进行分析，考虑客户需求和偏好。

高性能服装设计除了美观性、舒适性和合身性的基本要求外，还有其他的许多因素。从本质上讲，高性能服装必须满足额外的要求，才能使穿着者在使用服装过程中具有良好的表现。例如，运动员希望有最佳的活动能力，不受服装的阻碍，他们的服装要能使身体不过热，并且在需要的时候，能保护他们免受外力冲击或危险。高性能服装必须能够吸引目标消费者，满足穿着者的审美、表达以及功能需求[5]。Cox 认为，设计师的真正问题是如何改善他们周围的世界[6]。对于高性能服装的设计师和产品开发人员来说，更具体的问题是如何提高产品的适销性。因此，要使产品得到最大化的成功，必须以用户为中心。以用户为中心的设计，是功能服装开发的一个组成部分。

随着时间的推移，设计师的角色已经发生了变化，因为离岸外包已经成为许多发达国家的惯例，设计师要与创意和技术团队一起，负责服装产品的工程质量。设计师还必须与采购和营销团队合作，以满足消费者需求[7]。因此，当代设计师的任务是多样的，通常与产品开发的最终目标密不可分，可以将其定义为“针对定义明确的消费者群体，制定具有感知价值商品的战略、创意、技术、生产和分销计划”。

8.3 设计过程

设计委员会首席设计师 Matt Hunter 在 2016 年提出了“双菱形模型”，其中将设计过程分为四个阶段：发现、定义、开发和交付，如图 8.1 所示。从广泛的研究和深入的思考开始，通过定义聚焦到关注设计目标，以实现可行的设计解决方案或产品。

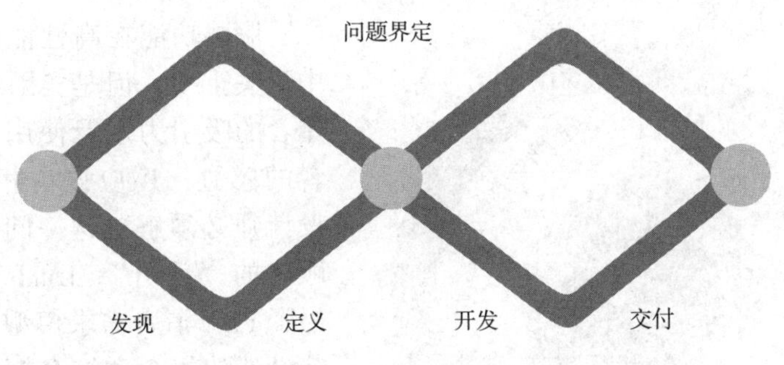

图 8.1　双菱形模型

发现阶段，是整个设计过程的开始。设计师寻求灵感，通过市场情报、用户查询、思维导图和设计研究等过程来获取新的和令人关注的信息。在定义阶段，设计人员对发现阶段的信息进行分析，确定最重要的优先级设计要素，以及各项要素重要性的排列顺序，因此，这个阶段就决定了设计内容，并向设计开发团队提出要求。开发阶段，是开发、测试、重新访问和改进原型的过程，开发阶段的活动包括原型设计、多学科方法和建立测试方法。交付阶段需收集反馈信息、评价选择和确定设计原型，最终推出产品[8]。高性能服装的设计和新产品开发同样采用分阶段或多阶段的方法进行。

产品开发有时被称为新产品开发（NPD），是指从概念、设计和开发到新产品的营销、生产和管理的一系列步骤。

在服装产品的设计和开发过程中，已经确定了许多框架、模型和理论。随着时间的推移，这些框架、模型和理论为产品开发过程提供必要的信息[4]。本章将主要介绍与高性能服装设计和开发相关的内容[5,9-12]。用于开发高性能服装的框架和模型强调在设计过程开始时进行深入的研究和分析，以满足用户需求。

设计过程被认为是创造性地解决问题的过程[3]，通过一系列步骤或一系列活动，从最初的概念到最终的产品。设计人员所经历的阶段数量各不相同；然而，所有这些都是从研究开始的，这有助于聚焦问题和建立设计标准。设计过程中的一些步骤可能会多次重复，以获得令人满意的解决方案。设计过程中有一些行动对成功开发高性能服装至关重要，如 Watkins 和 Dunne 提出的五步模型所述[12]：

研究⟶定义⟶构思⟶设计⟶评价

高性能服装的设计十分复杂，设计师有责任对使用者、活动情况、环境以及穿戴者可能遇到的任何危险进行详细研究。在流程开始时进行深入的研究，识别可能影响设计思维的所有约束条件，如人体的特征、使用情况的限制以及与活动相关的法律和规则限制。对前面描述的要素进行充分的探索和分析，使设计者能够充分理解需要解决的问题。对问题的明确定义将使设计人员能够建立一整套设计准则。

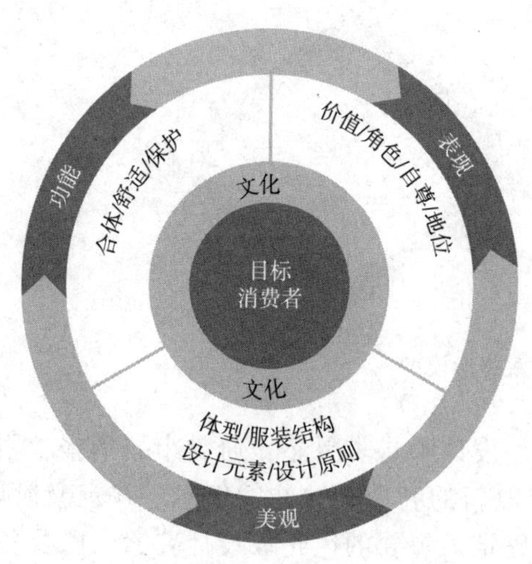

图 8.2　FEA 消费者需求模型

服装功能在高性能服装的设计中至关重要；但是，围绕服装对使用者的吸引力以及使用过程中穿着者的感觉，还应该有相应的考虑，设计师必须解决这一问题，以获得顾客的“认可”。Lamb 和 Kallal 提出了 FEA 消费需求模型[5]，这是服装设计的概念和综合框架；结合功能性、表现力和美观性考虑，在模型的中心构建用户和消费者的概况、用户需求和想要识别的问题，这些都能帮助设计师建立设计标准，如图 8.2 所示。

功能性需求指的是合体性、舒适性和保护性；表现力包括价值观、角色、自尊和地位；美观性需求与美感、设计和人体/服装关系有关。虽然消费者需要服装功能良好，但是表现力和美观需求也很重要。对于专为吸引消费者而设计的服装而言，必须从用户的观点出发，服装应该是功能良好、外观良好[10]。

为了帮助设计师提出适合用途的解决方案，McCann 和 Bryson 提出了设计树模型，该模型包括形式（美学和文化）、商业化可行性（产品、定位、价格、促销）和功能（人体和活动的需求）[10]，如图 8.3 所示。

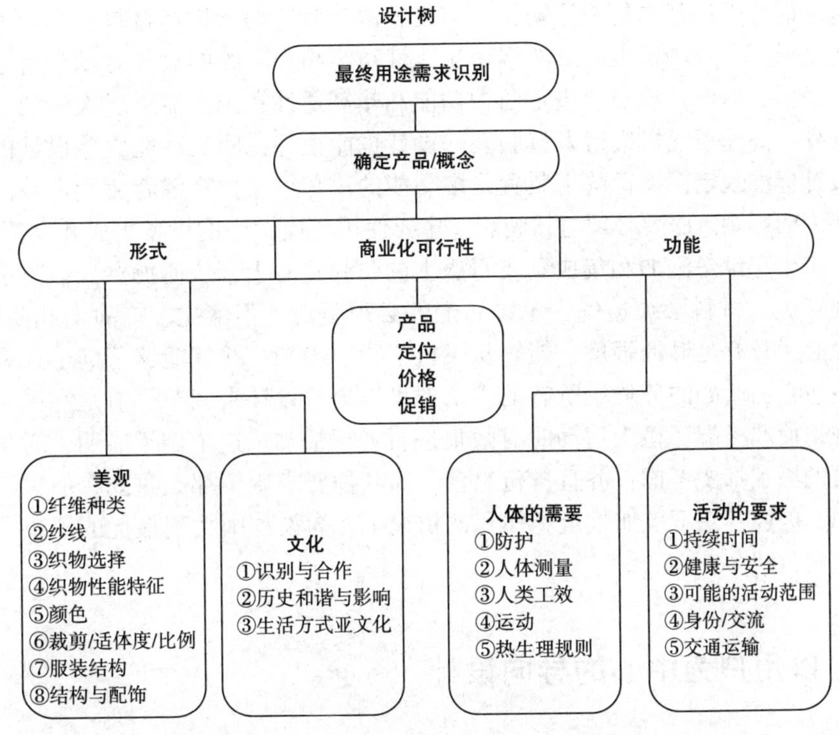

图 8.3　设计考虑的要素

设计师和产品开发人员将根据设计概要建立需求层次。FEA 模型呈现出连续性，功能性和美观性都有适当的权重。例如，救生衣（消防员装备、潜水服等）和对化学或生物（CB）试剂提供防护的服装对功能要求占有很高的权重，而美观性的意义就较小。相反，有些特定场合穿着的服装对美观性则有较高的要求，对功能性的重视度较低。高性能运动服对设计师来说是一项有趣的挑战，这种服装的功能性是最重要的。随着“运动休闲”产业的不断发展，美观性在该领域占据了越来越突出的位置，其设计特点和织物性能都受到重视。角色和个性的表达需求也是重要考虑因素，对于运动员，服装必须能够使他们感到自信，而医务人员和急救人员则是需要易于识别，并能够为患者提供冷静和自信的氛围。因此，功能性服装设计过程是复杂的，需要考虑各种用户需求。

设计师必须开展研究并明确需要解决的问题；按重要性排序的标准来决定哪些需求是必须满足的，哪些需求是可以妥协的。这种权衡设计的例子很多例如滑板和 BMX 自行车等许多活动的冲击保护设备，对膝盖和肘部等关节进行保护以防坠落或冲击是必要的，但是，冲击保护垫或衣物不可避免地会影响活动性，因此，设计师必须考虑保护性和活动性的相对重要程度；同样，警察和军事人员使用的防弹服装能够提供基本的弹道防护，但是，由于服装的结构和材料会影响人体表面的小气候，导致热积聚，虽然选用功能性纺织品和巧妙的设计有助于将这种影响降到最低，但设计师必须决定防护功能和热舒适性在用户需求层次中的主次关系。此外，高速喷气机机组人员服装的设计也能很好说明高性能服装设计的复杂性。设计标准规定，飞行救生装置是多功能的，必须保护穿戴者免受极端高温和极端寒冷的影响。服装必须与驾驶舱（主要使用环境）中的设备集成并发挥作用，并允许将生存设备添加和集成到飞行服上的防弹背心上，从而提供人体热平衡并能方便穿脱。材料必须透气，织物和配件必须阻燃、不熔化、抗静电和防爆燃；飞行服必须具有足够的强度，能够从飞机上弹射出来，并且能够帮助生还者在着陆时适应自己所处的环境。所有的需求都可以通过设计来调节，但是穿戴者必须能够在地面和极端环境中运动时有效地进行各项活动。这个例子表明，对生存至关重要的因素都要考虑，并且排位靠前，而其他要求则不那么重要，但也必须加以考虑，因此，在不增加重量和体积的情况下，为设计师找到最优的解决方案提出了重大挑战。

8.4 以用户为中心的导向设计

以用户为中心的设计也被称为以人为本的设计，穿着者是设计过程的核心[12]。对于设计师来说，要避免自己进行假设，而是要确定用户在新的服装产品中的需要和想要获得的最佳性能。设计师有责任根据收集到的信息来定义问题和进行设计构思，以及对材料、制造技术和成本影响加以考虑，如果设计是建立在严格的研究基础之上，那么设计才可能更有效地解决问题。

在以用户为中心的设计中，收集信息的研究方法包括直接交流、直接观察和参与者观察，这些方法都能为设计问题的分析提供丰富的数据。

（1）直接交流。采访和调查等方法是直接与穿着者进行沟通，可以帮助设计师了解使用情况和周围环境的影响[12]。对穿着者和参与者的采访可以为设计过程提供深入、丰富的信息。此外，用户的意见虽然具有一定的主观性，对设计师而言也是一个重要参考标准。开放式提问可以对设定的话题进行探索，因为被采访者可以更充分地回答问题，而采访者可以探究主题以获得更多信息。

（2）直接观察。直接观察有助于设计师发现潜在问题，并确定运动范围和类型、可能出现磨损的部位、气候和环境因素以及可能的危害等因素。

有很多例子表明，直接观察并不是唯一的选择，例如在军事演习和危险环境中，直接观察可以用其他替代方案进行，如使用视频，有助于确定运动要求，并明确运动活动中的受伤或跌倒模式。

穿着使用过的高性能服装的应力、磨损和撕裂部位，可以向设计师展示材料和服装的耐久性、耐磨性和适用性。此外，市场情报、文献回顾和数据库查询是在无法通过直接观察获得信息时的一种有效手段[12]。

（3）参与者观察。参与者观察法可以提供对使用情况或活动的有价值的信息，并为设计者提供有效的经验数据，例如，可以了解运动服装的结构以及运动对人体的影响，如太热、太冷、潮湿或不适。参与者观察法曾用于一名女山地救援队队员，该队员穿着服装后给出了不合身服装对运动功能产生不良影响的一手信息。例如，在崎岖不平的地面上，穿长腿裤会有绊倒的危险，并会妨碍脚部的活动；宽松的夹克会影响隔热效果，而夹克的长度也会阻碍整个活动范围。

8.5　协同开发

协同开发可以定义为“一种合作进行的新产品开发（NPD）活动，消费者在其中主动参与和选择新产品的各种要素”[14]。虽然 NPD 的共同创造领域处于相对较新阶段，但许多知名的运动服装公司长期以来一直与运动员合作，共同开发适合特定用途的服装产品，使运动员能够有更好的表现。Nike 和 Adidas 都拥有装备精良的活动场所，为许多体育活动提供了良好的设施，由运动员参与运动，设计师和产品开发人员观察运动员的行动，并从中收集反馈。该协同开发活动使设计师和运动员融入整个设计过程，通过严格的研究、分析和评估，共同创造、测试和改进产品，生产出满足用户需求的运动产品。Nike 公司强调其成功的关键在于设计、开发和制造过程中的研究和技术创新。专家团队在公司的设计和开发中发挥着重要作用，成员包括运动生理学、生物力学、工程、化学、产品设计和可持续发展等领域的专家。这些团队与研究小组合作，研究小组成员包括运动员、教练员、培训师、矫形师、足病医生和设备主管，他们参与公司的概念评估、设计、材料选择和加工制造全过程。服装公司在经过广泛的咨询、开发和评估过程以后，与公司签订合同，为运动员提供高性能服装产品[15-16]。

8.6 消费者参与的协同开发

高新技术发展使消费者能够获得前所未有的信息量和社交媒体信息，促进了与品牌、制造商和其他客户的全球沟通。因此，消费者在服装产品市场上具有强大的影响力，并且越来越希望参与到产品开发过程中来。消费者参与的产品开发过程称为协同开发[17]。

协同开发在新产品开发中越来越重要，被认为是客户参与行为的必然结果[18]。客户能够通过一系列的通信技术向公司提供反馈，并参与到 NPD 过程中与公司进行合作。人们认识到，产品缺陷通常是由于未能有效地评估和满足用户需求而造成的[19]。协同开发使品牌方对消费者的需求有了深刻的理解，并为创意的产生提供了机会，更好地反映了用户需求，从而提高了产品质量，降低了风险，并增加了产品成功的可能性[20]。

Hoyer 等人在 2010 年提出了消费者参与协同开发的概念框架，以协同程度为中心，在 NPD 过程中明确协同开发的范围和数量。该框架考虑了消费者动机、企业面临的问题和公司激励策略，如图 8.4 所示。

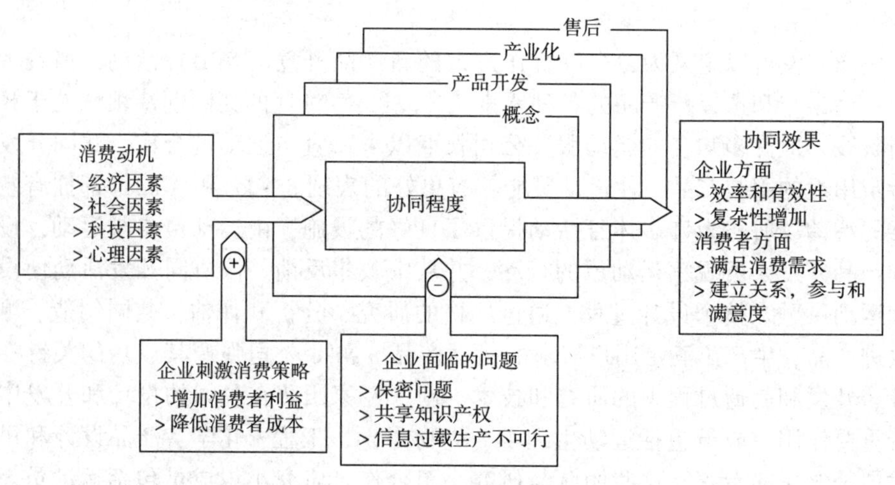

图 8.4 消费者协同开发的框架结构

此外，Hoyer 等人认为，在新产品开发过程的所有阶段，从最初的创意产生到产品开发和商业化，再到产品发布后，协同开发都是有用的。NPD 过程中协同开发的优势和障碍包括以下一些内容（表 8.1）。

表 8.1　协同开发的优势与障碍

协同开发的优势	协同开发的障碍
有利于创意生成	公司的特权信息
降低用户研究成本	知识产权的所有权
增加产品信息效率	信息过载
产品更适合用户需求	潜在问题识别
降低产品失效风险	生产的可行性
加强与客户的关系	客户预期管理

消费者参与协同开发的动机多种多样，其中可能包括经济奖励、竞赛奖品和精神成就。公司必须权衡战略规划和管理复杂性对协同开发过程的潜在影响与增加消费者投入和提高产品供应的成功率之间的得失。

为了突出运动服装市场中被忽视的部分——活跃的老年人的需求，McCan 和 Bryson 在开发功能性服装时采用了跨学科的协同设计方法，为活跃的老龄化社区开发可穿戴电子产品[10]。在一系列的研讨会中，积极的参与者和学者与设计师合作，设计师作为引导者，获取老年用户的需求信息，并平衡技术、美学和文化等多方面因素。McCann 建议采用协同设计方法，在研究人员、行业利益相关者和老年用户之间开发出一种新的共享语言，并使设计标准满足功能性和美观性需求。

8.7　高性能服装开发的优点

8.7.1　可持续性

随着时间的推移，高性能服装所使用的材料已经得到显著提升，制造商不断寻求能够提供产品最佳性能和舒适度的方法，并尽量减少对环境的影响[3]。户外运动服装制造商和纺织品生产商越来越意识到可持续发展材料和服装产品的重要性，这些产品在生产过程中生态友好、清洁，浪费更少。具体示例如下。

哥伦比亚运动服公司开发了超干燥生态材料，这是一种防水膜，不含强温室气体，并且不含致癌物 PFC[15-16]。此外，可以通过擦拭方法去除污垢，从而降低洗涤时水的消耗。

绝缘材料生产商 Primaloft 开发了一种生态绝缘材料，其回收率为 55%[15-16]，而意大利公司 Thermore 开发了一种完全由消费后的废弃物制成的绝缘材料。

Adidas 与 Parley 公司（成立于 2012 年，旨在提高人们对塑料废料在世界海洋中的影响的认识）合作生产了一款跑鞋，这种跑鞋采用海洋废弃物制造，回收海洋废弃物占 95%，回收聚酯针织鞋帮占 5%。跑鞋的其他组成部分，包括鞋带、衬里和鞋跟也都是可回收材料[20-21]。

8.7.2 新技术

全球制造公司（Globe Manufacturing Company）是消防员和急救人员功能服装的生产商，它开发了一种可穿戴的先进传感器平台（WASP）系统。在这个系统中，衬衫上装有传感器，可用来监测消防员的生理信号，如心脏和呼吸频率。WASP 系统还允许指挥员观察穿着者的位置和生理数据[16]。TRX 跟踪设备附着在绑带上，衬衫上的传感器附在电子模块上，电子模块收集数据；数据从模块传输到智能手机，并通过 Wi-Fi 从智能手机传输到计算机进行分析。

Powerskin 碳纤维超高性能泳衣由 50%的聚酰胺纤维、47%的弹性纤维和 3%的碳纤维组成，并具有内外两层。内层有一个超链接系统，它结合了两种技术：一是采用沿着织物轴向形成连续磁带，使游泳运动员能够保持身体定位；二是具有超强压力平面，使服装轮廓更平滑，有助于肌肉收缩。外层由超级凹凸组织机织面料组成，可以沿着织物的水平和垂直方向提供不同的拉伸力，保证服装对人体的压力以保持在水中的最佳运动状态[16]。

Sensoria 公司开发了适合跑步者的智能袜子，内置压力传感器连接到支持蓝牙功能的脚踝绑带上，能够测量体重、身高、腿长、步幅以及跑步时的足部冲击力，可以通过智能手机对数据进行评估[22]。

Mbody 公司推出的专业监控工具系统可以为骑车人和跑步者提供测得的肌电图（EMG），通过蓝牙将数据发送到应用程序。这些信息为运动员提供了肌肉功能的实时数据和分析[22]。

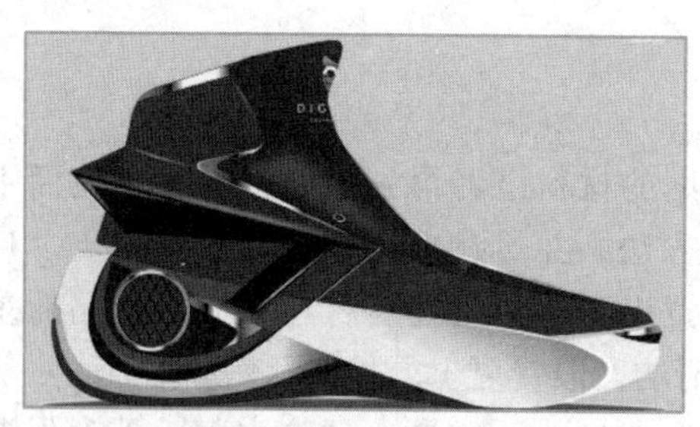

图 8.5 Digitsole 公司智能加热鞋

法国 Digitsole 公司应用支持蓝牙的加热技术打造了一款智能鞋。该鞋装有一个热垫，可以将可充电电池的能量转换成热能。智能手机通过 Digitsole 应用程序控制温度，恒温器可以进行温度监控以防止过热。鞋子在脚踝处自动收紧，可以适合不同脚型的穿着者，如图 8.5 所示。

美国滑雪服品牌商 Spyder Active Sports 公司与射频识别（RFID）专家 Smartrac 公司合作，开发了一系列具有近场通信功能的团队滑雪服，使其能够与全球支持 NFC 的设备连接。Spyder Active Sports 公司的夹克嵌入了 NFC 接点，当接近平板计算机或手机时，穿戴者能够与社交媒体进行实时数据交换。此外，运动员可以通过设备进行定位，并可以与其他消费者分享天气状况和路线图等信息[23]。

加拿大滑雪运动员穿着 Hexoskin 背心进行表演和训练，这种背心使用了嵌入式传感器和发射器，能够监测心率、呼吸、节奏、重力和步幅，这样教练就可以通过 Skype 或 FaceTime 相关应用程序实现远程测量成绩。教练还可以观察运动员的睡眠和呼吸模式，以调整运动员的训练和动作，从而提高成绩。

8.7.3 特殊功能

Thermal Tech 是由其同名公司开发的织物，该面料加工的夹克不需要使用隔热材料就能达到保暖效果。这种织物是由不锈钢纱线制成的编织网材料，可以储存来自红外线、紫外线和阳光的能量，可在 2min 内将衣服内部的温度提高 10℃；此外，织物还有助于穿着者保持体温恒定[16]。

Berghaus 公司开发的超轻夹克 Hyper 100 是一款防水户外山地运动夹克，中等尺寸的服装重量不到 100g。这种服装由加有聚氨酯膜的三层结构面料制成，聚氨酯膜夹在尼龙外层和尼龙内层防臭层之间[15]。

生物活性纺织品是用抗菌剂处理、可抑制微生物的材料制成，可防止微生物引起的气味和织物降解。生物活性纺织品取得了显著进展，在运动服装和运动休闲产业的需求也在不断增长[16]。微生物在潮湿、温暖的环境中，如人体皮肤中，繁衍生息，具有良好湿调节功能的织物能抑制细菌生长，从而减少异味和织物变质。快干型合成纤维材料可用于高性能服装的水分调节，抑制细菌生长。

8.7.4 防护性能

采用辐射防护技术（RTS）开发的个人防护服 Demron，其中使用了一种独特的织物，可以对化学、生物、弹道和辐射危害进行防护，并防止服装内部过热，使穿着者能够在更长时间内保持正常工作状态[22]。

美国户外服装品牌 North Face 开发出具有冲击保护系统的滑雪头盔，该系统可以对造成大脑损伤主要原因的旋转力进行纠正。有研究发现，大脑损伤是由于大脑组织在头颅内旋转而引起的，而不是撞击本身引起的，这项研究结论推动了头盔保护技术的发展，头盔内的低摩擦层使头盔和头部能够独立旋转，为大脑提供必要的保护[23]。

8.7.5 健康和保健性能

Under Armore 品牌商开发了能够帮助运动员恢复疲劳的睡衣，将生物陶瓷技术融入服装内衬中，吸收人体产生的远红外波长，并将远红外反射回来，实现了辅助恢复疲劳的功能，从而达到更好的睡眠状态[22]。

8.7.6 生产制造

推出新产品时，要确保产品的一致性和高质量，尤其是在产品创新方面，对品牌商而言都是新的挑战。与品牌商合作的众多制造商不可能具备相同的能力，传统的标准和设备必须能够应对创新的材料和技术。例如，Adidas 公司正在德国建立一个“速成工厂”，配备了智能机器人技术以解决这些问题，希望这个工厂的建立可以为公司服装生产提供更高的速度和更强的灵活性，以满足客户需求[16]。

Stoll 公司设计了一款 Balaclava 帽，这种帽子使用了三维预成型无缝针织技术。Balaclava 帽在口腔区域采用加热丝进行加热，从而避免冷空气进入肺部，如图 8.6 所示[15]。

基于提花织物织造技术加工的无缝机织外套，使 North Face（UNO 夹克）和 Descente（羽绒服）等公司能够最大限度地减少服装上的接缝并减轻机织服装产品的重量[20-21]。

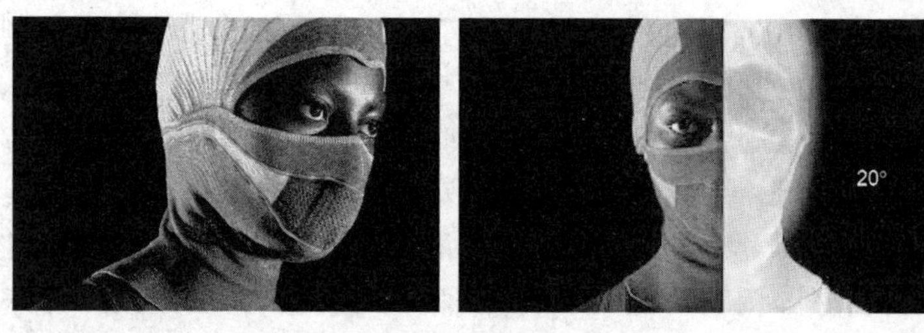

图 8.6　斯托尔公司开发的带有 NFC 功能的巴拉克拉法帽

8.8　未来趋势

（1）结合可穿戴技术、传感器、健康监测系统和性能输出数据，以及进一步整合社交媒体平台。

（2）基于生物系统的结构和功能的仿生学、纺织品和服装设计。

（3）采用无缝服装技术，重量轻，产品性能高，并进一步发展超轻保暖服装。

参考文献

[1] Little, C. (2016). Performance apparel in the making, textile world, (May, 23rd) http://www.textileworld.com/textile-world/knitting-apparel/2016/05/performance-apparel-in-themaking (Accessed 25 February 2016).

[2] Statista.com. (2017). Size of the sportswear market worldwide from 2009 to 2017 (in billion U.S. dollars). https://www.statista.com/statistics/613169/size-of-the-global-sportswearmarket/.

[3] Shishoo, R. (2015). Textiles in sportswear. Cambridge: Woodhead Publishing Ltd. In association with The Textile Institute.

[4] Laurel, D. R., & Young-A, L. (2016). Apparel needs and expectations model. International Journal of Fashion Design, Technology and Education, 9 (3), 201-209 (Accessed 25 February 2017).

[5] Lamb, J. M., & Kallal, M. J. (1992). A conceptual framework for apparel design. Clothing and Textiles Research Journal, 10 (2), Sage Publishing, sagepub. com (Accessed 25 February 2017).

[6] Cox. (2017). Chairman, design council, sir george cox in the cox review. What is design and why it matters. http: //www. thecreativeindustries. co. uk/uk-creative-overview/news-andviews (Accessed 25 February 2017).

[7] Keiser, S. J., & Garner, M. B. (2012). Beyond design: The synergy of apparel product development (3rd ed.). New York: Fairchild Books.

[8] Hunter, M. (2016). What is design and why it matters. http: //www. thecreativeindustries. co. uk/uk-creative-overview/news-and-views-view-w (Accessed 25 February 2017).

[9] LaBat, K. L., & Sokolowski, S. L. (1999). A three-stage design process applied to an industry university textile product design project. Clothing and Textiles Research Journal, 17 (1), 11-20.

[10] McCann, J., & Bryson, D. (Eds.). (2014). Textile-led design for the active ageing population.

[11] Rosenblad-Wallin, E. (1985). User-oriented product development applied to functional clothing design. Applied Ergonomics, 16 (4), 279-287.

[12] Watkins, S. M., & Dunne, L. E. (2015). Functional clothing design, from sportswear to spacesuits. New York, NY: Fairchild Books/Bloomsbury Publishing Inc.

[13] Koberg, D. (1981). The all new universal traveler: A soft-systems guide to creativity, problem-solving, and the process of reaching goals. Los Altos, CA: William Kaufmann Inc.

[14] O'Hern, M. S., & Rindfleisch, A. (2009). Customer co-creation: A typology and research agenda. In N. K. Malhotra (Ed.), Review of marketing research: Vol. 6 (pp. 84-106). Armonk, NY: Sharpe.

[15] Performance Apparel Markets. (2016a). No 56, Published October 2016.

[16] Performance Apparel Markets. (2016b). No 55, Published July 2016.

[17] Hoyer, D., Chandy, R., Dorotic, M., Krafft, M., & Singh, S. S. (2010). Con-

sumer cocreation in new product development. Journal of Service Research, 13 (3), 283-296.

[18] Van Doorn, J., Lemon, K. N., Mittal, V., et al. (2010). Customer engagement behavior: Theoretical foundations and research directions. Journal of Service Research, 13 (3), 253-266.

[19] Ogawa, S., & Piller, F. T. (2006). Reducing the risks of new product development. MIT Sloan Management Review, 47 (Winter 2), 65-72.

[20] WSA. (2017). January/February, 2017a. Taiwanese partner helps adidas make waves.

[21] WSA. (2017). March/April 2017b. Seamless outerwear by design, smartening up the shoe: How connected footwear will invade your life, https://www.wareable.com/footwear/smartening-up-the-shoe-whos-winning-the-race.

[22] Kovacs, M., & Rodrigo, P. (2016). Wearable technology driving transportation forward. Future Textiles (1).

[23] Zwirn, E., Barkhausen, B., Gibbons, S., Osborn, A., &Burnyeat, A. (2017). Turning up the heat. Future Textiles, (2), 34-37.

扩展阅读

[1] Hunter, M. (2017). What is design and why it matters. http://www.thecreativeindustries.co.uk/uk-creative-overview/news-and-views (Accessed 25 February 2017). The connected future of technology (2017). Future Textiles (1), 20-22.

[2] X-bionicSphere. (n. d.). http://www.xbionicsphere.com/en/x-bionic-sphere (Accessed 22 February 2017).

[3] http://www.digitaltrends.com/cool-tech/smart-balaclava/ (Accessed 9 April 2017).

第 9 章　高性能服装的产品开发和人体测量

S. Gill

曼彻斯特大学，英国，曼彻斯特

9.1　高性能服装的产品开发

高性能服装的用途广泛，从跑步或体操等高强度活动的紧身弹性服装，到具有特殊防水和其他功能特性的宽松合身机织服装，如登山装备或帆船运动服装。这些服装的表现形式不同，设计时需要考虑一系列有关面料和技术的问题。根据目前的产品开发方法，这些服装的样板通常来自相同的服装原型样板，然后需要相当熟练的技术来确定适当的尺寸和形状，并进行裁剪，使服装部件能够以最佳方式进行组合。可以根据服装样板制作的传统方法，按照特定应用需求为客户专门设计服装样板[1-2]。然而，目前仍然都是采用已有的方法制作服装样板，创建覆盖身体不同部位的一系列基本样板[3-5]，然后将这些样板根据特定用途进行改动。虽然有一些资料可以为样板设计者提供帮助和指导，但进行样板修改仍然是依赖于样板师的个人技能以及他们对特定服装的熟悉程度[6]。尽管在样板设计中存在这些问题，但针对特定用途的定制服装的开发还需要考虑许多其他因素，这些因素需要在不同阶段加以解决，然后才能使服装在环境和个人方面都能发挥作用。本章将探讨产品开发中的人体测量问题，强调确保服装能够为需要高性能服装的个人提供特定功能所需考虑的一些关键因素。

9.2　产品开发中的人体测量

人体测量学是开发穿着类产品的第一步[7]。在考虑高性能服装的具体要求之前，必须全面考虑人体尺寸。历史上，对服装进行的测量都是采用软尺以人工的方法进行，人体测量标准[8]规范了测量过程，为大规模人体调查提供指导[9-10]。在各种方法中，Beazley 在 1997 年提出的方法最适用于人体穿着产品的开发，这种测量方法适合服装样板开发，其中一个关键例子就是记录颈部宽度和深度，这在任何其他现有测量方法指南中都没有涉及[11]。

对于人体测量而言，重要的是能够体现针对不同目的进行的人体测量之间的差别。例如，对人群进行分类的测量与为了进行产品开发所进行的测量所采用的方法是不同的。前者，要将人群划分为不同尺寸类别；而后者则侧重于产品设计所需的数据[7]。通过分析可以清楚地看到，名称相同的测量并不总是以相同的方式定义的[12]，也不总是在明确考虑其目的的情况下进行的。这一点早在20世纪就已经得到了认可，因为人们担心不同的从业者所进行的测量不一定能适用于服装产品开发[13]。需要考虑的是，通常使用国际Kinanthropometry测量学会（ISAK）的方法对运动员进行的测量是否与以当前形式进行产品开发所需的测量结果相同或具有可比性[14]。这些测量的工具和最终用途各不相同，并受不同要求的驱动，ISAK希望对运动人体进行分类比较，这些测量可能与运动服装产品开发相关文献中规定的方法有很大不同[3-5]。显然，在更广泛的学科内部和学科之间的人体测量领域，应在定义的同时对应用的考虑（测量的预期用途）进行提示，以便使测量结果不会被误用。人体扫描技术使用了很多不同于现有人体测量实践中使用的定义，提出了新的复杂性问题[15]，这通常是由于该项技术的非接触性测量方法和数据提取自动化，使用的算法是在人体几何结构基础上进行人体表面测量。

使用现代设备进行的人体测量可以收集更多的测量数据，包括周长、表面长度、皮肤折叠厚度、深度、宽度、表面面积和质量，这些数据既可以为产品开发提供信息，也有助于对个体进行分类。其中许多测量数据可以通过人体扫描技术获得[16-17]，该技术越来越多地用于人群体型调查[18]，并能够用于对运动人群进行分析和分类的测量。这些新方法必须与既定的产品开发实践相适应。Aldrich介绍了用于产品开发的早期人体测量方法[19]，Kunick在人体测量基本原理的基础上，研究了人体测量数据在服装领域的应用[20]，Hulme则对人体测量数据与服装样板之间的关系进行了研究[21]。现代人类服装测量的基础是由美国的O'Brien和Shelton和英国的Kemsley的开创性研究奠定的[10,22]，Clauser等人在这方面开展了一些更深入的研究[9]。尽管这些研究关注的是服装，并且明确给出了测量点的详细定义，但这些测量仍然是以将人群分类为具有共同特征的群体为主要目标。Clauser等人在1988年展开的研究在详细的标志基础上给出了非常精确的测量定义。基准设定是人体测量的关键，与测量位置的定义有关。目前没有任何有关人体测量设备的说明能够提供足够的细节来了解正确地手动触摸骨骼或人体表面基准[23]，这是将从个体上收集到的数据用作服装开发基础时需要考虑的一个重要因素，测量基准的重要性将在下节进行详细讨论。

9.2.1 先进人体测量技术

人类测量经历了从早期服装加工实践到标准化人口调查，以及到最近的人体扫描的重大演变。在测量方法的发展过程中，已经提出了数据采集和相关测量的复杂系统，例如，结合卷尺测量[11]或更复杂的系统来捕捉身体的形状和尺寸[24]。然而，人体扫描综合了各种方法的优势，为未来开发人体穿着产品提供了新的方法。Olds、Daniell、Petkov 等人还针对运动员的人体分类进行了探讨，如果研究采用了所有的测量数据，必须告知最终用户这些数据仅用于产品开发实践[25-27]。

9.2.1.1　人体测量数据的标准化

Aldrich 进行了人体测量数据采集的工具和技术的开发研究，构建了标准化体型数据以适应服装大批量生产[19]。标准化个体测量数据可以用于建立样板库，用于不同测量个体之间的比较，以及为服装制造商提供尺码分档，为大规模制造奠定了基础[21]。用于大规模制造的人体测量技术的另一个组成部分是使用比例，许多测量数据是其他测量数据的相对值，这种技术在产品开发中发挥了相当大的作用[28]。值得指出的是用于普通服装产品开发的人体数据标准可能会与特定体育运动人群的人体数据标准不同。Kunick 介绍了一些通过服装生产实践形成的人体测量比例关系[20]。但是，对于目前在服装产品开发方法中普遍采用的人体测量比例介绍较少，包括在制作服装样板时只需要较少的人体测量数据和根据人体尺寸预测服装尺寸时存在的潜在误差[7,28]。

9.2.1.2　人体测量扫描系统

人体扫描能够采用非接触式方法创建一个虚拟人体，可以在虚拟环境中对人体进行分析，目前有很多种不同的人体扫描仪用于服装领域[17]。人体扫描仪采用边缘采集技术，以获取尺寸、形状和身体的比例，还能够针对群体和个体进行详细的数据分析[16,29-31]。人体扫描仪能提供传统的一维尺寸，这种方法相对于手动测量方法是一种全新的里程碑[32]。尽管人体扫描仪已经广泛用在人类体型调查，但将人体扫描数据应用于特定产品开发的研究很少[18]。

3D 人体扫描仪为产品开发提供了巨大的机遇和新的方向，特别是在个性化服装和特定用途服装方面具有较高的使用价值，但作为手工测量的替代品，使用 3D 人体扫描仪还需要考虑以下因素。

(1) 准确度。这种测量方法是否具有与传统产品开发中使用的手动测量方法相似的重现性。

(2) 固定姿势。被扫描者的姿势通常与传统手工测量中的姿势不同，并且无法对被扫描者的某些部位重新定位。

(3) 测量定义。人体扫描的非接触性意味着是用表面几何形态而不是表面纹理状态来定义测量。因此，可以通过与传统的方法进行比较来收集测量结果，以用于开发人体穿着类产品的样板。

对第一个因素需要进一步开展研究，针对这个问题的研究能够为人体扫描仪测量的重复性和准确性提供证据。关于精确性问题通过一些研究已经得到了解决，

Kouchi 等人在 2012 年对解决这一问题提供了良好的指导意见[33]，希望能够通过努力提高人体测量结果的重现性，并设定一些类似于美国 NATICK 调查时 Clauser 和 Gordon 等人提出的相应限定条件[9,34]。固定姿态下的身体扫描在提取测量值方面存在一些困难，需要考虑在位置发生变化后的测量值变化，以更传统的测量姿态收集的数据为基础，为开发服装产品的实践活动提供信息。研究发现，针对臀部扫描得到的测量值与将臀部与腿部一起进行扫描得到的测量值之间存在差异，这表明需要采用修正系数或使用不同的定义方法[15]。测量定义的适用范围将在以下两个部分中讨论，这两个部分主要讨论测量基准（测量的位置）以及测量本身的定义。

9.2.2 人体测量基准

测量基准就是人体上的测量点，是确保从人群中采集到的数据来自相同的位置而具有可比性，建立对个体进行测量的特定位置基础。不正确的测量基准或测量过程中的操作偏差可能会导致不正确的测量定位，并导致产品开发过程中的误差在手动测量中，测量基准可以使用骨骼特征（如脚踝骨）、与骨骼特征相关的位置，甚至身体表面的特征位置[23]。在三维人体扫描过程中无法触碰到身体，并且人体是由网格中的一系列点所构成的[17]，必须分析身体表面的几何结构，以确定如何进行测量，并通过考虑身体的比例或特征减少测量点的数量[35]。然而，这些定义可能意味着基于虚拟基准的人体扫描测量值会与手动确定基准的测量值存在差异[15]。这些局限性意味着，如果没有在被扫描者身上预先设定基准标记（非常费时费力），使用自动测量系统进行人体扫描就会引起一些问题，在基准点和测量值方面都会与手动测量有所差异。然而，正如下面几节所讨论的，这些局限性也能够为使用人体扫描和自动测量系统作为产品开发的基础带来相当大的好处。

9.2.2.1 人体测量基准自动设定

非接触式自动人体测量系统在虚拟人体的基准点定位需要对传统的测量技术有真正的理解，以及将这些领域的优势用在虚拟环境中的表面的几何形状测量中。有关手动测量时的基准点定位的研究较少，这就为开发人体测量新技术（如人体扫描技术的构建基础）提出了一些问题。通常，针对基准点设定的研究是在调查对象身上预先标注基准位置，然后进行人体扫描，在人体扫描数据中有关基准点位置数据的识别时会出现一些问题[36-37]。

腰部是一个很难自动确定测量基准的区域，腰部基准位置是用手动方法确定的：在腰部区域，基准位置为侧面突出部分髋骨的上方，以及可触及肋骨最低位置的下方[15,38]。但是，如果没有预先标注基准位置，在虚拟环境中就无法定义腰部区域或腰部本身的基准。此外，这些基准点与可触及的结构有关，并出现在皮肤表面下，它们在身体表面上并不一定能够呈现出明显的特征，就无法根据几何特征来确定测量位置。对扫描人体的分析和解剖学知识表明，可以使用另外一个测量基准，即腰低点（SOB），这是身体上的一个点，为腰椎和骶骨之间的转接点[37]。人体扫描系统使用这一基准点进行腰部测量，可以直接测量或使用基座为这个位置设置参考。如图9.1所示，腰围线的位置在SOB上方4cm处的最小圆周上。这幅图像引发了由最小周长定义的腰部与基于表面几何的解剖位置之间的冲突。定义腰部对于塑造服装很重要，尤其是必须与身体轮廓一致的服装。

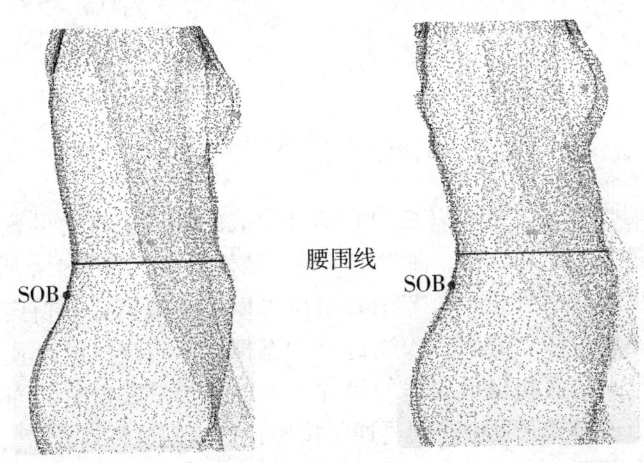

图9.1　两名女性腰围线与腰低点（SOB）的扫描结果

人体扫描测量与传统基准位置不同的另一个例子是肩点的确定，通常在手动测量中称为肩高点。肩高点是由肩胛骨突出形成的，位于肩胛骨和上臂交界处[9,23]。然而，人体扫描的自动化测量系统必须使用人体表面的几何结构，并且在TC^2和Size Stream两种扫描仪选择了两种不同的方法。一种方法是将肩部定义为肩部和上臂之间的角度变化，并在此连接处标注人体表面上的基准，如图9.2（a）所示；另一种方法是使用与腋窝相关的点，并将肩点设置为与腋窝垂直的点或角度，并将此点标注在人体的表面，如图9.2（b）所示。两种方法得出的结果都不能与手工测量位置一致，虚拟基准点需要由熟练的技术人员进行调整，以确保正确定义肩点[39]，因为测量姿势、手臂位置或信息干扰的原因，通常会导致基准点位置不准确。

通过在身体表面使用更多的点，以及根据这些点之间已知的关系来确定基准点的位置，就有可能改善肩部位置测量基准的准确性。但是，需要通过另外的软件通过算法来确定基准点的位置，使分析速度降低。大多数扫描系统提供了一些调整虚拟基准点的操作，因此，熟练的操作者可以确保将基准点放置在最适合的表面，并有可能开发出用于自动扫描系统的基准点分析和调整的方法[39]。人体扫描可以在人体区域的中心设置基准，如图9.3所示，允许使用中心基准创建链接和

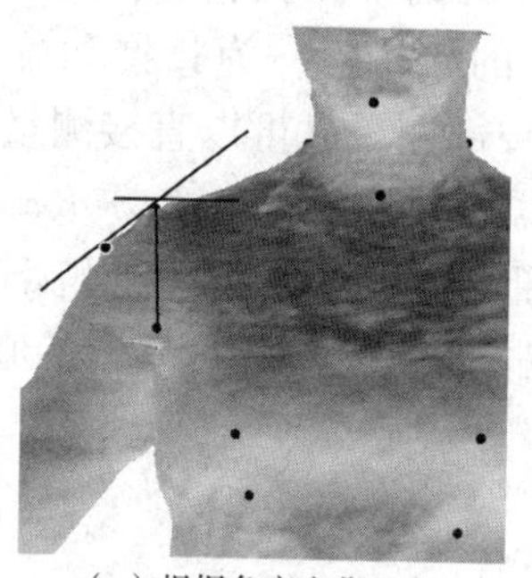

（a）根据角度变化而定

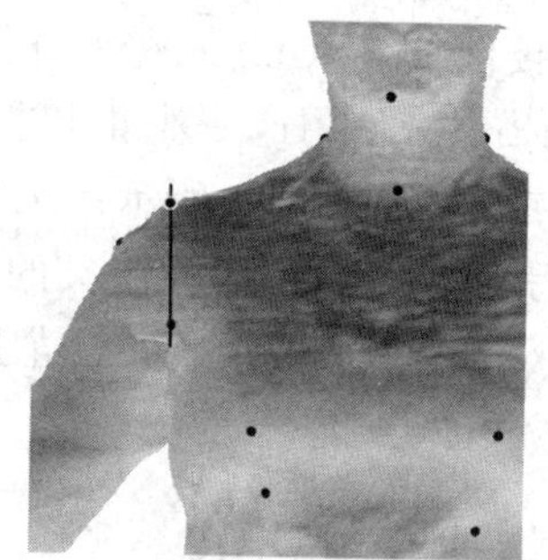
（b）根据腋窝点位置而定

图 9.2　肩点确定

进行虚拟人物动画展示。也可以在中心基准形成的圆周上自动设置基准点，这种方法比手动测量方法更加方便，测量结果的一致性更高，如图 9.4 所示。这两种方法都可以进行更深入的分析，关节中心定位可以对虚拟拟合的扫描人体进行动画处理，也可以使用可移动的虚拟人物进行动态拟合。围绕圆周设置基准点可以实现对人体的划分，从而获得最合适的尺寸，可以使测量数据更恰当地用于产品开发，尤其是在当前模式开发中，圆周通常按照比例规则进行划分[28]。

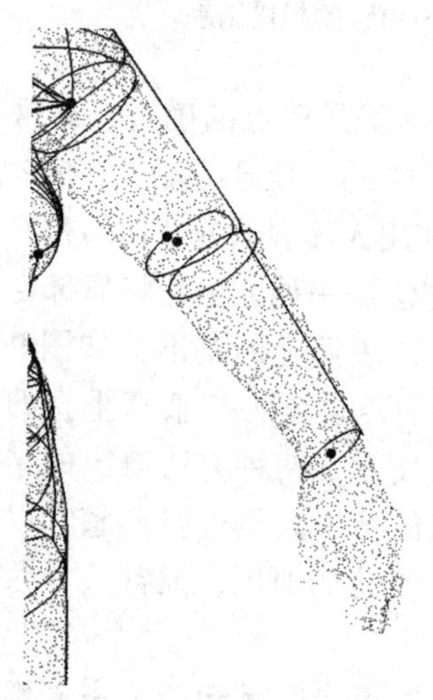
图 9.3　TC^2 的腕与肘基准位置

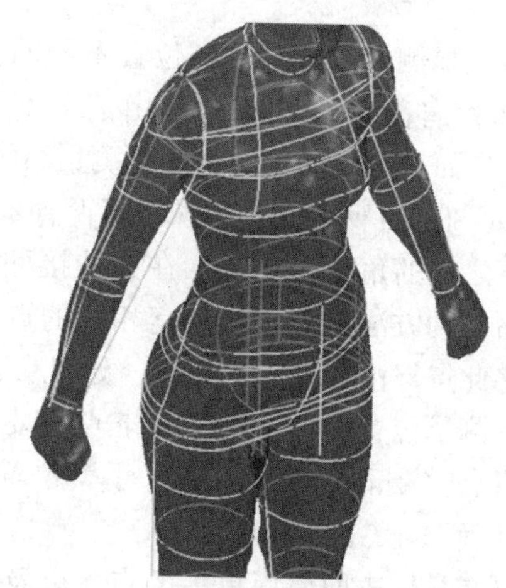
图 9.4　Size Stream 的围度基准位置

9.2.2.2　人体扫描的自动测量

尽管手动测量基准点的复制具有一定的困难，但还有一种根据提示数据在人体上更好地进行基准点定位的方法。对于运动服装来说，可以使用更多的人体详细数据进行服装设计，以适合个体特征且满足健康和功能两大目标。通过人体扫描可以测量一些手动测量很难获得的数据，如小腿的最小周长等，如图9.5所示。在设计紧身服装时，这些数据很重要，可以保证服装贴合身体轮廓。这个位置的周长通常比根据踝关节基准定义的踝关节处的周长小，而传统上都是用手工测量来获得这一位置的服装尺寸。对扫描所提供的数据进行深入的分析，可以使用更多的人体尺寸来进行服装样板设计，这些尺寸可以通过反映身体和不同区域上最小和最大的圆周，更好地反映人体的尺寸和服装样板所需的形状和尺寸。快速定位并确定相应尺寸的能力是使用人体扫描仪的一大优势，使得人体扫描仪提供数据的速度和数据分析水平大大提高。

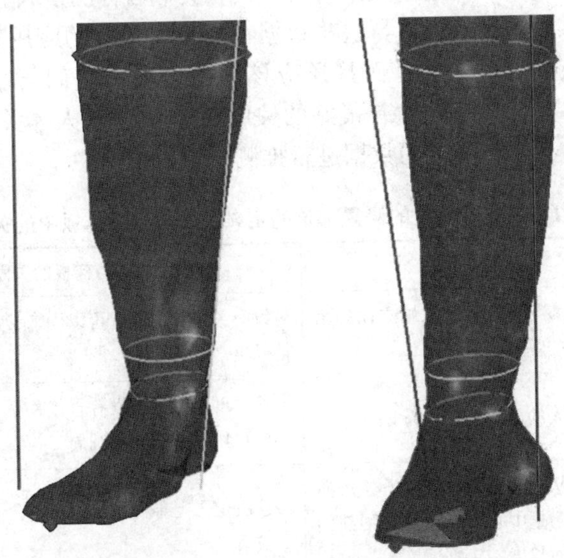

图9.5 身体扫描显示根据踝关节（外踝和内踝）、最小小腿和小腿（踝关节和膝下最大周长）定义的腿部周长

9.2.3 产品开发需要的测量

9.2.3.1 尺寸与产品开发

虽然，制订服装尺寸规则是决定着装人体体型划分方法以及特定人群规模的重要组成部分，但服装的尺寸系统还是需要通过实践决定。一般人群可能不能反映运动员和高性能服装使用者的个体需求。显而易见，所有的人体测量系统都需要建立尺寸的线性分类方法，明确不同体型之间的尺寸比例差异，这些方法和规则都必须在从业者指导下进行[7]，而不是仅根据数据的分布情况而定。对这些方法的分析表明，人体的异常值被删除，并且测量值是根据测量实践经验而不是纯

粹的统计分析结果得出的。胸部、腰部和臀部是女性人体的几个关键尺寸，高度也有一定的影响；胸部、腰部和颈部是男性人体的几个关键尺寸。这些测量在很大程度上是基于测量点的易捕捉性和服装的种类，以确定这些尺寸的位置以及与人体的匹配关系。这些测量数据以及数据之间的比例关系与从事体育运动的人群有很大的不同，制作服装时必须考虑到这一点。

尽管许多新的测量系统获得的结果与标准中记载的测量数据具有相似性，但在服装产品开发中还应考虑如何使用测量结果。对不同的服装样板设计方法分析表明，设计穿着类产品时采用人体数据的方法不太一致[40-41]。对测量数据的理解和应用的关键是要有清晰和一致的定义，这就保证了应用这些数据的人能够理解这些数据的确定方法，以及这些数据与其他具有类似名称测量数据的区别[42]。

从根本上讲，人体测量必须与这些数据在样板设计中的应用直接相关，因此，测量部位不仅应该有一个定义，而且还应该清楚地表明它们与服装样板的关系，见表 9.1 身高和体重与关键尺寸有很好的关联性[43-44]，当人体关键部位数据缺失的时候就可以通过身高和体重的数据进行推测。

表 9.1　产品开发时的测量部位的定义及其与服装样板中的关系

测量部位	定义	与样板的关系
身高	参与者直立时从站立面到头顶的垂直距离	没有关系，但是它可以用来帮助定义比率和预测其他长度
体重	人的质量，单位为 kg	这个度量和样板没有直接关系，但是当其他度量已知时可用来帮助预测圆周
后颈点到后腰点	从后中颈部点（约 c7）向下测量中心背部至背部腰部的表面长度	这决定了上半身衣服的长度，并可以确定背部的腰部位置
臀	最大的下半身周长，通常与臀部的股骨有关	该部位的测量有助于从腰部向下控制服装的形状，对裙子和连衣裙很重要
臀沟底	下体在臀部最大后突处的周长	是裤子的重要测量部位，是人体两腿分叉的部位，该尺寸为腿部发生分叉前的较大周长
胸宽	乳头之间的距离，或左右乳房最大的向前突出部分	为胸部点的位置，并允许归聚指向这一点，确保服装样板最能反映胸部最大向前突出点之间的距离
袖窿深	从后中颈部点（约 c7）到具有左侧或右侧最低袖孔的点的中心背部下方的表面长度	为袖肩部袖子的最小深度，有助于其相对于样板上的后中颈部点定位

人体扫描技术提供了许多可能性，使身体的体型大小、形状、比例与服装样板更紧密地联系在一起。传统的测量方法和服装样板制作过程中，通常会对那些

使用软尺很难获得测量结果的数据进行预测，这可能导致实际的人体数据与某些比例规则确定的数据之间存在相当大的差异[28]。可以通过袖窿深度这个例子说明人体扫描在提供人体和样板之间关系时具有优势。通常将袖窿深度定义为从后颈部点到腋窝最低点对应的背部中心（脊柱）的表面长度。手动进行测量时很难确定测量点的位置，而人体扫描仪的软件系统通常可以通过设置来确定此长度，甚至在某些情况下可以考虑肩胛骨对测量长度的影响。

9.2.3.2　测量网络

人体扫描和虚拟测量不仅能够将测量基准定位在关键尺寸上，而且能够在测量点之间沿着人体表面进行连接。这种方法最好描述为测量网络[7]，与虚拟样板创建相关的一些研究成果中也提到了这种测量原理[45]。除了 Beazley 在 1997 年提出的方法以外，大多数现代服装样板都是基于有限的一维数据[3]，在传统服装加工的书籍中都介绍过采集人体相关圆周和长度而采用的测量仪器[46-47]。通常高性能服装接近皮肤表面，其尺寸将需要模仿着装人体的尺寸，更重要的是要考虑人体尺寸随着运动而发生的变化，以及某些关键尺寸的设定位置。有关对着装人体腿部变化的研究表明，产品开发过程中对前面部位和后面部位分别进行测量比直接使用腿部垂直高度能够更有效地捕捉到动作时的变化[3,48]。通过人体扫描的方法，这些测量数据比使用传统的方法更容易获得。

9.3　高性能服装的人体工效学和人体测量

9.3.1　产品开发的人体工效学

目前有大量关于服装热物理因素相关的文献报告，其测量方法比较成熟。对人体工程学因素的研究则比较少，其中包括服装的功能要求、与服装感觉相关的舒适度以及多层服装的相互作用。

9.3.1.1　与运动、滑移和拉伸以及织物参数引起的束缚有关的功能松量

功能松量直接关系到服装所需的额外空间，为使人在穿着服装后发挥最佳水平。有些时装穿着后看起来美观，但运动受到了限制。然而，对于高性能服装来说，满足功能要求十分重要，这些要求可以通过运动时身体表面的物理状态变化来考虑[23]，建立人体与功能服装之间的相互关系，其中可能包括伸展和滑移[49]。功能松量的问题还没有得到深入的研究，这需要将功能需求融入服装中，不仅需要进行现场测试，还需要一组清晰描述的有效指标，这方面的理论和研究可以围绕这些指标来构建。

9.3.1.2　样板设计的能量利用与热物理因素

功能性因素在高性能服装中很重要，为了达到降低能耗和提升功能的目标，

就要求服装与身体运动和谐而不是对抗，需要仔细考虑织物的特性及其在穿着过程中的表现。对人体运动有限制和束缚的服装会增加能耗，并导致过热和性能损失。对于高性能服装，过热是一个关键因素，除了考虑织物引起的过热和寒冷的技术因素外，还要考虑改进设计方案。设计方面的考虑，如服装的舒适性，将直接影响保持服装功能所需的能耗。这方面获得的数据很少，应认真考虑在样板开发阶段如何减少对功能的限制，以防给穿着者带来额外的能耗而增加产热量。

9.3.1.3 多层穿着

外层服装尺寸必须保证不仅能够包覆人体，还要容纳内层服装[50]，以及需考虑服装之间的相互作用。例如，外套的袖子里可能有一个光滑的织物衬里，这样它就可以在穿衣、脱衣和运动过程中随身体运动而不与底层服装捆绑。同样，这个领域几乎没有标准化测试的方法，除了一些特定的研究之外，没有可靠的理论来构建研究基础。

9.3.2 合体性及其评价

服装的合体性是非常主观的，既取决于穿着者的感知，也取决于用于评估合体性的结构化方法。对于高性能服装，从业者的技能在拟合分析中起着重要作用；Erwin、Kinchen 和 Peters 经常提到的现有拟合原则并不能充分代表服装外观美学的要求[51]。重要的是，根据关键标准制订和构建适合的评估方法，使其从适合性的五项原则发展到不仅反映服装外观，而且反映服装的功能以及穿着者如何以有意义的方式反馈以促进变化的标准。设定关键性功能要求很重要，因为即使是简单的运动，人体表面也可能会产生重大变化[48-49,52]，这些都需要在合体性实验和产品开发期间进行评估和考虑。

9.4 未来趋势

9.4.1 三维技术发展

三维技术不仅提供了在线试穿的机会，而且提供了服装在三维环境中功能特性的评估平台。目前，服装合体性的评估基本上是在静态进行的，借助于三维技术就能通过嵌入链接来实现虚拟的动画效果，可以实现服装功能的虚拟评估。人体扫描、虚拟试穿环境和动态效果模拟的集成，不仅能够展示着装个体的尺寸、形状和比例，还能够表现人的功能特征，可以根据虚拟试穿效果进行真实产品的转化，提升目前的设计技术水平。

要达到这样的目标需要对现有的服装开发实践进行一些重大的更改。必须协商确定虚拟人体的标志位置，建立测量网络，记录与产品开发显著相关的关键测量值，确定和记录不同位置的松量值，最后将人体和服装结合在一起，以获得个体动作变化所引起的服装变化的相关信息。穿着类产品开发的发展目标就是改进过时的工程方法，将早期的服装加工方法改变为现代化服装生成方法。

9.4.2　采集样板设计数据的发展

人体扫描和自动基准设定软件的使用和发展表明，需要对人体测量位置进行更为精准的定义。确定测量基准，首先需要就体表位置的定义达成一致，Van Sint Jan 在 2007 年提出的在皮肤表面定义的虚拟骨骼基准可以成为良好指导的例子[53]。然而，除了 Clauser 等人在 1988 年提出的观点及很少的相关研究成果以外，很少有手动测量指南明确给出测量基准的定义方法，也就无法为未来实践建立良好的基础[9]。即使是与人体扫描测量相关的标准也没有提供人体关键部位定位的清晰细节，并且不同的扫描系统的测量基准定义方式也有所不同。

人体测量需要对基准点进行明确界定，最重要的是需要在开发服装产品的过程中明确测量目的和应用要求，目前大多数人体测量指南中都缺少这方面的信息。在定义方面的细微差异会导致测量点的位置变化，导致在身体不同位置记录下不同尺寸，这会对服装及其制作方式产生显著影响。例如，使用不同的定义来确定髋部周长，样板制作方法规定，从腰部距离一个定量（如 20cm）时测定其数值，如果从腰部到臀部的实际距离大于或小于此定量值，这可能会导致其测量位置不正确。

9.4.3　样板制作方法的发展

尽管自 20 世纪中叶开始，二维样板构造的基本方法并没有发生很大变化，新的发展集中体现在直接从三维人体表面创建服装样板。人体扫描技术在很大程度上促进了这方面的发展，可以将真实的三维人体转换为虚拟的三维环境。2007 年 Yunchu 和 Weiyuan 的作品就是使用服装样板制作新技术的一个例子[54]，他们展示了将三维物体表面分为具有清晰基准点的面，然后将其展平的技术，可以在二维空间创建具有某些收拢区域。尽管这项研究工作能够对 Bunka 样板系统产生明显的影响，但没有查询到服装样板与个体相关部位进行匹配的细节信息；此外，Bunka 时装学院在 2009 年提出的 Bunka 样板制作方法主要是采用比例法，从各种个体测量数据中抽象得出不同部位数据之间的真实关系。从根本上说，在服装样板构造中最重要的发展是在样板的创建和实际人体尺寸应用中不再采用比例法。借助于自动化系统的发展可以实现这一目标，但更好的方法是通过对现有方法和技术的改进来实现这一转变，以确保大多数现有的从业者可以适应这种转变。

参考文献

[1] Regal, S. (1924). American garment cutter (4th ed.). New York: American Fashion Company.

[2] Thornton, J. P. (n. d.). International system of garment cutting (7th ed.). London: The Thornton Institute.

[3] Aldrich, W. (2015). Metric pattern cutting for women's wear (6th ed.). Chichester: Wiley.

[4] Armstrong, H. J. (2010). Pattern making for fashion design (5th ed.). Upper Saddle River, NJ: Pearson/Prentice Hall.

[5] Beazley, A., & Bond, T. (2003). Computer-aided pattern design and product development. Oxford: Blackwell Science.

[6] Richardson, K. (2008). Designing and pattern making for stretch fabrics. New York: Fairchild Books.

[7] Gill, S. (2015). A review of research and innovation in garment sizing, prototyping and fitting. Textile Progress, 47, 1-85. https://doi.org/10.1080/00405167.2015.1023512.

[8] ISO 8559: 1989: Garment construction and anthropometric surveys—Body dimensions.

[9] Clauser, C. E., Tebbetts, I. O., Bradtmiller, B., McConville, J. T., & Gordon, C. C. (1988). Measurers handbook: US Army anthropometric survey. Natick, MA: US Army Natick Research Development & Engineering Centre (TR-88/043).

[10] Kemsley, W. F. F. (1957). Women's measurements and sizes. London: Joint Clothing Council Ltd, H. M. S. O.

[11] Beazley, A. (1997). Size and fit: Procedures in undertaking a survey of body measurements—Part 1. Journal of Fashion Marketing and Management, 2, 55-85.

[12] Gill, S., & Parker, C. J. (2016a). Variation in defining the hip circumference for clothing applications (No. ADE1601). Manchester, https://doi.org/10.13140/RG.2.1.3450.0087.

[13] Simons, H. (1933). The Science of human proportions. New York: Clothing Designer Co. Inc.

[14] Stewart, A., Marfell-Jones, M., Olds, T., & de Ridder, H. (2011). International standards for anthropometric assessment. New Zealand: The International Society for the Advancement of Kinanthropometry.

[15] Gill, S., & Parker, C. J., (2016b). Defining scan posture and hip girth: The impact on product design and body scanning. Ergonomics (in press).

[16] Bye, E., Labat, K. L., & Delong, M. R. (2006). Analysis of body measurement systems for apparel. Clothing and Textiles Research Journal, 24, 66-79. https://doi.org/10.1177/0887302X0602400202.

[17] Daanen, H. M., & Ter Haar, F. B. (2013). 3D whole body scanners revisited. Displays, 34, 270-275. https://doi.org/10.1016/j.displa.2013.08.011.

[18] Yu, W. (2004). Human anthropometrics and sizing systems. In J. Fan, W. Yu, & L. Hunter (Eds.), Clothing appearance and fit: Science and technology (pp. 169-195). Cambridge: Woodhead Publishing Ltd.

[19] Aldrich, W. (2007). History of sizing systems and ready-to-wear garments. In S. Ashdown (Ed.), Sizing in clothing (pp. 1-56). Cambridge: Woodhead Publishing (chapter 1).

[20] Kunick, P. (1984). Modern sizing and pattern making for womens, mens and childrens garments. London: Philip Kunick.

[21] Hulme, W. H. (1946). The theory of garment-pattern making: A textbook for clothing designers, teachers of clothing technology, and senior students (2nd ed.). London: The National Trade Press.

[22] O'Brien, R., & Shelton, W. C. (1941). Womens measurements for garment and pattern construction [Public. No. 454, Department of Agriculture]. Washington, DC: United States Department of Agriculture.

[23] Gill, S. (2009). Determination of functional ease allowances using anthropometric measurement for application in pattern construction. PhD Thesis, Manchester Metropolitan University.

[24] Bunka Fashion College. (2009). Fundamentals of garment design. Tokyo: Bunka Publishing Bureau.

[25] Olds, T., Daniell, N., Petkov, J., & Stewart, A. D. (2013). Somatotyping using 3D anthropometry: A cluster analysis Somatotyping using 3D anthropometry: A cluster analysis. Journal of Sports Sciences, 37-41. https://doi.org/10.1080/02640414.2012.759660.

[26] Schranz, N., Tomkinson, G., Olds, T., & Daniell, N. (2010). Three-dimensional anthropometric analysis: Differences between elite Australian rowers and the general population. Journal of Sports Science, 28, 459-469.

[27] Stewart, A. D. (2012). Kinanthropometry and body composition: A natural home for three-dimensional photonic scanning. Journal of Sports Science, 28, 455-457.

[28] Gill, S., & McKinney, E. (2016). Proportional myths and individual truths in pattern construction methods. In: The second international conference for creative pattern cutting, 25th February 2016, Huddersfiled, UK.

[29] Alexander, M., Pisut, G. R., & Ivanescu, A. (2012). Investigating women's plus-size body measurements and hip shape variation based on Size USA data. International Journal of Fashion Design, Technology and Education, 5, 3-12. https://doi.org/10.1080/17543266.2011.589083.

[30] Lee, J. Y., Istook, C. L., Nam, Y. J., & Park, S. M. (2007). Comparison of body shape between USA and Korean women. International Journal of Clothing Science and Technology, 19, 374-391.

[31] Song, H. K., & Ashdown, S. P. (2015). Investigation of the validity of 3D virtual fitting for pants. Clothing and Textiles Research Journal, 33, 1-17. https://doi.org/10.1177/0887302X15592472.

[32] Tyler, D., Mitchell, A., & Gill, S. (2012). Recent advances in garment manufacturing technology; joining techniques, 3D body scanning and garment design. In R. Shishoo (Ed.), The global textile and clothing industry (pp. 131-170). Cambridge: Woodhead Publishing Ltd.

[33] Kouchi, M., Mochimaru, M., Bradtmiller, B., et al. (2012). A protocol for evaluating the accuracy of 3D body scanners. Work, 41, 4010-4017. https://doi.org/10.3233/WOR-2012-0064-4010.

[34] Gordon, C. C., Blackwell, C. L., Bradtmiller, B., et al. (2012). NATICK/TR-15/007-2012 anthropometric survey of U. S. Army personnel: Methods and summary statistics. Massachusetts: U. S. Army Natick Soldier Research, Development and Engineering Center.

[35] Han, H., Nam, Y., & Shim, S. H. (2010). Algorithms of the automatic landmark Identification for various torso shapes. International Journal of Clothing Science and Technology, 22, 343-357.

[36] Han, H., & Nam, Y. (2011). Automatic body landmark identification for various body figures. International Journal of Industrial Ergonomics, 41, 592-606. https://doi.org/10.1016/j.ergon.2011.07.002.

[37] Kirchdoerfer, E., Treleaven, P., Douros, I., & Bougourd, J. (2002). Comparison of body measurements eT—Cluster proposed human body measurements standard IST-2000-26084. www.cs.ucl.ac.uk/staff/p.treleaven/BodyMeasurements.pdf (Accessed 2 June 2012).

[38] Gill, S., Parker, C. J., Hayes, S., Wren, P., & Panchenko, A. (2014). The

true height of the waist: Explorations of automated body scanner waist definitions of the TC² scanner. In 5th international conference and exhibition on 3D body scanning technologies, Hometrica Consulting, Lugano, Switzerland (pp. 55-65). https://doi.org/10.15221/14.055.

[39] Gill, S., Wren, P., Brownbridge, K., Hayes, S., & Panchenko, A. (2014). Practical considerations of applying body scanning as a teaching and research tool. In: 5th international conference on 3D body scanning technologies, Hometrica Consulting, Lugano, Switzerland (pp. 259-268). https://doi.org/10.15221/14.259.

[40] Gill, S., & Chadwick, N. (2009). Determination of ease allowances included in pattern construction methods. International Journal of Fashion Design, Technology and Education, 2, 23-31. https://doi.org/10.1080/17543260903018990.

[41] Gill, S., & Parker, C. J. (2016c). Variation in defining the hip circumference for clothing applications (WWW document). https://doi.org/10.13140/RG.2.1.1954.4563.

[42] Pargas, R. P., Staples, N. J., & Davis, J. S. (1997). Automatic measurement extraction for apparel from a three-dimensional body scan. Optics and Lasers in Engineering, 28, 157-172.

[43] Croney, J. (1980). Anthropometry for designers. London: Batsford.

[44] Winks, J. (1997). Clothing sizes international standardisation. Manchester: The Textile Institute.

[45] Hlaing, E. C., Krzywinski, S., & Roedel, H. (2013). Garment prototyping based on scalable virtual female bodies. International Journal of Clothing Science and Technology, 25, 184-197. https://doi.org/10.1108/09556221311300200.

[46] Anderson, J. (1876). The tailors complete instructor in cutting. Edinburgh: David C. Simpson.

[47] Whife, A. A. (1965). Designing and cutting ladies garments. London: The Tailorand Cutter Ltd.

[48] Gill, S., & Hayes, S. (2012). Lower body functional ease requirements in the garment pattern. International Journal of Fashion Design, Technology and Education, 5, 13-23.

[49] Kirk, W. J., & Ibrahim, S. M. (1966). Fundamental relationship of fabric extensibility to anthropometric requirements and garment performance. Textile Research Journal, 36, 37-47.

[50] Gill, S. (2011). Improving garment fit and function through ease quantification.

Journal of Fashion Marketing and Management, 15, 228-241. https://doi.org/10.1108/13612021111132654.

[51] Erwin, M. D., Kinchen, L. A., & Peters, K. A. (1979). Clothing for moderns (6th ed.). New York: Macmillan Publishing.

[52] Choi, S., & Ashdown, S. P. (2010). 3D body scan analysis of dimensional change in lower body measurements for active body positions. Textile Research Journal, 81, 81-93. https://doi.org/10.1177/0040517510377822.

[53] Van Sint Jan, S. (2007). Color atlas of skeletal landmark definitions. Edinburgh: Churchill Livingstone.

[54] Yunchu, Y., & Weiyuan, Z. (2007). Prototype garment pattern flattening based on individual 3D virtual dummy. International Journal of Clothing Science and Technology, 19, 334-348. https://doi.org/10.1108/09556220710819528.

第 10 章 高性能服装的舒适性与耐久性

S. Motlogelwa
曼彻斯特城市大学，英国，曼彻斯特

10.1 概述

服装作为人类的基本需求，为人体免受环境和气候危害提供了保障。在极端条件下，服装不仅需要满足人体的基本需求，而且需要具备特定的性能。服装的高性能主要针对专业人员而言，而服装的舒适性可以提高人体的活动效率，因此，服装需要根据人体的活动条件进行设计。高性能纺织品的涵盖范围较广，根据不同的最终用途可划分为多个种类，它包括个体防护纺织品、医疗卫生防护纺织品和运动防护纺织品。人类会在很多不利条件下进行活动，如消防灭火、极限运动等，这些不利条件将降低作业人员的执行能力，对人体健康和安全造成严重威胁。纺织行业的重点是生产功能多样的高性能纺织品，以满足用户在不同条件下的需求。目前，高性能纺织品的原材料已经从天然纤维转向合成纤维。本章对高性能服装的功能性需求进行分类与讨论，高性能服装有别于日常服装，可以通过面料设计和服装设计来达到舒适性需求，另外本章也将讨论高性能服装的舒适性、耐久性、可持续性以及未来的发展趋势。

10.2 服装的功能性

高性能服装可为不同行业的着装者提供防护，如体育、航空航天和军事领域等行业的作业人员。防护服装使用的纺织品的主要需求包括功能性、舒适性、工效性以及美观性。在防护服装的设计过程中，可能会牺牲其中的某种属性以实现所需的重要功能，然而，着装者可能并不愿意以牺牲这些属性为代价，例如，即使防护服装具备良好的透气性，但是使用者也并不愿意穿着美观性不佳且厚重的服装[1]。

在面料市场和服装市场的创新设计驱动下，功能性服装已经成为保障人体安全的基本装备。防护服装必须能够降低或消除火灾、化学品和环境等引起的健康与安全风险，必须能够按照预设的功能发挥作用，才能归类为功能性服装。优良的防护服装在抵御职业危害的同时，还应为着装者提供良好的舒适感。在生产任务繁重的工业部门，环境危害比较普遍。常见的防护服装包括战斗服、高可视服和医用防护服等。防护服装的性能优势对于普通消费者也十分重要，因此，高性能防护服装成为强有力的销售卖点。纺织行业致力于提高防护服装的性能水平，尤其是提高服装在消防、运动和防弹等极端应用条件下的性能水平。目前，防护服装制造商已经开发了多项新技术以提升产品的功能，如纳米技术、可穿戴技术和智能纺织品等新兴技术。服装的耐久性包括耐磨性、拉伸强度和撕裂强度等，这几项指标是日常服装产品的强制性要求，但是高性能服装还需包含特定的附加功能属性，这些属性包括吸湿排汗、热湿平衡、防水和阻燃。

10.3 服装的舒适性

服装的舒适性会对着装者在活动中的整体表现产生影响，因此，引起了研究人员的广泛兴趣。舒适性作为服装的基本属性，会对着装者的健康和工作效率产生影响。Kamalha、Zeng、Mwasiagi 和 Kyatuire 将舒适性作为评价服装性能的一项指标[2]。服装舒适性受到如图 10.1 所示的外在和内在因素影响，因此，确定服装在特定场景中的使用条件对于设计合适的服装至关重要，合适的服装可以减少危险和事故的发生，提高生产力。服装舒适性是用户的主观感受、环境与服装属性综合作用的结果，着装者处于舒适状态时注意力更集中、办事效率更高。为了达到最佳的工作状态，人们所处的环境必须是舒适的。Smith 认为服装需要满足功能性需求，因此舒适性是服装行业追求的基础目标[3]。舒适性体现在不同的方面，包括热生理舒适性、感觉舒适性、心理舒适性和人体工效舒适性。

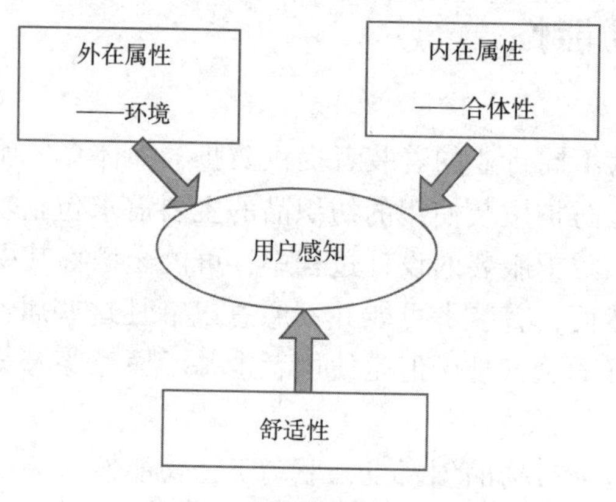

图 10.1　舒适性的影响因素

10.3.1　热生理舒适性

热生理舒适性是指人体对热环境、体内产热和散热的调节能力。Kamalha 等人将热生理因素划分为环境因素（风速、相对湿度和温度）、人体代谢热因素和服装因素[2]。传导、对流、辐射和蒸发是维持人体体温调节的传热方式[4]，人体核心温度需维持在 37℃，核心体温的变化将引起身体不适，若持续感到不适将引发疾病。服装作为身体与环境间的屏障，将人体产热和排汗传递到外环境，因此，服装的传热功能会影响服装舒适性，服装系统对人体热生理平衡起着调控作用。Bedek、Salaun、Martinkovska、Devaux 和 Dupont 认为，服装的摩擦、不适宜的湿度和传热性能会降低人体的舒适感，因此，在开发高性能服装时应考虑皮肤和织物间的相互作用[5]。在滑雪、跑步以及踢足球等活动中，热生理舒适性是户外运动服装的基本需求。人体在各类天气环境中剧烈运动时，服装成为影响舒适性的决定要素，服装通过吸湿、透湿以及散热来调节和维持人体的热生理平衡。人体对热舒适性的需求促进了高性能织物的发展，这类织物需要具备透气性、防水性以及轻薄性，此外，高性能服装可以借助通风方式将人体表面多余的热量散发至环境，从而最大程度地降低出汗时的不适感[6]。将智能纺织品引入高性能防护服装中，可以提高热生理舒适性[2]。

服装的透湿性测定是评判其舒适性的方法之一。织物的透湿率决定了其对水分的传输能力，而织物的湿阻将降低人体的散热。透湿性良好的服装，只要确保合体性等其他参数合适，便可保持身体凉爽舒适。织物的热湿传递性能测试仪，如图 10.2 所示，可用于测量织物透湿性和热阻。Venkatraman 的研究中，用该仪器模拟了人体皮肤的热湿状态，并根据织物的透湿性来判断织物的热生理舒适性[7]。测量热湿舒适性的仪器还包括用于测量织物接触冷暖感的 Alambeta 测试仪、测量服装热湿阻的出汗暖体假人，这些测试方法对于服装热舒适性的评估具有重要作用。Beaudette 和 Park 利用暖体假人评估了包缝、平缝以及黏合缝的热舒适性，并对比了三种缝合方式的物理性能[8]。结果表明，与其他缝合方式相比，平缝的隔热性较好，而黏合缝的蒸发散热性能较好。这项研究表明了在开发高性能服装时

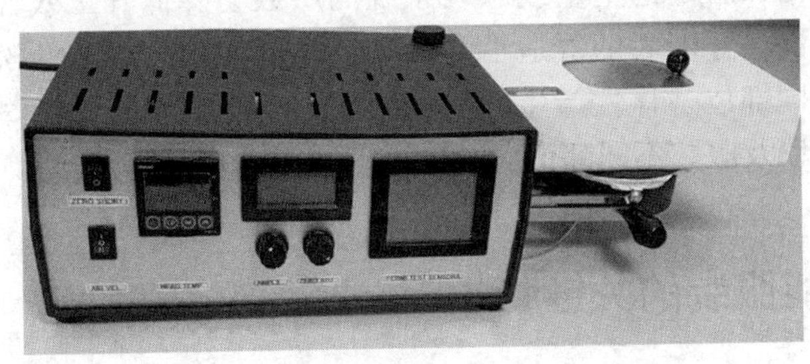

图 10.2　织物热湿传递性能测试仪（由 MMU 纺织实验室提供）

确定合理接缝方式的必要性，具有良好蒸发散热性能的黏合缝可以在高温条件下促进人体表面降温，而平缝则由于具有较好的隔热性能可使人体保持温暖。

10.3.2 感觉舒适性

感觉舒适性是指当服装的部分或全部接触皮肤时，着装者的舒适感觉，这些感觉包括触感、热感和湿感。当皮肤与织物接触时，身体产生触感，如感受到光滑、粗糙或者柔软；热感是指人体在穿着过程中感受到温暖、凉爽或者炎热；湿感则是感觉到潮湿、湿黏。纤维、纱线和织物表面处理均会对服装的舒适性造成影响，人体的感觉将随着活动程度、温湿度变化而变化。在人体出汗时，人们会对室内用或室外穿着的服装的舒适性产生强烈的感觉。

10.3.3 心理舒适性

心理舒适性与人类的自我意识以及对服装的选择满意度有关，是具有情感属性的舒适感觉。使用者是评估心理舒适性的最佳人群，因此心理舒适性研究应该以消费者为导向。消费者的审美、地理位置以及体型等都会对心理舒适性造成影响[2]。例如，消防队员给出的心理舒适性评价较低，这是因为他们在执行危险任务时必须保持专注和警惕，而暴露在极度炎热的环境中而大量出汗时，又可能会产生情绪压力，这都将影响他们的任务执行能力。

10.3.4 人体工效舒适性

人体运动特征对服装的功能性表现至关重要，因此，服装设计必须结合人体的运动特征。着装者的体型及所需执行的任务类型对其安全性和舒适性至关重要，而着装者在不同的活动中具有不同的运动模式[9]，因此，了解特定活动对肢体的运动需求才能设计出合适的服装，从而提高人体在完成给定任务时的表现。在高性能服装的产品开发中，考虑关节的弯曲、伸展和扩展等状态至关重要，柔性好的服装可以降低人体陷入危险的可能性，因此，安全性较好。选择柔性好的织物以及款式设计，可以提升服装的工效性[9]。织物的厚度和设计系统会对服装的工效性产生影响，增加服装的重量或服装系统的层数会降低其工效性。通过使用高性能的面料可以满足穿着者的舒适性和运动灵活性需求。服装的松量和样板结构也将对服装的不同部位适体性产生影响，因此，在进行服装设计时要考虑到服装的舒适性、廓形以及服装不同部位对肢体运动的影响。

10.4 高性能服装的关键特性

与纤维、纱线以及织物相同，服装性能受到多方面因素的影响。

10.4.1　水分管理能力

织物的水分管理能力是指织物将汗液从皮肤表面传递到环境中的能力[10]，这是优化服装舒适性及其他性能的重要参数[11]。将汗液从皮肤传递至环境中可以调节体温并维持人体热平衡，从而调节舒适程度[12]。服装在消除体内产生的多余热量以及保持体核温度（37℃）方面起着重要的作用，如图 10.3 所示。织物的吸湿排汗功能是通过调节热量和水分以保持体温与身体凉爽，织物首先发生润湿和芯吸，然后再将汗液从皮肤传递到大气中。具有优良水分管理能力的纤维包括低吸湿性的聚酯纤维、芯吸性良好的聚丙烯纤维，以及芯吸性和耐久性良好的聚酰胺纤维。

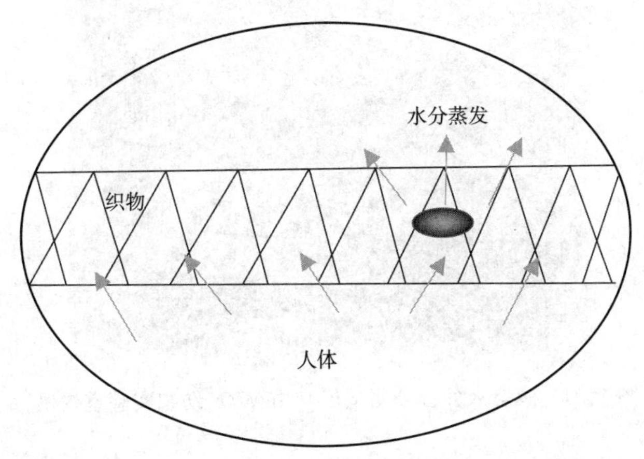

图 10.3　服装的吸湿排汗

皮肤通过服装向环境进行湿传递，服装的湿传递与织物克重、纤维细度、织物组织结构以及服装款式设计有关。Bedek 等人评估了棉/聚酰胺纤维/人造丝混纺织物、棉织物、聚酰胺织物、黏胶罗纹织物和棉/毛混纺织物的水分管理性能，结果表明，纤维的种类、回潮率和织物组织结构会对湿传递性能产生影响[5]。另外，Gorji 和 Bagherzadeh 对 Coolmax/棉、Coolmax 和 Coolpus 织物的水分管理性能进行了评价，发现织物的单向累积水分输送能力（OWTC）取决于纱线、线圈密度、织物组织结构和织物厚度等因素[13]。这些研究表明，织物的水分管理能力取决于多项结构参数。因此，进行织物设计时应考虑其结构，以改善其水分管理能力。

通过后整理或者采用处理过的特殊纤维可实现对织物水分管理性能的调控。Chinta 和 Gujar 曾提出了一些改善织物水分管理能力的方法，其主要内容包括使用多层织物使热湿通过间隔排列的纱线导出、使用相变材料在不改变温度的情况下吸收和释放热量[10]。吸湿排汗织物广泛应用于阻燃服、运动服等领域[11]，这些织物的开发是纺织行业的面料革新。

织物的水分管理能力可以采用液态水分管理测试仪（MMT）进行评估，如图 10.4所示。该装置通过测量织物在不同方向的水分从而获得评价水分传递性能指标值[13]，这些指标包括织物的润湿时间（正面/反面）、吸收率（正面/反面）、最大润湿面积（正面/反面）、水分传递速率（正面/反面）、累积单向水分传递指数和总体水分管理能力（OMMC）。其测试结果分为 6 个等级：拒水织物、缓吸织物、快吸慢干织物、快吸快干织物、透水织物和吸湿排汗织物[7]。

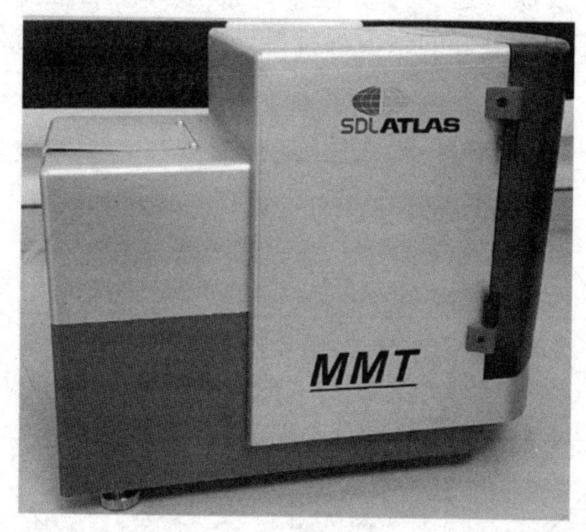

图 10.4　液态水分管理测试仪（由 MMU 纺织实验室提供）

表 10.1 列出了不同织物的水分管理能力测试指标，该结果表明了织物在特定场景中应用时的性能。

表 10.1　水分管理能力测试指标

指标	等级	1	2	3	4	5
润湿时间	上	≥120 无湿润	20~119 慢	5~19 中等	3~5 快	<3 非常快
	下	≥120 非常快	20~119 慢	5~19 中等	3~5 快	<3 非常快
吸收率	上	0~10 非常慢	10~30 慢	30~50 中等	50~100 快	>100 非常快
	下	0~10 非常慢	10~30 慢	30~50 中等	50~100 快	>100 非常快

续表

指标	等级	1	2	3	4	5
最大浸润半径	上	0~7 无湿润	7~12 小	12~17 中等	17~22 快	>22 非常大
	下	0~7 无湿润	7~12 小	12~17 中等	17~22 大	>22 非常大
传递速率	上	0~1 非常慢	1~2 慢	2~3 中等	3~4 快	>4 非常快
	下	0~1 非常慢	1~2 慢	2~3 中等	3~4 快	>4 非常快
单向水分传递能力		<-50	-50~100	100~200	200~400	>400
		差	一般	好	良	优
总体水分管理能力		0~0.2	0.2~0.4	0.4~0.6	0.6~0.8	>0.8
		差	一般	好	良	优

10.4.2　高性能服装的设计

服装设计会对着装者的舒适感产生较大影响。在设计过程中，服装的合体性是避免人体活动灵活性受到阻碍的关键，无论织物的设计是多么精美，若服装的合体性出现了问题，则不能称为优良的设计。为避免服装的性能受到制约，在进行服装设计时应该符合人体体态以及满足肢体运动需求。合体的设计能够在人体进行伸展和弯曲运动时，提高肢体的灵活性以及提供舒适性[3]。功能性服装不应失去灵活性，否则会引起中暑或身体不适。另外，服装的设计应具有时尚性，以激发着装者的使用兴趣，与此同时服装的设计还应符合相关的健康和安全规定。目前所开发的新型防护服产品稳步增长，并推出了一系列高科技产品，如利用人体出汗分布图谱所开发的运动服。

合适的服装设计可以降低皮肤周围的热量和水分积累，以提高着装者的生理舒适感[12]。服装的舒适性设计是一种整体性的设计方法，它需要综合考虑服装高性能所需具备的设计要素，如尺寸、通风、接缝技术和人体出汗分布，另外还涉及一些控温和舒适性增强技术，包括通风罩、高领、可调式袖口和网面设计[14]。

10.4.3　耐久性

耐久性是高性能服装需要具备的另一项重要特性，高性能服装在经受着装者的不同动作、反复穿脱以及多次洗涤后需保持原样。织物的性能和美观取决于其自身的力学性能。Venkatraman 曾重点研究了织物的耐久性，测试了耐磨性、起毛起球、手感和硬挺度等性能[7]。虽然该研究仅将这些测试内容运用于运动服，但根据用户需求，这项研究的结果也可用于其他类型的服装。另外，耐久性还包括色牢度、尺寸稳定性和拉伸回弹性等。耐久性测试结果需要根据服装的特定最终用途来进行评估，服装的耐久性取决于织物性能以及服装的使用条件，因此，耐久性取决于纤维类型、织物以及服装的结构[15]。

10.4.4 可持续性

可持续性产品应具有相应的承诺保证，可持续性的实现需要个体的改变和制度的革新，采用与产品相关以及组织相关的可持续性策略来实现。产品的可持续性方法包括利用产品标签，落实具体的可持续性策略，在大多数情况下是指环境方面的策略。可持续性的组织性在于将管理部门置于适当的位置，以便对可持续性进行组织和管理。防护服装生产企业正在致力于消除对人类和环境有潜在危害的物质，目前可持续性材料在纺织行业中所占的比例很低，但在未来将会持续增加[1]。可持续性的发展导致了以石油为基础的材料使用减少，而以植物为基础的材料使用增多，如在防护服中加入植物性的 Sorona 织物。

10.4.5 智能纺织品

智能纺织品是高性能防护纺织品的重要组成部分。Langenhove、Puers 和 Matthys 将智能纺织品定义为“能够感知来自环境的刺激且做出即时反应，并通过整合纺织结构中的功能性做出反馈响应”[16]。在产品中融入新技术可以提高其舒适性和其他性能，随着纺织行业的发展，人们对环境的要求越来越高，这加速了智能纺织品在市场上的发展。融合智能技术的纺织产品为其性能和设计的优化提供了新的解决方案。Garmatex 开发了用于服装的 T3 技术，以提高贴体服装的运动自由度，Archroma 开发了一系列户外服装的防水处理技术。

10.5 未来趋势

人们对于兼备舒适性和美观性的耐用型多功能防护服装的需求越来越多。针对不同类型的环境危害，防护服为人体提供了屏障，以保障人体安全和舒适。服装技术的发展将集中于利用新型材料、结构和后整理提高服装的功能性和舒适性。由于服装的功能性和舒适性始终是服装领域的研究焦点，因此这一发展趋势将持续下去。尽管智能纺织品的成本很高，但由于对高性能防护服装的需求十分迫切，智能纺织品的使用将会持续增加。服装领域的创新将致力于提高服装的舒适性，并利用可持续性的原材料开发新材料，服装制造商将在企业内强制执行安全法规和标准，使其成为服装产业可持续发展的一部分。

参考文献

[1] Performance Apparel Markets. (2015). Business and market analysis of worldwide trends in high performance activewear and corporate apparel. No. 52, 1st Quarter.

[2] Kamalha, E., Zeng, Y., Mwasiagi, J. I., & Kyatuire, S. (2013). The comfort dimension: A review of perception in clothing. Journal of Sensory Studies, 28 (6), 423-444.

[3] Smith, S. (2008). Protective clothing and the quest for improved performance. Occupational Hazards, 70 (2), 63.

[4] Das, A., & Alagirusamy, R. (2010). Science in clothing comfort. New Delhi: WPI Publishing.

[5] Bedek, G., Salaün, F., Martinkovska, Z., Devaux, E., & Dupont, D. (2011). Evaluation of thermal and moisture management properties on knitted fabrics and comparison with a physiological model in warm conditions. Applied Ergonomics, 42 (6), 792-800.

[6] Ruckman, J. E., Murray, R., & Choi, H. S. (1999). Engineering of clothing systems for improved thermophysiological comfort: The effect of opening. International Journal of Clothing Science and Technology, 11 (1), 37-52.

[7] Venkatraman, P. (2015). Fabric properties and their characteristics. In S. G. Hayes & P. Venkatraman (Eds.), Materials and technology for sportswear and performance apparel (pp. 53-86). London: CRC Press.

[8] Beaudette, E., & Park, H. (2015). Thermal comfort evaluation of seam types in athletic bodywear (UG - 1st place). In: International Textiles and Apparel Association (ITAA) annual conference proceedings paper 22.

[9] Watkins, S. M., Watkins, S., & Dunne, L. (2015). Functional clothing design: From sportswear to spacesuits. New York, NY: Bloomsbury Publishing.

[10] Chinta, S. K., & Gujar, P. D. (2013). Significance of moisture management for high performance textile fabrics. International Journal of Innovative Research in Science, Engineering and Technology, 2 (3), 814-819.

[11] Performance Apparel Markets. (2014). Performance apparel markets: Business and market analysis of worldwide trends in high performance activewear and corporate apparel. Textiles Intelligence, 49, 2nd Quarter.

[12] Performance Apparel Markets. (2012). Performance apparel markets: Characteristics and performance features of summer sportswear. Textile Intelligence, 41, 2nd Quarter.

[13] Gorji, M., & Bagherzadeh, R. (2016). Moisture management behaviours of high wicking fabrics composed of profiled Fibres. Indian Journal of Fibre & Textile Research (IJFTR), 41 (3), 318-324.

[14] Performance Apparel Markets. (2013). Performance apparel markets: The role of clothing in temperature regulation. Textiles Intelligence, 44, 1st Quarter.

[15] Hunter, L. (2009). Durability of fabrics and garments. In J. Fan & L. Hunter (Eds.), Engineering apparel fabrics and garments (pp. 159-172). Cambridge: Elsevier.

[16] Langenhove, L. V., Puers, R., & Matthys, D. (2005). Intelligent textiles for protection. In R. A. Scott (Ed.), Textiles for protection (pp. 176-195). Cambridge: Woodhead Publishing Ltd.

拓展阅读

[1] Apurba, D., & Alagirusamy, R. (2010). Science in textile clothing. New Delhi: Woodhead Publishing India in Textiles.

[2] Mao, N. (2014). High performance textiles for protective clothing. In C. A. Lawrence (Ed.), High performance textiles and their applications (pp. 91-132). Cambridge: Woodhead Publishing Series in Textiles.

第 3 部分

高性能服装和可穿戴技术的应用

第11章　未来高性能服装用纺织品

J. McLoughlin[*], Roshan Paul[†]
[*]曼彻斯特城市大学，英国，曼彻斯特；
[†]贝拉地区大学，葡萄牙，卡维拉哈

11.1　概述

20世纪60年代，美国宇航局的太空材料在使用最新的纺织纤维、纱线和材料方面取得了突破性进展，这些纤维、纱线和材料经过了严格的测试，性能满足太空探索的使用需要。除此之外，纺织技术的进步与电子技术的进步紧密结合，融合了不同领域的科学发明。这些技术发明不仅能够实现纺织工业领域的革命，还能虚拟展示服装的结构。

科学帮助人们认识了服装用纺织材料的知识和艺术，运用这些知识可以开发出满足各种用途的复杂织物。

本章对高性能服装现状和未来发展趋势进行介绍。

11.2　纺织品在高性能服装中的应用

纺织服装产品种类很多，包括：普通服装、运动服装、泳装、休闲服装、外衣、防护服装和技术服装。

这些服装只是上百年来服装生产中开发和制造的部分创新和发明。以往和当今的纺织品都是被动型的，都不能随着环境而发生改变，而未来的纺织品将是主动型的，能够适应环境变化。

11.3　智能纤维结构

电子技术的发明和发展使大量电子元件应用到纺织面料和服装中。电活性纺织材料的核心要素如图11.1所示。

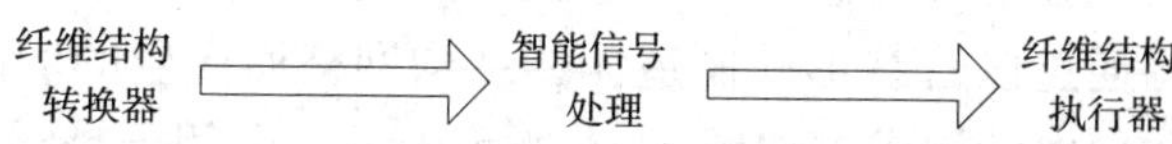

图 11.1　电活性纺织材料的核心要素

纤维结构传感器有：应变计、柔性开关、位移传感器、电极和温度传感器。

这些传感器要求具有电活性纤维结构。生产具有重要电活性纤维结构的最简单方法是将导电元件纳入结构中，如图 11.2 所示。电导区域（ECA）是使用导电纤维或导电纱线构成的，可采用金属纱（单丝）、金属沉积纱、金属纱（复丝）、碳纤维和纱以及导电聚合物纱。

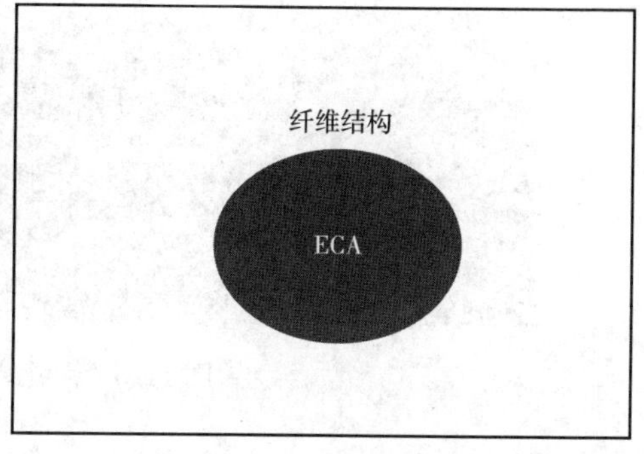

图 11.2　导电区域（ECA）

随着技术的发展，导电纱线可以通过机织和针织的方法加工成服装。例如，已经开发出导电缝纫线用于缝制服装，不锈钢长丝纱用来加工针织 T 恤、背心和许多其他服装。

针织机有专门的纱线喂入系统将纱线喂入针织元件。虽然导电纱线也可以用于经编针织物中，但更加适合用于纬编针织物。图 11.3~图 11.5 给出了一些导电纱的例子。

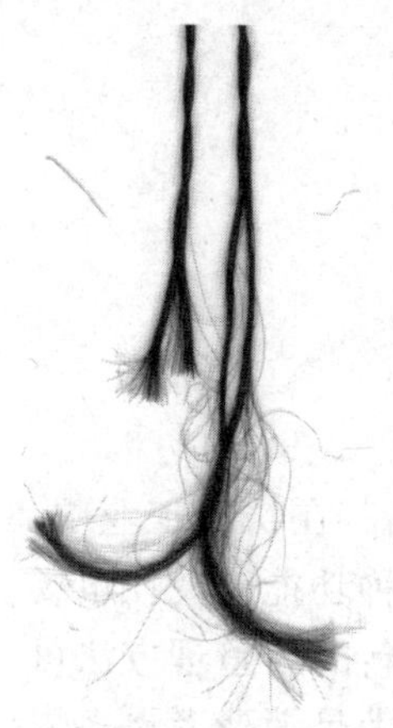

图 11.3　不锈钢纱线

图 11.4　纳米铝涂层 PE 纱线

图 11.5　银螺旋线

智能光纤结构，如位移传感器和上述强调的技术，正在推动未来的创新。例如，位移传感器是通过以管状形式制造无缝结构网格而产生的。ECA 是用螺旋形式引入基础结构的导电纱构成，如图 11.6 所示。另一个例子是纤维网应变计，用于背心等贴身服装，可测量呼吸速率，如图 11.7 所示。

图 11.6　无缝结构网[1]

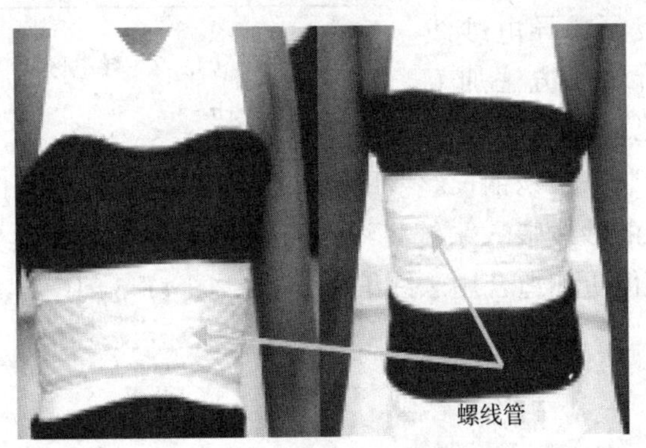

图 11. 7　应力测量纤维网[2]

11.4　未来功能性整理纺织品

各种纺织整理化学品可以将纺织材料转化为功能性纺织品。在纺织工业中，后整理通常是在纺织加工的最后阶段进行，可以使织物具有多种功能。现在市场上有各种各样的整理化学品，能够满足或超过消费者的期望。新的后整理方法可以生产高附加值的服装面料，开拓一个非常值得期待的、能够满足消费者更多需求的消费市场。

11.4.1　热调控后整理

近年来，科研人员对热调节功能的纺织新材料和后整理工艺进行了广泛研究，含有相变材料（PCM）的微胶囊就是研究成果之一。微胶囊的内部为壬烷和其他中等链长的烷烃化学品，当环境温度高于这些化学品的熔融温度时，微胶囊中的相变化学物质熔化，吸收热量，从而阻止服装内的温度上升。一旦环境温度下降，相变化学物质凝固并释放热量，产生加热效果。具有动态隔热效能的相变织物现在已经在工业领域得到广泛应用，特别是在航空航天、汽车、农业、生物医学、国防、体育和休闲织物方面的发展较快。

11.4.2　易护理后整理

对于含有棉或其他纤维素纤维的服装，通过表面处理实现易护理、耐久压印、无褶皱等效果，对于保持高性能服装纺织品中棉纤维的形态至关重要。易护理是改善纤维素纤维织物性能与保养有关的特性，其中抗皱性能和熨烫性能尤为重要。目前有一些新的方法可以用来开发无甲醛的化学交联剂，如聚羧酸。

11.4.3　自清洁后整理

近年来模拟自然成为趋势，使用纳米材料和其他方法，开发新的功能材料。根据荷叶表面的自清洁能力提出了“荷叶效应”理论，这项研究成果用于超疏水性后整理。另一个自清洁的方法是在织物表面进行纳米材料涂层，涂层的锐钛型二氧化钛在水、氧、阳光照射的情况下可以有效地脱色。根据超疏水原理，自清洁表面后整理的范围进一步扩展到了光催化效果和超亲水性。除了二氧化钛以外，钒酸铋和二苯甲酮的自清洁效应目前也在测试之中。

11.4.4　超强吸收后整理

超强吸收剂是一种类似于超级海绵的材料，它可以吸收超过自身重量的液体形成凝胶。这种材料最高能够吸收超过自身重量 300 倍的水分，一旦吸收以后，这些水分就不会释放出来。因此，这是一种理想的用于吸收液体产品的材料，如婴儿尿布、失禁者护理产品等。液体吸收率和滞留率是超强吸收材料性能的两个最重要参数，与材料整体性能相关的其他参数，如机械强度和刺激反应性，在确定纺织产品的有效性方面也很重要。超强吸收剂是工程纺织品开发具有先进性能、特定技术要求和附加功能等功能材料的关键，可用于农业、生物医学、卫生、土工织物和防护服等领域。

11.4.5　医用、美容和防臭后整理

纺织材料与皮肤接触时可以作为生物活性材料的载体，现在被广泛地用于医

疗、卫生、保健和美容领域。医用纺织品正日益成为技术纺织品中的一个重要领域。这种材料可以提供受控缓慢释放、需要通过皮肤吸收的某种活性药物成分。

化妆用纺织材料是指含有化妆品成分的纺织品，这些化妆品必须转移到使用者的皮肤上，并且转移的量必须确保化妆品的作用可以体现出来。美容纺织材料具有健康和保健作用，美容品中的物质可以改善皮肤的外观，维生素可以被皮肤吸收。防臭纺织品可以消除难闻的气味，通常是通过后整理方法在织物中引入环糊精分子以吸收或去除气味。疏水性气味分子被困在环糊精的空腔中，然后在洗涤过程中被去除。

11.4.6 疏水和疏油后整理

防水和防油纺织品表面处理越来越重要。以往防水和防油表面处理是基于氟化物，这些化合物通过填充和封闭纺织品孔隙，在一定时间内不允许水或油吸收或渗透，分别被称为疏水性或疏油性织物。现在新一代的化学品和工艺可用于开发疏水和疏油的纺织材料，其中包括纳米材料和等离子体技术。在纺织品上形成的超疏水表面可以表现出“荷叶效应”，纺织品表面的疏水行为与荷叶表面相同。在开发新型疏水性和疏油性织物整理剂方面的研究有很大的进展，目前正在尝试碳纳米管、树枝状聚合物和疏水蛋白等新材料，以取代传统的含氟化合物。

11.4.7 防紫外线后整理

纺织品的功能之一就是用来防止阳光辐射，织物结构本身具有防晒服装所需的一些特性，如柔韧性、良好的机械强度、柔软性、美观性和其他工程特性。但是这样的纺织品可能无法对紫外线辐射提供有效的保护，应该用紫外线（UV）隔离整理剂进行处理，以确保织物能够反射有害的紫外线。为了增加或改善纺织品的防紫外线功能，正在开发几种防紫外线隔离整理剂，可以分为有机类和无机类。有机紫外线隔离整理剂的作用是吸收紫外线，也被称为紫外线吸收剂；而无机紫外线隔离整理剂可以有效地散射 UVA 和 UVB 射线，这两种射线是导致皮肤癌的主要原因。近年来，基于纳米技术的纺织品整理技术对于开发更高效、更经济的防紫外线纺织品越来越重要。这些紫外线隔离整理剂可与其他防护整理剂相结合开发多功能纺织品。

11.4.8 防辐射后整理

暴露在电离辐射和非电离辐射下都是非常危险的。因此，开发新型屏蔽材料的需求越来越大，可根据具体使用要求和辐射类型进行定制。有效的辐射防护罩应该能够在很小的穿透距离内形成巨大的能量损失，从而不会产生辐射危险。这方面研究的重点是探索纳米技术在纺织品上的潜在应用，以实现辐射屏蔽以及针对其他危害源的防护。已有研究表明，通过将各种纳米颗粒与其他有机和无机物质结合，可以对织物进行改性，从而更好地实现电磁防护以及其他防护性能。基于导电聚合物的纤维改性是实现这些新功能的另一种方法。

11.4.9　生物与化学防护后整理

与最初对服装的需求不同，现在人们需要开发防护服装来抵御化学、生物、辐射和核威胁。核灾难、全球恐怖主义活动激增，以及军队为了保护其人员免受生物和化学攻击的需要，刺激了纺织研究新领域的发展。开发多功能防护纺织材料和服装作为应对生物威胁的对策的需求越来越高。开发高效的化学品防护手段的需求也非常迫切，无论是事故和泄漏造成的危害，还是蓄意攻击造成的危害都需要通过服装进行适当的防护。针对生物和化学威胁的防护措施的研究是动态的，并且不断发展。防护服应具有多种功能，不仅能提供必要的防护，而且能帮助士兵和现场作业人员有效地开展活动。

11.4.10　防弹与防刺后整理

弹道或刺伤防护传统的方法主要是采用含有高性能纤维或金属部件的多层织物。然而，也还有一些其他解决方案，如通过化学后整理的方法保护人们免受武器和其他形式的伤害，但大多数仍然处于研究阶段。目前，最有前景的技术是剪切增稠流体的使用，这种流体主要由分散在液体中的高浓度纳米粒子组成。当剪切增稠流体遇到机械应力或剪切力时，可以在几毫秒内硬化，并开始具有像固体一样的性能。剪切增稠流体的一些其他替代物包括陶瓷或金属涂层和硅基膨胀剂粉末。其他功能性后整理也可与防弹和防刺后整理结合使用，以赋予它们额外的性能[2]。

11.5　高性能服装材料的相关研究

有关高性能材料和服装的文献都强调了这类纺织品最终用途的几个重要领域。

Venkataraman 等人研究讨论了纺织品的隔热性能，认为在许多服装应用中，都需要针对恶劣环境进行防护，其中有部分要求是与隔热有关，要保护穿着者免受极端温度的影响[3]。既要使服装能够有效隔热，还要让穿着者能够自由活动。传统方法是将空气聚集在纺织结构材料内实现隔热的目的，不仅可以通过减少对流限制热损失，而且可以充分利用空气的低导热性，使穿着者处于舒适的环境中。

Arlon Graphics LLC 等人分别在 2014 年、2016 年和 2017 年对高性能服装方面的研究进行了比较系统的回顾[4-5]。这些研究工作内容包括化妆用纺织品、特种织物和纳米技术。

随着纺织领域的发展，世界各国的战略也在发生着方向性的变化。研究和开发推动了产业的发展，为工业和国内市场提供了高性能产品。这是一个全球性的现象。Pawęta 和 Mikotajczyk 的研究调查了俄罗斯纺织业有关创新性能的领域[6]。

根据 2017 年《纺织情报》报道，高性能服装是国际纺织服装行业增长最快的领域之一。高性能服装市场增长正受到新纤维、新面料和新加工技术发展的影响。消费者生活方式的改变也激发了市场活力。有关企业或研究机构正在为有氧运动、田径、热气球、徒步旅行、自行车、登山、帆船、滑雪、游泳和风帆冲浪等运动开发新面料。在过去 10 年中，对这些领域的研究激增。

许多研究人员一直处于纺织品设计和研究的前沿，包括复合材料、电子和智能纺织品等学科。Husain 等人在 2014 年介绍了一种感温织物（TSF）以及在针织横机上生产该织物所需的加工技术[7]。该研究开发了用于纺织服装领域的镍、铜和钨丝材料，建立了温度和电阻传感器之间的数学关系，确定了传感器的优化尺寸，获得了设定的目标电阻。

研究人员还介绍了针织和机织物用于传感器的开发，并作为可穿戴健康监测系统的传感平台的进展。然而，在这些传感器应用中，需要与身体密切接触，例如，呼吸或心电传感器，因为针织结构能够适应体型变化，针织结构通常比机织结构更适合这方面的应用。此外，针织结构的透气性使它们穿着舒适。在开发纺织传感器方面，针织技术比其他织物成形系统具有更加明显的优势，例如，准备工序比较简单、满足加工需求的导电纱选择广泛、服装成型加工方便以及传感器定位精确等。考虑到上述优点和实际应用（人体皮肤温度测量），针织技术被认为是嵌入传感丝来产生感温织物（TSF）的最佳选择。

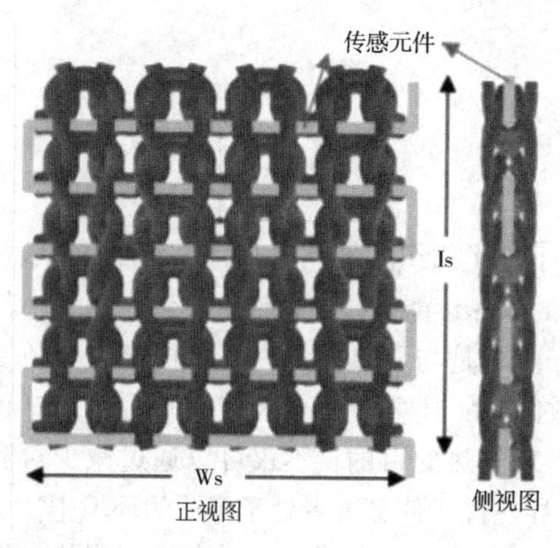

图 11.8　感温织物原理

图 11.8 所示为感温织物（TSF）的原理，金属丝镶嵌在罗纹针织结构的中间。通过向金属嵌线提供恒定电流并测量其上产生的电压降，可以计算其电阻，并确定温度。

Delkumburewatte 和 Dias 介绍了一种可穿戴微型冷却系统的工作原理，可以有效且高效地控制人体在极端条件下的产热和出汗[8]。冷却系统由小型装置和微型制冷通道组合在一个双层针织结构中。双层针织结构能够吸收并积聚汗液，使皮肤保持干燥。小型装置的低温一侧可以从皮肤吸收热量并传递到制冷机。制冷机的作用就是通过空气转换吸收蒸发的热量。微型制冷通道是由聚合物管连接高压液态制冷剂气缸和空气转换器。可穿戴冷却系统是采用试验装置来模拟人体热量的初始状态，对服装内部类似的密封环境进行评估。试验结果表明，即使在连续产生热量的情况下，只要冷却系统处于工作状态，温度就可以保持恒定。这种可穿戴的冷却系统可用于在极端气候和运动条件下对人体产生的热量和汗水进行控制。具有热调控功能的冷却系统如图11.9所示。

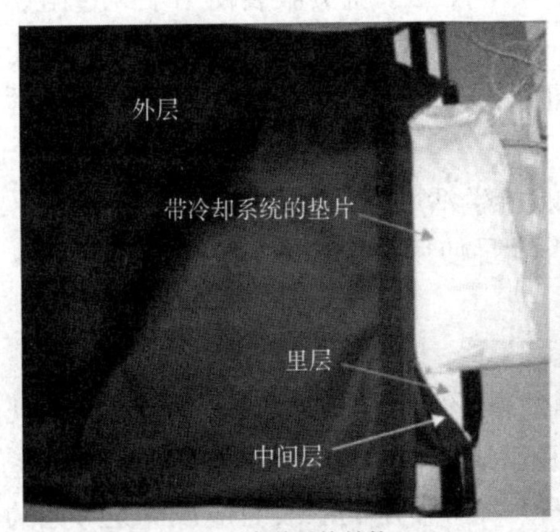

(a) 穿戴系统结构

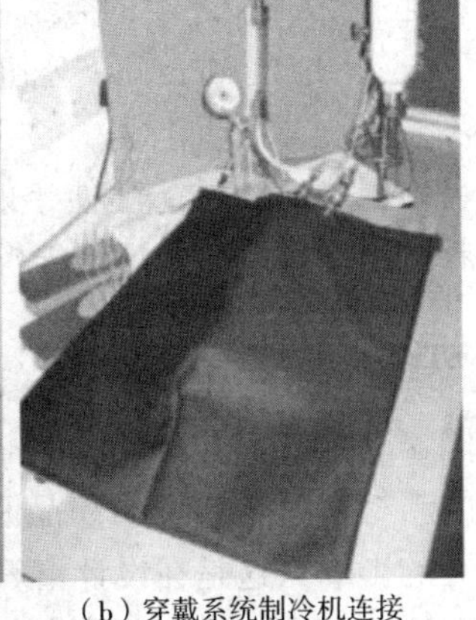

(b) 穿戴系统制冷机连接

图11.9　具有热调控功能的冷却系统

据报道，该微型热调控装置由铜盒和热电模块组成，并通过尼龙管相连，冷却通道能够在皮肤附近的所有表面达到几乎相同的低温。在试验台上运行约65min表明，维持较低温度所需的制冷剂流量随加热量不同而变化，在15W时约为850cc/min。研究结果表明，必须准确调整电源，并根据需要的输入热量选择合适的热电模块或定制模块，以使其能够作为热交换器持续工作。每个部分出口处风门面积和铜盒尺寸必须进行准确评估并考虑压力下降因素，以保持箱中制冷剂的温度稳定。

针织物的吸水性在服装设计中非常重要，它既能去除皮肤上的汗液，又能保证穿着者穿着舒适。该研究利用吸湿仪对针织衬垫材料的吸湿性进行研究，记录了织物的吸水率、总吸水量和浸透时间，分析了针织衬垫材料的几何结构，建立了确定针织衬垫材料中纱线毛细特性的模型。根据织物参数、毛细吸湿半径和水的特性参数，模拟针织衬垫材料的吸水性。将实验结果与理论结果进行比较，验证了模型的正确性。

2008年，Dias和Delkumburewatte探讨了针织物结构的吸水性能，强调了既能去除液体又具有良好触感和舒适性的服装设计的重要性[9]。

11.6 太空时代的未来纺织品

目前，国际空间站（ISS）上的宇航员主要穿着棉质服装。在阿波罗任务时代，宇航员访问月球时，棉织物是一种最实用的纺织品，因为这种纤维材料在燃烧时不会熔融或形成熔滴。20 世纪 70 年代，宇航员服装使用了经过阻燃处理的棉纤维材料，还有 Nomex 之类的芳纶材料。其他阻燃材料有聚苯并咪唑（PBI）和杜莱特（Durette），这是 Monsanto 公司为约翰逊航天中心开发的、经过化学处理的专用纤维，不会燃烧或产生烟雾。

由于目前国际空间站能够使宇航员生活在与地球相似的环境中，棉纤维和聚酯纤维材料的运动服基本上已经能够满足使用要求。

11.6.1 新纤维和新外观

美国国家航空航天局（NASA）的科学家们正在进行广泛的研究，以开发适合火星任务的新材料。纤维、纺织品和服装要能够适合新环境，以保护宇航员免受高温和火灾的影响。这是在设计富氧大气中使用的服装时应该优先考虑的事项。

NASA 正在探索使用甲基丙烯酸纤维开发产品，这种纤维很难点燃并能自行熄灭，重量也很轻，目前美国军队主要用于防护类服装。此外，航天服装的防火功能也至关重要。

图 11.10 NASA 开发的宇航服

11.6.2 宇航服

宇航服是宇航员在太空飞行中穿的加压服装。这种服装设计时必须达到的目标就是保护宇航员不受太空中可能出现的极端条件的影响。宇航服也被称为舱外机动单元（EMU），即宇航员在轨道航天器外进行太空行走时，宇航服也被用作机动辅助设备。宇航服由许多定制部件组成，这些部件由不同的制造商生产，由 NASA 在休斯顿总部组装而成（图 11.10）。

第一套宇航服是在 20 世纪 50 年代开始进行太空探索时开发的。随着使用时间的增加，这种服装经过不断改进已具备了越来越强的功能，复杂程度也不断提高。迄今为止，NASA 已经完成 17 个舱外机动单元（EMU），每个单元的成本超过 1040 万美元。

参考文献

[1] Dias, T.（2005）. Nottingham Trent University, Nottingham.

[2] Paul, R.（2014）. In R. Paul（Ed.）, Functional finishes for textiles：An overview in functional finishes for textiles：Improving comfort, performance and protection（pp. 1–14）. Cambridge：Woodhead Publishing Ltd（chapter 1）.

[3] Venkataraman, M., Mishra, R., Kotresh, T. M., Militky, J., & Jamshaid, H.（2016）. Aerogels for thermal insulation in high–performance textiles. Textile Progress, 48（2）, 55–118.

[4] Landage, S. M., Wasif, A. I., & Parihar, S. R.（2014）. Application of nanotechnology in high performance textiles. Textile Asia, 45（8）, 40–43.

[5] Matijević, I., Bischof, S., & Pušić, T.（2016）. Cosmetic preparations on textiles：Cosmetotextiles. Tekstil：Journal of Textile & Clothing Technology, 65（1/2）, 1324.

[6] Pawęta, E., & Mikołajczyk, B.（2016）. Areas for improving the innovation performance of the textile industry in Russia. Fibres & Textiles in Eastern Europe, 24（1）, 10–14.

[7] Husain, M. D., Kennon, R., & Dias, T.（2014）. Design and fabrication of temperature sensing fabric. Journal of Industrial Textiles, 44（3）, 398–417.

[8] Delkumburewatte, G. B., & Dias, T.（2012）. Wearable cooling system to manage heat in protective clothing. Journal of the Textile Institute, 103（5）, 483–489.

[9] Dias, T., & Delkumburewatte, G. B.（2008）. Analysis of water absorbency into knitting spacer structures. Journal of the Textile Institute, 103（5）, published online 24th of June 2009.

[10] Hohenstein Institute. Clothing physiological research in the service of wear comfort. Available from：http：//www. hohenstein. de/media/downloads/FC_ EN_ Bekleidungsphysiologie_ mail. pdf.

扩展阅读

[1] High–performance textiles.（2017）. Specialty Fabrics Review, 102, 3, 70–71.

[2] Sugo, T. (2014). Aiming for contribution to society for reconstruction from the earthquake disaster with high-performance technology of textiles. Journal of the Japan Research Association for Textile End-Uses, 55 (7).

第 12a 章　用于高性能服装的电子器件（第 1 部分）

R. R. Bonaldi
罗地亚索尔维集团，巴西，圣保罗

12a. 1　用于高性能服装的电子器件

电子器件正越来越多地被用于纺织产品，以提供新的智能功能，符合高性能服装在通信、定制、健康、长寿、保护、性能、生活质量和物联网等领域应用的新趋势。电子器件在纺织品中的连接、组合和集成过程使用了各种不同的技术、工艺和组件。根据来自 IDTechEx 的报告，到 2025 年，将有超过 250 亿美元投入到可穿戴技术的配置和中间材料。同时根据题为"电子纺织品 2016—2026"的报告，到 2026 年，在运动塑体和医疗保健这两个最大的应用领域中，电子纺织品市场预计将接近 30 亿美元。

本章首先介绍电子学的概念、定义和常用纺织电子组件。然后对电子混合纺织材料和技术相关信息进行介绍。最后，围绕本章主题对未来趋势和发展进行更深入的探讨。

12a. 1. 1　电子学概念和定义

电子学涉及电路设计和电子组件在材料中运动的研究。电子组件的性能是由设备对其的抵抗、传输、选择、操纵、切换、存储和利用的能力所决定的。

当材料上的两点之间施加电场时，材料中的带电粒子（如电子、孔隙、离子、质子）将受到电场方向上的静电力作用。带电粒子以一定的速率传输形成电流，并能够以安培（A）为单位进行测量。电流可分为直流电（电荷在沿一个方向运动）或交流电（电流方向交替变化）。电场（也称为电压）以伏特（V）为单位进行测量。电阻（或阻抗）在交流电中是一种材料阻碍电流流动的能力，并以欧姆（Ω）为单位进行测量。欧姆定律表明，电压 U 等于电流 I 乘以电阻 R，或电导率是电阻率的倒数，以 Ωm^{-1} 的形式表达。

材料可分为导体、半导体或绝缘体。导体是一种允许电荷流动的材料，所以它有对电子流动的阻抗很低。绝缘体是一种对电子流动具有很高阻抗的材料，而半导体则对电荷的阻抗位于两者之间。在导体中，大多数电子都是自由的，仅要很低能量就能移动，而在绝缘体和半导体中只有很少的自由移动电子，需要更多的能量才能使电子移动。

电路是一个封闭的电子回路，由导电元件、电源和负载组成。导体为电流之间的传输提供循环路径中的组件。负载是利用电路中的电流的设备，如一盏灯。电路中通常使用的组件包括电池、传感器、开关和微控制器。传感器和执行器，可以将一种形式的能量转化为另一种形式的能量。传感器将物理输入信号（如温度、声音、光线和运动等）转换为电信号输出。执行器则可以将电子信号转换为另一种形式的能量，如运动或声音。传感器组件包括电阻器、热敏电阻、二极管、电容器、电感器、晶体管、发光二极管（LED）、电位器和光电池。这些组件的更多细节将在以下部分中给出。

12a. 1. 2 电子元件

电子元件可分为有源元件和无源元件。在电子学领域，无源元件能够在没有外部电源的情况下运行，如电阻、电容和电感；而有源元件则需要电源才能工作，如晶体管、集成电路、LED 等。传感器可以是主动式的无源元件，也可以是被动式的有源元件，而执行器总是需要电源才能够工作。一个电子系统通常包括传感器、微处理器、执行器、电源、通信网络和接口设备。

12a. 1. 2. 1 传感器

传感器将物理变量转换为电信号。传感器能够检测热、光学、化学、机械和电磁信息，并主要通过电阻、电容和电感元件对这些信息进行转换。基于电阻进行信息转换的传感器最常见，如压阻传感器。压阻传感器是一种有源传感器，电阻率变化则作为对应变信号的响应，并需要有电源和电流的作用才能够工作。电阻变化是通过物理量的变化得到的，如拉伸、弯曲、压力、变形和摩擦。相反，无源压电传感器根据变形而产生电流而不需要使用电池，压电材料可以用来在运动中产生电子。

光电阻（LDR）或发光二极管是光传感器，这种电阻会根据接收到的光量而改变其电学特性。光纤可用作应变或温度传感器。麦克风是最普通的声音传感器，通过使用一个小隔膜对声音进行测定，通过振动以响应气压的变化，然后产生电信号。其他形式的声学传感器包括超声波测距仪，通过发出很短脉冲的声波，达到测定对象后反射回来，用来测定物体的距离。可以使用振动传感器或简单的开关进行运动检测，如加速度计、计步器或陀螺仪。全球定位系统（GPS）也通常用作位置传感器。大多数传感器通过改变电压或电阻特性，以模拟信号的形式提供某种信息。这些电信号通过模拟技术转换为数字信号（ADC），并可以使用软件进行数学分析。

12a. 1. 2. 2 执行器

执行器可以将电能转化为物理动作。执行器属于有源被动式元件，并包括可产生不同类型输出的电活性材料。例如，可以通过声音、温度、运动和光对电场和电流作出响应。可以根据使用电源的电子系统将执行器分成几种类型，如热电阻，在高电压的作用下导电电线就会产生热量。再如，用于机器人的电肌肉刺激器和机械执行器。指示灯是光执行器的一个常见示例。LED 通常含有位于两个电极（阳极和阴极）之间的、能够产生电流的电致发光层，当电流通过电致发光材料时就能够发光。

12a. 1. 2. 3 微处理器

微处理器通常为执行数据的元件。微处理器可以以数字或模拟的形式进行工作。数据处理需要使用软件和硬件。软件是逻辑指令和操作，是针对信号的分析、组织、解读、处理和通信而专门开发的算法。硬件是所有的物理部件或系统组件，包括内存、接口和集成电路。

12a. 1. 2. 4 通信和网络技术

可穿戴电子产品需要在服装上将穿戴者和外界环境进行沟通的信息进行交换。信息交换可通过有线或无线系统实现。短距离通信系统，也称为个人通信网络（PCN）或车载网络（BAN），可以接收传感器提供的信息，将这些信息进行存储并通过无线宽带（Wi-Fi）、微波接入的全球互动操作系统（WiMax）、射频识别（RFID）系统、红外线和蓝牙进行传输。天线可用于中短距离无线通信。长距离无线通信方法包括广域网（WAN）。无线电设备使用通用分组无线服务系统（GPRS），通过移动电话、全球移动通信系统（GSM）数据速率增强系统（EDGE），或第三代、第四代移动服务器对远端服务器的连接进行检查。

12a. 1. 2. 5 电源

电源可以为电子系统提供工作所需的电压，最常见的电源类型是电池，其他电源包括光伏电池、燃料电池、热电发电机和压电发电机。电池是一种将化学能转化为电能的电化学装置，最常用电池有铅酸、碱性、镍镉、镍—金属—氢化物、锂离子和锂聚合物等。电容式电池将能量存储在电场中，其存储密度有限，因此，需要大的体积或表面。充电电池具有较大的储能密度，但其使用寿命有限。超级电容器可以提供无限的生命周期，但是能量存储密度较低。

除了电池以外，还可以从环境中的热、光和运动等形式获取能量。运动产生的能量可以通过压电材料或电磁感应材料来转化。燃料电池是一种电化学装置，通过将氢和氧转化为水的过程产生电力和热。热电发电机是一种半导体器件，可将热量转换为电能，在产生电能过程中，在两个陶瓷板上形成温差。太阳能可以转化为光伏电池（太阳能电池）的电能。太阳能电池是一种半导体器件，可以储存某些波长的太阳能并产生电能。

12a.1.2.6 连接件

连接件可以在设备和穿戴者之间、穿戴者和环境之间传输信息。接口设备可用于传感器和执行器的信息输入或输出。信息输入设备包括按钮、键盘、语音识别和书写垫。输出接口是用于向穿戴者提供信息的设备，如振动、音频、语音合成和视觉界面（液晶显示器、光纤光学显示器、电泳显示器等）。液晶屏既不柔软也不轻巧，并且角度可见性较差。相比之下，电泳显示器和聚合物发光二极管（PLED）具有较高的对比度和亮度，消耗的电能少，并且具有一定的柔软性。

12a.1.3 材料

电子工业中使用的材料包括导体、半导体、绝缘体和介电材料。导体是一种允许电流通过的材料，具有较低的电阻率；绝缘体阻碍电流通过，具有很高的电阻率；半导体则介于导体和绝缘体之间，其性能可以通过化学过程中掺入杂质而改变。掺杂使得半导体材料中增加了电子（负电荷掺杂的N型半导体）或增加了孔隙（掺入更多正电荷的P型半导体）。半导体材料有硅、金属氧化物和碳材料。绝缘体用于电路、传感器和执行器，以阻止电子在不需要出现的地方进行运动。典型的绝缘体包括玻璃和大多数聚合物。

用于电子元器件的导电材料包括导电聚合物（ICP）、金属氧化物、金属盐、金属颗粒和碳质材料，如碳颗粒、纳米管、纳米纤维和纳米线。金属用于需要高导电性的场合，如微机电系统（MEMS）、电磁屏蔽、电阻加热或信号传输。金属具有成本低、电学性能好的优点，缺点是重量大、易腐蚀和过敏反应。铜、银和金比钢材料的导电性能更好，但不锈钢具有较好的耐腐蚀、生物惰性且成本低。

碳材料的导电能力较低，主要用作复合材料中的聚合物填料，并用于静电放电和电磁屏蔽材料。碳纳米管具有良好的结构、出色的力学性能和电气性能，并且，这种材料的体积小、表面积大、长宽比值高、密度低，因此，在较低的负荷下就能达到渗透阈值。

ICP材料具有重量轻、抗氧化和热稳定方面的优势，正在逐步取代各种金属导电材料。ICP显示出来的电学性能是由双键形成的长共轭链和异质原子形成的，这种材料具有导电或中性（非导电）的形式。导电能力是由掺杂物获得的，掺杂剂在共轭链中提供的电子数可以不同。ICP材料本质上是不溶的，这是因为分子间的相互作用比较强。然而，可以通过熔体混合、填充或涂层的方法来实现与传统聚合物的混合。通常使用的ICP材料有聚乙炔（PA）、聚吡咯（PPY）、聚噻嗪（PT）、聚苯胺（PANI）、聚环苯（PNA）和聚3，4-亚乙基二氧基噻吩多聚苯乙烯磺酸盐（PEDOT-PSS）。PPY和PANI材料已经进行了广泛的探索，两种材料具有良好的导电性、环境稳定性、热稳定性和化学稳定性，造成的毒性问题较少。

介电材料具有极化电荷形成电场的能力，因此，也可以用于电子纺织品，如电容器。另外，具有感应特性的材料（如光敏和热敏材料）也可以用于制造传感器和执行器，这些材料能够将物理特性转换为电信号，也能够将电信号转换为物理特性。

12a.1.3.1　微电子元件

微电子元件通常是由半导体制成的，包括晶体管、电容器、电感、电阻、二极管、连接器、开关和电极。电阻器是一种无源器件，可以通过电阻来控制电路中的电流流动，不需要使用额外的电力驱动。电位器是可变电阻器。光电阻或光电池由感光材料组成，这种材料在光线照射下能够降低电阻率。电感器也是一种无源电气元件，用在电路中形成电感并存储能量磁场。电容器是一种无源电气元件，可以将能量存储在一对导体之间的电场中。电容器通常是由介电材料隔离的导电材料组成。当在两个导电板上施加电压时，就能够形成电场。二极管只能沿着一个方向导电，由阳极和阴极的电极组成，LED 就是其中一个典型的例子。晶体管也是一种半导体元件，可以用于调节电流或电压流，并可以作为电子信号的开关。晶体管的三层结构为 N 型半导体层位于 P 型半导体层之间（PNP 配置）或 P 型半导体层位于 N 型半导体层之间（NPN 配置）。晶体管是集成电路的基本元件。开关是可以导通（关闭）或不导通（打开）的组件。

12a.1.3.2　自操作（DIY）工具包

在自操作工具包中与纺织材料兼容的电子元件都可在市场上买到。这些元件经久耐用，可洗涤，并且很容易集成到纺织品中。例如，包括 Arduino LilyPad、Adafruit 工业公司的 Flora 和 Aniomagic。Arduino LilyPad 是第一个用于可穿戴应用的电子元件工具包。最早由 SparkFun 电子公司于 2007 年发布，LilyPad 是由 Leah Buechley 开发成功的。Flora 是由 Adafruit 工业公司创建的，是最新的电子纺织品可穿戴设备工具包。Aniomagic 是一个可用于创建动态照明模式的电子纺织工具包，类似于 LilyPad 和 Flora，连接处是使用由螺纹制成的，而缝制卡舌上提供了连接的印刷电路板。

Intel Curie 模块是一个最近推向可穿戴市场的小型硬件系统，带有运动传感器、蓝牙、电池和模式匹配的硬件能力。该模块非常小，通过运行一个专门创建的新软件平台来控制英特尔居里模块。由 Intel Quark SE SoC 提供电源，Intel Curie 模块的耗能非常低，是健康、保健、社交和体育活动等应用的理想选择。Intel IQ 软件工具包组合了算法、设备软件、应用程序和云软件，以帮助将先进的功能整合到可穿戴装备设计中。

12a.2　纺织品中的电子产品

使用电子产品的高性能服装也被称为智能服装、可穿戴电子产品、感知纺织品等。智能服装与环境相互作用，通过感知外部刺激，采用适当的编程方式，作出相应的反应。这种交互作用是通过使用传感器和执行器等电子器件实现的。传感器接收输入信息，而执行器则对传感器输出的信息作出反应。

因此，智能服装通常包括传感器、执行器、数据处理器、电源和通信接口。这种服装必须舒适、耐用、可靠、耐洗、易保养。此外，电源需要灵活、轻巧、可自我更新，在理想情况下可采用再生能源。柔性电子、薄膜技术、可拉伸电子、微型化技术和封装技术的研究正在取得重大进展，以实现这个目标。

电子纺织元件可通过多种技术生产。导电纱线可以通过目前的纺纱技术生产，使用导电填料或采用导电涂层。采用导电纱线进行织造或在织物表面涂层可以生产出导电面料。采用导电纱线、导电织物并将商用电子元件通过缝纫、刺绣、黏合和层压的方法可以生产出导电服装。Stoppa 和 Chiolerio 在 2014 年对可穿戴电子元件和智能纺织品进行了概述[1]。Eichhoff 等人在 2013 年对将电子功能嵌入纤维、纱线和织物的纺织工艺方法进行了全面的介绍[2]。以下各节向读者介绍集成水平和技术、导电纺织材料和混合纺织品电子系统。

12a. 2. 1 集成水平

电子产品集成到纺织品中有不同的级别，学术和工业的专业人员将其大致分为三类：第一代、第二代和第三代。智能纺织品也可以根据智能水平进行分类，分别为被动智能、主动智能和高度智能。被动智能只感知环境；主动智能不仅能够感知环境还能对外部刺激做出反应；高度智能则不仅能感知环境、对环境刺激作出反应，还能够适应环境。

12a. 2. 1. 1 第一代：模块或附加技术（分列式）

这种方法是采用合并、附加或嵌入的方法将刚性的电子元件集成到纺织品的表面，如采用缝制或刺绣的方法将 LED、传感器、电池和机器人系统（如 Arduino）组合到服装上。这种方法有几个缺点，例如，洗涤前需要将电子产品从服装上拆卸下来；此外，笨重的电子组件不柔软，穿着不舒适，服装比较重，并难以穿脱。这种方法通常需要手工缝制和连接。

12a. 2. 1. 2 第二代：微电子封装或内置技术（混合式）

第二代产品的目标是将电子元件和纺织品合并为一个混合系统，目前仍在宏观水平，使用了纺织织造技术和柔性微电子材料相结合的方法，如将导电纱线用于机织或针织织物中，以建立电阻和电流的通路；也有采用涂层或印刷的纺织工艺方法将可拉伸电子产品附着在织物上。目前市场上的大部分产品属于这一类别。

12a. 2. 1. 3 第三代：基于纤维的技术或创新技术（集成式）

这种方法的目的是将电子材料和纺织材料的功能进行充分集成并创造出新的材料，在微观和分子水平上，使用新的组合流程。例如，开发本身具有传感器和驱动能力的导电光纤材料，这种材料耐用性好，可与普通纤维一样进行清洗。这是一项重大的挑战，到目前为止，几乎没有这方面的研究。

当然，上述三种方法可以在同一件衣服上存在，这将取决于纺织电子系统的类型和复杂性。此外，一些电子元件（如电池等）不能达到集成到纺织材料上的要求，因此，仍然是作为可拆卸的附件添加到纺织品中。表 12a. 1 总结了每一代智能化水平中考虑的加工工艺、组件和属性。

表 12a. 1　纺织品的集成水平

项目	第三代	第二代	第一代
	纺织品与电子元件组合成为一体	电子元件组合到织物结构中	刚性电子元件附着在服装表面
纺织品加工	纤维涂层； 纺纱加工； 混合纺纱加工	机织； 针织； 编织； 印花、涂层、夹层	缝制； 绣花； 人工附加电子元件
电子元件加工	薄膜技术； 微电子元件； 智能柔性电子元件； 电子元件封装	电化学镀层； 溅射镀层； 小型刚性和柔性电子元件	焊接和使用连接器； 刚性电子元件
性能	与普通服装的穿着性能相同； 舒适性好； 功能可靠	可以洗涤； 可拆卸元件少； 比较舒适； 重量轻	不可洗涤； 元件可拆卸； 不舒适； 比较重

12a. 2. 2　导电纺织材料

集成技术可以分布在整个纺织品供应链中，包括纤维、纱线、织物和服装生产。这些技术利用传统的纺织生产工艺、电子加工工艺或采用手工制作方法进行生产。有些方法是在生产织物过程中使用金属丝和金属纱线，如不锈钢、铝或铜纱线。然而，这些纱线的柔软性较低，直径也较粗，所加工的织物比普通织物更重、更硬，穿着舒适感较差。另外，金属线的弹性和强度低，在生产过程中容易发生断裂[3]。

导电织物也可以用高分子导电纱线进行生产，这种纱线的导电性是通过使用导电填料或涂层而获得的。这些工艺的基础是将纤维高分子材料在熔融或湿法纺纱过程中与填料进行混合，或采用加捻和将金属纱线包覆或合成纤维的方法获得导电材料。通过在纱线生产过程中使用填料或涂层的方法，可以获得较细的导电纱线，用这种纱线织造的织物比较柔软、轻巧和舒适。

开发导电织物最常见的方法是在织物表面附着导电材料，使用的方法包括层压、涂层、印刷、喷涂、离子电镀、化学镀层、真空金属化、阴极溅射和化学气相沉积（CVD）等。涂层通常不会改变织物的柔韧性，涂层方法可以用于轻薄型、紧密结构的织物。然而，涂层导电织物存在黏附性差和金属易氧化的缺点。生产导电纺织品常见的加工技术和材料如图 12a. 1 所示，该图包括了从原材料到服装制造的整个纺织生产链。

图 12a. 1　导电纺织品使用的材料和加工技术

关于导电纺织品的研究工作可分为以下几个方面：①导电纱线和纤维；②织物

导电涂层材料；③织物集成技术，它涵盖了将微电子技术集成到织物和服装中的全过程，以及机织、针织和非织造导电织物的特性。

12a. 2. 2. 1　导电纱线和纤维

获得导电纺织品最常见的方法之一是使用导电纤维或纱线进行织造生产。导电纱线通常采用碳、镍、不锈钢、钛、铝和铜的材料，以电线、长丝或短纤维的形式组成。然而，也可以通过用导电材料对非导电纱线进行涂层或填充获得导电纱线。

（1）机械纺纱法混合纱线。2004 年，SU 和 Chern 提出通过将一根纱线或短纤维包裹到另一种纱线或短纤维上，或用加捻的方法使不同的纱线和纤维抱合在一起，混合纱线包括多层结构纱线、双组分纱线或皮芯结构纱线[4]。可以使用的纺纱系统包括：空心环锭纺纱系统或自由端摩擦纺纱系统[5-6]，旋转—包缠—加捻纺纱系统[7]和传统转杯纺纱系统[8]。

德国 Zimmermann GmbH 公司生产的弹性导电纱线由空心环锭纺纱工艺系统加工而成。这种纱线由弹性非导电纱作为芯纱，导电纱线沿着一个方向包覆在外层，非导电纱线则沿着相反方向包覆在外层。瑞士 Elektrisola Feindraht AG 公司和 Swiss Shield 公司产生的金属丝，可与非导电纤维混合或可直接用于机织和针织技术。

（2）熔融纺/湿法纺复合纱线。导电纱线可通过熔融纺丝或湿法纺丝技术获得。采用这种方法可以将纺丝高聚物与填充料进行混合，然后通过喷丝头将它们挤压出来纺制复合纱线[9-12]。

Jin 等人在 2012 年证明了导电纤维纺丝技术的可行性[13]。在这些情况下，由于填充料的存在会降低纤维的力学性能和复合材料的导电性能，因此，导电填充料需要均匀分散在纺丝高聚物中，需要根据材料的渗滤阈值进行筛选。对聚合物基体与碳填料、碳纳米管、PANI 和 Ppy 的导电复合材料已经进行了比较充分的研究。

在熔融纺丝过程中，纤维的形态、结晶度和拉伸比对电导率有显著影响。例如，较高的拉伸率可以提高电导率，Zhang 等人在 2001 年，Devaux 等人在 2007 年都观察到同样的现象[9,12]。Cayla 等人在 2012 年，Hooshmand 等人在 2011 年都曾发现，通常造成低电导率的原因是网络少，沿着纤维方向有更多的填充物，这都会降低纱线的导电性[14-15]。Soroudi 和 Skrifvars 在 2010 年对 PANIPOL-PP 复合纤维的形态、电学性能和力学性能进行了一系列研究[16]。

碳纳米管是在化学纺丝方法中使用的导电填料。De Volder 等人在 2013 年介绍了碳纳米管纤维的发展过程和未来应用，其中就包括用于纱线[17]。高聚物复合纱线中碳黑材料的渗滤阈值通常高于 10wt%，而对于聚合物/CNT 复合纱线，渗滤可通过小于 0. 1wt% 的碳纳米管（CNT）来实现。Behabtu 等人在 2013 年，Bryning 等人于 2005 年，Grunlan 等人于 2004 年，Mazinani 等人于 2010 年，Sandler 等人于

2003 年，研究发现碳纳米管的典型浓度范围为 0.1～7wt%[18-22]。Behabtu 等人 2013 年报道，赖斯大学的研究人员使用湿法纺丝技术开发出了碳纳米管纤维[18]。2016 年 Bautista-Quijano 等人介绍了通过熔融纺丝生产聚碳酸酯/多壁碳纳米管纤维的方法[23]。这种方法生产的纤维的电导率通常都比较低，因为较高浓度的碳纳米管（CNT）会降低纤维材料的力学性能[24-25]。在大多数情况下，可以采用商业化的碳纳米管母料用于熔融纺丝。

（3）纯碳纳米管 CNT 纱线加工方法。大多数研究工作涉及的是熔融纺丝或湿法纺丝复合碳纳米管纱线并对这种材料的力学性能进行研究。需要非常高比例的碳纳米管才能保证复合纱线具有较高的导电性。因此，为了实现高导电性，需要单独使用碳纳米管生产纱线。生产纯碳纳米管纱线的方法分为湿法和干法纺纱两种。Lepro 等人在 2012 年，Zhang 等人在 2004 年指出，湿法工艺包括溶液纺丝和凝固纺丝，干法纺纱方法则是通过卷绕和加捻将成簇的碳纳米管加工成纱线[26-27]。Miao 在 2015 年介绍了有关碳纳米管干纺技术的研究工作[28]。2004 年，Li 等人介绍了另一种生产碳纳米管纱线的方法，采用这种方法，纱线可以直接从碳蒸气镀层（CVD）的反应区中获得[29]。采用这些方法有希望生产高导电纱线，可用于可穿戴电子产品。

（4）采用涂层的复合纱线。Devaux 等人和 Kim 等人分别在 2007 年和 2004 年归纳可涂层导电复合材料的加工方法，指出纱线的导电涂层主要采用的是真空金属喷涂、化学方法、导电高聚物原位聚合等技术[9,11]。Schwarz 等人在 2010 年进行了金属涂层的研究[30]。金属涂层可以生产出高导电性的纤维，但是这种涂层的附着力和耐腐蚀性还存在一定问题。各种导电纱线在市场上都有销售，主要用于技术和高性能服装。

12a.2.2.2 导电织物（通过涂层、印刷或层压）

导电织物可以通过涂层的方法使非导电织物成为导电材料。涂层工艺有喷涂、无电电镀、溅射涂层、等离子体处理、真空金属化、原位聚合、化学气相沉积、纺织品涂层和印刷等。无电电镀是最常见的方法，该方法的工业可行性在于成本低、均匀性好和电导率高[31]。

（1）纺织品涂层和印刷。通过这个加工，可以将金属填充材料加到聚合物载体上。涂层工艺包括刮刀涂层、浸渍涂层、滚筒涂层、转移涂层、层压涂层、泡沫涂层等。印刷工艺包括丝网印刷、辊筒印刷或喷墨打印。丝网印刷是一种传统的印刷方式，成本低，操作简单。一些研究报告对丝网印刷方法加工生产涂层导电织物的技术进行了介绍，应用印刷技术将导电材料涂印在织物上，开发了湿度和温度传感器[32]。Kim 和 Yoo 在 2010 年采用印刷方法获得了更多的平面电子电路织物[33]。碳黑涂层导电织物的实验也获得了成功[34-35]。

Elias Siores 和 Tahir Shah 已经成功开发了用于电磁辐射防护的导电织物，这种织物采用圆筒刮刀涂层、丝网涂层和浸渍涂层的方法将 CNT、PANI、PPy、银、镍和 PEDOT-PSS 附着在织物上[36]。

（2）物理真空沉积（PVD）。将待涂覆的织物置于包含固体金属的真空室内，然后使金属熔化并蒸发。熔融金属中的金属原子击中织物的表面，织物通过冷却的滚筒表面，金属在低温条件下在织物表面凝结成固体[37-41]。

（3）化学气相沉积（CVD）。这种方法是通过在高温织物表面或附近进行化学气化反应，通常是将导电聚合物涂覆在纺织品上。该技术已成功将硅薄膜附着在织物上，形成压结电阻传感器阵列。研究人员还报告了使用丝网印刷方法的 PPy 织物涂层技术，即在丝网涂层后进行气相聚合。

（4）溅射涂层/电镀。这种涂层设备由一个含有惰性气体的真空罐组成。真空罐中装有阴极和阳极。阴极为涂层材料的来源，阳极则作为涂层织物的支架。应用两个电极之间的电势产生放电，电子从阴极向阳极运动，从而产生电流。电子电离气体，离子加速向阴极运动，通过碰撞使原子从表面溅出或脱落。这些原子和离子凝结在织物上形成薄膜状涂层。这种方法由 Yonenaga 和 Chen 等人分别在 2008 年和 2007 年进行了报道[42-43]。溅射涂层是用于制造氧化物半导体的一项技术，如用于生产柔性薄膜晶体管（TTF）的铟镓氧化锌（IGZO）。

（5）无电镀层。与外部提供电子作为还原剂进行电镀的方法不同，在无电镀层过程中，金属涂层的形成是还原剂与溶液中的金属离子之间化学反应的结果。此工艺较多的是应用铜、镍、银、铜镍合金，Gasana 等人在 2006 年也报道了 PPy 和铜的无电镀层生产涂层导电织物的研究[44]。

（6）ICP 原位化学和电化学聚合。原位电化学聚合可以通过两种不同的方法进行。第一种是在溶液中进行本体聚合，另一种是直接在织物表面产生化学聚合。原位电化学聚合是在电极上进行单体聚合。Razak 等人于 2014 年介绍了 PANI 的使用[45]。Das 等人在 2010 年进行了有关聚 3，4－乙烯二氧硫磷（PEDOT）的研究[46]。

（7）在水中或溶剂形式涂覆 ICP。用 ICP 层涂覆各种材料的溶剂涂层方法是将溶液涂在织物表面，然后蒸发形成涂层。这一工艺的主要缺点是，大多数 ICP 材料很难在工业界认可的溶剂中进行溶解。Scilimgo 等人使用美利肯专利和丝网印刷技术，在莱卡/棉混纺织物表面进行 PPy 涂层[47]。

（8）静电纺纳米导电纤维涂层。将纳米纤维附着在织物表面形成导电涂层。这些纳米纤维由混合在水或溶剂中的不同聚合物溶液制成。PANI 是用这种方法生产的最常用的导电聚合物材料之一[48]。

（9）电镀。电镀是一种基于电流作用的方法，通常用于生产金属材料涂层。在待涂层的织物上加上负电荷，并将其浸入含有要涂覆的金属盐电解质溶液，形成镀层。研究人员在 TITV Greiz 使用电镀的方法在聚酰胺纤维上涂覆不同金属，这些纱线已经注册为ELITEX纱线[49]。

（10）低温等离子体。已有研究报告介绍了采用溅射或等离子体辅助物理气相沉积的等离子方法对纺织材料进行金属化处理的技术，这项研究所使用的金属材料可以在大气或其他气体中使用。Jaroszewski等人在2010年对使用等离子技术进行织物碳涂层的技术进行了研究[50]。

（11）旋转涂层。将溶液沉积在平铺的织物上，然后旋转织物，溶解材料开始膨胀并覆盖织物的整个表面，形成均匀厚度的涂层。旋转涂层后，将材料进行辐照或加热，以去除溶剂，保留所需的薄层涂料。

12a.2.3 织物集成技术

在机织、针织和非织造以及缝纫和刺绣的过程中，可以进行织物的电子集成，每种织物引入导电纱线和电子元件都有优点和缺点。多层织物结构也可以用于电子纺织。如前几节所述，可以使用导电纱线或织物涂层工艺来生产导电织物，金属纱线的电阻和织物接触电阻都会对织物的电学性能产生影响。

12a.2.3.1 机织物

机织物是生产尺寸稳定的导电材料最常用的纺织品。由于经纬纱线垂直交织，机织物的优点之一就是在相互垂直的两个方向上都能具有导电性。导电纱线可用在经纬线两个垂直相交的方向上，然而主要还是用于纬线方向，这是由于纬线不需要像经线那样穿入综眼和钢筘，在织造过程中不易磨损。机织物的结构有利于开发更多的多功能电子纺织品，如电磁屏蔽、导电和天线织物。导电机织物方面的研究已经逐渐展开，Dhawan等人、Cotter等人、Locher等人和Kirstein等人都在这个方面取得了一定的进展[51-54]。Tomohiro等人在2014年对机织电子纺织品进行了概述[55]。

12a.2.3.2 针织物

针织技术可以生产出线圈套结形成的网状织物。这些线圈可以产生相对滑移，导致织物的尺寸发生变化或伸长。针织结构的这种不稳定性保证了织物的弹性，用作电子纺织品时具有一定的优缺点。弹性大可能对某些应用有利，例如，用作开关、压电传感器，或需要织物与皮肤紧密贴合的健康监测传感器时，影响其功能性。银涂层尼龙针织物已用于应变传感器[56]，Wijesiriwardana等人在2004年介绍了使用针织物加工而成的电阻式、电感式和电容式传感器技术[57]。Tennant、Hurley和Dias在2012年描述了在微波波长下产生频率选择性表面的方法[58]。针织物的导电纱线可用于触摸式传感器开关[59]或用于中风康复的针织物应变传感器[60]。Rita、Laura和Maria在2014年对针织电子纺织品进行了介绍[61]。

12a.2.3.3 非织造织物

事实上，针织物和机织物具有较好的力学性能，非织造布的强度和尺寸稳定性比较差，因此，并不适用于需要耐久和稳定的电路。非织造织物的重量比较轻，通常是由短纤维随机分布在平面上，采用机械、化学或热处理的方法黏结在一起而形成的，沿着织物的任何方向都没有连续的纱线，完全没有弹性。因此，用非织造织物生产导电织物来形成导电纤维形成电流通路、传感器或特定电子设备就非常困难。

12a. 2. 3. 4　缝纫和刺绣

缝纫和刺绣过程中也可将导电线缝合到不导电的织物表面形成不同的导电模式和电路。这种方法涉及手工艺和服装制造的各种技术，还涉及复杂的图案和装饰的针法。有三种生产导电织物的刺绣方法：链缝刺绣、普通刺绣和定制的纤维定位（TFP）刺绣。Post 等人在 2000 年介绍了关于用刺绣形成电路的研究成果[62]。这项技术可用于将硬质或柔性的商用电子设备，如传感器、连接器、电池和芯片附着到纺织品表面。刺绣是一种非常普通、快速、有效地将电子装置集成到高性能服装上的方式。然而，由于刺绣过程中缝线会与张力装置和机针之间产生摩擦，导致纱线断裂和不连续，对通电电路产生影响。然而，已经有成功的商业产品，使用的是瑞士 Forster Rohner 公司的电子绣花技术，此公司开发和推出可以供应市场的刺绣电子纺织品，如纺织基电导体、加热器、传感器和照明织物。

12a. 2. 3. 5　连接件和连接技术

柔性纺织材料和刚性电子元件连接技术是可穿戴电子设备可行性中至关重要的领域，也是非常具有挑战性的研究方向。传统纺织技术，如机织、针织、刺绣、缝纫、压接和绞合都可以用于形成电路，在纺织品和电子装置之间结合起来。

理想的连接器应无接触电阻、恒定阻抗、无阻抗衰减，以及具备适当的力学性能，可承受弯曲、拉伸和洗涤。电气元件与纺织品的连接技术包括导电纱线、焊接、电阻焊接、热压黏合（TCB）、超声波焊接、射频焊接、黏合、压接、缝纫和刺绣、尼龙搭扣、拉链、按卡扣、弹簧卡扣、螺柱和小孔。

12a. 2. 4　混合纺织电子元件

通过将纺织和电子材料相结合开发出了几种混合型电子元件，如用于拉伸和压力开关以及传感器织物和纱线。柔性电子元件（如柔性电池和显示器）也开始与纺织品集成，如 LED、开关、集成电路、微型化传感器和光纤等微电子元件已经成功地嵌入到纺织品中。这部分研究成果已经体现在与混合纺织电子系统和高性能服装相关的市场中。

12a. 2. 4. 1　纺织电极

电极是固体电导体，电流通过电极。电极的阴极和阳极几乎用于所有电子元件。电极也被用作皮肤界面，用于监测生理参数。例如，干电极使用皮肤上的水分作为传导界面，无须电解质即可工作。湿电极则需要使用将电极固定在正确位置的黏合材料、水凝胶或湿泡沫，以降低皮肤阻抗。简单和耐用金属干电极对ECG等领域的应用非常重要。干、湿电极都需要通过接触才能够发挥功能。另一种电极是非接触式电极（电容电极），其中电极可以感应到一定距离内的人体信息。这项技术使得传感器无需特殊的介电层即可运行，并且通过像头发、衣服或空气之类的绝缘材料[63]。Coosemans 等人在 2006 年介绍了使用 Bekintex 纱线加工的针织物和机织物制成的纺织电极，用于心电图测量[64]。

12a. 2. 4. 2 纺织传感器

纺织传感器是能够随着物理性能变化产生电学特性变化的导电纺织品。纺织传感器可设计用于测量温度、生物电位（心电图、脑图、脑电图）、声音（心脏、肺、消化系统、关节）、超声波（血流）、生物、化学、运动（呼吸）、压力（血液）、辐射（红外、光谱）、气味、汗水、皮肤力学参数和皮肤电学参数。Capineri、Cochrane 和 Cayla 分别在 2013 年和 2014 年对基于聚合物的电阻传感器用于智能纺织品进行了比较详细的介绍，提供了使用 ICP 和导电聚合物复合材料（CPC）加工的力学（伸长和应力）、温度和化学的信息（溶剂和湿度）传感器的研究成果[14,63,65]。拉伸传感器能够与皮肤紧密贴合，通常用于感应和监测人体参数。压力传感器通常用作与电子设备或人体状况监控的开关和接口。电阻传感器、电容传感器和电感传感器可以用纺织材料生产。电阻传感器是所有应用中最常见的传感器，而电容传感器是压力传感器的首选。Bandodkar 和 Wang 在 2014 年对可穿戴传感器进行了介绍[66]。Bosowski 等人在 2015 年对纺织传感器的设计与制造进行了比较详细的介绍[67]。Giusy 等人在 2015 年报道了化学可穿戴传感器的发展情况[68]。

电阻传感器作为力学传感器，其原理是材料的电阻会随着弯曲和拉伸等变形（如姿势变化、运动或呼吸）而发生改变。压电电阻传感器是电阻传感器中的一种。Clemens 等人在 2013 年使用炭黑和弹性压阻纤维开发了电阻传感器[69]。Pereira 等人于 2011 年发明了一种纺织型湿度传感器，使用棉作为吸湿剂材料[70]。波兰的研究团队于 2012 年使用纺织品作为基体，在织物上进行电极打印和涂层吸附[71]。

纺织温度传感器可以提供温度信息，在医疗和保健、舒适度和运动服的生理评估领域得到应用。温度传感器包括热电偶传感器、电阻传感器、半导体传感器和光学传感器。Matrmann 等人在 2008 年介绍了纱线传感器，这种纱线是在热塑性弹性材料中掺入重量百分比为 50%的炭黑材料制成的[72]。Cho 在 2010 年介绍了采用 PPy 涂层的莱卡开发织物应变传感器[73]。Meyer 和 Shyr 等人先后在 2006 年和 2011 年开发了纺织压力和应变传感器，用于人体姿势和活动监测[74]。

SOFTswitch 是导电织物制成的纺织压力传感器，具有很薄的弹性复合材料层，在受到压缩时可使其电阻降低。Fraunhofer 公司开发了可清洗介电弹性传感器（DES），可用于测量力和压力。ElekTex 也是一种以纺织品为基体的柔性传感器。

Bebop 传感器公司开始销售用于显示移动轨迹的可清洗织物传感器，使用了专有的单体织物传感器技术，通过印刷方法将传感器、走线和电子元件集成到单个元件中并集成到织物。Moticon 也是一种传感器产品，可以用于鞋垫对运动和医疗领域的运动和压力分布分析。

电容湿度传感器由两个电极和一个放置在电极之间的电介质材料组成。根据材料介电常数的电容变化来确定相对湿度值。容量传感器也是压力和变形传感器，因为容量取决于电极之间的距离，而这个距离在压力作用下会发生改变。电容传感不依赖外加的机械力时，也能够启用多点触控和手势识别功能，可能是最有前途的技术纺织传感器。Gorgutsa 和 Skorobogatiy 在 2013 年对柔性电容传感器及其在触摸感应智能纺织品中的应用进行了介绍。苏黎世 ETH 可穿戴计算实验室已开发具有多个电容压力传感器的矩阵，可以集成到服装中使用[74]。Gorgutsa 和 Skorobogatiy 于 2013 年描述了使用创新的纤维牵伸技术生产的炭黑纤维电容传感器。

12a. 2. 4. 3　光纤传感器

光纤维是指能够产生、传输、调制和检测的光子纤维。光纤维可以作为一系列传感器的基础材料，加工成织物后具有柔软性，能够控制颜色、发光强度、散射强度和放大功能。光纤是圆柱形电介质波导，通常由三层组成：芯部、包覆层和涂层。芯部和包覆层均由电介质透明材料制成，涂层起到保护纤维的作用，由不透明材料制成。光纤可以传输数据信号、传导感应的光线、检测织物因应力引起的变形和应变并实现化学传感。塑料光纤可以编织成纺织品，但是在织物织造过程中会遇到纤维弯曲产生的问题，纤维损伤的问题出现在最终产品中就会导致信号丢失。生物传感光纤已经开发用于伤口愈合和测量 pH 的传感器[75]。由英国剑桥顾问公司开发的 Xelflex 是含有由光纤制成的有源运动传感器的服装，纤维弯曲会导致光反射增加，转化为电气信号而进行测量。

12a. 2. 4. 4　纺织晶体管

晶体管是一种半导体器件，用于调节电流或电压，并作为电子信号的开关。晶体管需要具有更复杂的结构才能够适应在纺织品上的使用要求。

Rambausek 在 2014 年进行了纤维有机场效应晶体管（FOFET）的研究，使用无电沉积、浸镀、滴铸和喷墨打印的方法将导电、介电和半导体材料附着聚酯纤维材料上，并讨论了生产 FOFET 的体系结构、遇到的挑战和可能的解决方案[76]。众多学者在 2005 年进行了开发具有开关和放大功能的纺织晶体管的尝试。Tao 和 Koncar 在 2016 年介绍了有关纺织电子技术所用的先进材料，以及由有机纤维晶体管制成的电路[77]。

12a. 2. 4. 5　纺织执行器

执行器是指需要电源才能正常工作的电子系统，能够将电信号转化为物理反应。执行器的驱动机制包括化学（如药物控制释放）、机械（如人工肌肉和压力绷带使用的形状记忆、辅助吸收、压电材料）、光学（使用变色材料使颜色变化和产生光发射）、热（使用相变材料加热或冷却，放热或吸热反应，焦耳、佩尔蒂埃和西贝克效应）和电（光伏或光电效应）。

热执行器具有控制加热或冷却功能。商用主动加热服装是由 PolartecHeat 面板、Bekinox 加热元件和 Novonic Heat 加热系统组合而成的。关于冷却热执行器，意大利 Grado Zero 公司在纺织结构中嵌入了超细管，冷却液体可以通过这种管子进行循环。液体由一个小的 Peltier 冷却元件提供，该元件固定在西装的背面。机械执行器需要使用机器人部件，需要较高的电压，执行器中包括形状记忆材料、多层纺织品、电致收缩材料或扩散基电活性聚合物材料。

12a. 2. 4. 6　纺织电路和连接

为了获得持久可靠的电路，所有部件都需要很好地连接在纺织材料内部。电气元件连接对于每个电子装备都至关重要，连接中的任何不连续性或不规则都可能导致故障、电路阻抗增加、短路和电信号失真。Ghosh 等人在 2006 年提出了纺织品上电路构建的发展方向[78]。Parkova 等人在 2013 年成功开发了改进后的智能服装的电子接触系统[79]。

生产电子纺织品常用的方法是将印刷电路板（PCB）连接到纺织品上，该印刷电路板就作为微处理器、传感器和数据存储单元。Linz 等人在 2007 年介绍了使用柔性印刷电路板的技术，以减少纺织品的刚度[80]。Zysset 等人在 2013 年介绍了使用柔性塑性带将电子产品集成到机织类纺织品上的技术，在织物的纬线方向植入电子元件[81]。

可拉伸电路是从 Fraunhofer、IZM 和 TU Berlin 公司开发的可拉伸的导电矩阵互连元件产品中衍生出来的（欧盟项目 STELLA）。欧盟项目 PASTA 结合了电子封装和互连技术，开发了附着有连接元件的电子纱线，并将这种纱线织入织物或缝绣到织物上。带发光二极管（LED）和射频识别（RFID）芯片的电子纱线可通过 PrimolD 启动。欧盟项目 TERASEL 正在进行可拉伸电路板方面的研究，目的是为产业链开发生产所需形状的电子元件，可应用于模块化汽车内饰。

在柔性基体上植入电路的另一种方法是使用纳米银墨水进行电子印刷，这项技术来自 Clariant 公司，与电镀方法相比，可以减少制造工序。导电印刷或喷墨材料有望成为电子纺织品增长的主要动力。

12a. 2. 4. 7　纺织电源

由于当前电池的尺寸、重量和效率还存在一定不足，生产满足智能纺织品要求和寿命的电源是一个很大挑战。有一种发展趋势是开发将能量收集与储能相结合的混合电源系统，以便满足能源可以在任何时候使用的需要。提高能量密度、获得柔性电池结构、寻找新的电源、降低电子设备所需的功率等方面的需要也是研究的主要动力。有关能源收集的研究已经取得初步成果，如太阳能电池、热电偶和压电材料。压电薄膜和纤维正被用于获取运动信息，学者们针对散步、手臂摆动、打字、血压和鞋的作用等进行了压电材料的研究。Vatansever 等人研制出一种带压电和光伏的纤维材料，能够从太阳、雨、风、波和潮汐中获取能量[82]。柔性电池附在纺织品上已由 Power Paper 公司实现了商业化。Duby 和 Ramsey 在 2005 年开发出了基于聚酯材料的印刷热电偶[83]。

佐治亚理工学院开发了一种从光和运动中获取能量的新织物，如在织物上织入聚合物纤维太阳能电池以及基于纤维的摩擦纳米发电材料（图 12a. 2）。

图 12a. 2　一种获取能量的织物

越来越多的关注已经转向构造更小、更轻、更灵活且低温加工和高效的光伏太阳能电池。将纺织品作为基体，通过层压方法或以纤维的形式将太阳能电池结合到织物结构中。目前大部分研究都使用传统的晶体太阳能元件或薄膜非晶硅材料黏合到普通织物上。Bedloglu 等人在 2010 年介绍了一种光伏纤维，这种材料在聚丙烯单丝纤维上涂覆导电聚合物和光活性材料[84]。O' Connor等人在 2008 年通过真空加热方法将薄型同心有机光伏薄膜蒸发到聚酰亚胺涂层的硅纤维上。Stylios 和 Yang 在 2013 年开发了太阳能采集和声音感应的服装，可以用于能源采集和情绪变化监测[85]。Dephotex 是欧盟资助的以新型纤维纺织品为基础的光伏研究项目之一，这个项目与 Holst 中心合作开发了可穿戴太阳能衬衫。衬衫采用 Holst 中心可拉伸互连技术形成的 120 个薄膜太阳能电池。采用层压的方法将太阳能组件和电池组附着到织物上用于存储能量。Nocito 和 Koncar 在 2016 年采用辊筒卷压工艺将非晶硅材料附着到纺织品上[86]。

12a. 2. 4. 8　纺织天线

天线是无线电子纺织品发展的重要设备，可以建立服装中的传感器与外部设备之间的通信联系。可穿戴天线必须柔软、轻便、可洗、坚固。穿着使用可能影响天线的特性以及基体的可相容性和厚度。Seager 等人在 2013 年介绍了使用导电纤维来生产缝绣天线的技术方法。Kazani 等人在 2013 年研发成功了可洗涤的丝网印刷纺织天线[87]。众多学者亦对纺织天线的加工技术和性能特点进行了研究。

12a. 2. 4. 9　发热纺织品

纺织品加热系统日益普及，主要产品为冬季的运动取暖袜、保暖内衣和运动服。加热系统需要电源、电阻器、电源与电阻器之间的连接件。电源提供电阻器加热所需的电压。当前可穿戴加热系统使用可拆卸电源，如 WarmX 和 Clim8 技术。

12a. 2. 4. 10 纺织显示器

纺织显示器主要使用 LED 和光纤生产。Fraunhofer 研究院开发了玻璃集成封装 OLED 和附着在柔性高阻抗材料上的 OLED[88]。瑞士 Forster Rohner 公司采用刺绣方法生产出集成了 LED 的服装。ZSK Stickmaschinen GmbH 公司和研究机构 TITV Griez 也展示了通过刺绣方法引入 Led 的产品。Beeby 等人在 2014 年先将 LED 芯片安装在条带上，然后织入织物[89]。2015 年，Zhang 等人开发了可调色、可编织的纤维聚合物发光电化学电池[27]。飞利浦公司于 2016 年 9 月 22 日发布了一项国际专利 2016/146478，该专利涵盖了轻薄而柔软的 LED 集成纺织品。

12a. 2. 4. 11 纺织电容器

出于智能纺织品对于柔软、轻便、可清洗的电源替代品的需要，各界对纺织电容器的研究关注度很高。德克萨斯大学达拉斯分校纳米技术研究所开发出了高弹性导电纤维。这种材料是将碳纳米管纤维包覆在橡胶材料制成的芯部，可以用作人造肌肉、电子电路和应变传感器。与传统的导电纤维不同，这种光纤材料被拉伸后仍然能够保持稳定的电阻。

12a. 3 未来趋势

在电子工业进步的推动下，尤其是在柔性电子、薄膜技术、3D 电子打印技术、小型化、低功耗、无线充电、皮肤传感器技术、封装技术、移动应用和各项创新技术的推动下，集成电子元件的高性能纺织品开发正在吸引各方面的关注。然而，纺织业对集成电子纺织材料开发研究和商业化的推进还非常缓慢。目前还难以获得耐用、舒适、可洗、与纺织材料相容的可靠电子系统。大多数产品依赖嵌入或安装在纺织表面的电子产品。另外，服装和时尚市场并不完全接受智能纺织品，目前设计低成本的功能比电子功能更重要，在运动服装领域，利润主要来自软件，而不是服装本身。

含有电子元件的高性能服装存在耐腐蚀/氧化差、耐久性差、耐洗性差、拉伸有限、不够柔软、舒适度低的缺陷。因为弯折、磨损和维护往往使传感器的可靠性降低，因此，数据处理也成为可穿戴电子产品面临的一个挑战。这些障碍必须通过将电子元件无缝集成到高性能服装中加以克服。

未来的发展趋势是开发低功耗和柔软的可打印电子产品，如 Dupont、Flexcircuit 和 SmartKems 有限公司开发的可拉伸电子墨水和柔性电子产品。另一项纺织品发展趋势是 3D 电子打印产品，如 DragonFly 2020 3D 打印机或 VoxeI8onic 打印机可以实现纳米尺寸打印。Intel 的魔术按钮和邦布顿按钮是更小、更轻的电子产品发展趋势的代表，mCube 公司还推出了一个小于 $1mm^3$ 的加速度计。

第二皮肤传感器的发展可能会对可穿戴技术产生正面或负面的影响，因为这种传感器可以取代纺织品作为基材的使用材料。例如，Vivalink 开发了电子皮肤温度计，这是一种用于监测体温的粘贴片。此外，皮肤传感器 Bainish、皮肤传感器 MC10，可以用于生物力学监测。轻薄、柔软的电池是另一个发展趋势，例如，Imprint 能源公司和 Enfucell 公司采用打印方法生产出用于无线医疗传感器的轻薄型柔性电源。此外，封装电子元件亦是发展的趋势，可以解决可洗涤性问题。

参考文献

[1] Stoppa, M., & Chiolerio, A. (2014). Wearable electronics and smart textiles: A critical review. Sensors, 14 (7), 11957-11992.

[2] Eichhoff, J., Hehl, A., Jockenhoevel, S., & Gries, T. (2013). Textile fabrication technologies for embedding electronic functions into fibres, yarns and fabrics. In T. Kirsten (Ed.), Multidisciplinary know-how for smart-textiles developers (1st ed., pp. 191-226). Cambridge: Woodhead Publishing Ltd.

[3] Cherenack, K., & Van Peterson, L. (2012). Smart textiles: Challenges and opportunities. Journal of Applied Physics, 112, 1-15.

[4] SU, C., & Chern, J. (2004). Effect of stainless steel-containing fabrics on electromagnetic shielding effectiveness. Textile Research Journal, 74 (1), 51-54.

[5] Ramachandran, T., & Vigneswaran, C. (2009). Design and development of copper core conductive fabrics for smart textiles. Journal of Industrial Textiles, 39 (1), 81-93.

[6] Ueng, T. H., & Cheng, K. B. (2001). Friction core-spun yarns for electrical properties of woven fabrics. Composites Part A: Applied Science and Manufacturing, 32 (10), 1491-1496.

[7] Lin, J. H., & Lou, C. W. (2003). Electrical properties of laminates made from a new fabric with PP/stainless steel commingled yarn. Textile Research Journal, 73 (4), 322-326.

[8] Perulmalraj, R., & Dasaradan, B. S. (2009). Electromagnetic shielding effectiveness of copper core yarn knitted fabrics. Indian Journal of Fibre and Textile Research, 34 (2), 149-154.

[9] Devaux, E., Koncar, V., Kim, B., et al. (2007). Processing and characterization of conductive yarns by coating or bulk treatment for smart textile applications. Trans-

actions of the Institute of Measurement and Control, 29 (3-4), 355-376.
[10] Jin, X., Xiao, C. F., An, S. L., Jia, G. X., & Wang, Y. Y. (2006). Carbon black filled polyester as electrically conductive master batch for fibers. International Polymer Processing, 21 (4), 348-353.
[11] Kim, B., Koncar, V., Devaux, E., Dufour, C., & Viallier, P. (2004). Electrical and morphological properties of PP and PET conductive polymer fibers. Synthetic Metals, 146, 167-174.
[12] Zhang, Q., JIN, H., Wang, X., & Jing, X. (2001). Morphology of conductive blend fibers of polyaniline and polyamide - 11. Synthetic Metals, 123 (3), 481-485.
[13] Jin, X., Ni, Q., Fu, Y., Zhang, L., & Natsuki, T. (2012). Electrospun nanocomposite polyacrylonitrile fibers containing carbon nanotubes and cobalt ferrite. Polymer Composites, 33 (3), 317-323.
[14] Cayla, A., Campagne, C., Richery, M., & Devaux, E. (2012). Melt spun multifilament yarns of carbon nanotubes - based polymeric blends: Electrical, mechanical and thermal properties. Synthetic Metals, 162 (9), 759-767.
[15] Hooshmand, S., Soroudi, A., & Skrifvars, M. (2011). Electro-conductive composite fibers by melt spinning of polypropylene/polyamide/carbon nanotubes. Synthetic Metals, 161 (15-16), 1731-1737.
[16] Soroudi, A., & Skrifvars, M. (2010). Melt blending of carbon nanotubes/polyaniline/ polypropylene compounds and their melt spinning to conductive fibres. Synthetic Metals, 160 (11-12), 1143-1147.
[17] De Volder, M. F., Tawfick, S. H., Baughman, R. H., & Hart, A. J. (2013). Carbon nanotubes: Present and future commercial applications. Science, 339 (6119), 535-539.
[18] Behabtu, N., Young, C. C., Tsentalovich, D. E., et al. (2013). Strong, light, multifunctional fibers of carbon nanotubes with ultrahigh conductivity. Science, 339 (6116), 182-186.
[19] Bryning, M. B., Islam, M. F., Kikkawa, J. M., & Yodh, A. G. (2005). Very low conductivity threshold in bulk isotropic single-walled carbon nanotube-epoxy composites. Advanced Materials, 17 (9), 1186-1191.
[20] Grunlan, J. C., Mehrabi, A. R., Bannon, M. V., & Bahr, J. L. (2004). Water-based single walled nanotube-filled polymer composite with an exceptionally low percolation threshold. Advanced Materials, 16 (2), 150-153.
[21] Mazinani, S., Ajji, A., & Dubois, C. (2010). Structure and properties of melt-

spun PET/ MWCNT nanocomposite fibers. Polymer Engineering and Science, 50 (10), 1956-1968.

[22] Sandler, J. K. W., Kirk, J. E., Kinloch, I. A., Shaffer, M. S. P., & Windle, A. H. (2003). Ultra-low electrical percolation threshold in carbon-nanotube-epoxy composites. Polymer, 44 (19), 5893-5899.

[23] Bautista-Quijano, J. R., Pötschke, P., Brönig, H., & Heinrich, G. (2016). Strain sensing, electrical and mechanical properties of polycarbonate/multiwall carbonnanotube monofilament fibers fabricated by melt spinning. Polymer, 82 (15), 181-189.

[24] Straat, M., Rigdahl, M., & Hagstrom, B. (2012). Conducting bicomponent fibers obtained by melt spinning of PA6 and polyolefins containing high amounts of carbonaceous fillers. Journal of Applied Polymer Science, 123 (2), 936-943.

[25] Wang, H., & Xiao, R. (2012). Preparation and characterization of CNTs/PE micro-nanofibers. Polymers for Advanced Technologies, 23 (3), 508-515.

[26] Lepro, X., Ovalle-Robiles, R., Lima, M. D., Elias, A. L., Terrones, M., & Baughan, R. H. (2012). Catalytic twist-spun yarns of nitrogen-doped carbon nanotubes. Advanced Funcional Materials, 22 (5), 1069-1075.

[27] Zhang, Z., Guo, K., Li, Y., (2015). A colour-tunable, weavable fibre-shaped polymer light-emitting electrochemical cell. Nature Photonics, 9 (4), 233-238.

[28] Miao, M. (2015). Carbon nanotube yarns for electronic textiles. In T. Dias (Ed.), Electronic textiles (pp. 72-82). Oxford: Woodhead Publishing Ltd.

[29] Li, Y. L., Kinloch, I. A., & Windle, A. H. (2004). Direct spinning of carbon nanotube fibres from chemical vapour deposition synthesis. Science, 304, 276-278.

[30] Schwarz, A., Cardoen, J., Bruneel, E., Hakuzimana, J., & Westbroek, P. (2010). Steps towards a textile based transistor: Development of the gate and insulating layer. Textile Research Journal, 80, 1738-1746.

[31] Zhang, H., Shen, L., & Chang, J. (2011). Comparative study of electroless Ni-P, Cu, Ag, and Cu-Ag plating on polyamide fabrics. Journal of Industrial Textiles, 41 (1), 25-40.

[32] Jerzy, W., Grzegorz, T., & Ryszard, J. (2012). Humidity sensor printed on textile with use of ink-jet technology. Procedia Engineering, 47, 1366-1369.

[33] Kim, Y., Kim, H., & Yoo, J. (2010). Electrical characterization of printed circuits on the fabric. IEEE Transactions on Advanced Packaging, 33, 196-205.

[34] Nauman, S., Cristian, I., & Koncar, V. (2011). Simultaneous application of fi-

brous piezoresistive sensors for compression and traction detection in glass laminate composites. Sensors, 11 (10), 9478-9498.

[35] Negru, D., Buda, C. -T., & Avram, D. (2012). Electrical conductivity of woven fabrics coated with carbon black particles. Fibres & Textiles in Eastern Europe, 20 (90), 53-56.

[36] Bonaldi, R. R., Siores, E., & Shah, T. (2014). Characterization of electromagnetic shielding fabrics obtained from carbon nanotube composite coatings. Synthetic Metals, 187, 1-8.

[37] Bula, K., Koprowska, J., & Janukiewicz, J. (2006). Application of cathode sputtering for obtaining ultra- thin metallic coatings on textile products. Fibres & Textiles in Eastern Europe, 14, 75-79.

[38] Hegemann, D., Amberg, M., Ritter, A., & Heuberger, M. (2009). Recent developments in Ag metallised textiles using plasma sputtering. Mat_ eriaux & Techniques, 24, 41-45.

[39] Scholz, J., Nocke, G., Hollstein, F., & Weissbach, A. (2005). Investigations on fabrics coated with precious metals using the magnetron sputter technique with regard to their antimicrobial properties. Surface and Coating Technology, 192, 252-256.

[40] Wei, Q. F., Yu, L., Wu, N., & Hong, S. (2008). Preparation and characterization of copper nanocomposite textiles. Journal of Industrial Textiles, 37, 275-283.

[41] Yip, J., Jiang, S., & Wong, C. (2009). Characterization of metallic textiles deposited by magnetron sputtering and traditional metallic treatments. Surface and Coatings Technology, 204 (3), 380-385.

[42] Yonenaga, A. (2008). Development of sputtering metal coating textile and film "Masa". TUT Textiles a Usages Techniques, 5 (68), 48-51.

[43] Chen, W., Du, L., Yao, Y., & Lu, S. (2007). Electromagnetic shielding fabrics with magnetron sputtered copper coating. Journal of Vacuum Science and Technology, 27 (3), 264-268.

[44] Gasana, E., Westbroek, P., Hakuzimana, J., et al. (2006). Electroconductive textile structures through electroless deposition of polypyrrole and copper at polyaramide surfaces. Surface and Coating Technology, 201 (6), 3547-3551.

[45] Razak, S. I. A., Rahman, W. A. W. A., Hashim, S., & Yahya, M. Y. (2014). Polyaniline and their conductive polymer blends: A short review. Malaysian Journal of Fundamental and Applied Sciences, 9 (2).

[46] Das, D., Sen, K., Saraogi, A., & Maity, S. (2010). Experimental studies on electro-conductive fabric prepared by In situ polymerization of thiophene onto polyester. Journal of Applied Polymer Science, 116 (6), 3555-3561.

[47] Scilingo, E. P., Lorussi, F., Mazzoldi, A., & De Rossi, D. (2003). Strain-sensing fabrics for wearable kinaesthetic-like systems. IEEE Sensors Journal, 3 (4), 460-467.

[48] Im, J. S., Kim, J. G., Lee, S., & Lee, Y. (2010). Effective electromagnetic interference shielding by electrospun carbon fibers involving Fe_2O_3/$BaTiO_3$/MWCNT additives. Materials Chemistry and Physics, 124, 434-438.

[49] Schlettwein, D., Rudolph, M., Loewenstein, T., Arndt, E., Zimmermann, Y., & Neudeck, A. (2009). Pulsed electrodeposition of porous ZnO on Ag-coated polyamide filaments. Physical Chemistry Chemical Physics, 11, 3313-3319.

[50] Jaroszewski, M., Pospieszna, J., & Ziaja, J. (2010). Dielectric properties of polypropylene fabrics with carbon plasma coatings for applications in the technique of electromagnetic field shielding. Journal of Non-Crystalline Solids, 356 (11-17), 625-628.

[51] Dhawan, A., Ghosh, T. K., Seyam, A. M., & Muth, J. F. (2004). Woven fabric-based electrical circuits part i: evaluation of interconnect methods. Textile Research Journal 74 (10).

[52] Cottet, D., Grzyb, J., Kirstein, T., & Tröster, G. (2003). Electrical characterization of textile transmission lines. IEEE Transactions on Advanced Packaging, 26 (2), 182-190.

[53] Locher, I., Kirstein, T., & Tröster, G. (2004). Routing methods adapted to e-textiles. In: Proceedings of 37th Int symposium on microelectronics (IMAPS 2004), Long Beach CA, 14-18 November.

[54] Kirstein, T., Cottet, D., & Grzyb, J. (2005). Wearable computing systems: Electronic textiles. In X. Tao (Ed.), Wearable electronics and photonics. Cambridge: Woodhead Publishing Ltd.

[55] Tomohiro, K., Hideya, T., & Atsuji, M. (2014). Woven electronic textiles. In E. Sazonov & M. R. Neuman (Eds.), Wearable sensors (pp. 175 - 198). Oxford: Academic Press.

[56] Atalay, O., Kennon, W. R., & Husain, M. D. (2013). Textile-based weft knitted strain sensors: Effect of fabric parameters on sensor properties. Sensors, 13 (8), 11114-11127.

[57] Wijesiriwardana, R., Mitcham, K., & Dias, T. (2004). Fibre - meshed

transducers based real time wearable physiological information monitoring system. In Eighth international symposium on wearable computers, 2004 (ISWC 2004), vol. 1. EEE, New York, NY, USA (pp. 40-47).

[58] Tennant, A., Hurley, W., & Dias, T. (2012). Experimental knitted, textile frequency selective surfaces. Electronics Letters, 48 (22), 1386-1388.

[59] Wijesiriwardana, R., Mitcham, K., Hurley, W., & Dias, T. (2005). Capacitive fiber-meshed transducers for touch and proximity-sensing applications. IEEE Sensors Journal, 5 (5), 989-994.

[60] Preece, S. J., Kenney, L. P., Major, M. J., Dias, T., Lay, E., & Fernandes, B. T. (2011). Automatic identification of gait events using an instrumented sock. Journal of Neuroengineering and Rehabilitation, 8, 32.

[61] Rita, P., Laura, C., & Maria, P. (2014). Knitted electronic textiles. In E. Sazonov & M. R. Neuman (Eds.), Wearable sensors (pp. 153-174). Oxford: Academic Press.

[62] Post, E. R., Orth, M., Russo, P. R., & Gershenfeld, N. (2000). E-broidery: Design and fabrication of textile-based computing. IBM Systems Journal, 39 (3. 4), 840-860.

[63] Cochrane, C., & Cayla, A. (2013). Polymer-based resistive sensors for smart textiles. In T. Kirsten (Ed.), Multidisciplinary know-how for smart-textiles developers (1st ed., pp. 129-153) Cambridge: Woodhead Publishing Ltd.

[64] Coosemans, J., Hermans, B., & Puers, R. (2006). Integrating wireless ECG monitoring in textiles. Sensors and Actuators A: Physical, 130, 48-53.

[65] Capineri, L. (2014). Resistive sensors with smart textiles for wearable technology: From fabrication processes to integration with electronics. Procedia Engineering, 87, 724-727.

[66] Bandodkar, A. J., & Wang, J. (2014). Non-invasive wearable electrochemical sensors: A review. Trends in Biotechnology, 32 (7), 363-371.

[67] Bosowski, P., Hoerr, M., Mecnika, V., Gries, T., & Jockenhövel, S. (2015). Design and manufacture of textile-based sensors. In T. Dias (Ed.), Electronic textiles (1st ed., pp. 75-107). Oxford: Woodhead Publishing Ltd.

[68] Giusy, M., Larisa, F., & Dermot, D. (2015). Advances in wearable chemical sensor design for monitoring biological fluids. Sensors and Actuators B: Chemical, 211, 403-418.

[69] Clemens, F., Koll, B., Graule, T., et al. (2013). Development of piezoresistive fiber sensors, based on carbon black filled thermoplastic elastomer compounds, for

textile application. Advances in Science and Technology, 80, 7-13.

[70] Pereira, T., Silva, P., Carvalho, H., & Carvalho, M. (2011). Textile moisture sensor matrix for monitoring of disabled and bed-rest patients. In: IEEE International conference on computer as a tool (Eruocon) (pp. 1-4).

[71] Weremeczuk, J., Tarapata, G., & Jachowicz, R. (2012). Humidity sensor printed on textile with use of ink-jet technology. In: Proceedings of the Eurosensors XXVI, vol. 47 (pp. 1366-1369).

[72] Mattmann, C., Clemens, F., & Treoster, G. (2008). Sensor for measuring strain in textile. Sensors, 8 (6), 3719-3732.

[73] Cho, G. (2010). Smart clothing: Technology and applications. Boca Raton/New York: CRC Press.

[74] Meyer, J., Lukowicz, P., & Troster, G. (2006). Textile pressure sensor for muscle activity and motion detection. In: 10th IEEE International symposium on wearable computers, 11-14th October, Montreaux, Switzerland (pp. 69-72).

[75] Pasche, S., Schyrr, B., Wenger, B., Scolan, E., Ischer, R., & Voirin, G. (2013). Smart textiles with biosensing capabilities. Advances in Science and Technology, 80, 129-135.

[76] Rambausek, L. (2014). Textronics definition, development and characterization of fibrous organic field effect transistors [Ph.D. dissertation]. Belgium: Ghent University. 375 p.

[77] Tao, X., & Koncar, V. (2016). Textile electronic circuits based on organic fibrous transistors. In V. Koncar (Ed.), Smart textiles and their applications (pp. 569-598). Cambridge: Woodhead Publishing Ltd.

[78] Ghosh, T. K., Dhawan, A., & Muth, J. F. (2006). Formation of electrical circuits in textile structures. In H. R. Mattila (Ed.), Intelligent textiles and clothing (pp. 239-282). Cambridge: Woodhead Publishing Ltd.

[79] Parkova, I., Vališevskis, A., Ziemele, I., Briedis, U., & Vil umsone, A. (2013). Improvements of smart garment electronic contact system. Advances in Science and Technology, 80, 90-95.

[80] Linz, T., Simon, E. P., & Walter, H. (2011). Modeling embroidered contacts for electronics in textiles. Journal of the Textile Institute, 103 (6), 644-653.

[81] Zysset, C., Kinkeldei, T., Münzenrieder, N., Tröster, G., & Cherenack, K. (2013). Fabrication technologies for the integration of thin-film electronics into smart textiles. In T. Kirstein (Ed.), Multidisciplinary know-how for smart-textiles developers (pp. 227-252). Cambridge: Woodhead Publishing Ltd.

[82] Vatansever, D., Hadimani, R., Shah, T., & Siores, E. (2012). Piezoelectric mono-filament extrusion for green energy applications from textiles. Journal of Textile Engineering, 19 (85), 1-5.

[83] Duby, S., & Ramsey, B. (2005). Printed thick-film thermocouple sensors. Electron Letters, 41, 6-7.

[84] Bedeloglu, A. C., Demir, A., Bozkurt, Y., & Sariciftci, N. S. (2010). A photovoltaic fiber design for smart textiles. Textile Research Journal, 80, 1065-1074.

[85] Subramaniam, S., & Gupta, B. (2011). Design and development of flexible fabric antenna for body-worn application and its performance study under flat and bent positions. Microwave and Optical Technology Letters, 53 (9), 2004-2011.

[86] Nocito, C., & Koncar, V. (2016). Flexible photovoltaic cells embedded into textile structures. In V. Koncar (Ed.), Smart textiles and their applications (pp. 401-422). Cambridge: Woodhead Publishing Ltd.

[87] Kazani, I., Scarpello, M. L., Hertleer, C., et al. (2013). Washable screen printed textile antennas. Advances in Science and Technology, 80, 118-122.

[88] Janietz, S., Gruber, B., Schattauer, S., & Schulze, K. (2013). Integration of OLEDs in textiles. Advances in Science and Technology, 80, 14-21.

[89] Beeby, S., Cork, C., Dias, T., et al. (2014). Advanced manufacturing of smart and intelligent textiles (SMIT). Final technical report to Dstl.

扩展阅读

[1] Ashok Kumar, L., & Vigneswaran, C. (2015). Electronics in textile and clothing. Boca Raton: CRC Press.

[2] Hamedi, M. (2009). Fiber-embedded electrolyte-gated field-effect transistors for e-textiles. Advanced Materials, 21, 573-577.

[3] Kirstein, T. (2013). Multidisciplinary know-how for smart textile developers. Cambridge: Woodhead Publishing Ltd.

[4] Koncar, V. (2016). Smart textiles and their applications. London: Woodhead Publishing Ltd.

[5] Langenhove, L. V. (2007). Smart textiles for medicine and healthcare. Cambridge: Woodhead Publishing Ltd.

[6] Locher, I. (2006). Technologies for system-on-textile integration [Ph. D. thesis]. Zurich, Switzerland: Swiss Federal Institute of Technology (ETH).

[7] Mattila, H. R. (2006). Intelligent textiles and clothing. Cambridge: Woodhead

Publishing Ltd.

[8] McCann, J., & Bryson, D. (2015). Textile-led design for the active ageing population. Cambridge: Woodheah Publishing Ltd.

[9] McCann, J., & Bryson, D. (2009). Smart clothes and wearable technology. Cambridge: Woodhead publishing Ltd.

[10] Pan, N., & Sun, G. (2011). Functional textiles for improved performance, protection and health. Cambridge: Woodhead publishing Ltd.

[11] Sazonov, E., & Neuman, M. (2014). Wearable sensors: Fundamentals, implementation, and applications. London: Academic Press.

[12] Schwarz, A., & Van Langenhove, L. (2013). Types and processing of electro-conductive and semiconducting materials for smart textiles. In T. Kirsten (Ed.), Multidisciplinary know-how for smart-textiles developers (pp. 29-69). Cambridge: Woodhead Publishing Ltd.

[13] Smith, W. C. (2010). Smart textile coatings and laminates. Cambridge: Woodhead publishing Ltd.

[14] Tao, X. (2015). Handbook of smart textiles. Singapore: Springer.

[15] Tao, X. (2001). Smart fibres, fabrics and clothing. Cambridge: Woodhead Publishing Ltd.

[16] Tao, X. (2005). Wearable electronics and photonic. Cambridge: Woodhead Publishing Ltd.

第 12b 章　用于高性能服装的电子器件（第 2 部分）

R. R. Bonaldi

罗地亚索尔维集团，巴西，圣保罗

12b.1　价值链和参与者

纺织品是电子纺织包括运动健身和医疗保健中两大组成部分，但价值链预计将发生重大变化，其中新的参与者包括多学科的初创企业，以及来自电子行业的参与者和纺织品牌，这些参与者正在开发可穿戴电子产品。初创企业主要由 IT 专业人员，以及软件和硬件开发人员。参与者还包括纺织专业人员和来自体育、医疗、国防、航空航天或消费电子产品不同行业的人员组成的团队。此外，智能纺织品组织、研究中心、博客、时装秀和设计师也会参与其中。图 12b.1 所示为服装市场的价值链和关键参与者。

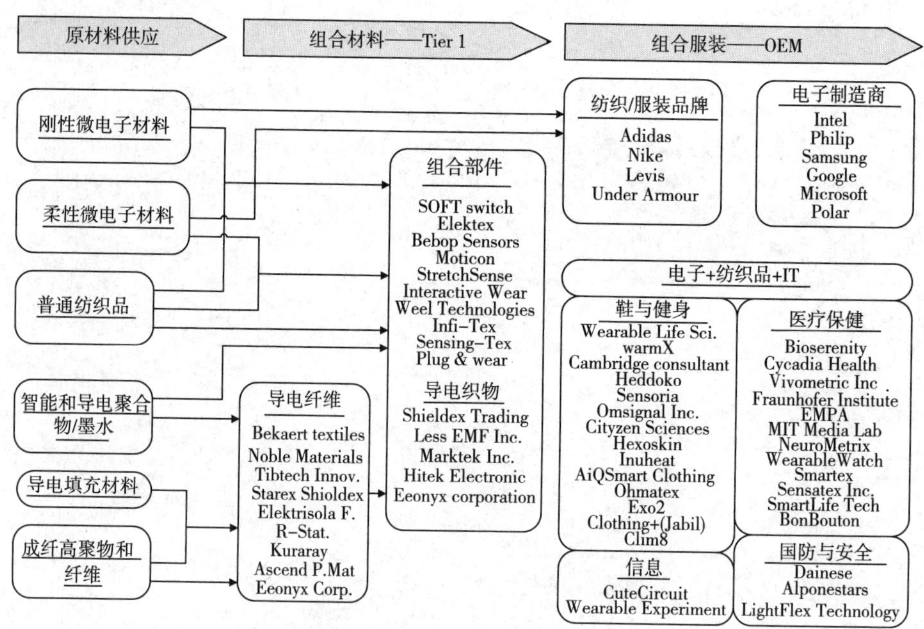

图 12b.1　服装市场的价值链和关键参与者

12b. 2　应用领域

服装具有柔软、低成本、多功能、轻便等特点，是可穿戴电子产品的理想选择。载有电子产品的高性能服装通过光、温度、压力、运动、酸碱度、皮肤传导性、湿度、辐射、声音等与周围环境相互作用，并可以在服装上形成新的功能。这些功能通常与健康、防护、交流、审美、娱乐和舒适有关，并应用于各种运动健身、医疗保健、信息娱乐（时尚和生活方式）、军事和安全等领域。

12b. 2. 1　运动保健

体育运动监测是应用领域发展趋势，运动领域高性能服装上常用的电子产品可以用于改善成绩，提高舒适度，监测步态、姿势和心跳。市场上的产品包括心率监测服装、加热手套和袜子、夜间活动穿的发光服装、肌肉电刺激服装等。Lam Po Tang 和 Suh 在 2015 年介绍了用于运动服装的可穿戴传感器[1]。2016 年，Kogias 等人介绍了用于监测运动员生命体征的传感器[2]。

电子设备可以用来提高运动效率，如仿羚羊服装。该服装上集成了电磁波元件（EMS），可以用于训练计划优化，EMS 可以向肌肉发送电磁脉冲，从而使肌肉产生收缩（图 12b. 2）。

图 12b. 2　优化训练计划的运动服装

Ohmatex 与欧洲航天局合作，研究出一种肌肉监测运动服，用于优化宇航员的训练计划并减少在接近零重力的情况下出现的肌肉退化。这项技术采用肌电图传感器检测肌肉活动，将近红外光谱传感器用于检测肌氧变化和测量四肢周长的体积测量传感器。

Warmx 是一家加热内衣制造商，该制造商将电池组和电极等电子元件连接在服装上，由导电纱线制成加热电阻丝（图 12b. 3），冬天给人体提供温暖和舒适感。Clim8 在 2017 年可穿戴会议上展示了其无缝编织的针织服装。

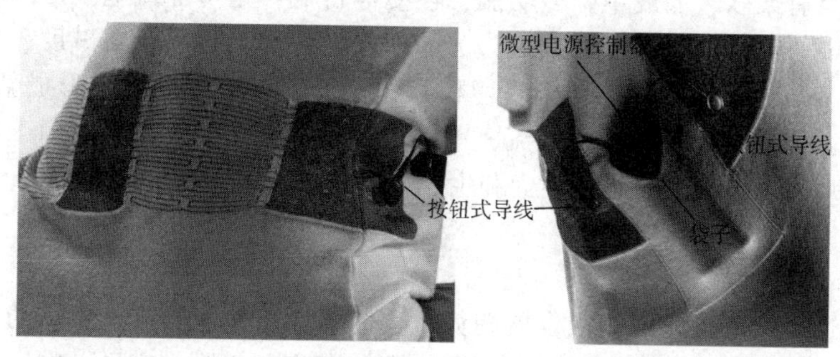

图 12b. 3　带有电池和电极的加热内衣（右），热阻丝由导电纱线组成（左）

Adidas 公司的 Adi-textronics miCoach 运动内衣可以监测心跳。通过将导电纤维编织在织物中形成脉冲传感电极。Adidas 提供的其他产品有 AdiStar Fusion 运动文胸和背心系列产品。它由黏合的纺织品电极和计算系统组成，可以监控心率并将信号通过 WearLink+发射器传输到运动手表上。

Xelflex 是由剑桥顾问公司开发的产品，使用了缝合在服装上的可弯折光纤线状传感器，可用于体育活动。这种产品需要一个电池和 LED 的电子组件与智能手机进行通信，可用于健身和运动指导、游戏和虚拟现实。产品的原理是测量光的变化，当光纤发生弯曲时，内部的散射光和反射光也会发生变化。

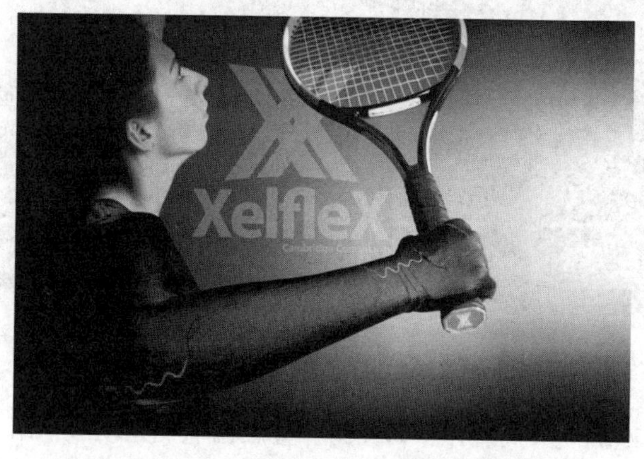

图 12b. 4　用于运动状态监测的弯曲感应服装

提高服装的运动性能和治疗效果可以通过 Myvolt 产品的振动频率加以实现，这是一种供运动员穿着的柔性频率振动服装，在服装中利用已知的振动频率范围来增加肌肉力量和血液循环。

Sensoria 公司开发了一种智能袜子（图 12b. 5），袜子上采用可以检测脚部着地状态和撞击力的传感器。此外，该公司开发了一款移动应用程序，通过蓝牙装置可接收来自智能袜子传感器的数据。Sensoria 公司的产品还有智能 T 恤和运动文胸。

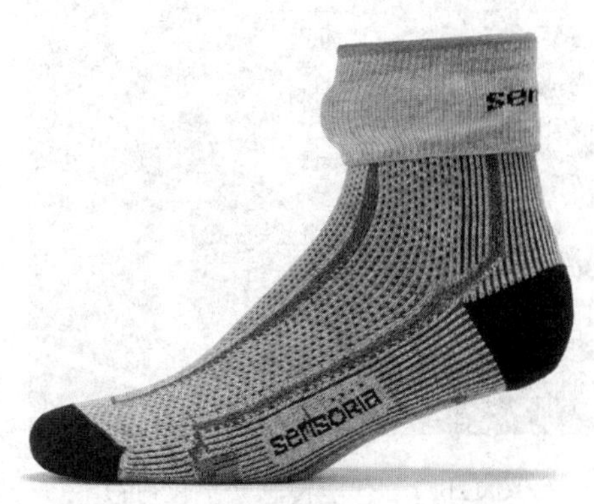

图 12b. 5　带有脚部监测传感器的智能袜子

Toray 及其合作伙伴开发了 Hitoe 运动内衣。服装上配置了生物电传感器。传感器是在聚酯纳米纤维上进行导电聚合物涂层（PEDOT-PSS），可以将心电图数据传输到发射器，通过蓝牙将记录数据发送到智能手机。这种运动内衣可以用机器清洗。

Omsignal 公司通过生物识别服装平台成功开发了监测人体信号的智能纺织品。在织物中嵌入可清洗传感器，利用移动应用程序可以获取、过滤和解释生理信号。OM 智能衬衫和 OM 信号胸罩就是将这种技术用于高性能运动服装的产品实例（图 12b. 6）。

（a）运动文胸　（b）智能 T 恤　（c）电池组件

图 12b. 6　智能纺织品及其组件

智能传感是由公司咨询委员会和 Cityzen Sciences 公司主导的。智能传感项目开发了一种智能传感数字化衬衫 D-shirt。衬衫上内置微型传感器，可以测量温度、心率、速度和加速度，并可以连接到相应的移动应用程序中（图 12b. 7）。

Hexoskin 的纺织品生物识别服装（图 12b. 8）能够采集包括心率、呼吸频率和加速度在内的人体指标。这种服装能够在实际行为条件下，简单方便地定期捕获精确数据。Hexoskin 应用程序可用于 iOS、Android 设备和智能手表。

图 12b.7　智能传感数字化衬衫

图 12b.8　可检测人体指标的智能生物识别服装

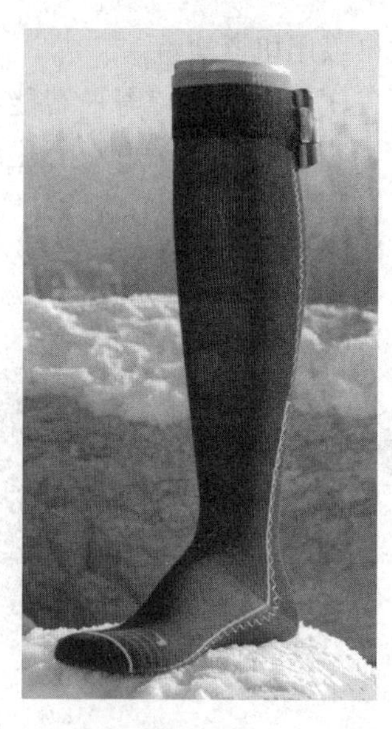

图 12b.9　智能袜

Polar Electro 在 2017 年消费电子和可穿戴技术展会上发布了 Team Pro 产品。这种智能衬衫植入了 Polar 开发的可以采集心率、距离和加速度的传感电子设备。另外，衬衫还具有紫外线（UV）保护、湿度管理的功能，还可以防电磁辐射干扰。

EXO2 公司将 FabRoc 和 ThermoKnitt 加热技术用于滑雪和摩托车用的加热手套。Inuheat 可穿戴加热产品具有服装的热管理系统，包括电源、连接器、微处理器、加热元件和用于遥控的智能手机移动应用程序（图 12b.9）。

12b.2.2　医疗保健

由于发达社会的人口老龄化，全世界人类的健康意识日益增强，医疗费用以及对疾病预防和早期诊断的需求引起了广泛的关注。康复、肌肉营养不良、糖尿病、婴儿护理、妇女保健都是备受关注的领域。市场上已经有一些商业化的可穿戴产品，这些产品都是基于物理传感器，如电极、热敏电阻和加速度计。这些传感器对人体的物理变化作出反应，可以检测到非常小的信号，如心脏的心电图

（ECG）和骨骼肌的肌电图（EMG）。

织物应变计和压力传感器也可以检测人体的运动，如呼吸运动和足部压力。可穿戴化学传感器是可穿戴传感器领域的一个新兴领域。这些传感器可以测量与人体健康和安全相关的参数，如体液等。2013 年，Coyle 和 Diamond 介绍了智能纺织品在医疗领域的应用研究[3]，Jones 在 2015 年讨论了老龄化人口对智能纺织品的需求[4]。表 12b.1 介绍了用于人体生理信号检测的纺织传感器。

表 12b.1　用于人体生理信号检测的纺织传感器

生理测试	纺织集成传感器	信号来源	传感器设置位置
呼吸	压阻式拉伸传感器 电感式容积传感器 阻抗式容积传感器 光学纤维	呼吸时肋骨扩张和收缩	胸腹部
心脏功能	机织或针织电极 压电式麦克风	心脏的电信号 心脏声音	胸部
肌肉功能	机织或针织电极	肌肉的电信号	相关部位皮肤表面
血氧饱和度	光学感应器 柔性光纤	血液中血红蛋白的光吸收量	血液流动正常的血管部位（手指、耳垂）
血压	光电容积脉搏波信号（PPG）采集器	动脉压 脉动	手指、手腕、耳垂
人体运动姿势	压阻应变或压力传感器 加速度计 光纤回转仪 光纤传感器 测速仪 里程计 转速表		取决于所要分析的部位
皮肤电活动	机织或针织电极 热敏电阻	皮肤电阻 皮肤温度	皮肤表面
体液构成	电化学传感器 pH 比色织物	汗液、唾液、尿液的成分	液体取样系统

用于测量生理参数的医用纺织品嵌入式传感器的开发是几个欧洲研究项目的主题，其中，在项目 Myheart 中，通过缝纫、刺绣或提花技术，开发了导电电极来记录心电图和心率。在该项目中，刺绣和层压非接触式传感器通过改变电容而不是电阻来记录肌肉的生物电位（肌电图）。在 Stella 项目中，重点是为医疗保健应

用开发可拉伸电子产品，如带有压力和湿度传感器的电子贴片。Place-it 和 Pasta 项目对可拉伸电子产品进行了进一步的研究。Biotex 项目开发了通过颜色变化来感应酸碱度的汗液测量系统。

Vivemetric 公司的衬衫可以监测重要的人体生理指标，如血压、呼吸和心率。弹性带形成了一个环绕监测区域的传导电路，压阻式传感器利用传导率的变化作为对变形的响应。Vivometrics 公司还开发了 VivoResider 产品，集成了监测呼吸、心率、活动、姿势和皮肤温度的传感器。胸带可以将这些信息发送到 Vivocommand 软件。可穿戴健康监测系统是由意大利电子纺织品开发公司 Smartex 协调开发的。Texisense、Ohmatex 和 Proteor SAS 正在开发一款带有织物压力传感器的 T 恤，以提高脊柱侧弯患者佩戴脊柱支撑的舒适性和有效性。

Freudenberg 和 Swisston AG 公司合作将电阻抗断层扫描（EIT）传感器与电极带结合起来开发出一种系统，用于实时监测人体肺部状况。这种传感带的工作原理是向身体输送交流电，当病人呼吸时，在身体表面产生有规律的电压变化。这些电压变化将发送到计算机进行评估。它是由 Freudenberg 生产的非织造布和 Enmech 开发的柔性电路板制成，能排除体液和温度的影响。

通用电气全球研究公司（GE Global Research）与马萨诸塞州阿默斯特大学（University of Massachusetts Amherst）和辛辛那提大学（University of Cincinnati）共同开发了用于测量汗液中影响压力和能量水平的生物标记物的小型无线传感器。传感器内的接收器能够接收生物标志物并将其转化为电信号。这些生物标志物包括奥利辛-A、皮质醇和钠。该传感器被嵌入到贴片上，然后连接到人体表面。

图 12b. 10　用于癫痫诊断和监测的智能服装

Quell 是由 NeuroMetrix 公司开发一种可穿戴的止痛带，使用了无创神经刺激技术，经过皮肤进行神经电刺激（TENS）。通过向神经发送电脉冲往大脑发出信号，释放止痛信息。Dermopatch 是 Feeligreen 公司开发的一种能够将药物以电离的形式主动扩散到皮肤中的医疗设备。Dermopatch 涂在柔性的、印刷电子材料上，在该材料上装有电极上，可以直接应用于服装。

生物遗传神经导航是诊断和监测癫痫的智能医疗解决方案。在智能服装上配备生物识别传感器，可以记录生理特征变化情况，并发送到处理和分析这些信息的移动应用程序中（图 12b. 10）。

诺丁汉特伦特大学正在研制一种轻便、可洗、柔韧的加热手套，帮助减轻雷诺德现象造成的疼痛。Wyss 研究所也在研制一种柔性机械手套，可以抓取物体，帮助患有肌肉营养不良、肌萎缩侧索硬化（ALS）、不完全脊髓损伤或其他手部损伤的患者恢复一些日常的控制能力。

Fraunhofer 硅酸盐研究所于 2015 年提出了糖尿病治疗的智能库存，它通过集成传感器系统保护糖尿病患者免受伤害如图 12b. 11 所示的压力监测袜。

EMPA、Forster Rohner AG、Unico Swiss Tex GmbH、Serge Ferrari Tersuisse AG 和 Achiller Ag 联合研制了用于长期心电监护的电极，这种电极采用绣花的方法附着在服装上，是一种基于银/钛和水蒸气的化学电极，可以实现对心电图的长期监控。它是一种信号可靠的自增湿监测系统。图 12b. 12 所示为脑电跟踪监测仪。

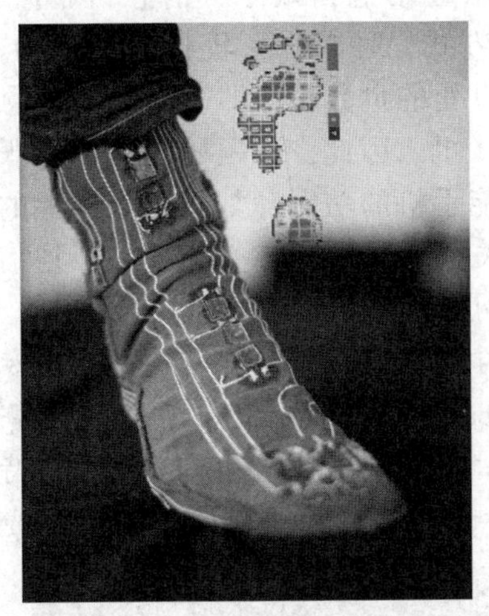

图 12b. 11　压力监测袜

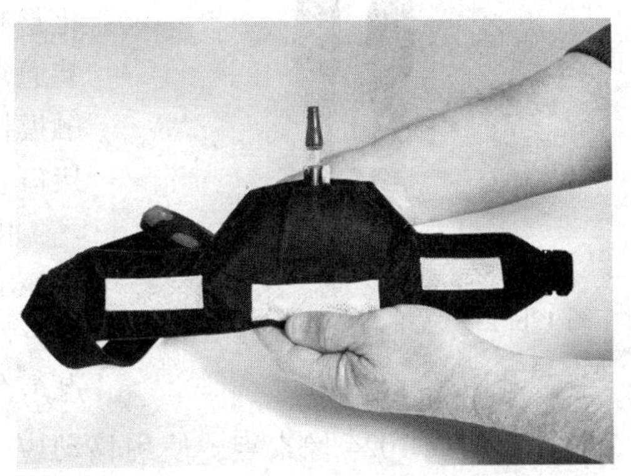

图 12b. 12　脑电跟踪监测仪

麻省理工学院媒体实验室的研究人员开发了用于可穿戴产品的计算平台——MIThril，可以兼容定制和现成的传感器。MIThril 被用来研究人类行为认知，并提供感知的计算接口。

Mollii（原名为 Elektrodress）是一种缓解痉挛的医疗智能服装，因脑瘫或中风而痉挛的人穿戴一段时间这样的服装，可以恢复功能和提高移动性，如图 12b. 13 所示的缓解痉挛的医疗智能服装。

iITBra 是一款用于早期乳腺癌检测的智能文胸，具有可穿戴、舒适的智能贴片，可检测到乳房细胞内微小的昼夜温度变化，然后通过移动应用程序与 Cyrcadia 健康研究室建立通信联系。Cyrcadia 健康研究室使用大数据预测分析软件、一系列算法和神经网络对异常温度进行识别和分类。采用 iTBra 技术对 500 多名病人进行了测试，结果显示有 87%的乳腺癌患者与诊断结果一致。

HealthWatch Technologies 有限公司开发了带有传感器的服装用于测量生命体

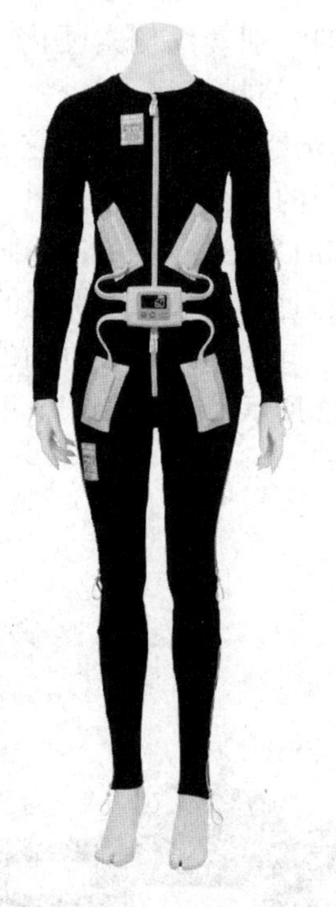

图 12b.13　缓解痉挛的医疗智能服装

征，将该公司的监控设备连接到衣服上，就可以由医学专家对人体的健康情况进行监测。

美国 Bonbouton 公司开发了可以改善人体健康状况的石墨烯传感器服装。石墨烯传感器能够主动监测皮肤上的生理信号，是采用喷墨印刷技术制造的轻薄和柔软的传感器。电极集成到纽扣上。

12b.2.3　信息娱乐

信息娱乐应用包括娱乐、信息、通信、休闲、生活方式、时尚、互联和游戏活动。在当今瞬息万变的世界里，即时通信和信息化是必不可少的。因此，该领域的高性能服装通常与智能手机的功能（如附在衣服上的触摸板和开关）、显示技术、交互技术、通信接口、物联网和视觉识别等。

由互联时尚公司 Cutecircuit 和技术时尚专家 Switch Embassy 联合开发的 Tshirt OS 是一款带有通信显示屏的 T 恤（图 12b.14）。它的特点是在以 32×32 网格（896 个可洗涤白色发光二极管）构成 1024 像素点，使用移动应用程序进行控制，包括内置微型摄像头、麦克风、加速度计、扬声器和蓝牙技术。LED 采用 Forster Rohnertechnology 公司的技术绣到了服装上。

Sendrato 公司设计开发的无线可穿戴技术，用于管理和连接人群。其生产的 Smart Festival 腕带使人们能够在参加大型活动时体验人群的运动和兴趣，这可能成为高性能服装在信息娱乐领域发展的一个方向。

Intel 和 Chromat 公司在 2015 年公布了两款能够对穿着者的体温、肾上腺素或压力水平做出反应而改变形状的服装。Intel 公司的 Curie 模块提高了服装和运动

图 12b.14　Tshirt OS 智能服装

服的智能化水平，这个模块是设计可穿戴产品的微型硬件产品。Chromat 连衣裙由传感器、形状记忆合金、3D 打印饰片和可扩展的碳纤维组成。当感应到穿戴者生理状态变化时，裙子的廓形就会发生变化。Chromat Aeros 运动内衣具有形状记忆功能，能够对出汗、呼吸和体温的变化作出反应，打开或关闭服装上的通风口，使穿戴者感到凉爽或温暖（图 12b. 15）。

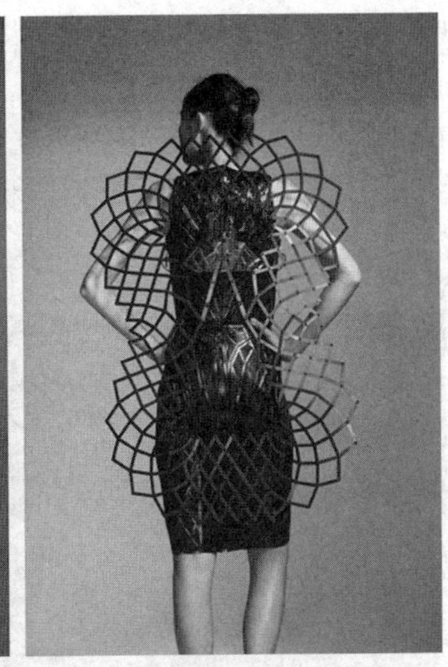

图 12b. 15　Chromat 智能运动文胸和网状裙

Wearable X 是一款于 2017 年推出球迷服，引入了体育娱乐的第四个维度。通过智能手机连接，Wearable X 通过感官技术让球迷感受到亲自参与了体育赛事。这将与比赛建立前所未有的联系，提高每一个得分和庆祝活动的感受强度（图 12b. 16）。

图 12b. 16　智能球迷服

2014 年，Pvilion 与 Tommy Hilfiger 合作设计和生产了太阳能夹克。该产品具有可移动太阳能电池板，可以为手机和平板计算机等电子设备供电。

Adidas 生产了第一套“比赛服装”，叫作 ClimaCool 智能服装。服装上装有 Otentico 公司的带有 NXP 半导体智能标签的近场通信（NFC）传感器，该公司对产品进行认证，并确认其遵守规定，这是对日益增长的假冒市场的回应。

Lesia Trubat Gonza'lez 的 E-Traces 是一款配有压力传感器的芭蕾舞鞋，具有加速度计和 Arduino 感应器，以采集舞者脚部的运动信息。这些信息通过无线方式发送到智能手机等电子设备，该设备的应用程序可以将传感器数据以不同的图形方式进行显示。

2014 年 Google 和 Levi Strauss 公司共同推出了 Jacquard 项目，这个项目旨在使提花服装实现互动，采用提花织造技术将触摸和手势互动元件嵌入织物中（图 12b. 17），传感器网格可以编织在织物上，形成大块的互动表面。该项目还开发了用于连接器和微型电路连接的导电纱，这些微型电子捕获触感交互信息可将数据无线发送到手机。LED、虚拟触觉感知器和其他嵌入式输出可以为用户提供相应的反馈信息，将使用者与数字世界紧密联系在一起。他们也在开发定制连接器、电

图 12b. 17　Google 和 Levi Strauss 公司 Jacquard 项目的织物、织机和软件连接

子元件、通信协议、简单应用程序和云服务的生态系统。Jacquard 项目允许设计师和开发人员建立连接，将触感纺织品连接到产品中。Google 和 Levi Strauss 公司正在计划尽快推出合作开发的卡车司机夹克。Google 最近还与 Cintas 公司合作，将 Jacquard 项目用于医疗保健产业的制服。

Google 于 2016 年 9 月发布了一些与纺织电子产品相关的专利。美国专利 2016/0282988 和国际专利申请 2016/154560 包括由两层织物和导电纱线组合而成的电容式触摸传感器。美国专利 2016/0283101 和国际专利申请 2016/154568 与互动纺织品的姿势相关。美国专利 2016/0284436 和国际专利申请 2016/154561 涉及交互式导电纱纺织品。

12b. 2. 4　军事、安全和防护

军事、安全和防护也是电子纺织品的研究热点领域，应用研究涉及 GPS 定位、短距离和长距离通信、潜在威胁预警、伤口治疗、伪装制服、生理和环境监测、电磁屏蔽、辐射防护、冲击防护等。军事应用面临的主要挑战之一就是低功耗、轻便舒适以及能够在战场上保持良好机动性的制服。此外，电子传感系统的可靠性、通信能力和耐久性也是电子纺织品应用中常见的障碍。Langereis 等人和 Nayak 等人分别在 2013 年和 2015 年对防护和军事领域应用的传感器、执行器和计算系统进行了介绍[5-6]。

佐治亚理工学院 Park 等人开发的可穿戴主板是军用可穿戴电子设备的先驱[7]。佐治亚理工大学可穿戴主板可以用于子弹伤口的光纤检测，采用特殊的传感器和互联装置来监测战斗条件下的生命体征。Berzowska 在 2005 年展示了另一个可穿戴计算机系统的军装例子[8]。Sensatex 公司还为美国海军开发了一款智能衬衫，使用不同的传感元件对战场上受伤士兵进行诊断和医疗干预。

美国空军（USAF）Nelson 等研究人员也在研究印刷电子网格上的汗液传感器的军事应用[9]。士兵的行走、跑步、站立和爬行等活动可以用加速度计进行测量，并在紧急情况下发出警告信息。

智能纺织品有限公司（Intelligent Textiles Ltd）一直与英国 BAE 公司合作，为英国军方开发一种轻型的电子纺织背心，名为 Roadswilspine。这种可弯曲和轻型系统是将一个隐蔽的电子网络和军用服装的电源组合在服装上。美国国防部于 2016 年与麻省理工学院美国先进功能纤维研究所（AFFOA）合作，为美国陆军开发智能和技术纺织品，涉及 52 家公司、32 所大学和 5 个政府组织。

电子纺织品在工作服方面的应用也有一些进展。欧洲项目 Proetex 开发了智能服装，用于监测紧急灾害救援人员的身体状况。在消防员外套中使用热电偶，整合了多种生理和环境传感器。First-Mile 公司开发的 Pro-Glove 是带有传感器的智能手套，可以提高作业时的效率。Ispopod 是一个智能带和通信平台，用于保护暴

露在危险源中的工作人员。在 CareJack 项目中，Fraunhofer 研究所的研究人员正在开发一种活动背心，旨在帮助工人举起重物时避免受伤，背心内置电子元件、传感器和执行机构，可以辅助人体运动，以帮助避免错误的动作和辅助正确的动作（图 12b. 18）。

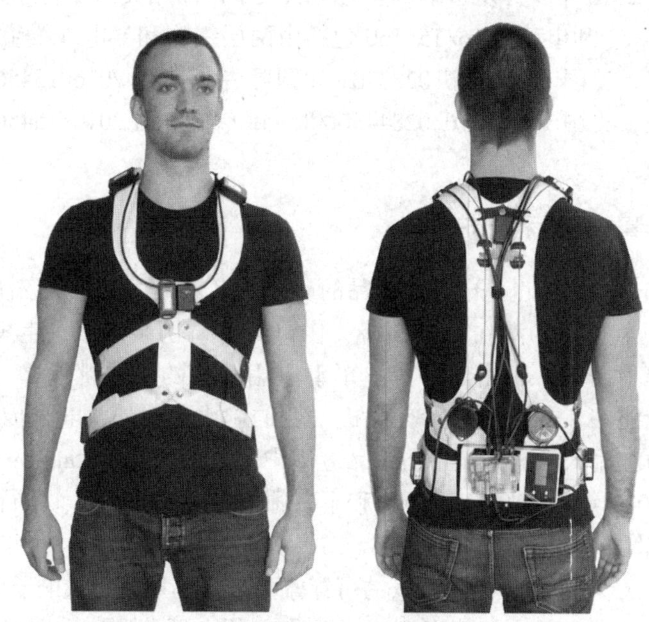

图 12b. 18　重物提取助力智能背心

在防护应用方面，可穿戴的安全气囊系统正在开发中，用于保护老年人和摩托车驾驶员。例如，D-Airracing 和 D-Air Street 是 Dainese 公司开发的摩托车驾驶员智能保护气囊系统。系统通过硬件系统、加速度计、陀螺仪、GPS、内存、用户界面（LED）和锂聚合物电池对动态信息进行计算和诊断。另一个例子是 Tech Air Street，这是 Alpinestars 公司开发的摩托车安全气囊系统，它是一个电子安全气囊系统，为自行车骑手提供保护，也可以与 Alpinestars 开发的气囊外套一起使用。

EMPA 及其合作伙伴于 2012 年开发了一种空调防弹背心。防弹背心包含可反复充水的填充垫和通风系统，可以有效地冷却身体。Bahadir 等人在 2016 年推出了一款智能衬衫，可以帮助视障人士躲避障碍[10]。

此外，Light Flex Technology 公司研发的印刷法主动发光技术，可以提高可见度和安全性，而不影响舒适性、设计或美观性。此技术可以将系统集成到柔软或坚硬的可穿戴装备上，也可以用打印的方法形成各种形状或图案。

12b.3　未来趋势

在价值链和终端市场方面，未来的发展趋势与跟踪和人体监测、非接触和虚拟生命体征监测、无创性疾病早期检测、虚拟运动教练、虚拟医生、运动性能提升、可调式制冷或加热技术、康复和防护等相关。消费类电子产品、运动服和医疗保健是最具探索性的应用领域，预计将继续增长。

2010 年至 2015 年 5 月，共公开了 41301 项可穿戴电子产品专利，专利申请的年增长率为 40%。Samsung 是该领域专利申请的领导者，Google、Microsoft 和 Phillips 最近也申请了智能纺织品的专利。然而，根据 Liux 研究公司的研究，这些公司在这方面的投资组合存在差距，特别是在柔性电子产品方面的投入差异更大。

印刷、柔性和有机电子元件（PFOE）也是一个重要的研究领域，自 2010 年以来拥有 140926 项专利。然而，PFOE 专利和可穿戴设备专利之间的重叠仅仅有 651 项公开。E-paper 显示器、导电打印材料和薄膜电池方面的研究还没有得到重视，这些技术与可穿戴装备开发密切相关，但在可穿戴电子产品应用方面没有出现太多的创新。因此，根据 Liux 研究公司的报告，在未来几年，将 PFOE 整合到可穿戴产品中是有潜力的。例如，韩国的 Jenax 在 2016 年推出了 J. Flex 可穿戴技术，这是一种可穿戴应用的柔性电池，可折叠且可扭转。

除了技术挑战外，可穿戴电子行业继续增长，需要创建新的、多学科企业，合并纺织、软件开发、医疗保健、消费品和电子等行业。

参考文献

[1] Lam Po Tang, S. (2015). Wearable sensors for sports performance. In R. Shishoo (Ed.), Textile for sportswear (pp. 169-196). Cambridge: Woodhead Publishing Ltd.

[2] Kogias, D., Michailidis, E. T., Potirakis, S. M., & Vassiliadis, S. (2016). Communication protocols for vital signs sensors used for the monitoring of athletes. In V. Koncar (Ed.), Smart textiles and their applications (pp. 127 - 144). Cambridge: Woodhead Publishing Ltd.

[3] Coyle, S., & Diamond, D. (2013). Medical applications of smart textiles. In T. Kirsten (Ed.), Multidisciplinary know-how for smart-textiles developers (1st ed., pp. 420-443). Cambridge: Woodhead Publishing Ltd.

[4] Jones, D. C. (2015). The role of wearable electronics in meeting the needs of the

active ageing population. In J. McCann & D. Bryson (Eds.), Textile-led design for the active ageing population (pp. 173-183). Cambridge: Woodhead Publishing Ltd.

[5] Langereis, G. R., Bouwstra, S., & Chen, W. (2013). Sensors, actuators and computing systems for smart textiles for protection. In R. A. Chapman (Ed.), Smart textiles for protection (pp. 190-213). Cambridge: Woodhead Publishing Ltd.

[6] Nayak, R., Wang, L., & Padhye, R. (2015). Electronic textiles for military personnel. In T. Dias (Ed.), Electronic textiles (pp. 239-256). Oxford: Woodhead Publishing Ltd.

[7] Park, S., Mackenzie, K., & Jayaraman, S. (2002). The wearable motherboard: Aframework for personalized mobile information processing (PIMP. In: Proceedings of the 39th annual design automation conference, ACM, p. 174.

[8] Berzowska, J. (2005). Electronic textiles: Wearable computers, reactive fashion, and soft computation. Clothing and Textiles Research Journal, 3 (1), 58-75.

[9] Nelson, J. (2014). USAF developing wearable sweat sensors for realtime blood test results. Availablefrom: http://www.plusplasticelectronics.com/HealthWellbeing/usaf-developingwearable-sweat-sensors-for-realtime-blood-test-results-111608.aspx.

[10] Bahadir, S. K., Koncar, V., & Kalaoglu, F. (2016). Smart shirt for obstacle avoidance for visually impaired persons. In V. Koncar (Ed.), Smart textiles and their applications (pp. 33-71). Cambridge: Woodhead Publishing Ltd.

扩展阅读

[1] Beeby, S., Cork, C., Dias, T., et al. (2014). Advanced manufacturing of smart and intelligent textiles (SMIT). Final technical report to Dstl.

[2] Dhawan, A., Ghosh, T. K., Seyam, A. M., & Muth, J. F. (2004a). Woven fabric-based electrical circuits part I: Evaluation of interconnect methods. Textile Research Journal 74 (10), 913-919.

[3] Dhawan, A., Ghosh, T. K., Seyam, A. M., & Muth, J. F. (2004b). Woven fabric-based electrical circuits part Ⅱ: Yarn and fabric structures to reduce crosstalk noise in woven fabric-based circuits. Textile Research Journal 74, 955-960.

[4] Hansen, K., & Zawada, T. (2011). Microfabrication and printed electronics on flexible substrates. In Piezo 2011, Sestriere, Italy.

第 13 章　高性能服装的织物手感

Danmei Sun
赫瑞瓦特大学，英国，爱丁堡

13.1　概述

织物手感是评价织物质量的重要依据之一。织物手感能反映织物与皮肤接触时的特性，并影响织物的穿着性能。织物手感是由织物的力学性能和表面性能（与力学性能间接相关）引起的一般感觉。织物手感受多种因素的影响，包括纤维的类型和长度、纱线的生产方法、织物生产系统以及后整理工艺。

长期以来，织物手感在纺织服装工业和市场营销中都被用作确定织物质量和最终用途预期性能的评估依据。消费者和纺织专家也会将织物手感作为服装面料质量的首要属性。Elder 在 1978 年指出织物手感的好坏与研究者个人的兴趣范围有很高的依赖度[1]，是从接触中获得的纺织材料的主观评估结果，与粗糙度、平滑度和柔韧性的主观判断有关[2]。

Peirce 在 1930 年证实了这样一个事实："在判断材料的手感时，使用的是由刚柔性、软硬度、粗糙/光滑度等构成的综合感觉。"[3] Hoffman 和 Beste 在 1951 年给出的手感定义为："当接触、挤压、搓揉织物时产生的印象"[4]。Hallos 等人在 1990 年得出的研究结论为："手感可以通过人的食指和拇指对织物形成的感觉来估计"[5]。因此，手感也是对织物质量最快速的评估方法之一。

Matsuo 等人在 1971 年对手感的一般意义进行了定义，即手感是对织物的力学性能进行感官评估的结果[6-7]。这些研究人员通过使用和定义诸如"总体手感""特征手感"和"评估手感"等词汇对手感术语进行分类。根据他们给出的定义，织物的整体手感是对织物的所有力学特性的综合感觉。当评价综合手感值时，就是评估手感。如果将织物手感与标准手感进行比较时，必须用描述性形容词来表示其特征，这种用形容词描述的手感被归类为特征手感。

织物手感可以定义为："用于描述从织物力学性能的触觉评估中得出的主观刺激组合的术语"[8]。从定义可以明显看出，它忽略了专家和非专家评判人员在处理评估结果方面的知识，排除了偏见和气质等心理因素，也忽略了织物的非力学性能，如颜色。Matsuo 等人根据触摸时织物变形情况的研究得出"拉伸""剪切”“弯曲”“压缩”和“表面摩擦”五种与手感评价结果相关的基本变形模式[6-7]。

这些研究结果给出了与织物手感相关的性能项目，这些性能代表了影响织物手感的基本因素，这些因素将结合后面有关 Kawabata 织物评估系统（KES-F）仪器重点进行介绍。织物的力学性能包括拉伸、压缩、弯曲和剪切以及织物的表面性能，严格意义上来说这些是与力学性能间接相关的物理性能，是影响织物手感的重要因素[9]。

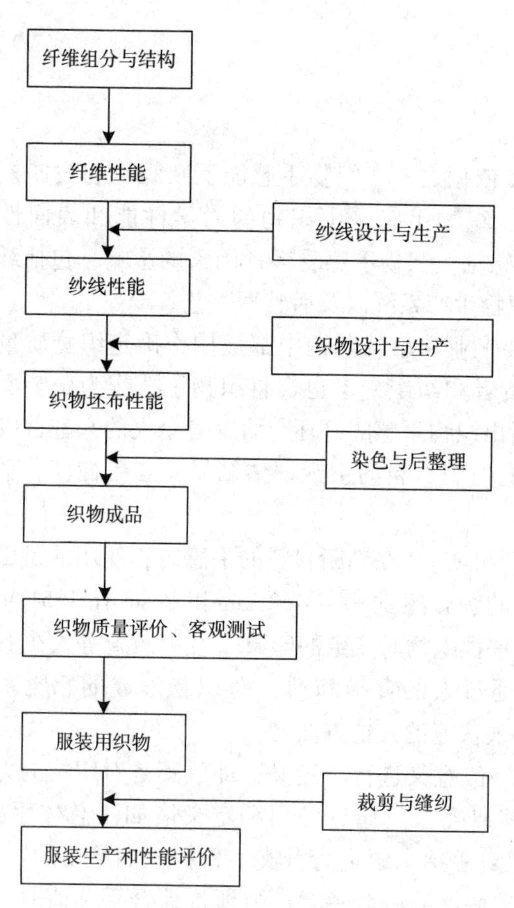

图 13.1　开发理想织物的途径

Kawabata 和 Niwa 在 1985 年的研究表明，与织物手感有关的主要特性非常复杂，包括在小应力（拉伸、剪切、压缩和弯曲）作用下引起尺寸变化的力学性能和与力学性能相关的表面性能（粗糙度和摩擦）[10]。织物的力学性能描述了织物的性能，并由材料的性质决定，即纤维类型、形状和结构。纤维通常适用于特定的纱线和织物，例如，棉和羊毛纤维之间的织物具有不同的力学性能。织物质量还取决于纱线的性能，纺纱系统和生产纱线的条件也对纱线结构及其性能有显著影响，进而影响织物的力学性能和手感。织物结构参数，如纱线丝密度和捻度、织物结构和织物密度，都会对织物手感产生影响。除上述因素外，机织物从坯布到成品过程中进行的染色和后整理加工也是影响织物力学性能和手感的重要因素。Niwa 总结了开发理想织物的方法，该织物具有良好的手感、外观和舒适性，如图 13.1 所示。

13.2　织物手感评价

织物手感对织物的销售具有重要作用。商业界主要是以主观的方式对织物进行评估的。一般来说，织物手感的评价可以通过主观和客观相结合的方法进行。在制定客观评价方法之前，由专家对织物手感进行主观评价。

13.2.1　主观评价

主观评价是指将织物手感视为从触觉中获得的心理反应。显然，这是纺织技术人员和研究人员使用的一种有价值的方法。可以明显看出，这种方法排除了专家和非专家评判者在进行评估时的知识差异，忽略了偏见和气质等心理因素的影响，也忽略了织物的非机械性能，如颜色。然而，也存在着一致性较差的缺点，这是由于不同背景和经验的评判人员之间的沟通和协调存在困难造成的[11]。

有研究报告称，进行主观评估时，用手指触摸织物，并轻轻地进行弯曲和拉伸，在判断手感时，专家们用常用的方式来表达手触时的感觉，是基本手感的表达包括刚度、光滑度、丰满度、柔软度、滑爽性、抗悬垂刚度、粗糙感、柔韧性等，根据男女服装的冬夏季面料不同，选择其中的几项基本手感指标。每项基本手感都与服装的功能有关。专家对织物手感的主观评价程序如图 13.2 所示。在对基本手感进行评估之后，专家们根据已有的认知将基本手感进行组合来评估织物的质量，例如优秀、好和差。这种分级也是织物手感评价的一种方法，是手感判断的最后结果，称为“综合手感”。

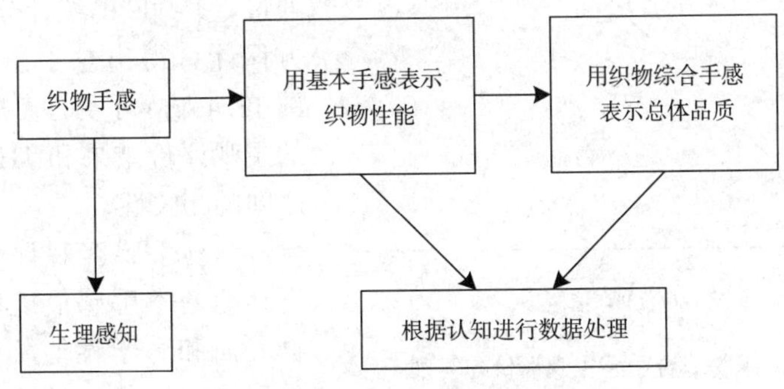

图 13.2　织物手感主观评价过程

13.2.2　客观评价

客观评价织物手感的目的是建立手感与织物物理力学性能的关系。织物手感的客观评价是利用相关性能测试值的分析结果来定量描述织物的手感，其评价过程如图 13.3 所示。

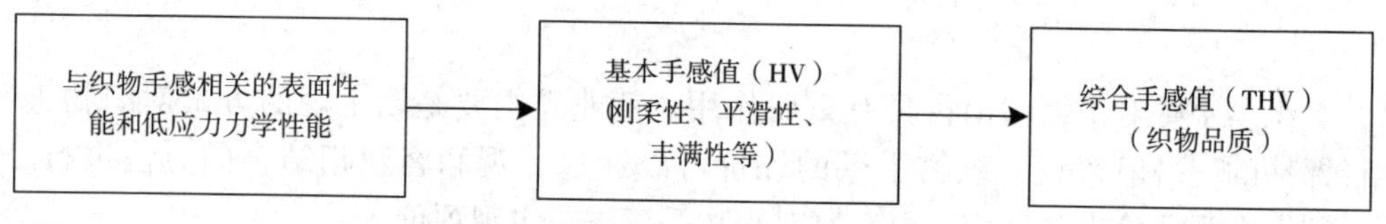

图 13.3　织物手感客观评价过程

KES-F 系统和 FAST 系统是使用最广泛的织物表面和低应力性能测试系统。KES-F 由川端和他的同事 Niwa 设计，在日本纺织机械学会手感评估和标准化委员会（HESC）的框架内工作。该系统利用科学手段对织物外观的质量和性能进行定量测试，并给出了织物与触觉相关的机械性能指标。FAST 系统可以测量低应力的机械性能，以确定由轻薄型机织物在服装生产过程中的可能出现的问题。即使是专业人员也无法分辨的织物手感的细微差别也可以通过客观评价方法来清楚地进行识别。客观评价体系所获得的数据可用于质量控制、过程控制、质量标示和相互沟通，对开发新产品和提高产品质量都能起到积极的作用。目前，KES-F 系统和 FAST 系统测量的性能参数已成为世界纺织工程的标准值。

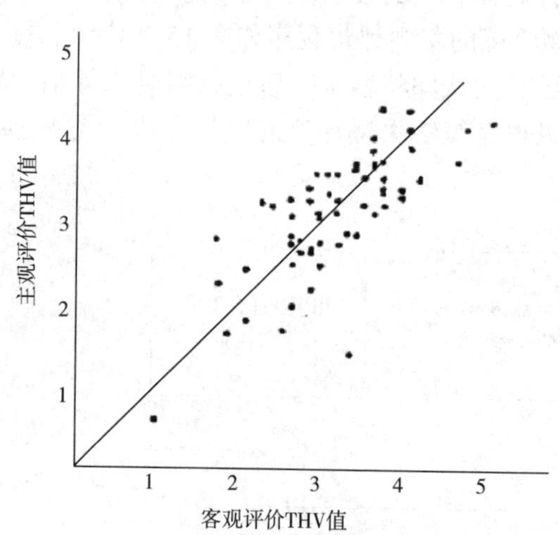

图 13.4　织物综合手感主观评价与客观评价结果的相关性

织物不是由专家触摸，织物的表面性能和低应力的力学性能是由已开发的仪器客观测量织物表面和力学性能，再将这些属性转换为基本手感值（HV），然后通过专家判断的统计分析得出数学方程计算得出总手感值（THV）。图 13.4 显示了男性冬季/秋季西装的主观评价结果和 THV 客观评价之间的相关性。

织物手感客观评价的优点是得到的基本手感值能够直接与织物表面和力学性能相联系，不会受到个别评判人员的认识和经验的影响。此外，通过客观的方法，可以对织物的个体特性、基本手感和综合手感进行量化和记录，这对于新织物开发、生产过程控制和商业沟通具有重要意义。

13.3　织物手感科学

由于人们在触摸和移动手中的织物时会产生一系列反应，因此织物手感的量化过程非常复杂。然而，这一特性在消费者的决策过程中具有非常重要的影响，因此已经进行了大量的工作对构成织物手感相关因素的量化方法进行了研究。由于与手感有关的织物的表面性能和力学性能的非线性特征，为了表征与手感有关的织物性能就必须测量许多特性值。对应于小变形的力很难进行检测，因此也很难测量与织物手感相关的、位于小变形区域的力学性能，这些测量需要精密的仪器。

13.3.1　表面性能

从生产过程到最终产品性能，纺织材料的表面特性对所有纺织品都很重要。织物表面性能受纤维和纱线类型、纱线卷曲和织物结构的影响。研究发现，采用长浮长组织的织物具有较低的表面粗糙度，织物中纱线密度对表面粗糙度也有影响。由多层结构织物制成的高性能服装中，高摩擦系数有助于使织物层结合在一起。织物表面摩擦系数高对防弹有利，可以吸收更多的弹头动能。经等离子体处理后的 Kevlar 织物，表面粗糙度和摩擦系数提高，织物的防弹道性能将得到改善。

表面摩擦系数和表面粗糙度是决定织物表面性能的两项重要参数。这两个参数与织物的缝制性能也有关系。织物表面摩擦系数和粗糙度分别影响服装的穿着性能和黏合耐久性。图 13.5 所示为织物表面摩擦性能的测试原理。将质量为 m 的滑块拉到待测试织物的上方，加到织物上的压力为 $N=mg$。滑块开始在织物表面移动所需克服的摩擦力为 f，这个力可以通过测试方法获得。

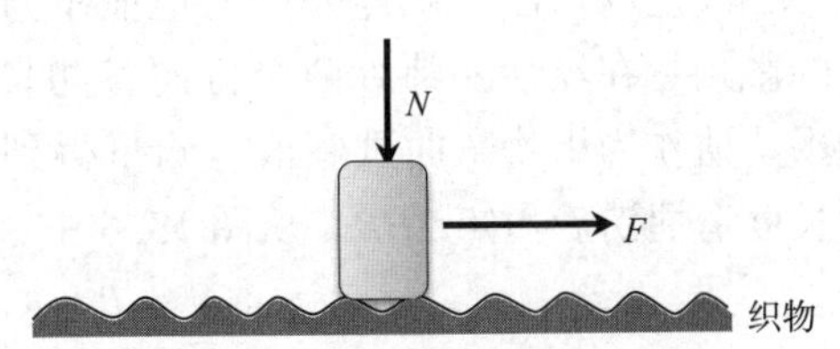

图 13.5　织物表面摩擦性能测试

织物表面摩擦系数可以通过下式计算得出：

$$\mu = \frac{F}{mg} \tag{13.1}$$

由于织物和服装表面的不均匀性，μ 值在织物表面的重量移动过程中有所波动。摩擦系数 μ 的平均值可用下式表示。

$$\bar{\mu} = \frac{\int_0^l \mu \mathrm{d}l}{l} \tag{13.2}$$

式中：l 是织物表面重物的移动距离。

KES-FB-4 织物表面测试仪考虑了表面波动的因素，引入了摩擦系数的偏差指标 μ_{MD}，用下式表示：

$$\bar{\mu}_{MD} = \frac{\int_0^l |\mu - \bar{\mu}| \mathrm{d}l}{l} \tag{13.3}$$

织物表面摩擦系数与所用纤维材料关系不大，并不能表示织物的几何粗糙度。因此，提出了表面粗糙度 SMD 指标，并用下列方程表示与标准位置的平均偏差来描述。

$$\mathrm{SMD} = \frac{\int_0^l |z - \bar{z}| \mathrm{d}l}{l} \tag{13.4}$$

式中：SMD 为表面粗糙度；l 为织物表面重物的移动距离；z 为任意点的位置。

13.3.2 弯曲性能

图 13.6 所示为使用 KES-F 系统获得的弯矩和弯曲度 k 之间的关系。在弯曲性能测试实验中，1cm×20cm 的试样以 0.5cm/s 的恒定速率在弯曲度为 $k=-2.5\text{cm}^{-1}$ 和 $+2.5\text{cm}^{-1}$ 之间弯曲。试样处于与地面垂直方向，以防弯曲试验时织物变形受到重力的影响。在经纱和纬纱两个方向各测量三个样品。以经纱和纬纱方向测试结果的平均值作为织物弯曲试验值。测量得到的特征值为单位长度的弯曲刚度 B 和单位长度弯曲滞后力矩 $2HB$。从图 13.6 中，M、B、$2HB$ 和 K 具有以下关系：

$$M = B \times K \pm HB \tag{13.5}$$

$$B = \tan\alpha \tag{13.6}$$

弯曲刚度 B 是两个方向弯曲时斜率的平均值，其中一个是织物样品正向弯曲时曲线近似直线的斜率，另一个是织物回到原始位置弯曲时另一条近似直线的斜率；因此，可以获得以下关系式：

$$B = \frac{B_f + B_r}{2} \tag{13.7}$$

同理可得弯曲滞后矩的计算式：

$$HB = \frac{HB_f + HB_r}{2} \tag{13.8}$$

除了 KES-F 弯曲试验系统外，Fast 系统也广泛用于测试织物弯曲性能。在该测试仪器中，弯曲长度 C 是根据弯曲刚度 B 进行定义的，弯曲刚度 B 可以通过

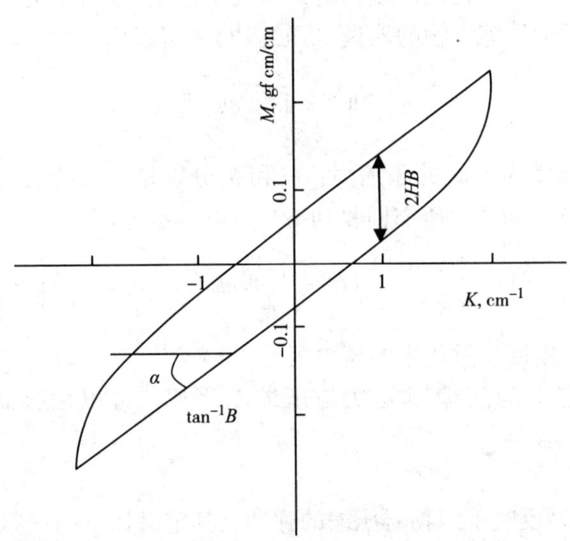

图 13.6　FES-F 系统的弯曲力矩与曲率

图 13.7中所示的弯曲角 α 计算得出。FAST 系统中的弯曲测量基于英国标准 BS 3356：1990 中描述的悬臂梁弯曲刚度测试原理。弯曲长度 C 和弯曲刚度 B 可分别用以下方程式表示。

$$C = \frac{1}{2} \tag{13.9}$$

$$B = W \times C^3 \times 9.807 \times 10^{-6} \tag{13.10}$$

式中：W 为织物试样的面密度，g/m²。

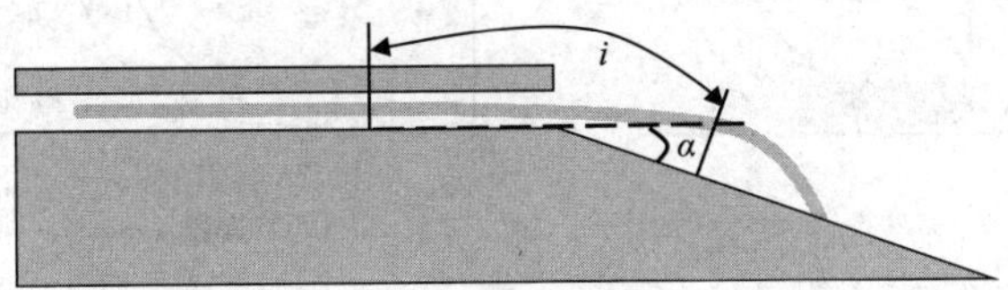

图 13.7　FAST 系统的织物弯曲性能测试

13.3.3　压缩性能

KES 系统压缩性能测试的特征值为压缩线性度 LC、压缩功 WC、压缩回弹性 RC 和 0.5gf/cm² 压力下的织物表面厚度。在测试仪器上用两块面积为 2cm² 的圆形钢片测头压缩试样。压缩速度为 20μm/s，当压力达到 50g/cm²时，压缩测头以同样的速度返回。当压缩力达到 $p = 0.5$gf/cm²时，测得的样品厚度为表观厚度，当压

缩力达到 $p=50\text{g/cm}^2$ 时测得的厚度为稳定厚度。图 13.8 所示为织物压缩试验的工作原理。压缩过程中压缩织物的能量（压缩功），可以用下式计算。

$$WC = \int_{h_1}^{h_2} P_h \mathrm{d}h \tag{13.11}$$

式中：P_h 是织物厚度为 h 时的压缩力；h_1 和 h_2 分别是织物的表观厚度和稳定厚度（在压缩压力 p 下）。同样，压缩回复功 WC' 可以表示为：

$$WC' = \int_{h_1}^{h_2} P'_h \mathrm{d}h \tag{13.12}$$

式中：P'_h 是织物厚度回复过程中的压力。

回弹率可以定义为压缩回复功与压缩功之比，可以用公式：回弹率 $RC = \left(\frac{WC'}{WC} \times 100\%\right)$ 表示。

压缩线性度 LC 反映了织物对压缩的弹性，其定义如下：

$$LC = \frac{WC}{\frac{1}{2}(h_1 - h_2)P} \tag{13.13}$$

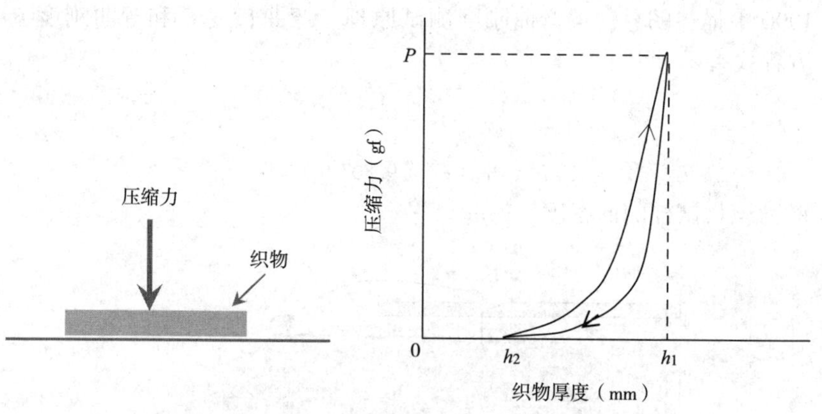

图 13.8 小应力织物压缩性能测试

13.3.4 剪切性能

在穿着过程中，剪切变形是非常常见的，服装上不同部位的织物发生不同程度的剪切，以符合人体运动的各种姿态。剪切刚度 G 是指织物内的纱线相互滑动容易程度，从而使织物结构产生柔韧性。G 值越低，表示织物剪切变形的阻力越小，表示织物柔软且具有更好造型能力，容易符合三维曲率的造型要求。如果剪切刚度太小，织物容易发生变形。在服装的制作过程中，适当的剪切刚度对于预期的服装造型是必不可少的，在服装生产过程中进行斜向拼接或收拢也需要织物具有一定的剪切功能。另外，剪切刚度过高也可能导致服装造型出现问题，尤其是在袖山处。剪切滞后矩 2*HG* 和 2*HG*5 分别是产生 0.5°和 5°剪切变形时的剪切力滞后矩，反映了织物受到剪切应力作用后的变形回复能力，剪切滞后矩的数值越大，织物的剪切变形回复能力越差。

织物剪切性能测试原理如图 13.9 所示。剪切刚度 *G* 是在 $\alpha=0.5°\sim2.5°$时测量曲线的斜率，单位为 gf/(cm·度)。因此，可以用以下式来表示：

$$G=\frac{F_2-F_1}{2.5°-0.5°} \tag{13.14}$$

在 FAST 系统中，剪切刚度可以用下式来表示：

$$G=\frac{123}{EB5} \tag{13.15}$$

公式中的 *EB*5 为织物斜向拉伸力为 5gf/cm 时的变形量。

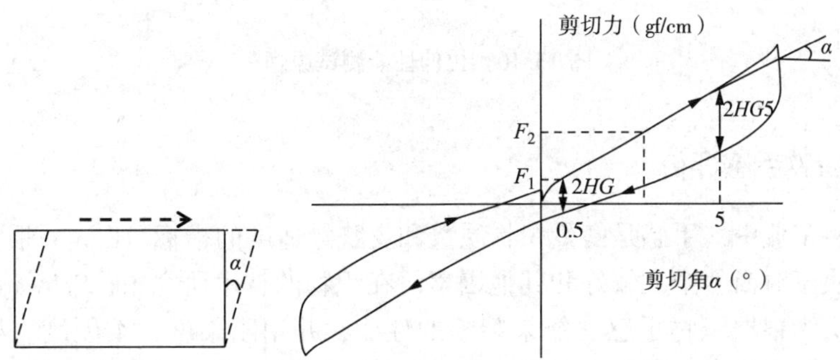

图 13.9　低应力剪切性能测试原理

13.3.5　拉伸性能

根据织物种类和用途特征，采用不同类型的织物进行拉伸实验。通过对织物样品施加拉伸应变，得到与织物手感评价有关的小应力条件下的拉伸性能。由于试样的长宽比很大，拉伸变形仅在沿试样长度方向上，宽度方向的应变约为零。在 KES 拉伸实验仪器的标准测试中，必须预先设定试样的最大拉伸力为 500gf/cm。前夹头固定，后夹头朝远离前夹头的方向移动，对样品施加拉伸应变，获得试验结果。拉伸性能测试原理如图 13.10 所示。拉伸试验得到的特征值为拉伸线性度 *LT*、拉伸功 *WT*（$gfcm/cm^2$）、拉伸回弹率 *RT*（%）和拉伸延伸率 *EMT*（%）。拉伸线性 *LT* 反映织物的弹性，*LT* 值越高，材料伸长越困难。拉伸弹性 *RT*（%）可以通过以下方程式计算。

$$RT = \frac{WT'}{WT} \times 100\% = \frac{\int_{\varepsilon_m}^{0} F'(\varepsilon)\mathrm{d}\varepsilon}{\int_{0}^{\varepsilon_m} F(\varepsilon)\mathrm{d}\varepsilon} \times 100\% \tag{13.16}$$

式中：WT 和 WT'分别为拉伸和回复过程中的拉伸功；$F(\varepsilon)$ 和 $F'(\varepsilon)$ 分别为拉伸和回复过程中的拉伸力；ε 和 ε_m 分别为拉伸应变和最大拉伸应变。

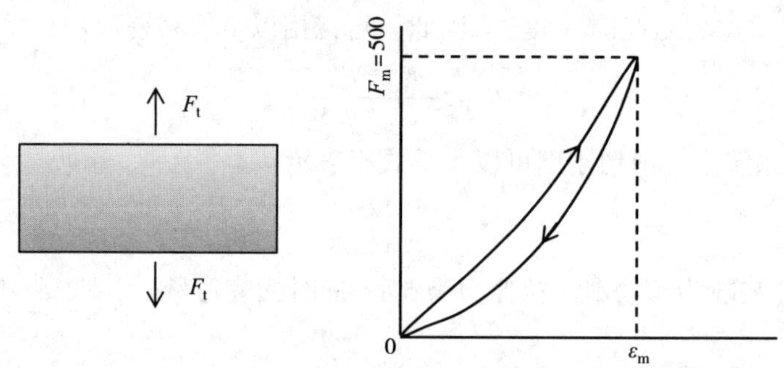

图 13.10　拉伸性能测试原理

13.3.6　织物手感评价

在服装工业中，手感是衡量织物质量和皮肤舒适度的指标。Peirce 报告说，织物手感取决于时尚、个人偏好和其他因素。在织物的技术研究中，Schwartz 将织物的手感定义为根据织物手感功能来判断的性能，并用刚柔度、柔硬度、粗糙光滑度的感觉来加以解释，研究提出了将物理性能测试结果用于分析和反映织物手感，确定了相关的物理性能测量项目。

借助于 KES-FB 系统，可以通过整合从表面性能、弯曲性能、压缩性能、剪切性能和拉伸性能测试中获得的 16 个特征值来确定织物手感。通过对专家判断结果的统计分析得出的关系式，可以将 16 个力学性能和表面性能特征指标转化为基本手感值 HV 和综合手感值 THV。HV 给出了与织物触觉特性相关的刚度、丰满柔软度、平滑度等基本感觉。THV 表达了织物手感的总体触觉舒适性。

所有基本手感值 Y 都有类似的表达形式，可以用以下式表示，川端康成和妮娃根据方程式开发了计算机计算系统。

$$Y = C_0 + \sum_{i=1}^{16} C_i \frac{X_i - \bar{X}}{\sigma_i} \tag{13.17}$$

式中：C_0和 C_i（$i=1$，2，3，…，16）是常数；X_i 是第 i 个特征值或其对数值；$\bar{X}$ 是特征值的平均值，冬夏季织物的该数值是不同的；σ_i 是第 i 个特征值的标准偏差，对于冬夏季的织物也是不同的。

男装冬季面料的三项基本手感值是进行综合手感 THV 评价的重要因素。THV 是由以下式计算：

$$\mathrm{THV} = C_0 + \sum_{i=1}^{k} Z_i \tag{13.18}$$

式中：$Z_i = C_{i1}\dfrac{Y_i - M_{i1}}{\sigma_{i1}} + C_{i2}\dfrac{Y_i^2 - M_{i2}}{\sigma_{i2}}$；$Y_i = \mathrm{HV}$ 是第 i 个基本手感；C_0、C_{i1}、C_{i2} 是常数；M_{i1} 和 M_{i2} 为 Y 和 Y^2 的平均值；σ_{i1} 和 σ_{i2} 为 Y 和 Y^2 标准偏差。

13.4　高性能服装织物的性能与手感

关于普通服装用织物的表面性能、力学性能以及手感，已经有许多研究工作的报道[11-13]。高性能服装是纺织和服装行业增长最快的领域之一。新纤维及其面料的出现，以及创新的加工技术推动了市场的增长[14]。在当今的纺织服装市场，顾客对时尚和功能均有一定的要求。功能服装是具有功能性、技术性、智能性或高科技的纺织服装产品。新的高科技织物正用于开发各种各样的运动服装，用于健美操、田径、徒步旅行、登山、滑雪、游泳、风帆冲浪等运动，也用作医用纺织品和防护用纺织品。以下是高性能织物及其手感性能的一些方面。

13.4.1　拒水服装面料

通过研究经碳氟化合物整理后涤纶/羊毛混纺织物的拒水服装的手感发现，使用拒水剂进行整理后，纤维与纱线之间的摩擦力加大，导致弯曲和剪切刚度增加，剪切滞后矩增大。研究结果还表明，经过氟碳化合物后整理，织物的拉伸线性能增加，初始拉伸刚度增大。此外，拒水织物的弹性降低，表明纤维与纱线之间的摩擦增大，使拒水整理后的织物具有较高的抗弯刚度，尤其是滞后矩 *2HG5* 增大。纱线间摩擦的增加对织物的柔软性也有显著影响，拒水织物的手感变得更硬[15]。

13.4.2　热调节服装面料

Shin 研究了用微胶囊相变材料进行整理的针织物（PCM）[16]。据报道，加入相变材料后，织物的弯曲刚度和弯曲滞后性增加，导致织物刚度增加。同时，随着相变材料添加量的增加，织物的剪切刚度和剪切滞后矩也增加，从而使经微胶囊相变材料整理的织物不容易发生剪切变形。然而，压缩变形随着相变材料添加量的增加而减小，织物呈现非弹性压缩特性。经过微胶囊相变材料整理后的织物体积减小，从而降低了丰满度。由于相变材料表面层的形成，纤维的表面性能也发生了变化。

13.4.3 压力服装面料

与传统服装相比，压力服装面料的力学性能和物理性能有所不同。Wang 和 Zhang 研究了用于压力服装的弹性纤维含量不同的弹性织物的力学性能和物理特性，结果表明，压力服装通过织物的相对滑动、拉伸行为以及织物内应力引起的多维变形来适应人体运动，这些变形包括拉伸、弯曲和剪切。这些应力都会通过服装施加到人体[17]。

13.4.4 运动服装面料

2008 年，Kim 和 Ryu 研究了用弹性织物制作的运动服装的手感和力学性能[18]。对织物手感进行了主观和客观评价。结果表明，弹性织物与非弹性织物相比，弹性织物刚度较低，较柔软，表面更光滑且回弹性较好；弹性纤维材料含量增加时，织物的基本手感和综合手感均会变化，两者之间存在着明显的线性关系，最佳的弹性纤维材料含量为 10.1%~15%。经过手感评判训练的评判小组倾向于使用刚度较小、拉伸性较好的织物；所有的基本手感值 HV 和综合手感 THV 值对于客观的手感评估均具有非常重要的作用。

13.5 未来趋势

高性能服装是世界范围内不断增长的一个领域，虽然军用防弹服装的舒适性一直是设计和开发中的主要考虑因素，但迄今为止大部分研究都集中在防弹衣的热舒适性上，因为普遍认为热应力是导致人体性能下降的主要因素。最近，焦点转向了触觉舒适性研究。触觉舒适性重新引起关注的原因是军人每天都要穿戴防弹衣，除了防弹功能要求以外，额外的功能要求或性能特征就是舒适性。为了更好地理解和量化军用服装的触觉舒适性，并确定织物性能、感官感知和穿着舒适性之间的关系，已经开展了一项研究项目，以确定和定义影响军用服装触觉舒适性的关键因素[19]。今后应进一步研究包括军服在内的防护服装的手感及其相关表面性能和力学性能。

参考文献

[1] Elder, H. M. (1978). Textile finishing. Manchester: Textile Institute. Ellis, B. C., & Garnsworthy, R. K. (1980). A review of techniques for the assessment of hand. Textile Research Journal, 50, 231-238.

[2] Franfield, C. A., & Alvey, P. J. (1975). Textile terms and definition (7th ed.). Manchester: Textile Institute.

[3] Peirce, F. T. (1930). The handle of cloth as a measurable quantity. Journal of the Textile Institute, 21, 377-385.

[4] Hoffman, R. M., & Beste, L. F. (1951). Some relations of fiber properties of fabric hand. Textile Research Journal, 21, 66.

[5] Hallos, R. S., Burnip, M. S., & Weir, A. (1990). The handle of double-jersey knitted fabrics, part 1: Polar profiles. Journal of Textile Institute, 81, 15-35.

[6] Matsuo, T., Nasu, N., & Saito, M. (1971a). Study on handle of fabrics II, the method for measuring handle. Journal of the Textile Machinery Society of Japan (English Edition), 17, 92-104.

[7] Matsuo, T., Nasu, N., & Saito, M. (1971b). Study on the hand. Part II. The method of measuring hand. Journal of Textile Machinery Society of Japan, 17 (3), 92.

[8] Vivienne, H. D., & Owen, J. D. (1971). The assessment of fabric handle, part 1: Stiffness and liveliness. Journal of the Textile Institute, 62, 233-244.

[9] Kawabata, S. (1980). The standardisation and analysis of hand evaluation. Osaka: The Textile Machinery Society of Japan.

[10] Kawabata, S., & Niwa, M. (1985). Wool fabric & clothing objective measurement technology. Tokyo: The Society of Fiber Science & Technology.

[11] Sun, D. (2007). The influence of conventional and plasma treatments on the handle and related properties of fabrics (PhD thesis).

[12] Mcgregor, B., & Naebe, M. (2016). Fabric handle properties of superfine wool fabrics with different fibre curvature, cashmere content and knitting tightness. Journal of the Textile Institute, 107, 562-577.

[13] Kandzhikova, G. D., & Germanova-Krasteva, D. S. (2016). Subjective evaluation of terry fabrics handle. Journal of Textile Institute, 107, 355-363.

[14] Textiles Intelligence (2016). Performance apparel markets. s. l. Textiles Intelligence Ltd.

[15] Khoddami, A., Bazanjani, S., & Gong, R. H. (2015). Investigating the effects of different repellent agents on the performance of novel polyester/wool blended fabrics. Journal of Engineered Fibers and Fabrics, 10 (2), 137-147.

[16] Shin, Y., Yoo, D., & Son, K. (2005). Development of thermoregulating textile materials with microencapsulated phase change materials (PCM). IV. Performance properties and hand of fabrics treated with PCM microcapsules. Applied Polymer,

97 (3), 910-915.
[17] Wang, Y., & Zhang, P. (2013). The effect of physical-mechanical properties on dynamic pressure of compression apparel. International Journal of Clothing Science and Technology, 25 (2), 131-144.
[18] Kim, H. A., & Ryu, H. S. (2008). Hand and mechanical properties of stretch fabrics. Fibers and Polymers, 9 (5), 574-582.
[19] Cardello, A. V., Winterhalter, C., & Schutz, H. G. (2003). Predicting the handle and comfort of military clothing fabrics from sensory and instrumental data: Development and application of new psychophysical methods. Textile Research Journal, 73 (3), 221-237.

扩展阅读

[1] Cheng, L. C. Y., & Evans, J. H. (1983). Pressure therapy in the treatment of post-burn hypertrophic scar—A critical look inot its usefulness and fallacies by pressure monitoring. Burns, 10, 154-163.
[2] Dias, T., Cooke, W., Fernando, A., Jayawarna, D., & Chaudhury, N. H. (2006). Pressure apparel. US patent, Patent No. US7043329B2.
[3] Hui, C. I., & Ng, S. F. (2003). The analysis of tension and pressure decay of a tubular elastic fabric. Textile Research Journal, 73 (3), 268-272.
[4] Kovačević, S., Brnada, S., & Dubrovski, P. D. (2015). Analysis of the mechanical properties of woven fabrics from glass and basalt yarns. Fibers and Textiles in Eastern Europe, 6 (114), 83-91.
[5] Macintyre, L., & Baird, M. (2005). Pressure apparels for use in the treatment of hypertrophic scars—An evaluation of current construction techniques in NHS hospitals. Burns, 31, 11-14.
[6] Macintyre, L., & Ferguson, R. (2013). Pressure apparel design tool to monitor exerted pressures. Burns, 39 (6), 1073-1082.
[7] Niwaya, H. (1999). Evaluation technology of clothing comfortableness. Journal of the National Institute of Materials and Chemical Research, 7 (5), 269-282.

第 14 章　可穿戴技术在服装领域的发展

J. Wood

曼彻斯特城市大学，英国，曼彻斯特

14.1　概述

可穿戴技术的概念已经存在一段时间了，其形式多种多样。可穿戴技术可以定义为将科学知识应用于实际目的的方法。根据这个定义可以得出如下结论：即使是最早的服装也可以被视为可穿戴的产品；早期人类使用动物毛皮是因为它可以捕获空气并具有隔热性能。这是对可穿戴技术定义的一种极端表达，对这个术语的概念和当前的理解提出了挑战。

目前，可穿戴技术被认为是电子元件、计算方法和服装或配件的集合。从服装的角度来看，可穿戴技术也被称为智能纺织品、电子服装或可穿戴计算器[1]。这个领域大致分为两类：第一类是将服装或纺织品仅作为电子传感器或计算设备连接以输出数据的载体；第二类是部分或全部电子元件在纺织生产过程中加以集成，即在纤维、织造或后整理阶段将电子元件与纺织服装材料结合在一起。真正的智能服装是让所有组件与“感知、反应和适应”能力无缝结合，以适应穿着者和环境的变化[2]。

14.2　服装可穿戴技术的创新

以前，计算机、电子、服装和纺织等都是完全独立的学科，采用了几乎不同的产品开发技术和制造工艺。可穿戴技术市场的早期发展由于这些行业在语言表达方式、工作实践、开发时间框架和营销策略上的差异而受到限制[3]。由于上述差异会导致产品开发受到影响；同时，开发出来的产品往往不能符合消费者的期望。因此，市场对可穿戴电子产品的兴趣很低，因为这些产品的销售都是以新颖作为卖点，而不是真正的技术融合[4-6]。

可穿戴电子产品并不是一个新概念。Dunne 指出，在 20 世纪 60 年代末，人们首次穿着用于寒冷天气的带有加热元件的防护服装[5]。然而，有人认为，第一件真正的智能化、可穿戴电子服装是20世纪90年代初由美国军方资助开发、带有“可穿戴主板”的服装。这件服装是为作战而设计的，织物结构中集成了光导纤维，最初的用途是监测士兵的身体状况，并在需要时及时提供相关的医疗援助[7-8]。

最早的大众市场可穿戴技术可以被视为“附件”，例如，便携式盒式磁带播放机，它很快发展成CD，然后发展成MP3播放器，且MP3播放器的尺寸也在迅速缩小，很快发展到将这些设备融入夹克中。许多人认为Philips或Levis的ICD+夹克是首款商用可穿戴电子服装[5]（图14.1）。然而，该产品仅仅是巧妙地利用服装工程和结构将电线和部件隐藏在接缝和口袋中，可以被视为“两种技术的结合，而不是真正的融合”[6]。该服装在清洗之前仍需拆除电子部件，而且在商业上并不成功，在推出后不久就被收回[3]。

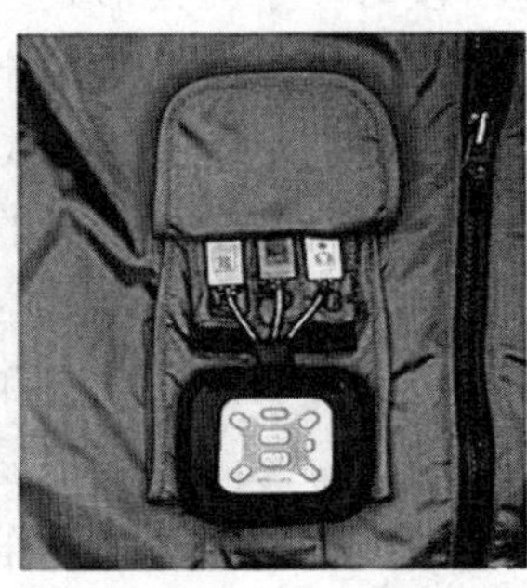

图14.1　ICD+夹克

尽管缺乏商业上的成功，ICD+夹克是可穿戴电子产品进行市场探索的第一次尝试，并为采用更先进技术设计的MP3夹克奠定了基础。随着导电纤维、纱线和织物的发展，可穿戴电子服装得以实现，Eleksen公司和SoftSwitch公司在2017年分别推出了柔性电子产品（图14.2）。Burton Amp夹克由集成了连接线和控制装置的织物加工而成[9]，而O'Neill则进一步发展了这一技术，Hub夹克还包括蓝牙技术[10]。Burton[3]、O'Neill[10]、Levis[11]、Quiksilver[12]和Craghoppers[13]在各种设计中开发了iPod夹克，这些夹克的功能和特点略有不同（图14.2）。尽管所有设计都聚焦于运动休闲服市场，但Bagir还是将iPod功能融入到了量身定制的西装中[14]，并且在商业上取得了一定的成功。

电子和计算机部件的小型化使服装造型的进一步发展成为可能；在智能服装设计中不再需要隐藏笨重的电子元器件。然而，电源仍然是一个问题，因为仍然需要较大的电池来给耗电部件供电。

然而，困境依然存在。开始阶段，可穿戴技术发展是与服装分离的，后来该技术融入到服装中，现在则追求更加舒适和可穿戴性。但是，更多的仍然是具有

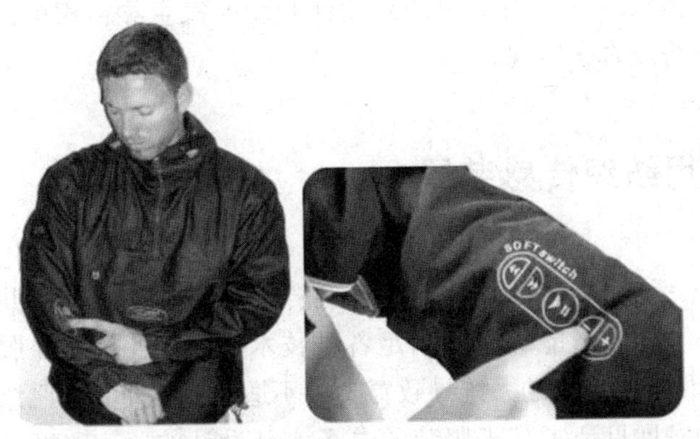

图 14.2　柔性开关夹克衫

新颖性而不是功能性，并且常常不能获得商业成功，如图 14.3 所示的智能计算服装，新颖性强而功能性弱。

可穿戴技术是通过发光服装进入时尚舞台，更具体地说是，如 Studio XO（N. D.）公司是这一领域的创新者，他们为知名人物设计的服装中结合了灯光应用，引起了公众对服装设计的关注。Studio XO 工作室通过将传感器融入服装中，使之能够对音乐做出响应。在观众入场时，发放装有发光元件的帽子和腕带，当播放某些音乐片段时，它们突然就会发光。在创造与环境相适应的服装和配饰时，这是一种使人群体验更具互动性的方式[15]。

图 14.3　智能计算服装

再如，5050 工作室制作的“情感夹克”[16] 或 Cutecircit 公司开发的“情感衬衫”[17]，使人们可以近距离（情感夹克）或远距离（情感衬衫）与服装进行互动。这两件服装背后的理念是，情感和身体接触可以通过电子方式表达，并通过服装内的声音、光和振动进行解释。

技术和纺织品的进一步发展导致了 DIY 组件的出现。在 DIY 组件中，除了可缝合 LED 和电池支架等电子元件外，还可获得曾经只能从专业市场获取的导线和织物。LilyPad 被认为是 DIY 可穿戴电子产品的主要发展方向。Lilypad 是由 Leah Buechley 和 Sparkfun 开发，实现了在电子/编程知识相对较少的情况下，也能够在该领域发挥创造力[18]。这为设计师和创新者从自己独特的角度探索可穿戴设备领域创造了机会，该领域不再由电子产品软件开发专家主导，相反，组件的易访问性使得协同开发得以真正实现。

14.3 服装用纺织传感装置

为了使电子、计算机和服装行业真正融合，需要各领域人员共同参与系统开发，即从设计环节开始就能够真正满足各种技术要求。此前，在服装结构中使用“隐藏”的电线和部件开发的系统导致穿着者不适，从而使其不愿意再使用[19]。

导电纱线的发展见证了基于服装的电子产品设计的巨大飞跃，因为柔性电子元件现在可以加入服装中[20]。这些由金属、碳或聚合物加工而成的导电纱线和纤维在制造技术、使用功能和用途方面都具有相当的灵活性，可以将电信号发送到集成元件（如计算机芯片）。在大多数情况下，电子元件仍然需要在服装清洗前拆卸，但导电纱是完全可清洗的。虽然这不是技术的真正融合，但确实在一定程度上解决了用户的舒适性问题，满足了用户的期望。

同时，研究者对导电性纳入纺织品的其他方法进行了研究，促进了纺织品印刷和涂层技术的发展。

与可穿戴电子服装中的其他部件类似，早期的服装使用的是体积庞大的传感器，这些传感器是在服装加工后期附着上去的，而不是集成到服装中的，这就产生了穿戴者舒适性和易用性的问题。此外，传感器设计和数据要求因最终用途的不同而有很大不同。对最终用户而言，对数据的数量、有用性和可靠性仍有很多争论。

从传感器和纺织技术领域的进展可以发现，纺织品本身已成为传感器，并不是在服装加工后期再加上传感器[6]。然而，即使是最原始的纺织品，也总能在一定程度上感知到环境的变化，羊毛和棉等天然纤维能够从环境中吸收水分，从而导致纤维重量、结构和性能发生变化。同样，环境温度的变化也会导致聚合物纤维和织物的力学性能产生显著差异。正是通过测量这些变化的方法，才能提供可操作的、有价值的数据。

Coyle 等人在 2009 年利用织物吸湿性原理设计了一个系统，通过该系统可以监测运动过程中身体流失的液体速率[21]。pH 指示器、LED 探测器和无线发射器都可以与织物一起使用，将收集到的数据处理成可用的信息。

压电纤维是在受力时能产生电势的纤维。蚕丝等一些天然纤维就具备此特性，而聚丙烯（PP）和聚对苯二甲酸乙二醇酯（PT）等合成纤维材料效果最佳。已经证明，这些纤维材料在可穿戴传感器的开发中具有明显的优势，并在诸如呼吸率测量、肌肉运动或球拍握力和手腕姿势监测等领域得到应用[21]。虽然可以将传感器设计成完全嵌入织物结构的形式，但为了获得可靠的测量数据，传感器必须紧贴皮肤[6]。

还有研究者探索在织物上打印电极和传感器的方法。研究人员认为，这可能是将电子元件纳入织物和服装中的一个有效途径，因为这种方法排除了将导电纱线加入织物（无论是通过编织、缝纫还是刺绣）时可能出现的摩擦或损伤[22]。目前已经探索了各种印刷方法，如凹印、柔印、丝网印刷、喷墨印刷和等离子印刷等[19]。

针对导电聚合物的纤维和纱线在可穿戴电子产品生产中的应用已经进行了广泛研究。在各种解决方案中，这些聚合物已用于传统喷墨打印机，以设计的图案形式打印到织物上。然后，这些图案就成为电流可以通过的导体[23]。此外，Wei 等人探索了数字化渗透法打印和导电墨水的使用，以及为创新的交互式应用创建织物传感器[24]。Yang 等人在 2014 年研究了在服装中使用银和聚氨酯墨水作为电极，为患有中枢神经系统疾病的患者提供电刺激疗法。这项研究探索了使用印刷电极在身体需要治疗的确切位置进行治疗，并进一步研究了该技术的有效性以及用户的舒适性[22]。

14.4　电源发展

电源问题经常被视为限制可穿戴电子设备和服装技术进一步发展的因素。在导电、元件集成和数据传输等问题得到快速解决的同时，这些移动式电力存储和供应装置仍然是绊脚石。可穿戴电子产品对电源和存储设备的需求是小巧、轻便，同时在需要更换或者充电之前，在可接受的时间范围内仍能提供足够的电源。此外，如果电子设备与服装结合在一起，则电源/存储单元需要具有一定的柔软性，以免影响穿着者的舒适感[25]。

14.4.1　电源

对于医疗监测之类的早期应用，对电源的要求很高，在这些情况下，主要采用交流/直流电源。虽然这些电源已经足够，但有人建议，需要与静态电源永久连接会影响可穿戴技术的优势。

14.4.2　能量收集

有关电源方面的最新研究成果是将人的活动转化为电能，虽然动能收集并不是一项新技术，但最近的研究在收集血压或肌肉拉伸产生的能量方面是一种创新，并可以将这些能量转化为可穿戴电子设备的电源[25-26]。

由纳米管及其复合材料制成的摩擦电材料（由表面摩擦而获得的能量）和压电材料（在机械应力作用的基底材料上获得的能量）显示出巨大的应用前景。早期的试验表明，这些材料可以产生足够的电力来供应小型电子设备，并且这些材料具有足够的柔软性，能够在不影响穿着者舒适感的前提下融入服装中[25-26]。

进一步的发展是将人体热量作为热电能进行收集。如果热发电装置能足够紧密地连接在皮肤上，这一领域的研究就能够取得成功。在开发光纤柔性热发电装置方面已经取得了一些进展[25-26]。

这类能量收集技术的局限性仍然在于能量的转换效率、收集和储存方式，以及织物或服装的耐久性和穿着舒适性[26]。

14.4.3 光伏元件

作为一种潜在的可穿戴电子产品的电源，太阳能已经得到了充分的研究和应用。太阳能比其他电源具有明显的优势，是一种完全可持续、可再生和来源丰富的电源，光伏元件的电源不需要充电[27]。传统光伏元件的电极由金属（如铜或钢）构成，但这种光伏元件性能低于预期，主要原因是电极的柔软性差和稳定性低[26]。

新研发的电子可穿戴服装的光伏太阳能电池使用了碳纳米管材料。有色金属氧化物/碳纳米管复合材料以纤维或者薄膜的形式，使太阳能电池具有不同的悬垂性和造型性，以适应各种电子服装。光伏太阳能电池采用传统的方法加工到织物中去[26]。

然而，光伏太阳电池也有一些明显的弱点，例如，一些地区日照较少，因此，电源有可能达不到所需的功率大小而不能驱动可穿戴设备[6]。

14.4.4 储能

为了服务于一个真正的移动、可穿戴设备，必须整合一个用于电力存储的组件，以保持可穿戴设备的性能稳定。随着技术的发展，用于存储电能的传统电池正在被小型的、更灵活的组件替代。

14.4.5 锂基电池

手机和 MP3 技术中常用的电源是锂电池，这种电池可以为大多数可穿戴电子产品应用存储和提供足够的电能。电池技术的发展使电池尺寸大大减小，而缺点是这些电池的使用时间有限，需要定期充电。然而，这些电池仍然被许多可穿戴电子产品采用，消费者也能够接受定期充电的要求。

据报道，锂空气电池的储能能力比锂离子电池的储能能力大得多（为 5~10 倍）[28]。虽然早期的锂空气电池体积大且刚硬，用于可穿戴服装时遇到了一些问题，但是 Wang 等人在 2016 年开发了碳纳米管和聚合物凝胶电解质，试验证明，这些传感器具有较好的柔软性和可伸缩性，同时能够为传感设备提供所需的电能。同样，Zeng 等人在 2014 年开发出纤维和织物锂电池[26]。

14.5　智能纺织品在保健和运动服装中的应用

可穿戴主板的设计使智能服装可能对医疗行业产生巨大影响。根据穿戴者的需要，可以很容易地组装一件可以连接各种传感器的服装，从而监控各种医疗相关状况。除此之外，在家中监测患者可以节省成本和缩短患者恢复时间[28,29]。使用智能服装进行医疗监测或生物监测，可以远程跟踪患者状态，最大限度地减少在医疗机构观察患者的时间，且能获得更准确、更具代表性的数据。另外，在偏远或难以接近的地方也可以对患者进行观察、建议和治疗[5]。

英国曼彻斯特的 SmartLife 公司专门从事纺织品传感器、电子设备和能够监测人体生物物理信号的硬件系统的研发和生产，业务重点是传感器、数据收集和用户界面开发，使服装开发人员能够准确地指定满足其消费者需求的数据类型。据报道，该公司研制的传感器能够监测心率、呼吸、热量消耗、肌肉利用率、步幅、速度、大脑活动、眼球运动、温度和汗液情况。最初，该公司的研究重点是运动服和跟踪运动时的人体指标，以提高运动性能，如图 14.4 所示的智能运动文胸；集成传感器的成功开发使这一领域拥有更广泛的市场，目前已被采用在医疗领域作为“智能绷带”监测伤口愈合情况[30]。

图 14.4　智能运动文胸

台湾 AIQ 公司是 Tex Ray（一家全球纺织服装公司）的子公司，是一家集电子、纺织和服装产品的一体化企业。AIQ 公司将电子产品与纺织品结合，创造时尚、实用、舒适的解决方案，以满足日常需求，包括运动和健身、户外和休闲、家庭和休闲、家庭护理和保健[31]。AIQ 的目标是生产能够与服装集成的技术产品，例如，Neonman（集成了可洗涤 LED 的可视服装）、Thermo Man（集成了可洗涤加热元件的服装）和 Bioman（集成了可洗涤的重要标志物监视器以跟踪运动性能的服装）。

仍有许多研究工作正在针对特定的医疗应用展开。例如，博尔顿大学的研究者使用编织在织物中的微波敏感天线来制作文胸，可以用于检测乳腺组织中的温度变化，这可能是癌症的早期迹象[32]。同样，在检测领域，莱斯特的德蒙福特大学的研究人员研究了一种含有电极的织物，这种织物可以检测到可能表明癌症生长的人体气体[33]。

14.6 未来趋势

14.6.1 科技与时尚

研究者在智能服装方面进行了很多研究，以功能取胜仍然关键。

目前，很多贸易展览和节目介绍的可穿戴技术都是在全球水平上进行的。每件新推出的服装和配件，都有与其竞争对手不同的地方，都有一定的技术优势或新的形式。

Spinali 设计公司推出了新的系列产品，其中包括“振动牛仔裤”，这件服装通过蓝牙和 GPS 连接到手机上，GPS 可以引导穿着者通过牛仔裤腿上的振动来指示方向。Spinali 指出，牛仔裤也可以用作通信设备（振动短信提醒）、报警或定位设备。该牛仔裤是可洗的，电源的使用寿命长达 4 年[34]。

Caroline Van Renterghem 发明的 WAIR 防污染围巾可以保护人们免受汽车尾气的污染，该围巾可监测空气中的污染情况，LED 传感器会在空气污染水平过高时发出警报，表明应佩戴内嵌防污面具的围巾。此外，有关的空气数据可转发至手机应用程序进行分析[35]。

在安全和防护领域，法国 In & Motion 公司展示了内置气囊的滑雪服。“智能气囊滑雪背心”的气囊位于臀部、脊椎、胸部、腹部和颈部[36]。此滑雪背心安装了一个类似于健身追踪器（GPS、陀螺仪和加速度计）的传感器系统，它可以在 100ms 内检测到平衡力的缺失，并打开气囊，以防止佩戴者摔倒受伤[37]。安全气囊打开后，可以重置并再次使用。背心还可以连接到可以监控运动性能的应用程序。

2017 年初，Cutecircit 公司推出了石墨烯连衣裙。该连衣裙采用机织尼龙织物作为基本材料，并结合采用石墨烯使 LED 发光和监测呼吸频率。

这些发展表明，科技和时尚联合正在推动智能服装领域向前发展[38]。

14.6.2 微型化

智能服装的未来发展取决于零部件的微型化。随着组件越来越小，嵌入织物、纱线甚至纤维的机会也会增加。

“智慧微尘”的概念目前正在进行审核。“智能微尘”是一个微电子机械系统，其物理尺寸可以用毫米测量。组件是在很小的范围内开发出来的，可以进行诸如温度、振动、湿度、化学成分和磁性等测量。目前的研究重点是进一步将该部件的尺寸缩小到微米级[39]。

进一步的微型化将对许多应用产生巨大影响，不仅限于可穿戴技术产品。在纺织和服装制造中，意味着组件的封装可以是染化料和整理剂的形式，并消除了隐藏组件的必要性。

14.6.3　物联网

本章中讨论的许多发展都是独立的，例如，可以连接到单个娱乐设备的服装或连接到数据采集点（如手机）的服装。收集数据的智能服装可以被认为是被动的，因为它们不需要佩戴者的实时指导。

主动可穿戴设备实时向用户提供信息，并使用户能够真实地与服装及其周围环境进行交互，从而控制最终结果。这将导致智能服装开发进入下一个阶段，即通过物联网（IOT）真正集成这些设备。这将使智能服装能够相互作用，并与环境相互作用，使服装能够根据需要进行调整和改变，使用户体验真正增强，允许用户与周围环境充分互动[40]。物联网无疑被视为智能服装的下一大飞跃，然而，许多研究人员，如 Bryson 表明，在此类服装的开发过程中需要谨慎，并强调了伦理含义[41]。如果有潜力持续监控一件服装或穿着者，伦理是否允许将一个人置于持续监控之下，智能服装的发展也对研究人员的道德责任提出了要求。

参考文献

[1] Suh, M. (2011). Development of wireless transmission between inductively coupled layers in smart clothing. Ph. D North Carolina State University.

[2] Tao, X. (2001). Smart fibres, fabrics and clothing. Cambridge: Woodhead Publishing Ltd.

[3] Hurford, R. D. (2009). Types of smart clothes and wearable technology. In J. McCann (Ed.), Smart clothes and wearable technology (pp. 25-44). Cambridge: Woodhead Publishing Ltd.

[4] Tuck, A. (2000). The ICD+Jacket: Slip into my office, please. The Independent. Retrieved from http://www.independent.co.uk/news/business/analysis-and-features/the-icd-jacket-slipinto-my-office-please-694074.html (Accessed 29 September 2013).

[5] Dunne, L. (2010). Smart clothing in practice: Key design barriers to commercial-

isation. Fashion Practice, 2 (1), 41-65.

[6] Wood, J. (2016). Smart materials for sportswear. In P. Venkatraman & S. Hayes (Eds.), Materials and technology for sportswear and performance apparel (pp. 153-170). Boca Raton, FL: CRC Press.

[7] Natarajan, K., Dhawan, A., Seyam, A., Ghosh, T., & Muth, J. (2003). Electrotextiles—Present and future. Materials Research Symposium Proceedings, 736, 85-90.

[8] Park, S., & Jayaraman, S. (2003). Smart textiles: Wearable electronic systems. Materials Research Society Bulletin, 28 (8), 585-589.

[9] Apple. (2003). Burton and Apple Deliver the Burton Amp Jacket. Retrieved from https://www.apple.com/pr/library/2003/01/07Burton-and-Apple-Deliver-the-Burton-Amp-Jacket.html (Accessed 15 January 2017).

[10] Talk2myshirt. (2007a). O'Neill announced the fourth generation wearable electronic line. Retrieved from http://www.talk2myshirt.com/blog/archives/228 (Accessed 15 January 2017).

[11] BBC. (2006). Levi makes iPod controlling jeans. Retrieved from http://news.bbc.co.uk/1/hi/business/4601690.stm (Accessed 5 January 2017).

[12] Talk2myshirt. (2007b). Plantronics and Quiksilver/Roxy put bluetooth in jackets. Retrieved from http://www.talk2myshirt.com/blog/archives/108 (Accessed 15 January 2017).

[13] Talk2myshirt. (2007c). Craghoppers iPod ready future jacket. Retrieved from http://www.talk2myshirt.com/blog/archives/285 (Accessed 15 January 2017).

[14] Cohen, P. (2006). Bagir tailored men's suit features iPod controls. Macworld. Retrieved from http://www.macworld.com/article/1052918/bagir.html (Accessed 10 January 2017).

[15] Studio XO. (n. d.). XO. Retrieved from http://www.studio-xo.com/ (Accessed 15 January 2017).

[16] Talk2myshirt. (2008). Fashion for lovebirds—Embrace-Me Hoodie from Studio 5050. Retrieved from http://www.talk2myshirt.com/blog/archives/497 (Accessed 15 January 2017).

[17] Cutecircuit. (n. d.) The hugshirt. Retrieved from https://cutecircuit.com/the-hug-shirt/#after_full_slider_1 (Accessed 5 January 2017).

[18] Make. (2014). Leah Buechley: Crafting the Lilypad Arduino. Retrieved from http://makezine.com/2014/07/18/leah-buechley-crafting-the-lilypad-arduino/ (Accessed 10 January 2017).

[19] Honarvar, M., & Latifi, M. (2016). Overview of wearable electronics and smart-textiles. Journal of the Textile Institute, 108, 1754-2340.

[20] Van Langenhove, L. (2007). Smart textiles for medicine and healthcare; Materials, systems and applications. Abington: Woodhead.

[21] Coyle, S., Morris, D., Lau, K., Diamond, D., & Moyna, N. (2009). Textile based wearable sensors for assisting sports performance. In Proceedings of the sixth international workshop on wearable and implantable body sensor networks (pp. 307-311).

[22] Yang, K., Freeman, C., Torah, R., Beeby, S., & Tudor, J. (2014). Screen printed fabric electrode array for wearable functional electrical stimulation. Sensors and Actuators A: Physical, 213, 108-115.

[23] Yoshioka, Y., & Jabbour, G. (2006). Desktop inkjet printer as a tool to print conducting polymers. Synthetic Metals, 156, 779-783.

[24] Wei, Y., Torah, R., Li, Y., & Tudor, J. (2016). Dispenser printed capacitive proximity sensor on fabric for applications in the creative industries. Sensors and Actuators A: Physical, 247, 239-246.

[25] Ha, M., Park, J., Lee, Y., & Ko, H. (2015). Triboelectric generators and sensors for self powered wearable electronics. American Chemical Society Nano, 9 (4), 3421-3427.

[26] Zeng, W., Shu, S., Li, Q., Chen, S., Wang, F., & Tao, X. (2014). Fiber-based wearable electronics: A review of materials fabrication, devices and applications. Advanced Materials, 26, 5310-5336.

[27] Taieb, A. H., Msahli, S., & Sakli, F. (2009). Design of illuminating textile curtain using solar energy. The Design Journal, 12 (2), 195-217.

[28] Wang, L., Zhang, Y., Pan, J., & Peng, H. (2016). Stretchable lithium-air batteries for wearable electronics. Journal of Materials Chemistry A, 4, 13419-13424.

[29] Rattfalt, L., Linden, M., Hult, P., Berglin, L., & Ask, P. (2007). Electrical characteristics of conductive yarns and textile electrodes for medical applications. Medical and Biological Engineering and Computing, 45, 1251-1257.

[30] Smartlife. (n. d.). Smartlife. Retrieved from https://www.smartlifeinc.com/ (Accessed 15 January 2017).

[31] AiQ. (n. d.). AiQ smart clothing. Retrieved from http://www.aiqsmartclothing.com/ (Accessed 14 January 2017).

[32] BBC. (2007). Smart bra to detect early cancer. Retrieved from http://news.

bbc. co. uk/1/hi/england/manchester/7017070. stm （Accessed 15 January 2017）.

[33] Kuchler, S. （2003）. Rethinking textile: The advent of the ‘smart’ fiber surface. Textile, 1 （3）, 262-272.

[34] Spinali. （2017）. Vibrating Connected Jeans. Retrieved from https: //www. spinali-design. com/pages/vibrating-connected-jeans （Accessed 15 January 2017）.

[35] Clausette. （2017）. Clausette future of fashion. Retrieved from http: //www. clausette. cc （Accessed 5 January 2017）.

[36] In&Motion. （n. d.）. The smart ski airbag vest. Retrieved from https: //www. inemotion. com/skiairbag-vest/ （Accessed 5 January 2017）.

[37] Digitaltrends. （2016）. Smart ski vest can detect when you're falling, deploy airbags before you hit the ground. Retrieved from http: //www. digitaltrends. com/cool-tech/smart-skiairbag-vest-inflates-to-protect-skier/ （Accessed 10 January 2017）.

[38] Halliday, J. （2017）. First dress made with graphene unveiled in Manchester. The Guardian, （Accessed 30 January 2017）.

[39] Arc. （2016）. Smart dust will be the future of the internet of things. Retrieved from https: //arc. applause. com/2016/08/17/smart - dust - practical - applications/ （Accessed 14 January 2017）.

[40] Cirani, S., & Picone, M. （2015）. Wearable computing for the internet of things. IT Professional Magazine, 17 （5）, 35-41.

[41] Bryson, D. （2009）. Designing smart clothing for the body. In J. McCann （Ed.）, Smart clothes and wearable tech （pp. 95 - 107）. Cambridge: Woodhead Publishing Ltd.

扩展阅读

O'Connor, K. （2010）. How smart is smart? T-shirts, wellness and the way people feel about medical textiles. Textile, 8 （1）, 50-66.

第 15 章　高性能运动服装

R. M. Rossi
Empa 仿生膜与纺织品实验室，瑞士，圣加仑

15.1　概述

早在 100 年前，Pierre de Coubertin 就提出了“更快、更高、更强”的奥林匹克精神。尽管其理念提到“最重要的不是赢，而是参与”，但职业运动员之间的竞争还是非常激烈的，寻求各种方法优化人体的运动能力来赢得比赛，除了为运动员提供最佳营养以外，体育装备和运动服装也在提升运动员的排名中充当了重要角色。

在体育运动过程中，人体产生的热量远远高于散失的热量，运动员的服装必须有助于加快冷却能力，以避免人体过热。随着体育活动的全球化，奥林匹克运动会或足球世界锦标赛之类的体育比赛也会在沙漠或热带国家进行，那里的气候条件对身体体温调节系统提出了挑战。为了赢得比赛，或者在湿热的天气条件下完成马拉松比赛，竞争性或娱乐性的运动员必须依靠功能性强、适应性强的装备。在过去的几年里，已经开发出了许多新的高性能运动服，以帮助人体保持或提高机能。

服装不仅有助于保持身体的热平衡，而且具有生物力学功能。近年来，开发出许多不同的产品通过服装压力以稳定肌肉或支持心血管系统。新的研究有助于人体运动、为运动员助力，这方面的研究将为人们提供更多新的可能，特别是能为登山之类的体育休闲活动提供支持。

将电子产品与服装相结合的可穿戴技术在体育运动中得到越来越多的应用。主要的测量装置可以分为三种：用于监测生理参数（如确定体力消耗）、测量运动性能（如速度和距离）或测量生物力学参数（如跟踪运动以获得最佳性能）。

本章将对运动服的生理和生物力学要求进行介绍，并说明新材料和纺织品支持身体达到最佳性能的原理，还将讨论通过智能纺织品将人体检测方面的功能融入服装的技术方法，以帮助运动员提高训练效率。

15.2 热管理智能技术

服装应该具有一定的人体保护功能，最重要的需求之一是对恶劣的热环境进行防护。控制身体和环境之间的热量和水分传递的方法有两种：被动地通过衣服控制不同形式的热损失，主动地在服装中添加加热或冷却元件。

15.2.1 人体生理需求和代谢率

在理想情况下，身体的热量产生必须等于热量损失，如以下热平衡方程所示：

$$M - W = E + R + C + K + S \tag{15.1}$$

式中：M 为人体代谢率，W 或 W/m^2；W 为机械功；E 为蒸发传热；R 为辐射传热；C 为对流传热；K 为传导传热；S 为蓄热。

如果机体处于热平衡状态，则蓄热量始终保持为零。如果蓄热量 S 为正值，则意味着身体产生的热量大于可以消散的热量，这最终将导致人体过热和产生热应激。另一方面，如果蓄热量 S 为负值，则散热量大于人体产热量，体核温度就会下降，进入低温状态。

身体产生的热量很大程度上取决于体育运动的情况。总的能量代谢水平通常用 MET 来表示，MET（代谢当量）是一个用来确定人体活动时相对能量代谢水平的指标，通常以 J/kg/s 为单位。静坐时为 MET 约为 1，表 15.1 给出了不同体育运动时的 MET[1]。

表 15.1 不同运动状态的代谢当量

运动类型	步行（4.8km/h）	网球（双打）	骑车（16~19km/h）	骑车（19~23km/h）	网球（单打）	跑步（10km/h）	跑步（13km/h）
MET	3.3	5	6	8	8	10	13.5

在许多体育运动中，特别是在较高的环境温度下，产热量比散热量要高得多，因此，运动员的体核温度可以上升到 39~40℃，甚至更高，这种情况可能会导致中枢神经系统受损。因此，对于产生高热的体育运动和在极端炎热的环境条件下进行运动，通过运动员的服装和整套装备来支持身体降温的策略非常重要。

除了干热损失以外，出汗、尤其是汗液的蒸发是一种有效的人体冷却方法，水的蒸发潜热很高。人体以无感出汗和有感出汗两种不同的方式产生水分，无感出汗是水气通过皮肤细胞扩散，而有感出汗是由汗腺分泌汗液。汗腺分泌的汗液通常约为 1L/h，但在短时间和剧烈活动中可增加到 3~4L/h。

15.2.2 人体、服装和环境之间的热湿传递

人体和环境的热损失取决于四项环境参数：空气温度、辐射温度、风速和空气相对湿度。热量可以通过四种不同的方式散发到环境中：水（汗）的传导、对流、辐射和蒸发。

15.2.2.1 改善热传导的材料和技术

传导性热传递发生在固体物体或静止液体中。热量从温度较高的区域流向温度较低的区域。热传导只在有物理接触的两个物体之间发生，传热量取决于相互接触材料的导热系数。

在热量散发的几种方式中，热传导在体育运动的散热过程中起的作用很小。然而，在寒冷天气，服装内层的热损失主要是通过没有空气层部位的传导来形成的。为了通过控制传导途径来优化织物的隔热性能，最常用的方法就是构建能够防止空气流动的结构，要尽可能多地包含静止空气。这个目标可以通过多层织物实现，应避免织物因压缩而引起隔热能下降[2]。

织物隔热能力随着厚度的增加而按比例增加。但是，多层织物中空气层的厚度不应太大，以确保仅发生传导传热而没有形成空气对流[3]。当厚度约为 8mm 时，开始形成空气对流[4]。

气凝胶的热导率低于空气，是一种优良的隔热材料，在纺织品中的应用越来越多。气凝胶是由溶胶—凝胶化学合成的材料。在超临界条件下处于干燥状态，具有多孔结构[5]。气凝胶是最好的隔热材料之一，其导热系数通常为 0.015W/mK，低于普通的纺织材料（为 0.03～0.04W/mK）或空气（20℃时为 0.026W/mK）。2014 年，Si 等人开发了一种新技术，即采用静电纺丝技术制备三维纳米纤维的气凝胶[6]，用这种气凝胶开发出密度为 0.5mg/cm^3、孔隙率为 99.992%的纳米纤维。水的热传导率大约是空气的 25 倍，因此，当服装潮湿时，织物的热传导性能就变得非常重要[7-8]。在寒冷地区，如极地探险期间，必须避免水汽凝结或人体流汗。在马拉松等剧烈活动中或炎热条件下，运动员有时故意弄湿衣服，以增加通过传导和水分蒸发的热量散发。

15.2.2.2 运动服装内部和周围的空气对流

对流发生在物体和与物体接触的流体之间。在服装科学中，流体通常是指空气或水，可归类为自由对流。流动是由于流体中与温度有关的密度差引起的，流体受到外部因素影响发生的流动，可归类为强制对流。对流换热系数可以根据物体—流体的界面和流体速度来计算。

服装内部的对流，尤其是防风外层服装内部的对流，在很大程度上会受到网状织物高渗透结构的影响，服装内部和服装周围对流的优化不仅与热损失有关，而且还与空气动力学或流体动力学的发展有关，Speedo 公司开发的模拟鲨鱼皮肤

的“Fastskin”和Arena公司开发的“Powerskin”泳装可以证明这一点。运动员穿着这种泳衣在2008年和2009年的比赛中创造了多项世界纪录，2010年国际游泳联合会禁止穿着这种泳衣参加比赛。这种泳衣可以减少摩擦力和压力阻力[9]，可增加每次划水产生的距离并提高游泳运动员的整体表现，从而降低了游泳时的体能消耗[10]。通过对空气动力学的优化，对越野滑雪、自行车等高速运动项目的运动性能进行了不同的研究，据报道，材料参数如透气性、多孔性、弹性和表面特征（如粗糙度和毛羽）会影响空气动力学性能[11]。

15.2.2.3 辐射散热优化

热辐射由温度高于绝对零度的所有物质发出，并以电磁波的形式传递。物体的热辐射取决于它的发射率。服装材料通常具有相对较高的发射率（0.7~0.95），能够通过辐射散发大量的热量。因此，不同的研究者提出了降低服装材料发射率的策略，从金属化夹层[12-14]到使用纳米金属线涂层纺织品[15]。除了金属涂层外，还有一种叫ColdBlack的表面处理技术，由Clariant和Schoeller开发，该技术起到了红外辐射的屏蔽作用，特别适用于深色纺织品[16]。

15.2.2.4 吸汗和蒸发

人体、服装和环境之间的热传递也可以通过液态水的蒸发或水蒸气的冷凝来实现。水的相变取决于汽化潜热，而汽化潜热与温度有关。为了确保最佳的冷却效果，当水分从外部服装层蒸发时，蒸发效率就会降低，汗液必须在身体附近进行蒸发[17-18]。由于汗液在人体不同部位并非均匀产生[19]，服装内层应具有快速的吸汗能力和扩散能力，以利于将汗液分布在大面积表面上，从而使蒸发冷却率最大化。这可以通过选择适当的毛细管结构材料来实现，并且应针对织物的吸湿能力进行优化[20-21]。纤维的形状（如三叶形）可以影响毛细血管结构，从而影响芯吸性能。另外，纤维表面的亲水性必须尽可能高，以利于水的吸附和传输。市场上有许多产品具有最佳的芯吸性能可以实现最大蒸发冷却，大多数纤维亲水性处理是采用传统的湿化学工艺或等离子体处理方法[22]。

15.2.2.5 导湿和隔热的自适应智能薄膜和织物

几十年来，人们在运动服中使用薄膜来提供良好的保护，防止恶劣天气（风、雨和雪）对人体的影响，同时确保身体产生的多余热量和水分能够释放到环境中。在过去几年中，新型薄膜材料在运动服装中得到了应用[23]。尤其是具有热或湿响应特性的材料已开始用于具有热/湿自适应能力的服装（图15.1）[24-25]。

图15.1 刺激响应材料在外界刺激条件下改变状态（颜色、透通性能等）

Michalak 和 Krucinska 多次尝试将形状记忆合金作为两个服装层之间的螺旋元件，最近使用镍钛合金的研究结果表明，当温度提高到 35℃以上时，衣服厚度约增加 2.5mm[26]。几年前，Nike 推出了一款智能衬衫，该衬衫包含直径约 10mm 的通风口，当穿着者出汗时，这些通风口会打开，让水分和热量逸出，在干燥状态下则会自动关闭[27]。再如，Schoeller 公司推出了“C-change”热适应膜；Nike 推出了 AeroReact 技术，旨在帮助人体调节体温。AeroReact 技术使用双组分纱线，在有水蒸气的情况下纱线形态发生改变，从而使织物结构变得稀疏以增加透气性。2015 年，Nike 公司又推出了 Thermore 材料，这是一种新的具有自适应能力的保温材料，研究报告称，与炎热气候相比，在寒冷气候下此织物的保温效果提高 20%。

15.2.2.6 主动加热和冷却

具有主动调节能力的智能运动服最早商业化和最常见的应用之一是加热服装、手套和鞋子。这类产品通常使用由金属线制成的导电纤维结构材料。这些导电材料与电源相连，接通电源后就能够发热。许多不同的体育品牌都在冬季体育活动的服装中提供这种加热元件。

在过去的几年里，“冷触感”的很多产品已经实现了商业化。皮肤与材料接触后产生的冷暖第一感觉取决于材料的热扩散率。热扩散率是衡量材料储存和传导热量之间关系的一个指标。它取决于热导率、密度和热容量：

$$\alpha = \frac{k}{\rho c_p} \tag{15.2}$$

式中：k 为导热系数，W/(m·K)；ρ 为密度，kg/m^3；c_p为比热容，J/(kg·K)。

具有高热扩散率的材料，如金属，接触时具有冷感；而具有低热扩散率的材料，如木材，接触时感觉温暖。这些材料显然没有任何主动冷却的能力，但能够对在穿着过程中需要冷感觉的潜在客户起到了暗示作用。Columbia 公司开发了一款具有冷感觉的运动服装产品——Omni Freeze Zero，并成功将这种产品商业化[28]。这项技术采用高吸水性聚合物与高芯吸率的织物制成，聚合物对水（汗）的吸收是一个吸热过程，由此降低了衣服的温度，从而使穿着者产生冷的感觉（图 15.2）。

图 15.2　蒸发冷却服装

蒸发冷却服装有一个双膜系统，包覆在该系统周围的高芯吸和快速蒸发织物能起到冷却的作用[29]。紧身 T 恤在汗湿以后冷却效果就可以显现出来[30]。

15.3 压力运动服装

紧身衣在运动中非常流行，其中压力区域通常在四肢的整体或四肢的局部（袜子、短裤和袖子）。这种服装通常是由含有大量弹性纤维（氨纶）的混纺纤维加工而成。施加在人体的压力取决于服装的纤维材料、尺寸、结构设计、身体部位、身体姿势和运动形式。压力服装的尺寸通常小于比被覆盖的身体部位的尺寸，通过纤维和纱线上的伸长力来产生服装压力。直到今天，因为人体组织对外部压力的反应还没有完全清楚，压力服装的机制还没有建立起来，尽管有关模型显示腿部压力分布存在很大的异质性[31]。所用材料的弹性对施加在人体组织上的压力和肌肉发力功能有很大的影响，研究表明非弹性压力作用在小腿能导致静脉泵血能力显著增加，而弹性运动袜穿着后却没有显示任何显著变化[32]。

近几年来，人们广泛研究了紧身衣对身体性能的影响，但大多没有证据表明紧身衣对身体有好处。然而，对于在康复期间穿压力服装所产生有益效果已经达成共识。施加的压力大小与测得的改善效果并不相关，低压力和高压力都有一定的好处。

15.4 运动服的可穿戴技术

在过去的20年中，人们做出了巨大的努力来开发可穿戴的电子产品或电子纺织品，这些产品首先包括将电路集成到传统纺织品中。这类产品的潜在应用数量巨大，一些最初的原型设计已经用于医疗和体育领域，如基于压阻式织物应变传感器的运动捕捉系统[33]。借助于电子纺织品可以检测到来自身体的不同类型的信号，包括机械信号（如运动、速度、力量和呼吸）、电信号（如心电图和脑电图）、热信号（如皮肤和体核温度）、电磁信号（如血流和氧合）或化学信号（如汗液分析、乳酸和葡萄糖）。

导电纤维或导线是电子纺织品的关键元件之一。除了用于服装加热元件的金属线外，还有其他类型的导电纤维，如金属化纤维或用于电子纺织品领域的固有导电聚合物。市场上可以找到不同的金属涂层聚合物纤维（如Syscom、Aracon或Swicofil）。PEDOT或聚苯胺（PANi）等固有导电聚合物也被用于电子纺织品领域（图15.3）。

除了运动跟踪系统外，压阻式力传感器已应用于不同的多种运动，如跆拳道，以支持裁判确定比赛得分[34]。然而，运动中使用的大多数性能监控系统并没有集成到服装中，而是集成在智能手表或腕带等其他设备中，因为传感器不必与皮肤直接接触。有时，需要将不同的系统结合在一起，例如，集成在鞋子、头盔或口袋中的传感器，以跟踪活动、速度和距离。

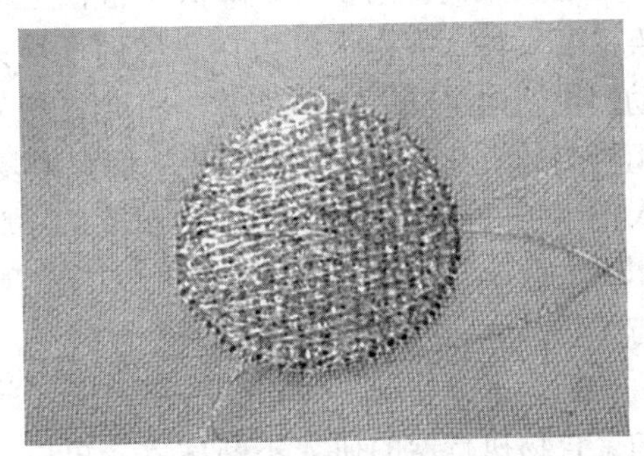

图 15.3　用于心电图测量的导电纤维材料

多年来，运动员一直用胸带监测心率，因此，可将电极直接集成到衬衫或文胸内衣，Weder 等人在 2015 年通过植入导电纤维开展了这方面的研究[35]。由 VivoMetrics 和 Numetrex 公司成功开发了可以进行实时心率测定的衬衫，并实现了商业化。2015 年，Vandrico 公司推出了一款名为 OxStreng 的手套，该公司称，该手套能够监测心率和呼吸、水合作用、能量消耗和体核温度。然而，对一些生物信号进行无创监测并不容易，这些信号受到人体和环境许多因素的影响可能会发生很大变化。例如，体核温度与皮肤温度或心率不直接相关[36]。出汗期间电解质的成分也是各不相同的，对于不同的运动员来说也会有很大的差异[37]。

15.5　未来趋势

15.5.1　热调控材料

到目前为止，刺激响应聚合物在运动服中的应用还很少，主要原因是价格昂贵和供应量有限。然而，可以预测，这些聚合物具有在温度、湿度、光线或酸碱度等外界刺激下改变形状和性能的能力，将在未来的运动服装中得到应用，例如，气凝胶等超级吸收材料在未来也会越来越流行。

近年来，许多新产品都针对汗液的传输和蒸发性能进行了优化。基于 X 射线的成像新技术[38]和新数值模型[39-40]，未来纤维结构中的毛细水传输和织物的蒸发效率将进一步提高。

15.5.2　柔性外骨骼

由于机器人技术的进步，人机系统正在研发过程中，目的是让人类可以在更高的水平上执行任务。麻省理工学院开发了生物服装系统，可生产使用弹性服装的机械反压宇航服，比普通宇航服具有更好的机动性和更少的能量消耗[41]。

最近，人们提出了可以降低步行代谢消耗的不同外骨骼[42-43]，这些材料是为残疾人开发的，但也可以为在恶劣的环境条件下进行登山或长期探险等极端体育活动提供新的可能。柔性外骨骼将允许户外冒险家在无法使用车辆的崎岖地形中承担更高的负荷，也可以有助于人们在康复或高强度训练期间避免关节过载。Nycz 等人提出了一种由织物基础结构制成的柔性外骨骼，带有印刷塑料电缆导管，可以用于上肢康复[44]。Yeow 集团开发了由硅橡胶制成的柔性执行机构[45]，将硅橡胶与织物结合，开发出柔性足踝外骨骼[46]。

长期以来，纺织品一直被用来模拟皮肤的力学和热性能[47]。随着许多有关纤维和聚合物执行器的研究不断深入，可以预见，这些纤维和薄膜将被用于加工具有执行能力的新型织物，织物与人类皮肤的界面也会得到优化。这种"第二皮肤"或合成皮肤最有可能被用来增加现有柔性外骨骼的自主性和重量，以改善运动员的机械运动状态。

15.5.3 可穿戴装备

电子纺织品的发展需要提高其中单一组分的性能，如导电纱的可洗性，金属丝的可织造和服装加工性能有待提高，金属涂层聚合物纤维的耐久性也仍然是一个挑战。可穿戴传感器和加热元件必须连接到外部电源，所需的连接器应该和其他服装一样柔软。由于传感器、布线系统、连接器和电源采用了不同的材料，因此，需要新的连接技术。为了保证穿戴者有一定的自主性，最近人们做出了不同的努力，开发出了可作为可穿戴传感器电源系统的能量收集纺织品[48]。新型光学传感器的测量噪声可能比电子传感器少，也可为可穿戴设备市场提供新的选择（图 15.4）[49-50]。

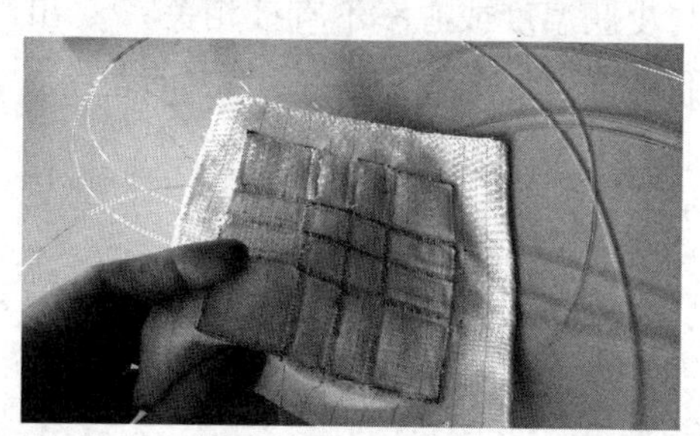

图 15.4　压力感知织物中的光导纤维

参考文献

[1] Miles, L. (2007). Physical activity and health. Nutrition Bulletin, 32, 314-363.

[2] Morrissey, M. P., & Rossi, R. M. (2013a). Clothing systems for outdoor activities. Textile Progress, 45, 145-181.

[3] Chen, Y. S., Fan, J., Qian, X., & Zhang, W. (2004). Effect of garment fit on thermal insulation and evaporative resistance. Textile Research Journal, 74,

742-748.

[4] Spencer-Smith, J. L. (1977). The physical basis of clothing comfort, part 2: Heat transfer through dry clothing assemblies. Clothing Research Journal, 5, 3-17.

[5] Pierre, A. C., & Pajonk, G. M. (2002). Chemistry of aerogels and their applications. Chemical Reviews, 102, 4243-4265.

[6] Si, Y., Yu, J., Tang, X., Ge, J., & Ding, B. (2014). Ultralight nanofibre-assembled cellular aerogels with superelasticity and multifunctionality. Nature Communications, 5, 5802.

[7] Lotens, W. A., & Havenith, G. (1995). Effects of moisture absorption in clothing on the human heat balance. Ergonomics, 38, 1092-1113.

[8] Dias, T., & Delkumburewatte, G. B. (2007). The influence of moisture content on the thermal conductivity of a knitted structure. Measurement Science & Technology, 18, 1304-1314.

[9] Mollendorf, J. C., Termin, A. C., II, Oppenheim, E., & Pendergast, D. R. (2004). Effect of swim suit design on passive drag. Medicine and Science in Sports and Exercise, 36, 1029-1035.

[10] Chatard, J. C., & Wilson, B. (2008). Effect of fastskin suits on performance, drag, and energy cost of swimming. Medicine and Science in Sports and Exercise, 40, 1149-1154.

[11] Oggiano, L., Brownlie, L., Troynikov, O., Bardal, L. M., Sæter, C., & Sætran, L. (2013). A review on skin suits and sport garment aerodynamics: Guidelines and state of the art. Procedia Engineering, 60, 91-98.

[12] Sun, C., Au, J. S. C., Fan, J., & Zheng, R. (2015). Novel ventilation design of combining spacer and mesh structure in sports T-shirt significantly improves thermal comfort. Applied Ergonomics, 48, 138-147.

[13] Wang, X., & Fan, J. (2014). Use of aluminum-coated interlayers to develop a cold-protective fibrous assembly. Journal of Applied Polymer Science, 131 (9). https: //doi. org/10. 1002/ app. 40205.

[14] Morrissey, M., & Rossi, R. M. (2015). The effect of metallisation, porosity and thickness on the thermal resistance of two-layer fabric assemblies. Journal of Industrial Textiles, 44 (6), 912-923.

[15] Hsu, P. C., Liu, X., Liu, C., et al. (2015). Personal thermal management by metallic nanowire-coated textile. Nano Letters, 15, 365-371.

[16] McCann, J. (2013). Smart protective textiles for older people. In R. Chapman (Ed.), Smart textiles for protection (pp. 224-275). Cambridge: Woodhead Pub-

lishing Ltd.
[17] Havenith, G., Bröde, P., Den Hartog, E., et al. (2013). Evaporative cooling: Effective latent heat of evaporation in relation to evaporation distance from the skin. Journal of Applied Physiology, 114, 778-785.
[18] Wang, F., Annaheim, S., Morrissey, M., & Rossi, R. M. (2014). Real evaporative cooling efficiency of one-layer tight-fitting sportswear in a hot environment. Scandinavian Journal of Medicine and Science in Sports, 24 (3), 129-139.
[19] Havenith, G., Fogarty, A., Bartlett, R., Smith, C. J., & Ventenat, V. (2008). Male and female upper body sweat distribution during running measured with technical absorbents. European Journal of Applied Physiology, 104, 245-255.
[20] Kissa, E. (1996). Wetting and wicking. Textile Research Journal, 66, 660-668.
[21] Birrfelder, P., Dorrestijn, M., Roth, C., & Rossi, R. M. (2013). Effect of fiber count and knit structure on intra-and inter-yarn transport of liquid water. Textile Research Journal, 83, 1477-1488.
[22] Hossain, M. M., Hegemann, D., Fortunato, G., Herrmann, A. S., & Heuberger, M. (2007). Plasma deposition of permanent superhydrophilic a-C: H: N films on textiles. Plasma Processes and Polymers, 4, 471-481.
[23] Hu, J., Meng, H., Li, G., & Ibekwe, S. I. (2012b). A review of stimuli-responsive polymers for smart textile applications. Smart Materials and Structures, 21, 053001 (23 p.).
[24] Crespy, D., & Rossi, R. M. (2007). Temperature-responsive polymers with LCST in the physiological range and their applications in textiles. Polymer International, 56, 1461-1468.
[25] Mondal, S. (2008). Phase change materials for smart textiles—An overview. Applied Thermal Engineering, 28, 1536-1550.
[26] Michalak, M., & Krucińska, I. (2016). A smart fabric with increased insulating properties. Textile Research Journal, 86, 97-111.
[27] Hu, J., Meng, H., Li, G., & Ibekwe, S. I. (2012a). A review of stimuli-responsive polymers for smart textile applications. Smart Materials and Structures, 21.
[28] Michael, E., Skankey, W. A., Mergy, J. T. & Gates, C. (2015). Cooling material. Google Patents.
[29] Bogerd, N., Perret, C., Bogerd, C. P., Rossi, R. M., & Daanen, H. A. M. (2010). The effect of pre-cooling intensity on cooling efficiency and exercise performance. Journal of Sports Sciences, 28, 771-779.
[30] Filingeri, D., Fournet, D., Hodder, S., & Havenith, G. (2015). Mild evapora-

tive cooling applied to the torso provides thermoregulatory benefits during running in the heat. Scandinavian Journal of Medicine and Science in Sports, 25, 200-210.

[31] Dubuis, L., Avril, S., Debayle, J., & Badel, P. (2012). Identification of the material parameters of soft tissues in the compressed leg. Computer Methods in Biomechanics and Biomedical Engineering, 15, 3-11.

[32] Partsch, H., & Mosti, G. (2014). Sport socks do not enhance calf muscle pump function but inelastic wraps do. International Angiology: A Journal of the International Union of Angiology, 33, 511-517.

[33] Mazzoldi, A., De Rossi, D., Lorussi, F., Scilingo, E. P., & Paradiso, R. (2002). Smart textiles for wearable motion capture systems. Autex Research Journal, 2, 199-203.

[34] Chi, E. H. (2005). Introducing wearable force sensors in martial arts. IEEE Pervasive Computing, 4, 47-53.

[35] Weder, M., Hegemann, D., Amberg, M., et al. (2015). Embroidered electrode with silver/titanium coating for long-term ECG monitoring. Sensors (Switzerland), 15, 1750-1759.

[36] Niedermann, R., Wyss, E., Annaheim, S., Psikuta, A., Davey, S., & Rossi, R. M. (2014). Prediction of human core body temperature using non-invasive measurement methods. International Journal of Biometeorology, 58, 7-15.

[37] Baker, L. B., & Jeukendrup, A. E. (2014). Optimal composition of fluid-replacement beverages. Comprehensive Physiology, 4, 575-620.

[38] Stämpfli, R., Brühwiler, P. A., Rechsteiner, I., Meyer, V. R., & Rossi, R. M. (2013). X-ray tomographic investigation of water distribution in textiles under compression-possibilities for data presentation. Measurement, 46, 1212-1219.

[39] Shou, D., & Fan, J. (2015). Structural optimization of porous media for fast and controlled capillary flows. Physical Review E - Statistical, Nonlinear, and Soft Matter Physics, 91 (5), 053021.

[40] Mazloomi, M. A., Chikatamarla, S. S., & Karlin, I. V. (2015). Entropic lattice Boltzmann method for multiphase flows: Fluid-solid interfaces. Physical Review E-Statistical, Nonlinear, and Soft Matter Physics, 92 (2), 023308.

[41] Anderson, A., Waldie, J., & Newman, D. (2010). Modeling and design of a Bio Suit™ donning system. In 40th international conference on environmental systems, ICES 2010.

[42] Malcolm, P., Derave, W., Galle, S., & De Clercq, D. (2013). A simple exoskeleton that assists plantarflexion can reduce the metabolic cost of human walking.

PLoS One, 8 (2), 56137.

[43] Mooney, L. M., Rouse, E. J., & Herr, H. M. (2014). Autonomous exoskeleton reduces metabolic cost of human walking. Journal of NeuroEngineering and Rehabilitation, 11 (1), Article number 80.

[44] Nycz, C. J., Delph, M. A., & Fischer, G. S. (2015). Modeling and design of a tendon actuated soft robotic exoskeleton for hemiparetic upper limb rehabilitation. In Proceedings of the annual international conference of the IEEE engineering in medicine and biology society, EMBS, 2015. 3889-3892.

[45] Yap, H. K., Goh, J. C., & Yeow, R. C. (2015). Design and characterization of soft actuator for hand rehabilitation application. In IFMBE proceedings, 2015. 367-370.

[46] Low, F. -Z., Yeow, R. C., Yap, H. K., & Lim, J. H. (2015). Study on the use of soft ankle-foot exoskeleton for alternative mechanical prophylaxis of deep vein thrombosis. In: Rehabilitation robotics (ICORR), 2015 IEEE international conference on, 2015. IEEE, 589-593.

[47] Dabrowska, A. K., Rotaru, G. M., Derler, S., et al. (2016). Materials used to simulate physical properties of human skin. Skin Research and Technology, 22, 3-14.

[48] Leonov, V. (2013). Thermoelectric energy harvesting of human body heat for wearable sensors. IEEE Sensors Journal, 13, 2284-2291.

[49] Quandt, B. M., Scherer, L. J., Boesel, L. F., Wolf, M., Bona, G. L., & Rossi, R. M. (2015). Body monitoring and health supervision by means of optical fiber-based sensing systems in medical textiles. Advanced Healthcare Materials, 4, 330-355.

[50] Helfmann, J., & Netz, U. J. (2015). Sensors in diagnostics and monitoring. Photonics and Lasers in Medicine, 4, 107-109.

第 16 章　高性能防护服装

D. J. Tyler
曼彻斯特城市大学，英国，曼彻斯特

16.1　概述

周围的世界提供了无数具有防护功能的生物体例子，其防护机制的多样性显而易见，本章旨在探讨不同方式的冲击防护。乌龟和犰狳等脊椎动物通过盔甲进行防护，但是皮层是最为广泛使用的防护层。皮革专家认为：动物皮层结构复杂，对其进行任何概括性的定义均具有局限性。本章将采用表皮层、粒面层和真皮层等术语来描述皮革的结构。

表皮层约占皮总厚度的 1%，由细胞保护层组成，通常在皮革制造过程中会将这一层去除。粒面层是由胶原蛋白和弹性蛋白纤维组成的复合材料，比较坚韧且具有一定的延展性。真皮位于内层，是由胶原蛋白纤维组成的海绵状开放性网状结构。虽然真皮层比粒面层柔软，但它具有优良的弹性和耐久性；表皮层和粒面层具有在较大区域内扩散冲击的特性；真皮层的纤维直径较大且相互缠结，结构比较松散，具有缓冲功能。在日常生活中，皮肤的作用是保护脆弱的身体组织和骨骼结构免受损伤，而哺乳动物皮肤表面具有隔热功能的纤维状覆盖物（毛皮、毛发、羊毛），可为其提供额外的保护。

由此可知，为防止冲击而设计的服装必须具有类似的功能——具有扩散冲击力从而对服装覆盖的人体产生缓冲作用。脊椎动物不是刚性体，在活动时身体的形态和尺寸会产生较大的变化。在研究人体运动状态下的防护服装时，应该考虑皮肤所具有的优良延展性与弹性回复性，但是皮肤的这些特性却难以用服装材料进行模拟。为此，服装设计师和产品开发人员需要使用特殊的技术，保证服装在人体运动过程中不会因为身体形状的变化而降低防护功能。这一点对于肘部和膝盖的防护尤为重要，虽然静态下的肢体防护相对容易，但是避免穿着不舒适和对运动产生制约所需的设计投入巨大。

该领域的大多数研究都集中于为用户提供高性能的抗冲击性防护材料，其中主要采用将裁切或模压成型的聚合物材料加入服装。这就意味着这种服装需使用口袋构造。另外，还有部分产品使用硅氧烷材料浸渍后整理的针织多层织物实现冲击防护功能。

16.2 抗冲击材料

无论受到恒定载荷或是瞬时冲击力，材料均会发生形变。线性形变的材料，应力与应变成比例关系，称为线性弹性材料，变形规律遵循胡克定律。当外力去除时，弹性材料就回复到原来的状态。变形材料可以储存与压缩力有关的能量，当压力消除时将储存的能量释放出来，而弹性材料本身不吸收能量，因此，可以在没有任何破坏的情况下有效地进行冲击力传递。

有些材料具有弹性但不可伸长，例如，石英矿物材料受外力作用时能保持原来的形状、具有弹性、不吸收能量。这些特性对于石英手表的制造十分有益，当微电流通过石英晶体时，石英晶体材料以超声波频率振动，振动频率可达 32768 次/s；虽然石英具有弹性，但其振动并不吸收能量，因此，电池的电流耗散非常低，手表走时准确。

许多材料都是非弹性的，因此，在拉伸和挤压过程中会吸收能量。这种材料通常在低应力拉伸条件下表现出较好的弹性，而在受到较大拉伸力作用时会产生永久变形，材料的这种性质为黏弹性，能够为人体提供额外的防护从而免受外界冲击。黏弹性聚合物（如纺织纤维）的关键特性是通过塑性形变和弹性形变对外部应力予以响应。塑性形变是结构性的，包含剪切、蠕变和分子重排，实现这种形变所需的能量被材料吸收并以热量的形式耗散。

橡胶是一种天然的黏弹性材料，在需要较高弹性时会使用。合成橡胶称为弹性体，无论最终产品的要求是高弹性、高能量吸收、耐热性或是耐化学性等，天然橡胶和合成橡胶均可制成理想的产品。若需要增强橡胶对能量的吸收能力，可以通过设计聚合物间的结合力，使其在形变时分子键被破坏，从而促使能量的吸收。

有些黏弹性材料在形变过程中将发生变化。当液体黏度随剪切速率的增加而增加时，称为膨胀流体；当它与聚合物基体相结合时，则称为膨胀材料。这种材料与冲击防护有关，这是因为入射冲击会导致其快速剪切并固化，受到影响的区域将冲击负载扩散到更大的区域，从而降低了冲击力的峰值；而在冲击后，材料将恢复到正常的弹性状态。

一系列抗冲击材料已经应用于服装行业，如运动服、户外服和工业防护服。抗冲击材料包含以下几种类型。

（1）D3O。D3O 是一种以聚合物为基础的膨胀性材料，既可制成易弯曲的薄层，也可制成包裹在衣服中的铸形部件。当材料受到冲击时，其局部将变黏稠以分散冲击力，然后再恢复到正常状态；冲击能量将会在黏弹性泡沫中耗散。针对不同的选择标准，这类材料可以有多种基材可供选择。

（2）Poron XRD。Poron XRD是一种开孔聚氨酯泡沫塑料，在快速冲击下具有膨胀性能。它可由用户制成片状融入到功能性产品中，冲击能量将会在黏弹性泡沫中耗散。针对不同的选择标准，这类材料同样可以有多种基材可供选择。

（3）Deflexion。Deflexion S系列为浸渍有机硅的针织涤纶多层织物，Deflexion TP系列为片状膨胀性材料。Deflexion S系列具有高度灵活的开放式透气性结构，Deflexion TP系列具有坚实的薄片外观，其透气性是通过薄片上的透孔实现的。这些产品可由用户裁剪成型，然后缝制进服装里，或者插进特制的口袋里。Deflexion™技术由Dow Corning公司生产和销售，但是现在该产品已被召回。

（4）山梨醇。山梨醇是一种热固性聚醚基聚氨酯材料，其初始状态是液体，经过化学转化后成为与固体类似的高黏度材料。山梨醇具有优良的减震特性，在工业和高性能服装（尤其是鞋垫）中有多种用途。

（5）乙烯—醋酸乙烯。乙烯—醋酯乙烯（EVA）泡沫塑料作为上述产品的低成本替代品，广泛用于防护行业，这种材料可以通过多种配方制造具有不同保护性能的泡沫。

16.3　材料间的比较

我们将对一系列的抗冲击材料进行对比评价，这些材料包括D3O（膨胀性材料）、Deflexion S型（聚酯硅胶间隔织物）、Deflexion TP型（膨胀性材料）、EVA泡沫（乙烯—醋酯乙烯泡沫）、皮革（天然的基准性材料）、Poron XRD（膨胀开孔聚氨酯泡沫塑料）和PVN（聚乙烯丁腈热固性聚合物）。

16.3.1　实验方法

材料的抗冲击性有多种测试方法，其中，有两种标准方法与服装最为相关，即工业用安全帽测试标准（BS EN 812：2012）和板球运动员头盔测试标准（BS 7928：2013）。这两种标准都采用撞击器撞击防护产品的表面，使其受到冲击，实验设备用于检测防护材料背面的附于铁砧上的传感器的受力情况。采集的指标为受材料特性影响的冲击力峰值与冲击力持续时间。国际橄榄球理事会也规定了类似的方法，即使用重锤和铁砧的测试平台，使重量为5kg的平面重锤落在垫有铁砧的保护垫上[1]。本研究所使用的特制冲击衰减设备包含发射器和钢球，钢球将落在放置防护材料的平面铁砧上；压力传感器位于试样的下方，冲击器通过材料所传递的力将以载荷—时间的数据形式记录下来。通过改变球的直径，可以形成不同的冲击面，下落钢球的质量和初始高度参数决定了冲击的能量。为了达到研究目的，实验分别设置了 5J、10J 和 15J 强度的冲击力。测试设备的示意图如图 16.1 所示。

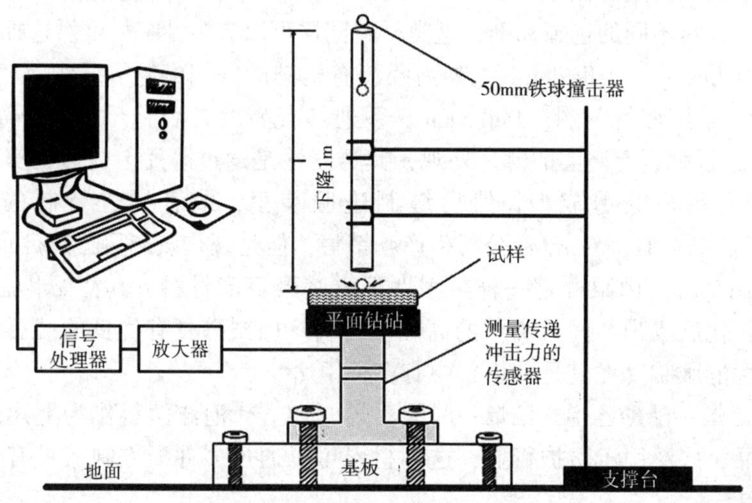

图 16.1 冲击衰减试验台

通过负载垫圈测定铁球到达测试平台时试样承受的冲击力，图 16.2 显示了冲击测试的典型数据。在一些轻薄型试样测试时，铁球落下后会出现弹跳的情况；而当材料较厚时，铁球则不会弹跳。依据铁球的弹跳轨迹，可以测量不同厚度的材料的冲击持续时间。此报告中的实验结果给出了五个测量数据的平均值，其标准差通常大于平均值的 5%。

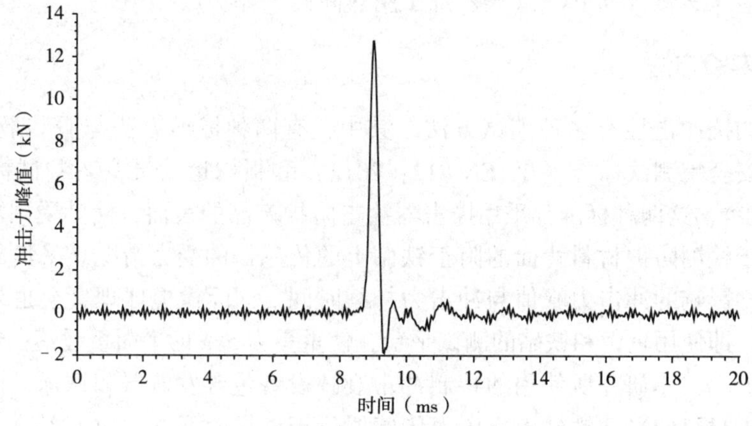

图 16.2 厚度为 3mm 的 Poron XRD 防护材料所受的冲击力

16.3.2　实验结果

图 16.3 显示了上述几种材料在不同厚度时的冲击力峰值的变化情况。可以看出，较薄的材料冲击力峰值最大；随着材料厚度的增加，用于缓冲撞击的商业产品能够比皮革更有效地降低冲击力峰值。

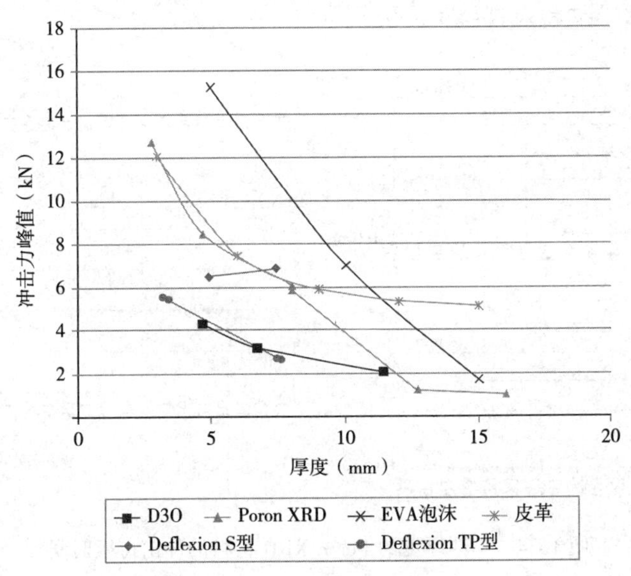

图 16.3　冲击缓冲测试结果

EVA 泡沫试样来自为橄榄球运动员设计的商业服装，无论是厚度为 5mm（用于手臂防护）或 10mm（用于肩部防护），试样的抗冲击性能均优于皮革材料。国际橄榄球理事会允许的护肩最大厚度为 10mm，一般来说，品牌商用材料的性能优于皮革，即使是厚度在 5mm 以下，两者之间仍存在显著性差异；而对于 12kN 以上的冲击力，球体撞击将造成材料损伤，出现孔洞。

该项研究除了发现防护材料的能量吸收性能是影响其冲击防护的因素之一外，还发现了其他的冲击防护机制。图 16.4 为 5J 的冲击力对不同厚度的 Poron XRD 材料的冲击持续时间数据图。纵轴以 kN 为单位记录检测力，横轴以 1/10ms 为单位记录时间。冲击持续时间在 2～10ms。

试验结果表明，随着保护层厚度的增加，冲击力曲线会变宽。如果能量吸收是冲击防护的主导因素，那么当冲击持续时间即使出现较小的增加，最大冲击力也会降低；而当冲击持续时间较长时，材料就能够发挥缓冲功能，最大冲击力将会降低。

降低冲击力峰值的第三种机制是增加被冲击材料的面积。当被冲击材料在更

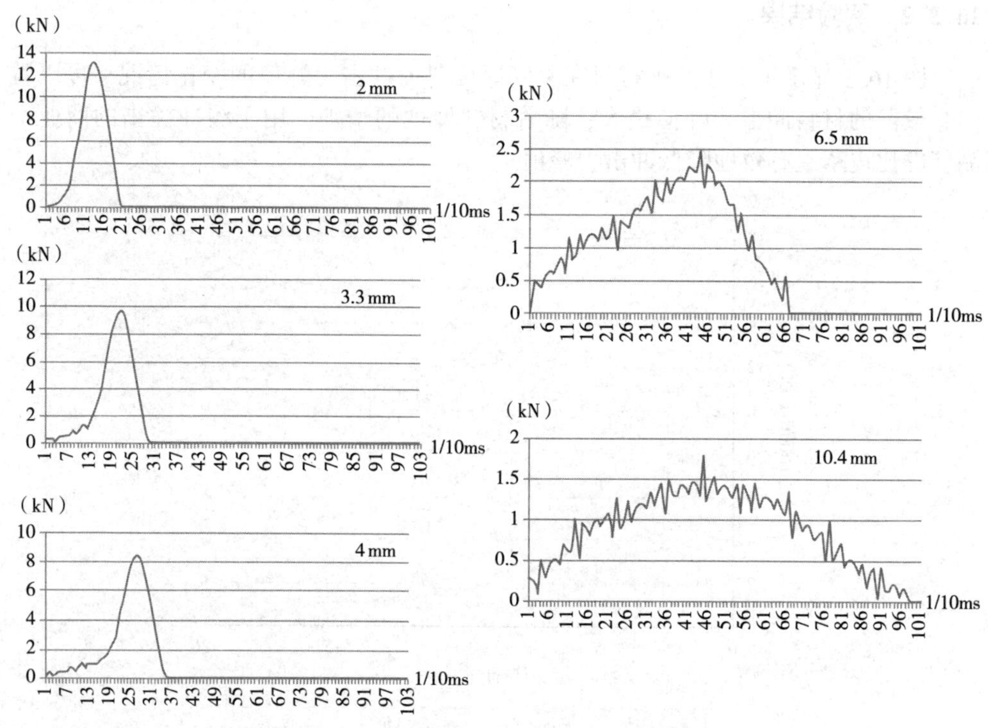

图 16.4　不同厚度的 Poron XRD 材料的冲击持续时间

大区域上受到冲击力时，冲击力的能量更为分散，其任何位置的冲击力峰值都会减小。由于能量在防护材料内耗散，测试设备还应记录所测冲击力的降低程度。

防弹衣为保护着装者，在承受弹道冲击时需要吸收大量的能量。Joo 和 Kang 分析了促进弹道冲击防护的九种不同的机制，研究发现非弹性碰撞造成的动能损失占主导地位[2]。Yang 和 Chen 对单个弹道装甲层的能量吸收进行了建模，并证实这些弹道装甲层具有 30%~60%的能量吸收效率[3]。

isoBLOX 作为一种商业化产品，旨在将非弹道冲击的能量分散到更大的区域。这种聚合物薄片的厚度约为 1mm，制造商称 isoBLOX 可以通过促进能量吸收和能量分散来发挥作用。通过实验评估了不同厚度的 PVN 薄片与 isoBLOX 共同使用时的效果，所测冲击力峰值的结果如图 16.5 所示。

PVN 材料在厚度为 6mm 以上时将提供有效防护，而此时添加 isoBLOX 薄片对防护性能的影响效果不明显，但是在 PVN 厚度较薄时添加 isoBLOX 有明显的改善作用。但需注意的是，如果将含有 isoBLOX 的曲线平移以反映材料厚度为 1mm 时的效果，这两条曲线几乎重合。

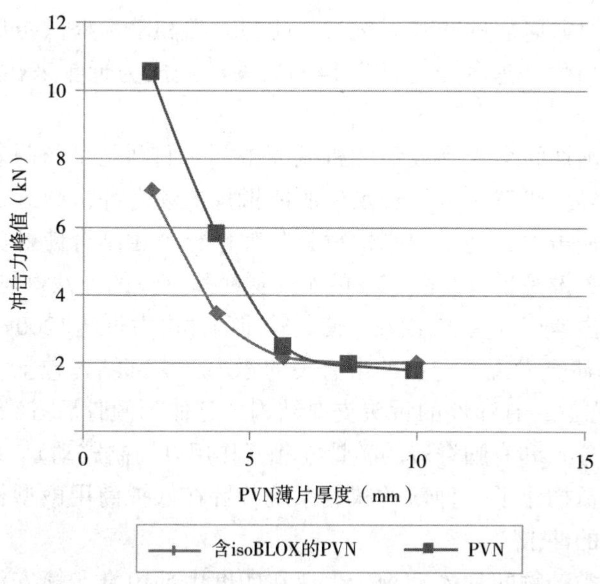

图 16.5　PVA 薄片与 isoBLOX 共同使用的实验结果

16.3.3　讨论

设计师喜欢使用薄而有弹性的材料用于服装的防撞设计。材料的能量吸收与其减振性能有关，但这并不是轻薄材料发挥减振功能的主要原因。从上述研究可以看出，最重要的是延长材料的冲击持续时间，在较少的创伤代价下耗散冲击能量。与能量耗散有关的最重要参数是材料的厚度；而通过增加撞击面积以提升材料的能量吸收性能仍然存在一些问题，这些问题可以通过使用膨胀性材料来解决。膨胀性材料可以提供较为坚硬的撞击表面，使能量传递到具有更大体积的防护材料表面。

因此，以下三个参数值得关注。

（1）碰撞时间。随着碰撞时间的延长，冲击力将分布于较长的时间段内，从而降低冲击和冲击力峰值。

（2）能量吸收。采用黏性材料，而不是弹性材料。

（3）碰撞区域。具有较大的碰撞区域可以分散冲击力，以降低局部冲击力峰值。

上述研究所得出的结论是，材料厚度低于 5mm 时，防护能力有限。市场上先进材料产品的表现优于具有相同厚度的天然皮革，但其改善效果甚微。此外，对于许多高性能服装而言，5mm 的厚度仍然较厚重，因此，寻求更为优良的抗冲击材料仍在继续。

目前，提高冲击防护性能所面临的挑战是寻求轻薄、有弹性、有效的防护材料，这就需要针对如何从皮肤和天然材料能为人类和动物提供防护的角度重新思考，并从中获得启发。这种思考所获得的启发已经成为近年来仿生科学的主流。举例如下。

蚌类在暴风雨期间会受到波浪的机械冲击，它们利用足丝附着于岩石，其抗冲击效果非常优异。研究人员发现足丝所能抵抗的动态冲击力远超过了其附着环境时的实测静态冲击力，这说明刚性材料与弹性材料相结合使蚌类能够耗散冲击能量，其防护的关键是足丝是由80%的刚性材料和20%的弹性材料组合而成[4]。

啄木鸟的啄击速度约为20次/s，使其减速的冲击力可达1200g，每天可重复啄击500~600次。研究发现，与抗冲击有关的啄木鸟头部结构包括：喙（坚硬但有弹性）、舌骨（强健、有弹性的舌头支撑结构，延伸到颅骨后方）、海绵状骨（位于颅骨的重要部分）和有脑脊液的颅骨（相互作用以抑制震动）。以这些观测结果为基础，研究人员构建了一种新的减震系统，旨在保护商用微型机构免受不必要的高频高强度力的冲击[5]。

有一种腹足类动物的软体动物，生活在印度中部山脊印第安深海热泉场附近的深海中。这种动物的自然生存环境十分恶劣，极端温度、高压和高浓度酸很容易破坏碳酸钙外壳。短肢蟹生活在它们附近，短肢蟹会将腹足类软体动物的壳压在它们的钳爪之间，前爪所施加的力高达60N。若外壳不能抵御蟹钳夹击以及酸性腐蚀，这些软体动物就存活不了多久。研究发现这些贝壳具有三个重要的组织层次：外层是矿化的，含有硫化铁颗粒（来自热液）；中间层是角质层（贝壳矿化层，提供保护使其免受腐蚀性和溶解性海洋环境的损害，也提供化学防护使其免受钻孔生物的伤害）；内层为传统文石的层状结构。研究人员通过纳米级实验和计算机模拟了这种掠夺性的攻击，确定了不同材料的具体组合、微观结构、截面几何图形、分级以及分层的穿透阻力、能量消散、缓解断裂和止裂、降低变形量以及抗弯强度和拉伸载荷[6]。

澳大利亚的研究人员已经确定了人体组织骨膜所具有的理想特性，骨膜包裹在骨表面以增强骨骼的强度。利用3D成像系统，研究人员绘制出了骨膜组织的微观结构，发现骨膜组织与皮肤一样，是由特殊的胶原蛋白和弹性蛋白纤维组成，在此研究基础上提出了开始一种具有类似性能的仿生织物的思路。研究提出，可以使用提花织造技术来模拟人体组织的微观结构，但相较于所观察到的人体组织而言，提花织造这种织物的循环尺寸非常大。研究发现，用蚕丝替代胶原蛋白纤维，用弹性纤维替代弹性蛋白纤维，所得到的织物试样具有类似于骨膜的应力应变特性[7]。

在上述例子中，并没有一种材料可以为冲击防护提供完整的解决方案，将不同性能的材料与各种防护机制相结合，可以得到更有效的解决方案。

16.4 加强防护的研发措施

16.4.1 测试方法

工业用安全帽测试标准（BS EN 812：2012）和板球运动员头盔测试标准（BS 7928：2013）都是利用撞击器冲击目标从而测量目标所承受的冲击力。安全帽试验的理论冲击能量为 12.5J，板球运动员头盔试验的理论冲击能量为 15.0J。重锤试验的原理适用于材料领域和其他研究学者所感兴趣的研究领域。

制造商根据 ASTM F1976：2006 标准《用冲击试验测定运动鞋冲击衰减性能的标准试验方法》对一些商用材料进行了测试。该测试标准的原理是采用 5J 的中等强度冲击力或 7J 的高强度冲击力撞击鞋底，并测量其所承受的冲击力峰值。ASTM F1614：2006 规定了三种方法，用于评估运动鞋穿着时鞋跟所承受的力：①重锤冲击试验；②压缩力控制测试；③压缩位移控制测试。Schwanitz 等人采用测试方法①和方法②，并结合各自开发的液压冲击试验，对五种商业品牌跑鞋的测试程序进行了比较。研究发现，同只鞋吸收机械能的方式不同，该方式取决于所采用的测试程序[8]。

在 NIJ 0101.04：2000 标准中描述了一种使用橡皮泥模拟黏土的技术，这项技术已经用于防弹衣的弹道测试中。弹丸被射入或落于黏土上，用轮廓仪测量其凹痕。坠落试验也可以测量凹陷的直径。Nayak 等用该方法测试了运动服的抗冲击性能，并对面料样品的冲击防护性能进行了比较[9]。值得注意的是，目前已经进行了大量实验研究，对这种测试方法所获得的结果质量进行了分析。

16.4.2 隔层织物

许多人认为隔层织物是理想的缓冲材料，它们通常是经编针织物，具有表层、里层和内部间隔层，最常用的间隔层纱线为单纤维长丝，用于连接表里两个外层从而形成三维组织结构。隔层织物已经用于汽车座椅衬垫、减震和服装透气镶嵌层等领域。

Liu 等人制备了 12 种隔层织物样品，结果表明，纤维细度是隔层织物的重要控制变量，较粗的单纤维长丝可以提供更好的防护作用；间隔层纱线的倾角对于冲击防护性能也有显著影响，最佳倾角是既不能过于垂直，也不能过于倾斜[10]。但是，该研究并未将隔层织物与其他防护材料进行对比。

Chen 等人分析了间隔层长丝的压缩形变机理，旨在为隔层织物设计提供指导。研究将压缩过程分为四个阶段：坚硬阶段、弹性阶段、静止阶段和无效阶段[11]。

Zhao 等人聚焦于纬编隔层织物的研究，这是因为纬编隔层织物所制成的冲击保护装备可以采用无缝成形工艺技术。以16种纬编隔层织物为研究对象，采用不同的间隔层纱线编织纹样、长丝直径和织物密度，隔层织物的厚度为2.7~6.4mm[12]。虽然该项研究所关注的是试样的缓冲性能而非动态冲击防护性能，但这种方法在生产防护成型平面材料方面具有很大潜力。

Nayak等人将隔层织物作为泡沫填充材料的替代品进行研究，编织了3种样品进行测试。试样A的表层为丝光棉和弹性纱，里层为防弹尼龙；试样B和试样C都采用高强度聚乙烯纤维、弹性纱线作为表层，采用高强度聚乙烯纤维作为里层，但两者的编织结构不同。研究者将上述样品与从橄榄球服装制造商处获得的闭孔泡沫进行了比较。结果表明，与橄榄球服中所使用的商业泡沫材料相比，柔性三维针织结构可以提供同等的冲击防护能力，但柔性三维针织结构具有更好的透气性和较低的热湿阻，从而可以提供更好的舒适性[9]。

对隔层织物的研究提升了使用这些材料进行冲击防护的可能性。研究还指出，在设计过程中需要设计合适的性能，正如在商用间隔织物测试中已经获得的结果所示，设计具有透气性好的隔层织物，其所提供的防护水平比较低。复合材料也同样如此，可以参考Deflexion S型材料的相关研究：聚酯隔层织物通过浸渍硅树脂涂层处理可以形成透气且柔韧的防护材料。Zhou等人利用微凝胶对这种方法进行了研究可供参考[13]。

16.4.3 拉胀材料

拉胀材料的主要特性是当其受到纵向拉伸时，就会在横向发生膨胀。大多数材料在纵向拉伸时横向发生收缩，但拉胀材料在拉伸时的表现正好相反。从技术上讲，这种材料是具有负泊松比（描述横向收缩与拉伸方向纵向伸长的比值）的材料。将拉胀材料与仿生材料联系起来就可以发挥作用，正如Alderson等人所解释的：生物材料也是拉胀材料，其中包括某些形式的皮肤（如猫皮、蝾螈皮和牛乳头皮）和来自人类胫骨的承重松质骨[14]。

Alderson等人还指出，在2001年拉胀纤维是采用部分熔体纺丝技术制备的，随后聚丙烯纤维、聚酯纤维和尼龙也具有拉胀性能。纺织行业面临的主要问题是，商用纺纱机不能很好地处理拉胀纤维，因此，所生产的是拉胀型非织造织物，而不是拉胀型纱线和织物。人们对由传统纱线制得的拉胀结构越来越感兴趣，在Wrigh等人的研究中对这方面的研究进行了介绍[15]。

Wang和Hu发表了相关纺织品的研究和潜在应用综述。其中特别有意义的是关于拉胀材料的冲压阻力增强报道。当传统材料受到冲击时，材料在冲击点处变薄；当拉胀材料作为基层时，材料在冲击部位发生膨胀。在一种特殊的聚乙烯泡沫塑料材料中，拉胀型泡沫材料的抗压阻力是传统材料的2.5倍。另外，拉胀材料的能量吸收参数也十分突出，与传统泡沫塑料相比，拉胀型泡沫塑料的性能更为优越。针对其在防护服上的应用潜力而言，Wang 和 Hu 提出以下观点：

“拉胀织物具有良好的能量吸收性能和形状适配性，可用于防护服装和防护装备。例如，在骑马、赛跑和滑冰等危险运动中，为了保护穿戴者免受冲击力伤害，防护服装和防护装备必不可少。特别是在身体容易发生受伤的部位，如肘部和膝盖需要给予增强保护，因此，通常防护服和装备在这些部位加上防护垫。然而，目前市场上的防护垫大多是由透气性差的泡沫材料制成的。三维拉胀织物（如拉胀隔层织物）可代替泡沫织物，具有更好的舒适性。[16]”

拉胀型产品开发人员所面临的技术问题仍有很多，研究基础也不尽完善，然而拉胀型织物与隔层织物均是具有巨大潜在回报的领域。

16.5　防护服设计实例

16.5.1　设计原则

防护产品要求具有耐久性、舒适性、识别性、功能性等多种性能，这些都取决于防护产品的应用场合、人体活动水平、周围环境、穿着者年龄和其他特殊的功能需求[17]，以用户为中心的设计方法可以用于识别以及处理与特定产品相关的各种问题。本节讨论各种案例的设计原则及所存在的挑战。

16.5.2　橄榄球运动员的防护用品

在橄榄球比赛中，特别注重使用防护垫或防护材料以防止碰撞。本节选择了 6 个值得注意的因素予以讨论，分别是损伤机制和防护材料、弹性、密度、透气性、厚度、以及将这些护垫附着在服装上的缝合性能（图 16.6）。用户的反馈表明，笨重的护垫材料会限制肢体活动自由度，同时降低舒适性，因此并不受欢迎。为运动而设计的功能性防护装备，有时是以牺牲舒适性（僵硬、沉重和多层、无法呼吸）为代价的，因此具有挑战性。

橄榄球运动是一项高强度的团队运动，运动员在场上的移动速度很快。报告显示，橄榄球运动中 40%的损伤为肌肉拉伤或挫伤，30%为扭伤，随后是脱臼、骨折、撕裂和过度劳损。为了降低损伤风险，球员们要穿上头部护具、衬垫背心、短裤、护胫、护牙托和护腕等防护装备。世界橄榄球协会明确规定了运动员服装中可以使用的衬垫，并对防护材料的尺寸进行了限定[18]。

以下问题描述了用户和开发人员在防护用品设计和开发时应关注的要点。一般情况下，防护垫或泡沫的厚度均在 5mm 以上，将其嵌入服装具有以下难度。

（1）肩部和袖子的防护垫没有任何造型，某些产品所使用的防护垫很大，当衬垫将织物撑起时，服装的合体性就比较差。

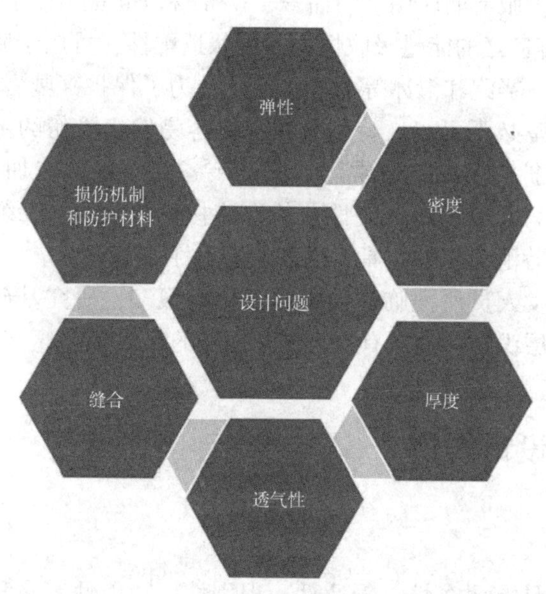

图 16.6　防冲击服装设计的影响因素

（2）有些产品中使用的肩部防护垫较小，对穿着者所提供的保护程度较低。

（3）有些衣服的接缝处通常会采用锁边线缝，影响穿着的舒适性。一些产品采用平缝以提高舒适性；另外一些服装产品采用袋状结构将护垫材料夹在表里织物之间。

（4）虽然具有孔隙的厚泡沫或衬垫具备一定的弹性和透气性，但是在其他方面存在一些问题。例如，防护垫阻挡空气和水分的流动，导致透气性降低，因此，舒适性较差。与美国棒球运动中所使用的厚重垫肩不同，橄榄球背心所使用的垫肩需要具有弹性。

Crichton 等人在 2012 年开展了一项流行病学研究，调查了 24 名优秀橄榄球运动员遭受运动伤害的视频，报告称橄榄球运动中造成严重肩伤的三种常见动作包括尝试得分、直接冲撞和拦截[19]。为了给这些常见的受伤情景提供最大限度的防护，有必要了解运动员受伤的本质，同时为其设计垫肩。具体情况如下。

（1）尝试得分。尝试得分时伸直胳膊等。

（2）直接冲撞。当以居中或轻微内收的姿势接触时（部分身体向体中轴线移动），手臂或肩膀受到直接击打。

（3）拦截。手臂伸展运动涉及了肩关节的杠杆力。

了解橄榄球运动员的肩伤发病本质，有助于了解其病理特点，并有助于开发防护背心等损伤预防方法。

用户认为典型垫肩并不能完全覆盖肩部区域。垫肩应具有弹性以覆盖胸锁关节、肩锁关节、肩关节等身体的脆弱区域[19]，然而许多商业垫肩并没有为这些部位提供令人满意的防护。Pain 等人的研究指出，在拦截动作中肩垫的使用仅会降低肩锁关节的冲击，但并不会降低肩部其他区域的冲击，因此，垫肩所能提供的保护范围有限，在抢球过程中肩膀仍受到相当大的冲击[1]。

16.5.3 摩托车驾驶者的防护用品

多年来，摩托车驾驶者的服装一直作为能够抵御风雨冷热的时尚产品进行营销，皮革一直是首选材料。然而，越来越多的受伤人群表明，摩托车骑手的服装设计也必须要具备安全属性。最初，这部分人群的防护装备重点在头盔，目前已经建立了针对头盔的规则与标准。虽然皮革有许多有益的特性，但并非所有的皮革都足够坚固，足以在碰撞中提供保护。Varnsverry 列出了国际摩托车/自行车联合会（FIM）所要求的摩托车骑手防护服装材料的七项特性要求，具体包括阻燃、耐磨、对各类沥青路面的低摩擦因数、吸汗、可用于医学测试（无毒、不致敏）、不溶化和不易燃[20]。

欧洲正式引入了标准 BS EN 13595：2002 用于骑手防护，但是用户对此反应不一，人们并不赞同标准中有关于着装的规定。Varnsverry 最初欧洲骑手对于这些标准表现出矛盾心理，既担心这些文件可能是为摩托车骑手防护服的强制使用而铺设道路，但又广泛支持具备特定形式的独立性和可识别性的健康标志，这种标志可以提升了这部分人群的区分度[20]。

de Rome 等人以澳大利亚公路上发生摩托车碰撞事故的骑手和乘客为研究对象，对摩托车防护服的防碰撞伤害能力进行了评估。研究人员发现，是否穿戴防护服与车祸受伤程度之间存在着关联性，可以确认防护服装会对摩托车骑手的安全起到积极作用。然而，研究发现并不是所有摩托车骑手的产品都能达到防护要求，在摔倒事故中发生了损坏而失效的统计数据为：手套，25.7%；夹克，29.7%；裤子，28.1%。研究表明，在碰撞条件下，服装的失效比例较高，需要对服装的质量进行改进[21]。

16.5.4 髋部保护器

每年有 100 多万老年人因跌倒而导致髋部骨折，髋部骨折是老人进入疗养院的主要原因。早期用户对髋部保护器的使用给予了积极反馈，许多专业人士都推荐使用髋部保护器。然而，Parker 等人所开展的试验表明：没有证据表明髋关节保护器对骨盆或其他部位骨折有任何显著作用，也没有关于髋关节保护器的重大副作用发现，但从长远来看其依从性较差[22]。早期的随机试验报告提倡使用髋关节保护器，但越来越多的证据表明，对于那些住在家里的人而言，髋关节保护器是一种无效的干预手段，而且它们的有效性并不确定。

Laing 等人对 26 种商用髋关节保护器进行了实验研究。利用机械测试系统模拟侧面摔倒，测量了冲击器以三种速度撞击时股骨力的衰减程度。研究表明，这些保护器采用了多种设计方案，根据初始条件表现出多种保护特性[23]。

显然，对髋关节保护器的设计可以采取更加结构化的方法，以便这种器具能够提供一定程度的保护，并且能够进行客观测试。

另外，其中一种保护器与隔层织物有关。Tytex A/S 已经开发了 SAFEHIP® 用于髋部保护，由两种薄而软的纬编针织隔层织物覆在两种厚而硬的经编隔层织物之上，该保护器的目的在于提供良好的舒适性与更多的能量吸收，所采用的马蹄造型可以为用户提供附加防护。

16.6 未来趋势

功能性服装不仅激发了众多行业（运动服装、医疗、工业、公共服务和军事）的产品开发热潮，而且也激发了制造商、品牌所有者和大学的研发活动。在新材料、新工艺和新技术的开发中均有很多的任务需要完成。

本章讨论了轻量化材料和弹性材料的发展趋势，这些材料可用于提高冲击防护性能。在设计过程中，必须将冲击防护作为商业产品开发的考量因素。为了处理更为广泛的设计问题，设计人员需要拥有各类技能以提供可靠的决策，并避免对产品的大量返工。

设计原则部分所提供的三个案例表明，要成功建立功能产品所需的知识库，还有许多基础性工作需要开展。在橄榄球运动员防护服装方面，商业化的服装中所用的防护垫破坏了服装的视觉外观及舒适性，同时防护垫的位置与消费者需求也不尽相符；在摩托车骑手的防护产品中，有迹象表明许多商业产品并不能满足使用要求；髋关节保护器的研究还有很多基础性工作需要开展，市场上的产品声称具有髋关节保护功能，但并不能证明这一点。一般来说，功能性服装的研发人员必须正确地研究产品和目标用户，并提供证明以支撑相关产品。

从长远来看，冲击防护中最可能的发展趋势是采用微电子设备来监测用户所受的冲击。这方面优先考虑的应该是头盔，在头盔中可以嵌入微型加速度计，以告知教练和医护人员穿戴者发生碰撞的情况和是否可能引起脑震荡。在某些运动服中已经看到了这一发展趋势，传感器可以为训练者或穿着者提供生理反馈信息。

参考文献

[1] Pain, M. G., Tsui, F., & Cove, S. (2008). In vivo determination of the effect of

shoulder pads on tackling forces in rugby. Journal of Sports Sciences, 26 (8), 855-862.

[2] Joo, K., & Kang, T. J. (2008). Numerical analysis of energy absorption mechanism in multiply fabric impacts. Textile Research Journal, 78 (7), 561-576.

[3] Yang, Y., & Chen, X. (2017). Investigation on energy absorption efficiency of each layer in ballistic armour panel for applications in hybrid design. Composite Structures, 164, 1-9.

[4] Qin, Z., & Buehler, M. J. (2013). Impact tolerance in mussel thread networks by heterogeneous material distribution. Nature Communications, 4, Article number 2187.

[5] Yoon, S. -H., & Park, S. (2011). A mechanical analysis of woodpecker drumming and its application to shock-absorbing systems. Bioinspiration & Biomimetics, 6 (1), 016003.

[6] Yao, H., Dao, M., Imholt, T., et al. (2010). Protection mechanisms of the iron-plated armor of a deep-sea hydrothermal vent gastropod. Proceedings of the National Academy of Sciences, 107 (3), 987-992.

[7] Ng, J. L., Knothe, L. E., Whan, R. M., Knothe, U., & Knothe Tate, M. L. (2017). Scale-up of nature's tissue weaving algorithms to engineer advanced functional materials. Scientific Reports, 7, Article number 40396.

[8] Schwanitz, S., Möser, S., & Odenwald, S. (2010). Comparison of test methods to quantify shock attenuating properties of athletic footwear. Procedia Engineering, 2 (2), 2805-2810.

[9] Nayak, R., Kanesalingam, S., Vijayan, A., Wang, L., Padhye, R., & Arnold, L. (2017). Design of 3D knitted structures for impact absorption in sportswear. The International Conference on Design and Technology, KEG, pp. 127-134. https: //doi. org/10. 18502/keg. v2i2. 605.

[10] Liu, Y., Hu, H., Long, H., & Zhao, L. (2012). Impact compressive behavior of warp-knitted spacer fabrics for protective applications. Textile Research Journal, 82 (8), 773-788.

[11] Chen, M. -Y., Lai, K., Sun, R. -J., Zhao, W. -Z., & Chen, X. (2017). Compressive deformation and load of a spacer filament in a warp-knitted spacer fabric. Textile Research Journal, 87 (5), 631-640.

[12] Zhao, T., Long, H., Yang, T., & Liu, Y. (2017). Cushioning properties of weft-knitted spacer fabrics. Textile Research Journal. Online April 25, 2017. https: //doi. org/10. 1177/0040517517705630.

[13] Zhou, C., Wang, B., Zhang, F., et al. (2013). Micro-gels for impact protection. Journal of Applied Polymer Science, 130, 2345-2351.

[14] Alderson, A., & Alderson, K. L. (2007). Auxetic materials. Proceedings of the Institution of Mechanical Engineers, Part G: Journal of Aerospace Engineering, 221 (4), 565-575.

[15] Wright, J. R., Burns, M. K., James, E., Sloan, M. R., & Evans, K. E. (2012). On the design and characterisation of low-stiffness auxetic yarns and fabrics. Textile Research Journal, 82 (7), 645-654.

[16] Wang, Z., & Hu, H. (2014). Auxetic materials and their potential applications in textiles. Textile Research Journal, 84 (15), 1600-1611.

[17] El Mogahzy, Y. (2008). Engineering textiles: Integrating the design and manufacture of textile products. Cambridge: Woodhead Publishing Ltd.

[18] World Rugby. (2017). Laws of the game—Rugby Union. Dublin: World Rugby. Online: http://laws. worldrugby. org/ (with links to "Regulation 12". Provisions Relating to Players' Dress. 2015). Accessed 2D August 2017.

[19] Crichton, J., Jones, D., & Funk, L. (2012). Mechanisms of shoulder injury in elite rugby players. British Journal of Sports Medicine, 46 (7), 538-542.

[20] Varnsverry, P. (2005). Motorcyclists. In R. A. Scott (Ed.), Textiles for protection (pp. 714-733). Cambridge: Woodhead Publishing Ltd.

[21] de Rome, L., Ivers, R., Fitzharris, M., et al. (2011). Motorcycle protective clothing: Protection from injury or just the weather? Accident Analysis & Prevention, 43 (6), 1893-1900.

[22] Parker, M. J., Gillespie, W. J., & Gillespie, L. D. (2006). Effectiveness of hip protectors for preventing hip fractures in elderly people: systematic review. BMJ, 332, 571.

[23] Laing, A. C., Feldman, F., Jalili, M., Tsaic, C. M., & Robinovitch, S. N. (2011). The effects of pad geometry and material properties on the biomechanical effectiveness of 26 commercially available hip protectors. Journal of Biomechanics, 44 (15), 2627-2635.

第 17 章　高性能服装用复合材料

Özlenen Erdemismal [*] , *Roshan Paul* [†]
[*] 杜库兹伊鲁尔大学，土尔其，伊兹密尔；
[†] 贝拉地区大学，葡萄牙，卡维拉哈

17.1　概述

如今，纺织工业处于高科技材料制造的前沿，可以采用复杂材料特性和工艺参数模拟、先进的机电一体化和机器人技术以及自调整或自学习技术，以高效的一步式集成化方式，实现复杂的、多层的、三维结构的或多种材料的混合和复合结构纺织品的生产[1]。

复合材料在日常生活和工业中具有重要的地位和广泛的应用。高性能塑料和复合材料由于优异的性能已成为传统材料的替代品。尽管大多数复合材料在建筑、汽车等领域，用作结构材料，但是在航空航天、非结构材料、柔性材料、功能材料领域的应用正变得越来越重要。不同行业对导电、电介质、热电磁、机电、电化学或医学特性等材料的需求不断增加。为全球市场日益多样化的需求和不断提高的高性能服装标准提供解决方案，也是复合材料发展的趋势。

根据使用领域的需求，复合材料可分为结构复合材料和功能复合材料。结构复合材料的强度、刚度、变形等力学性能是首要因素。功能复合材料更多的是考虑材料的热、光、电、磁场、声音、细菌或真菌攻击等方面的性能和行为。具有吸收（吸收材料）、反射和吸收（电磁屏蔽材料）或渗透（波透明材料）电磁波功能的复合材料在电子信息和军事领域具有非常重要的作用。

玻璃纤维聚合物基复合材料是复合材料中最早得到开发和应用的材料。20 世纪 40 年代，美国首先将玻璃纤维与不饱和聚酯树脂复合，采用手工叠层工艺生产军用雷达和飞机燃油箱，为玻璃纤维聚合物基复合材料用于军事工业开辟了道路。此后，随着玻璃纤维、树脂基体和复合材料加工技术的发展，玻璃纤维复合材料不仅在航空航天工业中得到了广泛应用，而且在各种民用工业中也得到了广泛应用，成为重要的工程材料[2]。

复合材料当前的挑战是：从结构复合材料扩展到功能复合材料和多功能复合材料，开发具备电、热和其他相关功能的复合材料，这些功能都与当前技术发展需求以及复合材料加工技术发展有关[3]。

17.2 复合材料

复合材料可以定义为由两种或两种以上化学和物理性质不同的材料通过明确的界面组成，将不同的材料合理地组合在一起，以获得一种由任何单一成分都无法具有的、更有用的结构或具有功能特性的材料[4]。复合材料基本上由三个部分组成：①基体，也称为连续体；②由基体材料包围的填充/增强部分；③与基体和填充/增强相结构和性能不同的界面。

这三部分的材料相互作用和组成直接影响着复合材料的特征和性能。复合材料应具有以下特性：①从微观上看，它是一种非均匀的材料，具有明显的界面；②组分材料的性能有很大的差别；③成型的复合材料性能有很大的提高；④组分材料的体积分数大于10%。

根据这一定义，复合材料的种类非常广泛，稻草泥墙、钢筋混凝土、轮胎帘布等都属于复合材料的范围[2]。

先进的复合材料是具有高性能的纤维增强材料，如碳、芳纶、玻璃或热塑性聚合物基体材料。这些材料比传统材料更轻、更强、更硬。此外，材料的导热、导电、光学、磁和传感特性等性能和形式都可根据具体的应用进行调整。

由于对高强度轻质材料的需求和热效率的提高，复合材料的应用范围不断扩大。图17.1和图17.2分别展示了复合材料的全球贸易市场份额和全球市场机会。

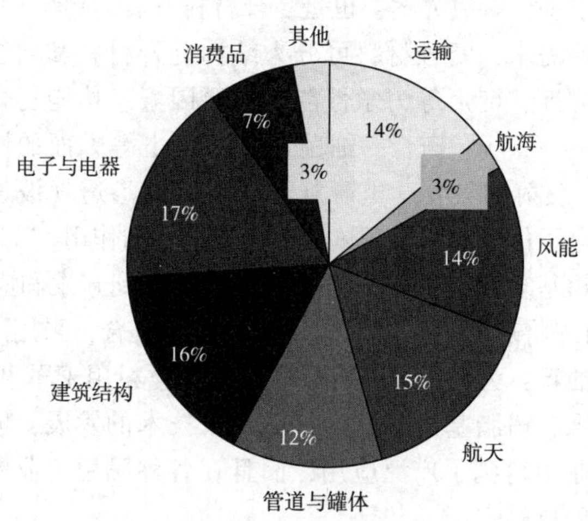

图17.1 复合材料全球贸易市场份额

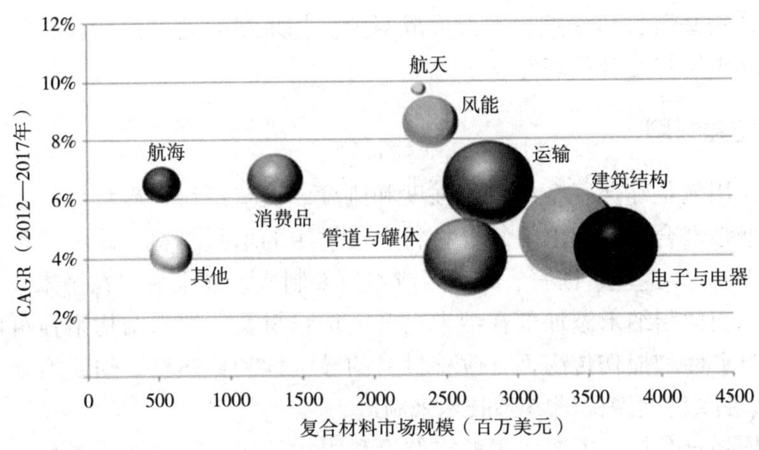

图 17.2　全球复合材料的市场机会

17.3　复合材料的结构

复合材料包括两个主要组成部分：基体和增强/填充材料。复合材料中的基体和增强/填充材料的协同效应能够显著增强材料的性能，满足产品特定的最终用途和需要。织物增强复合材料的发展是织物和聚合物技术共同进步的结果。

17.3.1　基体材料

热固性聚合物基体的所有分子之间都具有共价键的交联或形成的网状结构，加热后只会分解不会软化。分子之间一旦通过交联过程形成固化就不能再次成形。常见的基体材料有环氧树脂、聚酯、酚醛树脂、尿素、三聚氰胺、硅酮和聚酰亚胺[4]。

热塑性聚合物基体由直链或支链分子组成，分子内部的键结合力强，但分子间的键结合力较弱，可以通过加热和加压来重新塑形。热塑性聚合物基体的结构有半结晶和无定形两种。常见的热塑性基体材料包括聚乙烯、聚丙烯、聚苯乙烯、尼龙、聚碳酸酯、聚缩醛、聚酰胺酰亚胺、聚醚醚酮、聚砜、聚苯硫醚、聚醚酰亚胺等[4]。

生物基树脂基体，如由大豆油和玉米乙醇组成的产品，也越来越受欢迎。热固性和热塑性基体在物理、化学和制造工艺性能上存在差异。热固性基体材料是通过不可逆的交联反应聚合而成，而热塑性基体材料则在一定的温度下能够发生转变。

聚合物的黏度是复合材料制备中的一个重要因素。干纤维必须能够完全且均匀地被聚合物基质材料渗透，不得形成空隙。如果聚合物黏度较高，则需要更长的时间来加工增强复合预制件。

17.3.2 增强材料

增强作用就是确保复合材料的强度和刚度。玻璃纤维、碳纤维、芳纶和硼纤维是纤维增强聚合物（FRP）复合材料中最常用的增强材料。碳纤维可以由聚丙烯腈（PAN）、人造丝、沥青、聚烯烃或木质素制成。纤维材料在微米尺度上增强基体材料，而树脂纳米添加剂在纳米尺度上增强材料。纳米结构增强可以提高复合材料的自愈性和损伤传感性，改善材料的导电性和导热性。纺织增强材料主要通过机织、针织、编织和非织造技术来制造。

纤维增强复合材料主要用于航空航天和国防领域。先进增强复合材料常用的织物结构是二维和三维机织物和非织造纤维毡，由于其性能优势和发展潜力，针织物（纬编结构和经编结构）在过去几十年中备受关注。三维针织结构主要有三种：多轴织物（多层）、空间几何针织物（空间造型）和夹层/多层织物。运动休闲、医疗保健、能源发电和储存、电子和 IT、汽车和航空航天等领域正在使用高科技纺织增强复合材料[5]。

使用玻璃钢复合材料的主要行业是建筑、运输、海洋、电力/发电、基础设施、体育用品、艺术和雕塑。用经过环保工艺改性的天然韧皮纤维（BFS）为增强材料，制备出了具有聚合物基体的生态友好生物基复合材料。用细菌纳米纤维素、真菌、酶和等离子体处理涂层等环保工艺，可以改变纤维的形态、结晶度、热性能、力学性能和功能（舒适性、抗皱性、抗菌性、防水/防油/防污性等）。

用黄麻、苎麻、亚麻、剑麻等为增强材料制备的新型生物基复合材料和生态基复合材料已经引起了人们极大的兴趣。与合成纤维相比，BFS 具有可再生、可生物降解、多用途、可堆肥、可塑、易利用等优点，这些复合材料由可再生纤维和基质组成。三维亚麻、亚麻/芳纶复合材料的一些示例如图 17.3 所示。

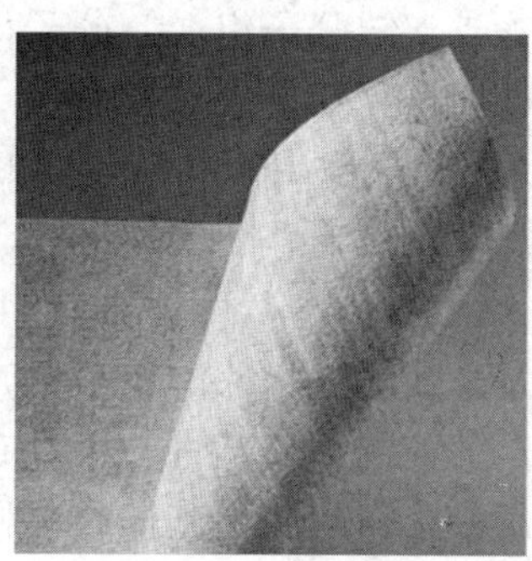
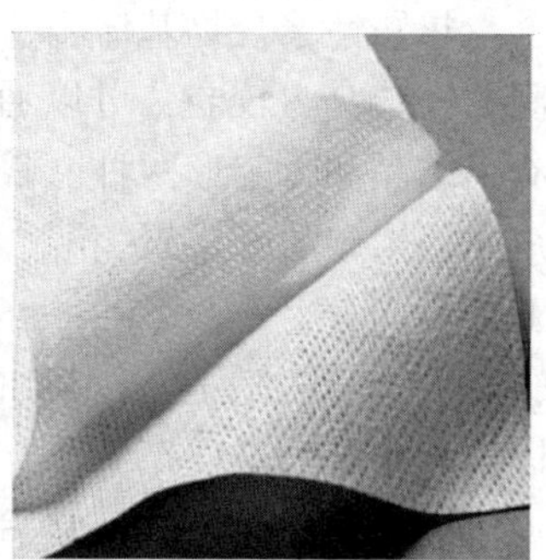

图 17.3　三维亚麻、亚麻/芳纶复合材料

17.4　复合材料的分类

复合材料的种类非常广泛，根据基体材料、填料/补强材料的种类和形式、使用面积的要求、功能/性能和制备工艺的不同，可将其分为多种类型。复合材料的分类如下。

（1）按基体分。可分为聚合物基复合材料（PMC）、陶瓷基复合材料（CMC）和金属基复合材料（MMC）。

（2）按增强材料类型分。可分为颗粒型复合材料、纤维型复合材料、层压板型复合材料和膜复合材料。

（3）按纤维类型分。如碳纤维、玻璃纤维等。

（4）按树脂类型分。如热固性树脂、热塑性树脂。

（5）按制造工艺分。如采用涂层、层压、叠层、拉挤、缠绕、注射成型、压缩成型等工艺。

（6）按使用领域分。可分为纺织、建筑、运输、航空航天、国防、海洋风能、管道、储罐、电气、电子等领域。

由于其固有特性，聚甲基丙烯酸甲酯（PMC）已成为发展最快、应用最广泛的复合材料。与金属等传统材料相比，PMC 具有以下特点：①比强度高，比模量高；②抗疲劳性能好，抗损伤能力容限高；③阻尼性能好；④多功能性；⑤各向异性和性能可设计性[2]。根据聚合物类型的不同，PMC 可分为热固性或热塑性塑料。

17.5　复合材料的性能与优点

复合材料具有高强度、高模量、高比电阻（电阻/密度的比值）、高比模量（模量/密度的比值）、低密度、极耐久、耐腐蚀、热稳定、隔热、导电、隔音、各向异性和非均匀性、高弹性模量、高延展性、韧性、减震、抗疲劳、抗蠕变、耐穿、耐刮擦、耐热、耐磨等诸多突出优点。

复合材料的微观结构与合金和金属化合物（原子级混合物）的结构截然不同。复合材料设计和制造的目的是通过混合组分材料来实现期望的特性或性能，而每种材料在微观层面上保持其自身的结构和性能，通过制造过程的加工，复合材料中的组分材料之间形成了大量的界面[6]。

高性能纤维可用于增强复合材料，以改善复合材料的性能。高性能纤维具有优异的拉伸强度、拉伸模量、黏合力、耐热性、阻燃性和耐化学剂等特性，是制造技术性和高性能纺织品所必需具备的。防护服、休闲服、运动服、医疗用品、汽车零部件、建筑材料、土工布、农业应用、环境保护等只是这些应用领域的一些例子。

各种各样的特种纤维可用于生产高性能、功能性和技术性纺织品。湿法纺丝、熔融纺丝、干法纺丝、静电纺丝、凝胶纺丝、双组分纺丝、超细纤维纺丝等先进的纤维纺纱技术可以生产出具有增强特性的纤维，用于先进纺织材料和服装的生产。用于纺织复合材料制造的纤维材料主要有p-芳纶、m-芳纶、碳、玻璃、超高强度聚乙烯（UHMWPE）、聚苯硫醚（PPS）、聚醚醚酮（PEEK）、含氟聚合物（PTFE）、酚醛（固化酚醛）、聚苯并咪唑（PBI）、阻燃处理的纤维素纤维和（PT）聚酯Trevira阻燃重型PES多功能长丝纱、硼、玄武岩、三聚氰胺基、硫（PPS、聚苯硫醚）、聚对苯撑苯并双恶唑（PBO）、聚酰亚胺（PI）、聚对苯二酚二咪唑吡啶和一些天然纤维（羊毛、亚麻、大麻、黄麻等）等。

17.6 复合材料的织物加工

根据复合材料产品及其使用领域所需的形状、尺寸和性能，可以使用不同的技术来制造复合材料。复合材料的制造技术取决于基体材料、填料/筋的特性（类型、形状、尺寸等）以及最终用途所需的结构性能。

复合材料的加工技术包括以液体或固体形式引入添加剂、在微米和纳米尺度上使添加剂与连续型和不连续型的填充材料相结合、形成不同物质的杂化物、修改复合材料中的界面以及控制微观结构。换言之，为满足当前的技术需求而开发的复合材料必须是应用驱动和过程导向，这与传统的复合材料加工方法形成了鲜明对比，后者侧重于力学和纯结构应用[3]。

结构型复合材料普遍使用的制造工艺分为两类：封闭成型和开放成型。封闭成型工艺包括注射成型、树脂模塑和压缩成型，开放成型工艺包括铺层、喷涂、纤维缠绕拉挤和自动纤维铺放成型。

层压、涂层和薄膜技术通常应用于功能性复合纺织品的制造。可以通过不同的方式形成层压织物：织物与织物、织物与泡沫、织物与聚合物以及织物与薄膜等。

正如国际化学与应用化学联合会（IUPAC）所定义的那样，膜是一种纵横向尺寸远大于其厚度的结构，通过这种结构，在各种驱动力作用下可能发生传质，复合膜是一种具有化学或结构差别的层状结构。复合溶胶—凝胶膜的形成是多步骤的过程，通过两种化学多功能材料之间的反应，溶解在溶剂中，形成网络结构，溶剂保留在网络中，然后进行热处理，以获得所需的孔结构[7]。

复合材料可以采用不同的方式生产。其中一种是将两种不同的成网工艺（例如，水刺/熔喷/水刺织物，称为 SMS）组合在一起，生产加工的复合材料可用于婴儿尿布等卫生领域。水刺织物能够保证最终产品的机械强度，熔喷织物可以提供屏障功能，实现横向防潮。在这两种生产加工过程中，两种不同的材料通过另外的生产工序中进行层压，例如，Lutraflor 技术通过针刺方法将水刺织物和干铺非织造布结合起来。非织造布通常是与薄膜或泡沫进行层压，特别适用于医疗产品。在气味吸附复合材料中，通过浸渍方法在泡沫中加入活性炭，通过层压方法将这种泡沫材料与非织造布进行复合。

纳米技术已成为纺织领域的一个重要的补充，与传统的复合材料有很大的不同。复合纺织材料是纳米技术众多应用领域之一。

在纳米复合材料中，至少有一种材料的尺寸在纳米范围内（$1nm = 10^{-9}m$）。纳米复合材料已成为克服微复合材料和整体材料局限性的合适替代品，但是在制备纳米材料时，各部分的元素组成和化学计量控制方面仍然面临着难题。据报道，由于具有传统复合材料中未发现的设计独特性和性能组合，纳米复合材料是 21 世纪的新材料[8]，可以显著改善织物和服装的性能。

聚合物基纳米复合材料（PNC）是一类在聚合物基体中添加纳米填料或纳米颗粒超细分散物质的新型材料，其中至少一种纳米填料或颗粒的尺寸小于 10nm。界面相互作用的体积和影响随填料或增强剂的尺寸减小而呈现出指数增长，从而形成一个称为界面相的结构，这个结构与分散相和连续相均不同，因此，即使在较少的纳米填料时（<5%），也会对复合材料的性能产生较大的影响。

PNC 可以通过各种方式形成，例如，PNC 纱线的纺纱、PNC 的应用（填充、真空、印刷、发泡、喷涂等）和涂层（常规、溶胶—凝胶、等离子体等）。纳米纤维由纳米填料［纳米黏土、金属氧化物、碳纳米管（CNT）］和聚合物基体组成。

纳米复合材料由含有纳米颗粒、晶须、纤维、纳米管等增强材料的基体材料组成，应用无机纳米颗粒及其纳米复合材料是获得先进材料性能的有效途径。以纳米材料为基础的聚合物添加剂，即碳纳米管、纳米层、纳米血小板和石墨烯，也可以显著改善复合材料的性能。二氧化钛纳米颗粒在纺织材料中具有亲水性、抗菌性、自清洁性、紫外线防护性、超疏水性、光活性和多功能性。高分子黏土纳米复合材料能够显著改善纺织材料的阻燃性、抗菌性、拉伸强度、阻隔性、透明度和尺寸稳定性等性能。碳纳米管及其纳米复合材料赋予纺织品紫外线防护、抗菌效果、阻燃性、导电性、高强度和舒适性。

无机粒子表面能与纺织材料表面能的差异对无机粒子与纺织材料之间的吸引力产生了负面影响。这使得纳米颗粒对织物的表面改性不具有永久性的抗洗性。

然而，通过在纤维聚合物基体上嵌入粒子，纳米结构可以稳定在织物表面，因此，纳米复合材料可用于纺织材料的耐久多功能改性。聚合物基质的性质，如热稳定性、导电性、导热性、密度、力学性能、磁性、光学、介电性能和阻燃性，可通过控制纳米材料的化学结构、粒径、颗粒形状和比表面积进行改性。

聚合物层状硅酸盐（PLS）纳米复合材料比纯聚合物和常规微粒复合材料具有更好的性能（如高模量、更高的强度和耐热性、更低的可燃性和气体渗透性、更高的生物降解性），已经引起了人们的极大关注。蒙脱石、锂云母和皂石是最常用的层状硅酸盐。在聚合物/层状硅酸盐纳米复合材料中观察到性能显著改善的主要原因是基体与硅酸盐之间的界面作用比传统填料增强系统更强。目前已经开发出各种类型的聚合物基纳米复合材料，其中包括绝缘材料、半导体或金属纳米粒子材料，以满足特定应用的要求。例如，耐热 PNC 被用于制造适合高温和高压环境下工作的消防人员防护服和轻质部件[8]。

复合织物的制备还可以采用溶胶凝胶法、磁控溅射法、等离子体法、层对层（LBL）法和纳米材料包埋法等纳米涂层方法。复合纳米粒子是一种特殊的纳米复合材料，是具有核壳结构或经过表面改性的纳米粒子。当这些纳米粒子包含无机核和有机壳时，就是混合纳米粒子。在这种情况下，无机核可以是金属或金属氧化物，有机壳可以是聚合单体、发色团、洗涤剂或表面活性剂、碳或某些有机分子。微球型复合纳米颗粒是一种特殊类型的复合材料，是由纳米复合物组成的较大的球体[9]。

17.7 复合材料纺织品与服装

多层复合纱线和纺织品可以通过服装内部吸汗层吸收人体皮肤表面释放的汗液，从而满足穿着舒适性的要求。日本东洋株式会社开发了一种凉爽、干燥的三层复合纱线，表面为涤纶长丝、中间为涤纶短纤维、芯部为涤纶长丝。最好的成分位于中间，细纤维提供更高的多孔性，可以增加毛细作用，将吸收的汗液输送到纱线表面。纱线内部的粗涤纶长丝具有 Y 形横截面，可提高吸湿能力。

过去的几年中，在智能材料开发方面取得了一些重要进展，通过合适的涂层和层压技术赋予材料某些功能，提升附加值。在发光材料、形状记忆聚合物、相变材料、热绝缘材料、防水帆布、光防护材料的研究发展取得重大进展[10]。

羊毛具有优异的舒适性、弹性、耐久性、保水性、吸湿性、无湿感、阻燃性、绝缘性、芯吸性、保护性（由于羊毛脂含量）、毡合性、生物可降解性和美观性，在服装、室内装潢、医疗、化妆用纺织品、土工布、各种工业和技术纺织品等领域具有广泛的应用前景。

SPORTWOOL 快干美利奴羊毛是由澳大利亚羊毛创新有限公司（AWI）和 CSIRO 公司合作设计的一种轻便、快干、易护理的运动服装用复合羊毛织物。这种复合织物靠近皮肤的一层为可机洗超细美利奴羊毛材料，外层为坚牢的、易保养的聚酯纤维材料。织物上两种纤维成分完全分离，确保羊毛层与皮肤接触，从而形成一个纯合成纤维产品无法获得的特殊水分管理系统。

Toray 成功开发了一种纳米加工技术，即“纳米基质”技术，在加工织物（机织/针织织物）使用的单丝上形成由纳米分子组成的功能材料涂层（10～30nm）。“纳米基质”是基于“自组织”的概念，通过控制温度、压力、磁场、电场、湿度、添加剂等条件来实现。这项技术的应用有望促进新功能的发展以及对现有功能（质量、耐久性）的显著改进，而不会影响织物的质感。

含有嵌入纳米级刚性粒子作为增强材料的纳米复合纤维具有更好的高温力学性能、热稳定性、光学、电子、屏蔽或其他功能，如可染性、阻燃性、抗菌性能等。新型双相纳米复合纤维具有以下特点：分散的粒子是纳米尺寸的，将对轮胎加固、光电器件和其他应用（如医用纺织品、防护服等）产生重大影响。另一项成果是在纳米高聚物复合材料的基础上，采用新型混合纳米结构填充方法开发的多面体低聚倍半硅氧烷（POSS）。

导电性是金属特有的物理特性，但不是普通纺织材料的典型性能。利用复合材料技术和纺织结构/技术的多功能性，可以开发具有基体填料和基体分散相的导电纺织复合材料。

导电聚合物因其优异的电学和光学性能受到广泛研究。常用的导电聚合物是聚吡咯（PPY）、聚苯胺（PANI）、聚噻吩（PTH）及其衍生物。PPY 和 PANI 等导电聚合物通常被称为合成金属，其独特之处在于，具有金属的电和磁特性，同时保持聚合物的机械特性。

以硝酸盐为光致敏剂，通过光化学诱导氧化聚合的方法制备出具有导电聚合物的纺织复合材料。导电聚合物涂层夹芯（双层）针织物导电性能的跨学科研究项目取得了初步的成果，这项研究是以多层针织物作为聚合物薄膜的基础材料。导电聚合物中含有对氧化聚合敏感的噻吩环，该聚合反应是有离子盐存在的情况下通过光化学诱导而成的。研究得到的多层复合材料所具有特征可以从形态和物理的角度体现出来。

军用防护装备应该具备包括检测、防弹、防毒溶胶和有毒液体、防蒸汽的联合防护功能，具有阻燃性，像棉纤维那样透气，可机洗。

一般来说，功能性服装可分为九类，表 17.1 所示为不同种类的功能服装及其性能特点[11]。

表 17.1 功能服装的种类

功能服装	性 能
基础层服装	这类服装通常包括针织服装，具有防潮、降温、防紫外线、防臭、快干等性能。可用于运动服和内衣，可作为单层服装或服装内层
中间层服装	为防止身体热量流失而穿的中层衣服，通常为多层针织物。这种衣服不需要进行涂层或层压处理
外套	用于外层或中间层的功能性服装，可作为弹性、防风和防水的裤子和夹克
三层服装	在功能性服装（裤子和夹克）设计中用作外层的层压式透气服装
双层服装	用于功能性服装的外层。这些是层压或涂层机织服装，具有灵活性、透气性和防水性
高密度轻量化服装	由非常细的纤维组成的高密度衣服。在运动服中作为防风单层、层压或非层压的轻质服装
衬衫和裤子	用作中间层或载体层服装（通常由机织材料加工而成）。用于滑雪、健身、攀岩、瑜伽等运动服装
休闲服装	由天然纤维制成，采用最流行的印花或提花织物，用于衬衫、裤子和夹克
工作服和重型服装	具有阻燃、高可视性、抗剪强度、快干、抗紫外线、抗静电、防臭性能，适用于恶劣环境的工作服，适用于消防、医疗、建筑人员的服装

17.7.1 防护服装用复合材料

在许多工业部门、军事和能源服务部门、医院环境中，人类面临各种类型的风险，每个部门对防护服装都有各自的要求。防护服装的用途包括化学飞溅物和蒸汽保护、洁净室服装、防切割手套、污垢和灰尘防护、消防弹道防护、喷漆工作服、防刺服装、医用防护和耐化学处理等[10]。因此，需要各式各样的防护服装材料具体示例如下。

在酷热环境下工作的人，如消防员、电焊工和火山研究科学家等，需要穿着由轻质防火材料制成的防护服。铝基织物可以用于重型、银色消防服。防水消防服可由紧密编织的塑料或复合材料制成，覆盖有由氯丁橡胶制成的防闪火和防化学外层（防水服中使用的合成橡胶）。消防面罩和飞机烟雾罩由涂有 Teflon® 的 Kapton®制成，这是阿波罗太空服外层中使用的两种坚固的防火复合材料。

复合材料 Kevlar®的强度与同等重量的钢相比要高五倍，因此，同样的保护效果，防护服装的重量可以更轻。这种材料由聚对苯二甲酰胺的聚合物长链分子纤维组成。还有一种更硬的 Spectra®纤维材料，是由聚乙烯复合材料制成的，其中的纤维在柔性树脂中彼此垂直排列，并涂上层压膜。这种材料的强度是钢的 10 倍，但非常轻，比 Kevlar®等复合材料的防护性能更好，可以防自动武器的攻击。

受紫外线辐射影响最大的是在太空行走的宇航员，他们离太阳更近，而且远离地球臭氧层。20 世纪 60 年代，阿波罗计划的宇航员戴着聚碳酸酯头盔、镀金面罩，这些装备可防止紫外线和红外线辐射。在阿波罗计划的支持下，已经开发出了许多先进的防护材料。事实上，早期的阿波罗太空服就包括了当今最先进材料，这种宇航服包含 24 层，设计用于抵御-157~120℃的极端温度、大气压力不足和微小陨石攻击对宇航员的伤害。

宇航服最里层是轻便的尼龙套装，套装外面包覆水冷乙烯管和尼龙舒适外层。接下来是外套，包括一层接触皮肤的舒适的 Nomex 织物、一层针织平纹织物、作为连接材料的氯丁橡胶层、保持外套内人造气压的氯丁橡胶保氧气囊、用于控制气囊的尼龙外层、五层镀铝聚酯薄膜（聚酯薄膜）、四层夹在镀铝聚酯薄膜之间的涤纶以防止酷热和寒冷、两层结合在 Kapton 上的聚四氟乙烯涂层硅石、两层用于隔热的 Kapton 材料、一层内部防火 β 布（聚四氟乙烯涂层的玻璃纤维）以及外层耐火焰和微陨石的白色聚四氟乙烯。

户外服装用复合织物使用时需要能够对外界的环境因素起到防护作用，主要针对的是风和降水。除了这些因素，还要兼顾穿戴者的热物理舒适性。运动服装常用的复合纺织材料是氯丁橡胶，主要用于水上运动的防水服装。表 17.2 为多层复合织物的组成、功能和应用[12]。

表 17.2　多层复合材料的组成、功能和应用

分类	组成	功能	应用
2 层	基础织物+膜	防水、防风、透气	徒步旅行、登山、滑雪、时装等的中端市场
2.5 层	基础织物+膜+凸起印刷背衬	轻、可压缩、防水、防风、透气	快速、轻松和高频率活动等
3 层	基础织物+膜+经编针织物背衬	耐久、可弯曲、防水、防风、透气	徒步旅行、登山、滑雪等的高端市场
软式	基础织物+膜或涂层+织物背衬	隔热、可弯曲、防风、透气、拒水	多功能和高频率活动等
4 层	基础织物+膜+绝缘材料+经编针织物背衬	隔热、防水、防风、透气	徒步旅行、登山、滑雪、时装等
防水衬里	膜+背衬	防水、防风、透气	徒步旅行、登山、滑雪、时装等的中端市场

微生物会对纤维产生降解作用，造成纺织品变质、对人体具有潜在健康风险、产生令人不快的气味等不良影响，需要采用抗菌剂对织物进行处理。纳米结构抗菌剂包括二氧化钛纳米颗粒、金属和非金属二氧化钛纳米复合物、二氧化钛纳米管（TNT）、银纳米颗粒、银基纳米结构材料、金纳米颗粒、氧化锌纳米颗粒和纳米棒、铜纳米颗粒、CNT、纳米黏土及其改性形式、金属和无机树枝状聚合物纳米复合物、纳米胶囊和含有纳米颗粒的环糊精[13]。

气凝胶是一种高孔、低密度的固体，有极强的树脂化作用，具有非常小的孔（10~50nm），是非常好的热绝缘体，热阻值比泡沫聚合物高 2~10 倍。然而，传统气凝胶比较脆弱，环境耐久性也较差。X-aerogels 是由美国国家航空航天局开发的聚合物交链气凝胶，聚合物交链能够有效改善气凝胶的性能。从气凝胶有机聚合物到酚醛浸渍碳烧蚀剂和粉末填充绝缘材料，这些突破性的研究对纺织服装高性能产品开发产生了重大影响，可用于充气棚屋和防护服保暖材料。

用于隔热和轻质结构的耐久性气凝胶加工技术是创新研究项目之一。美国国家航空航天局研制出强度比传统硅气凝胶高 500 倍的 PI（聚酰亚胺）气凝胶。这项创新代表了易碎硅气凝胶的革命性进步，因为它在薄膜形式上具有高度的灵活性和可折叠性。作为薄膜，它可以用于绝缘工业管道、汽车防护罩、临时住房结构以及防护服（如消防夹克、太空服）。其优点是薄而柔韧，比传统的硅气凝胶强 500 倍，多用途，可定制成模铸形状和薄膜，低导热性，比聚合物泡沫在环境条件下的性能提高 2~10 倍，在真空条件下的性能提高 30 倍，耐热性提高达 200 倍。可在-300℃长期使用，防潮。它有许多应用，如防护服、宇航服和住房应用的柔性薄形绝缘材料。

大多数硅胶气凝胶是易碎的。NASA Glenn 团队通过芳香三胺或多面体低聚倍半硅氧烷、八（氨基苯基）倍半硅氧烷交联，并在室温下进行化学酰化，合成 PI 气凝胶。交联的气凝胶保留和提高了 PI 材料的有益特性和强度，克服了二氧化硅气凝胶的易碎性缺陷。目前市场上的硅气凝胶有颗粒状的，也有是复合包覆层状，这些气凝胶易碎，会脱落灰尘颗粒。交联的 PI 气凝胶比二氧化硅气凝胶具有更好的力学性能，并且不产生粉尘颗粒。可以用来加工成网状的、坚硬的零件，或者铸造成具有良好拉伸性能的柔性薄膜。还可定制与其他材料形成一体，例如，管道上的包覆层，防护服状的衬垫，或塑造成汽车上的散热挡板。

Aerotherm®是使用硅胶制作的一种坚固、耐用、柔韧的材料，其隔热效果是传统隔热材料的 2~8 倍。当二氧化硅在溶剂中形成凝胶时，就会形成气凝胶。当溶剂被去除后，仍会有高达 99%孔隙的膨胀粒子。多孔纳米材料能够减缓热量和质量传递，这使得气凝胶成为一种有效的绝缘体；它也具有比其他任何固体更低的导热性。

Aerotherm Aerogel 是一种保温材料（美国 Aerogel 技术公司生产），因其优异的热性能和弹性特别适合在极端气候条件下使用。Aerotherm 的主要应用领域是鞋类、普通外套、滑雪手套、运动服、配件、极端天气装备、水瓶、医疗包装以及户外装备，包括背包、睡垫、睡袋和帐篷。这种材料在个人防护装备（PPE）中也有许多应用，包括安全防护服装、鞋和手套。

Thermablok®气凝胶的隔热层由复合材料构成，该复合材料由嵌入在纤维基质中的气凝胶构成。利用美国航空航天局开发的气凝胶绝缘技术，Thermablok®是一种高效的气凝胶绝缘材料，它可以破坏导热的“热桥”，并且可以在而不考虑空腔的隔热效果前提下，使墙体的整体热阻值 R 提高 35%。

SPACELOFT®是一种柔性的纳米多孔气凝胶隔热材料，可有效减少能量损失，同时在住宅和商业建筑应用中能节省室内空间。SPACELOFT®具有独特的性能：极低的导热性，优越的柔韧性、抗压性、疏水性和易用性，这些特点使其成为高效热防护材料的必选。SPACELOFT®隔热层采用了纳米专利技术，将硅胶气凝胶与增强纤维结合在一起，热性能在易于操作和环境安全的产品中处于领先地位。

由 Schoeller Textil AG 公司开发的 Corkshell™是一种新的柔性技术产品，将软木的自然特性与高性能织物的功能特性结合在一起。这种材料由森林管理委员会（FSC）认证的软木颗粒制成，这种软木颗粒为制造葡萄酒瓶塞的副产品。采用特殊的工艺过程将这种天然软木颗粒粉碎后固着在物体表面形成涂层。产品有两种结构选择：一种是两层织物结构，在织物内侧进行软木涂层；另一种是三层织物结构，在中间层织物上进行软木涂层。

两种织物结构都具有防水和防风性能，透气性很强，并且可以双向或四向拉伸。Corkshell™的隔热性能明显高于同类的传统软壳产品，并且根据织物结构的不同，可具有高达 50%的隔热性能。

Aly 等人在 2014 年研究了用于防护服的新型混杂层合复合材料（机织布和聚酯基非织造玻璃纤维毡的高强度 HLC）的性能[14]。以缎面结构的（聚酯/玻璃）织物和玻璃纤维毡为原料制备的 HLC 具有最佳的功能特性。该多功能 HLC 材料具有很高的抗刺穿性和较好的防紫外线透射性能，可以用于防护服装的头部防护材料，并且由于其重量轻和厚度小而具有很好的舒适性。

17.7.2　防护服装

防护服装是高性能的技术纺织产品，包括个人防护系统（PPS）、个人防护装备（PPE）、军用服装和运动服装。每一类服装都包括广泛的应用和众多的产品。防护服装是工业纺织品中增长最快的一部分。下文简要介绍几种常用防护服装。

17.7.2.1　防弹装备

防弹装备包括服装、背心、装甲、头盔和车辆结构加固。机织物、针织物、非织造布、多层材料和复合材料都可以用于防弹。在防弹服装的设计和制造中，考虑了防护类型（刀、手枪、突击步枪子弹、高速子弹）和威胁程度。根据这些参数，防护结构可采用陶瓷板、特种纤维/织物结构、多层/涂层织物和复合材料。此外，钝性冲击可以通过减震材料给予防护。

Wang 等人在 2014 年介绍了不同类型的防弹服装、防弹服装所采用的材料和结构、防弹性能评估的试验方法、与防弹服装制造和使用有关的政府法规以及世界上不同国家采用的试验方法[15]。

防弹服装可分为两大类：①柔软的可穿戴防护服装，其防弹性能由柔软的、可弯折的织物实现的；②软—硬式防弹服装，其防弹功能由整合到高模量织物中的刚性板材共同实现。用于软—硬式防弹的复合纺织系统通常包括氮化硼、碳化钨、二硫化钨、氮化铝等陶瓷板材、涂层材料等。

在这种系统中，刚性板被设计用来拦截来袭的弹丸并将其动能分散到大面积板材上，而织物则被用来尽可能分散动能，并在弹丸到达陶瓷板之前造成弹丸变形[16]。另一项证明其具有抗弹道能力的技术是由高性能抗弹道纤维和剪切增稠胶体分散体组成的复合系统。剪切增稠胶体或 STF 是黏度随外加应力增加而增加的液体。玉米淀粉和水的混合物是 STF 的典型例子。特拉华大学（University of Delaware）的研究人员已经生产出含有 STF 的纤维，生产出防弹纱线[16-17]。

这些复合纤维的防弹性能试验表明，与普通 Kevlar 相比，经过 STF 处理的 Kevlar 纤维的防弹能力增加了 250%。陶康宁公司已经开始用这种材料生产其他用途的加固纺织品。现在有研究尝试将 M5 纤维与 STF 技术相结合，软性防弹服装有望很快取得成功[16]。如果在织物结构中加入羊毛，可以提高用于抵御高速弹道冲击的芳纶基多层防弹织物的防护能力。防弹试验表明，在国家司法研究所弹道标准Ⅲ级 A 条件下进行试验时，与羊毛混纺的合成纤维至少能与 Kevlar 纤维的干或湿防弹性能相匹配[18]。加入羊毛纤维可显著提高合成纤维的防弹撕裂强度[19]。羊毛纤维及其混纺产品的应用范围可以进一步扩大，用于探索其在纺织工业中的应用。Tegris®是一种热塑性 100%聚丙烯复合材料，适用于硬式和软式防弹材料，包括防弹装、装甲车辆、防爆毯以及其他与防弹有关的应用，可以用于针对碎片、射弹和爆炸等威胁的防护。

对于轻质刚性材料，Tycor 为增强芯材料，由封闭在玻璃纤维闭孔中的泡沫组成。当放置在模具中并注入树脂时，Tycor 会变硬、变强、变轻，然后注入模具中。Tycor 可用于包括桥梁、船只、潜水艇等在内的各种应用领域。

美国陆军正在试验新的、先进的复合材料，以改进车辆和防弹服装，提供更轻和更有效的防护，以抵御包括子弹、碎片、简易爆炸装置和地雷等各种威胁。最有前途的材料之一是新的高强度 M5 纤维，由阿克苏诺贝尔中心研究实验室开发，目前由麦哲伦系统国际公司生产。这种材料在人员和车辆的防弹系统、火焰和热防护以及高性能结构复合材料中有着巨大的应用潜力。这种纤维在军队的潜在应用包括硬式背心和头盔、与陶瓷材料结合针对轻型武器防护的复合材料以及用于车辆和飞机的结构复合材料。它能将先进的轻质复合材料制成硬式和软式的防弹装备。M5 纤维比目前用于制造航空航天和汽车结构零件的钢和碳具有更加显著的优势。

M5 纤维是以刚性棒状聚合物聚二咪唑吡啶（二羟基）亚苯基为基础，M5 纤维为基础的装备在提高或保持抗冲击性能的同时，能够大幅度降低防弹衣的重量。使用性能优化后的 M5 纤维开发了硬式复合材料防弹系统，并进行了弹道冲击测试；结果证明这些防弹系统的性能非常优异。M5 纤维的晶体结构不同于其他高强度纤维，纤维不仅在主链方向具有典型的共价键，而且在横向尺寸上还具有氢键网状结构。目前，M5 纤维的平均模量为 310GPa（即比市场上碳纤维的模量高 95%），平均韧性高于芳纶（如 Kevlar 或 Twaron），与 PBO 纤维（如 Zylon）相当，最高可达 5. 8GPa。根据这些结果，估计基于 M5 纤维的碎片防护装甲系统将在相同的防护水平下，比 Kevlar KM2 织物防弹产品的面密度降低 40%~60%。

防弹的核心是吸收和耗散弹道冲击产生的能量，因此，防弹背心通常由若干层材料组成。织物或复合层由高性能纤维纱线制成，在子弹的撞击下，这种材料能够吸收动能，手枪子弹以 400m/s 的速度到达防弹织物后，通过对纤维或其他硬质纤维材料产生的拉伸变形，将载荷分散在整个材料的大面积区域。这会减慢子弹的速度，最后阻碍子弹穿透身体。专门设计用来对付来复枪射击的防弹衣必须更坚固，这种枪弹以 800m/s 左右的速度飞行，除了纤维层外，还必须加入陶瓷或金属板等硬质材料。防护板材料在受到枪弹撞击时能够吸收并消散更大的动能，同时子弹本身也会在受到撞击以后变形钝化并降低速度。

据报道，碳纳米管纤维编织成织物或用于聚合物基的复合材料中，可有效增加刚度、强度和韧性，提高材料的防弹性能，以应对最具攻击性的枪弹威胁。

DuPont 公司开发了新一代防弹 Kevlar 纤维，这种纤维比以前的 Kevlar 纤维更坚固、重量更轻。根据 DuPont 公司和独立实验室的测试，Kevlar XP 纤维在 11 层织物制作的背心中，仅仅两到三层织物就能阻挡 44 枚大口径子弹。DuPont 公司认为，虽然仅这一点就令人印象深刻，但更重要的是重量还可以减轻 10%，材料背面变形减少 15%，这直接保证了穿着背心的人受到的钝力损伤更少。

防护服装的性质决定了不同产品之间存在着相似性，如防弹背心和防刺背心有许多相似之处，包括材料选择和设计方案。例如，Kevlar 纤维不仅非常坚牢，而且分量轻、可弯曲，在防弹服装制造中有广泛的应用。芳纶材料还能够承受极端高温，在 427℃（800℉）以下温度条件下不会熔化或降解。这意味着 Kevlar 也可以用于消防服装，芳纶制造商还希望提供具有更高耐热性的材料，这需要以牺牲一些防弹功能为代价。Kevlar 纤维已经在消防服装中得到了应用，还能在高温防护的同时提供撞击和钝器的保护。有制造商开发出混合材料，如 Kevlar 和 Nomex 的混合物，这是DuPont公司开发的耐热性更高的一种芳纶材料。通过不同纤维混合方法制造的材料可以为消防员提供所需的耐热性且摩擦小，能改善消防服装性能的综合功能。

17.7.2.2 防火服装

防火服装主要是消防员、士兵和一些产业工人的防护服装。玻璃纤维、碳纤维、Kevlar纤维和Nomex纤维是大部分防火服装使用的阻燃材料。这些服装具有由防水、隔热和衬里组成的阻燃内层。含有芳纶和PBI等纤维材料的服装外层能够防火焰、隔热和防机械力和提供强度。热防护服装针对包括火灾和极热的环境条件，涉及消防、焊接、铸造、金属和陶瓷工业等领域。

Nayak等人在2014年介绍了有关消防员防护服性能和舒适性的最新趋势、热防护服装设计、实现防护性能与舒适性之间平衡的纺织材料、与性能和舒适性相关的各种测试标准、未来研究方向以及设计先进防护装备时面临的挑战[20]。

Dolez等人在有关文章中介绍了热防护服装的隔热、防火、力学性能、化学物侵蚀、使用老化等方面的影响因素，模拟实际使用条件的测试方法，纳米材料在热防护服装中的应用和发展趋势，以及个人防护装备等领域的一些新技术[21]。

下面介绍几种典型的防火服装。

Viscont FR是世界上唯一的阻燃黏胶长丝，由波希米亚Glanzstoff公司采用高强度纤维加工技术制造。Viscont FR纤维具有阻燃、不熔融、舒适、湿度管理、耐磨和高强度等性能，这些性能在以前开发的100%阻燃黏胶长丝中是无法实现的。这种长丝还具有优异的技术特性，适用于军事、安全服装、工业和家居用品市场。

Nomex® Nano和Nomex® Nano Flex是DuPont公司推出的新一代阻燃材料。这些新材料在针对消防人员的防护方面有了新的突破，代表了消防服装的未来发展方向。

Nomex® Nano是为了解决急剧增加的热应力问题而开发的纺织材料，而热应力是导致消防员受伤的最主要因素。经过特殊设计，Nomex® Nano比其他先进的阻燃材料更薄，可使阻燃织物的厚度比其他阻燃织物减少40%，而热防护性能（TPP）保持同样的水平。这意味着由Nomex® Nano材料组成的阻燃层可以减轻消防服装的重量和减小体积，帮助消防员提高机动性和扩大运动范围，减少热应力集聚。

Nomex® Nano Flex的研发目的是在不影响舒适度的前提下，为消防员提供微粒防护。Nomex® Nano Flex是一种高度透气的阻燃材料，具有很好的弹性和优异的粒子屏障性能，比其他阻燃材料更轻薄。将Nomex® Nano Flex材料用于消防服装外层的复合材料结构中，可改善颈部和上颌区域的颗粒屏障保护，而这些区域被认为是最脆弱和保护最少的区域。这种结构的服装可以使粒子屏障效率提高4倍。

ResQ®阻燃织物的结构设计紧密，在潮湿的情况下也具有很高的抗撕裂性，其颜色能够长时间保持不变，从而保证更持久的视觉效果和近红外（NIR）伪装功能。此外，ResQ®还具有更高级别的防护功能，可以防护由爆炸装置（IED）和其他燃烧装置引起的闪火。

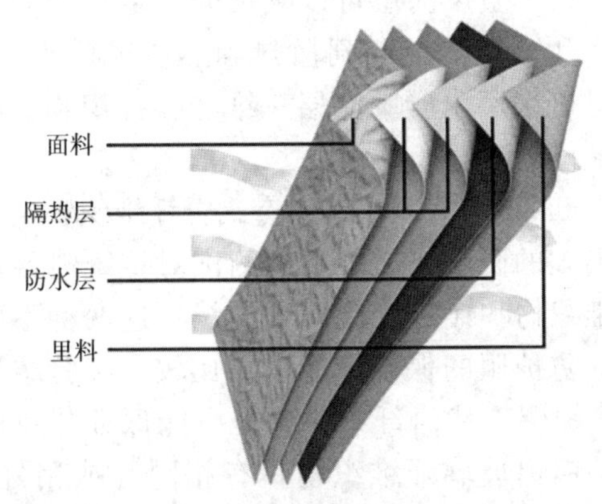

图 17.4　消防服装的组成结构

DuPont 公司和 Lion 公司合作为消防员和救护人员提供了一种新产品：由内到外都是采用 Kevlar®纤维、Nomex®和 Kevlar®短纤维最先进的混合材料。Lion 公司开发的 Janesville® V-Force 服装采用新型 Kevlar®纤维作为外层和衬填层，具有良好的舒适感和较高的强度，使用 Kevlar® 和 Nomex®材料可以增加服装的舒适性、灵活性和耐用性。图 17.4 为这种消防服装的组成结构。

Airlock®多层结构技术有助于为消防员提供水平的防热功能，而无需穿着笨重而透气性差的服装。在 Gore-Tex®防水层上使用了热稳定性好且具有化学惰性的材料，形成一个空气绝缘层。这种创新型轻质材料为穿着者提供了热保护，降低了热应力，有助于消防员保持最佳运动自由度。这种材料与 Nomex 和 Nomex/黏胶阻燃材料相结合能够为消防员的作业提供很大的支持。

日本 Teijin 公司与消防服装制造商 Akao 有限公司合作，开发出新的消防服。据报道，这种新的消防服在防止高热、轻量和耐磨损方面都达到了新的世界水平。日本 Teijin 公司的新消防服套装由芳纶 TRIPROTECH 制成，由多个关键层组成。各层的技术细节包括很多方面，此芳纶材料的消防服重量仅为 2.5kg（5.5 磅），比该公司先前的轻型消防服能更有效地防止烧伤。这种消防服装的外层采用耐热和阻燃的双层机织物，中间层为空气绝缘波纹结构，内层采用改良型表面光滑的机织物。这一切都有助于提高消防服的防护功能，也有助于消防员更方便地穿脱。

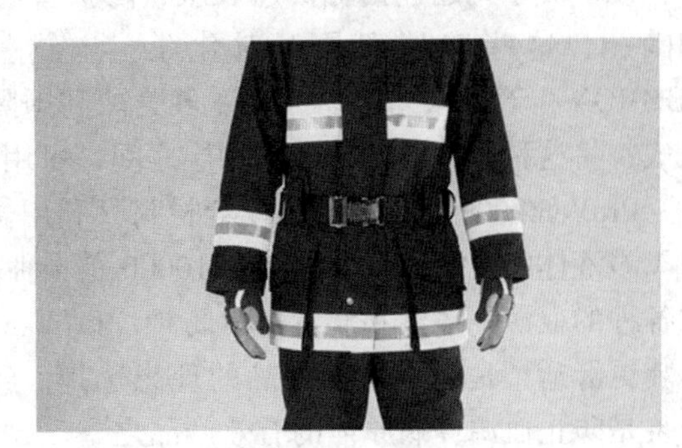

图 17.5　日本 Teijin 公司的轻型消防服

消防服套装的组成结构如图 17.6 所示。亲水外套是消防服装的一项创新，设计目的是为消防员的活动提供更好的舒适性和安全性。亲水外套由水凝胶聚合物涂层的织物组成，形成热湿管理层。水凝胶是一种亲水性聚合物网络，遇水后能够膨胀和储存大量水分，并维持服装原有的三维结构。外层能够反射紫外线，阻燃涂层可以被火的热量激活而起防护作用。第二层起到散热和热屏障的作用。内层衬里采用水凝胶涂层三维经编针织物，以实现最佳的湿度管理[22]。

图 17.6　消防服套装

Frydrych 等人采用镀铝玄武岩纤维织物生产铸造工人的防护服装。通过测试对传统镀铝玻璃纤维织物和镀铝玄武岩纤维织物这两种不同材料的防护服的保温性能进行比较。实验结果表明，镀铝玄武岩纤维织物至少能保证与目前使用的镀铝玻璃纤维织物具有相同（或稍好）的热防护系数和相同（或更好）的热舒适性，且成本较低[23]。

17.7.2.3　生物危害防护服装

针对生物战、疾病、传染病、病毒、细菌、昆虫等的防护服装已受到重视。通常使用非织造布或非织造聚合物薄膜层压织物用于生物危害的防护，通过屏障或化学释放方法防止生物危害接触人体。

DEMRON 公司开发的冰感多用途西装拥有自制冷能力面料的专利，可以提供针对病毒、生物、化学品和热应力提供最高级别的防护。Demron Ice 是世界上第一款全身防护服，它与市场上其他服装的不同之处在于，热应力更低、使用时间更长。Demron Ice 是 DEMRON 公司的产品系列之一，该产品系列还包括防护连衣服、防护背心、防护毛毯和医用 X 射线防护背心和围裙，这些产品都具有对化学、生物、辐射、核和热应力的防护功能。DEMRON 生产的系列织物拥有许多美国和国际专利，由先进的辐射型纳米聚合物组成，将这种聚合物融合在织物层之间，可用于制造个人防护装置。

ProVent7000 是一种轻质复合材料，利用微孔薄膜技术，实现对危险颗粒和轻质飞溅液体的良好保护。ProVent10000 是一种获得专利的微孔薄膜复合织物，可以对各种的血液、体液和病毒进行防护。ProVent10000 的高透湿率（MVTR）使衣物服装更舒适，是生物防护用品的理想选择。经过超声波密封接缝的 ProVent10000 服装是防止血源性病原体的有效产品之一。

17.7.2.4 电气危害防护服装

采用涂层/层压技术将碳/聚酰胺加工成的皮芯结构复合纤维和复合材料，可对高压电、雷击、静电等进行防护。此防护服装不仅要符合 ANSI 107 反光服装用品测试、ASTM F1506 暴露于电弧和有关热危害的电工用耐磨服装材料的标准性能规范和 NFPA 70-E 工作场所的电气安全标准的要求，还能够提供静电防护，可以防止工作场所可能存在的易燃气体着火。例如，Glen Raven 开发的 Glenguard® Hi-Vis 和 Glenguard® Hi-Vis Anti-Stat 防静电织物。Barnet 公司为洁净室、医院和工业工作服应用开发的碳纤维技术可以防止静电积聚。碳纤维组成芯线，外层包裹有聚酯材料，能够保护碳纤维在洗涤过程中不会磨损和损伤，同时也不会降低碳纤维的静电耗散特性。

Sefar® PowerMatrix 是由 Sefar AG 公司开发的一种轻量混纺织物，经纱和纬纱由聚酯纤维和金属单丝组成。这项技术融合了电子和纺织品两个领域的研究成果，综合展示了各自领域的优势。经纱和纬纱中的导电金属线通过一层薄的聚合物涂层达到绝缘目的，经纬线交织使金属导线相互之间形成一个无电流回路的网格。任何需要通电的位置都可以通过选择性地去除包覆层，在交织点处进行连接的 PowerMatrix 中建立起来。接点处用环氧树脂或硅树脂进行封装，也可以用同样的方法将电气元件进行安装和互连。使用这种技术，Sefar 在织物上附着了定制的发光二极管（LED）面板。Sefar® PowerMatrix 还可以用于信息传感，例如，世界上首创的织物温度传感器。由于织物本身就是传感器，因此，不需要额外的部件就可以进行温度测量。传感器测量的温度范围在 -10 ~ +100℃，精度为 ±1.0℃。PowerMatrix 可以通过区域传感器网格在更大的表面上提供单个和多个传感器元件。Sefar® PowerMatrix 可以设计成汽车、过滤器、工业和安保等领域的加热、温度测量、流量测量和伸长测量等用途的产品。

17.7.2.5 防辐射服装

医院和核电行业的工作人员有时会暴露在辐射危害之下。Demron 公司的专利纳米技术提供的辐射防护只与传统重金属（如铅）有关。RST Demron® W2 级套装（图 17.7）是唯一一款达到 NFPA 1994 CBRN 恐怖事件急救员用防护服标

图 17.7 RST Demron® W2 级屏蔽防护套装

准级别的套装，可提供全面保护，免受 CBRN、化学剂（CWA）、有毒工业化学品、α 粒子、X 射线、γ 辐射、高能 β 辐射和热应力的伤害。

美国航空航天局兰利研究中心开发了一种由金属复合纤维材料制成的可塑形辐射防护罩。这项技术的开发是基于对敏感航天器电子设备屏蔽性能更高的需求。除了可用于航天器电子设备外，该项研究成果还可用于辐射防护服、放射性流体管道防护罩、核反应堆防护罩和其他应用。它的优点是灵活、可塑、可定制，比传统的防辐射材料轻。对电子和 X 射线的辐射进行屏蔽，可以与树脂材料复合，具有很好的黏附性。

这项技术是将柔性、轻质材料用于辐射屏蔽，由碳/金属混合织物制成，基于对不同原子序数的金属材料分层的 Z 级方法，为质子、电子和 X 射线提供辐射防护。为了制造这种材料，可以将高密度金属等离子喷涂到碳纤维材料上；也可以用密度较低的金属进行等离子喷涂，再用另一种材料进行等离子涂层，直到获得复合屏蔽特性要求的材料。可以添加树脂材料，以保证结构之间黏合，减少机械黏合。这种材料易于成型，可定制成不同的辐射屏蔽物，以在传统金属屏蔽材料难以进行放置的情况下使用，保护电缆和电子设备。图 17.8 所示为钛、钽和铜复合的碳纤维织物。复合层可以用真空辅助树脂传递成型的高压釜制成。

图 17.8　与钛、钽和铜复合的碳纤维织物

Kappler Frontline 500 气密服（图 17.9）对化学闪光火灾中遇到的额外危险提供三重防护，即广谱化学剂防护、阻燃和辐射热防护。

17.7.2.6　极端寒冷和潮湿天气防护服装

第三代极端寒冷天气防护服装系统（ECWCS）是为军事人员开发的新一代极端寒冷天气防护服装，陆军的极寒天气服装系统提供了最先进的分层保护。极端寒冷和潮湿天气防护服装的几种应用实例如下。

（1）Milliken 织物。Milliken 织物可以用于不同等级的此类防护服装。

第 1 级：由一个吸湿、快干、轻质织物构成的丝质基础层。

第 4 级：风衣面料，采用轻质防风防水面料，手感柔软。

第 6 级：采用防水透气、轻质、可折叠 330 旦尼龙加强复合材料加工的极端潮湿天气的外套和裤子。

第 7 级：由防水、轻质外层和 330 旦尼龙加强复合材料构成的极端寒冷天气的大衣和裤子。

（2）APECS Parka 和长裤。全功能环保服装系统由防水透气外壳构成，设计比以前的系统更轻巧，采用了 330 旦尼龙进行加强复合。

（3）USMC3 季节睡眠系统和极寒天气睡眠系统。它们都使用了内置近红外光谱（NIR）的轻质尼龙织物。外层是防水的，内衬经过 Milliken 开发的 Visaendurance® 抗菌技术特殊处理。

图 17.9　Kappler Frontline 500 气密服

分层法原理制作的服装的比单件厚重的服装能更有效地进行防护。多层结构服装中，每一层都有各自的作用，绝缘空气可以静止停留在层间和层内，随着气候条件的变化具有一定的穿着灵活性。

紧贴皮肤的服装应该柔软、舒适，能快速吸汗，即使在寒冷的环境下也能保持干燥的感觉。在这一层的基础上可以根据气候寒冷程度添加服装，不仅仅穿一件轻薄的衬衫，可以加上毛衫、夹克，由于服装层与层之间以及服装本身内部含有空气，就会比仅穿一件厚重服装更加保暖，但这种穿法的缺点是不太方便。

服装外层需要防风和防水。外层可以只是一件外套，并不需要具有额外的隔热层，也可以同时加有隔热层。夹克衫往往带有帽子。服装外套特别重要，应该具有拉绳和袖口腕带等，以防止热量散失到外面，也可以防止雪进入服装的角落和缝隙。外套可以是简单地用天然纤维或合成纤维材料加工而成的防风雨服装，而没有额外的隔热层；也可以像传统的大衣一样加有一层隔热层。外套的隔热层可以是合成纤维材料，也可以是传统天然材料，羽绒仍然被认为是最有效的隔热材料。

Natick 公司开发的作战防护服装是一种多层服装系统，有助于保护士兵免受寒冷和潮湿天气的影响，适用于-45～45℃不等的环境温度。该服装系统的重量轻，可高度压缩，减少了装载服装所需的空间，也减轻了穿着时的总重量。作战防护服装系统由不含水的合成材料组成。由于外部的水分，或者人体活动出汗产生的水分，会使材料变湿，但是都能快速干燥。因此，最好的策略是尽可能快地将材料中的水排放出去。作战防护服装的设计保证了服装能够适用于静态和动态两种情况，无论穿着者是在运动中并承载负载而产生热量，还是处于静止而失去热量，作战防护服装都可以进行调节以保持服装内部温暖和干燥。这是通过将适当级别的服装添加到这个服装系统中而实现的。例如，如果一个人穿着 4 级风衣、1 级或 2 级隔热层和 5 级内衣，在剧烈运动了几千米后需要连续几个小时不动待在一个地方，那么就可以取出 7 级大衣，穿在其他所有服装的外边，提供一个阻挡热量散发的屏障，同时仍然能够将水分从人体表面向外排出。

在海军研究办公室的赞助下，利用气凝胶基复合材料的超绝缘材料开发出了低温潜水服。Nuckols 等人在 2009 年介绍了气凝胶织物在低温潜水服中的应用以及实验室试验期间获得的热性能改进数据[24]。

17.7.2.7 化学防护服装

机织物、非织造布、隔离膜、选择性渗透膜、活性技术（纳米和生物）、涂层、接缝带密封技术、层压技术（热、超声波、黏合剂、挤压）是生产选择性渗透复合材料、透气复合材料、阻燃复合材料、化学隔离和危害屏蔽复合材料所涉及的主要材料和方法。

Khalil 在 2015 年介绍了针对不同类型的化学危害的化学防护材料，如透气材料、半渗透材料、不渗透材料和选择性渗透材料（SPM）、化学防护服的成分和等级、服装系统设计和标准[25]。

Tyvek®纺黏非织造烯烃织物是防止化学危害的最常见服装类型。DuPont Tychem® SL 能够有效地针对各种化学环境进行防护。Tychem® SL 可提供至少 30min 的防护，能够防止 160 次化学品的作用。Tychem® SL 是将 Saranex® 23-P 膜与 Tyvek®防护材料进行复合，是一种穿着方便的轻便型舒适服装。Tychem® SL 是混合化学物、修复、紧急医疗响应、喷漆和放射性环境防护服装的首选材料。Tychem® SL 应用于各种行业，包括环境清理操作、废物管理、工业企业、洁净室应用、危险材料响应和其他紧急服务。应根据具体应用需求确定服装结构与穿着方法。

DuPont 公司生产的防护服装等级如图 17.10 所示。

Tychem® 10000 具有优异的化学隔离性能，为非常耐久的防刺穿和抗撕裂织物(图 17.11)。Tychem® 10000 织物对 322 种化学品具有至少 30min 的屏障保护，且

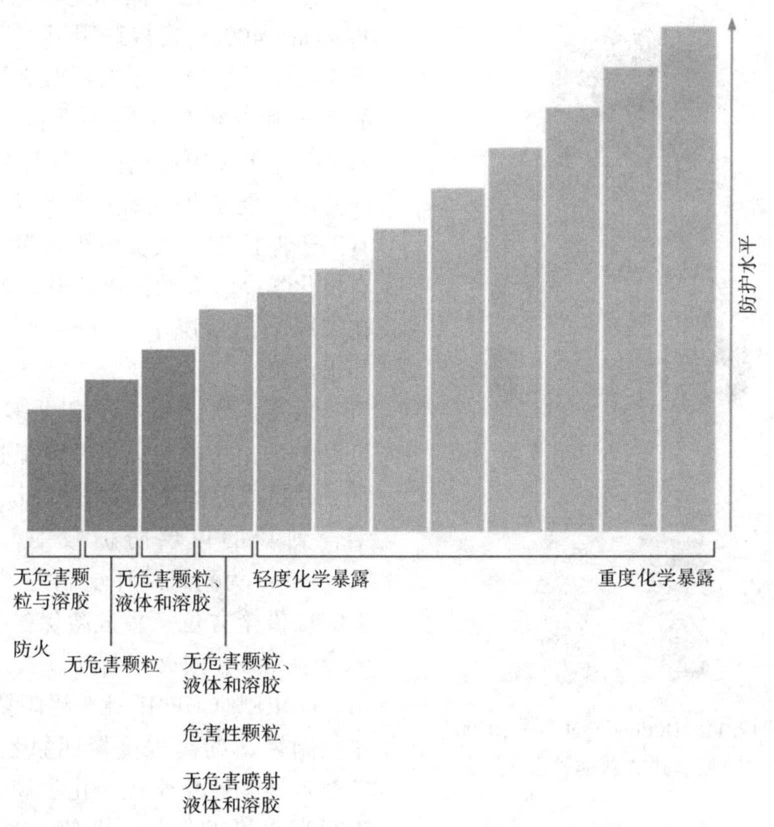

图 17.10　DuPont 公司生产的防护服装等级（个体防护产品）

未观察到任何破坏。Tychem® 10000 是专门为防止有毒、腐蚀性气体、液体和固体化学品而开发的。这种高性能化学防护织物适用于工业、危险品和国防等应用领域。

DuPont 公司开发的洁净室服装和配件包括：Tyvek® Isoclean，这种产品可以有多种设计和加工选项，以保护穿着者和工艺免受化学污染；Tyvek® Micro-Clean2-1-2，这种产品是采用专利纺纱技术生产的纺织材料，可以形成针对微粒、微生物和无害液体的阻隔。DuPont 公司 ProClean®防护服装可以用于无害液体飞溅场合的防护；DuPont 公司的 General Environment 是由聚丙烯短纤维织物制成，为耐久性不太重要的应用场合提供针对无害干颗粒的防护。

DuPont 公司 Tychem®轻质化学和生物防护服装已经投入使用。Tychem®是一个创新的织物系列，包含多个阻挡层，有助于防止化学和生物危害。层压 Tyvek®为增强型防护服装，具有超低的重量和超强的化学防护能力，极大程度地改善了化学防护功能。Tychem® C 工作服采用涂层的 Tyvek®织物，并提供屏障保护，防止

图 17.11 DuPont Tychem® 10000 胶囊式 A 级防护服

多种浓缩无机化学品和生物危害。新的 Tychem® 4000S 服装采用了一种薄膜层压 Totyvek®织物，可以针对大量高浓度的无机和有机化学物质进行防护。Tychem® F 服装中还包括一层压到 Tyvek® 的薄膜，能够提供最广泛的化学屏障，有助于保护作业人员免受多种有毒工业有机化学品、高浓度无机化学品（甚至在有压力的情况下）、微粒、生物危害和水污染。

Tychem® ThermPro 提供多重保护，可以防止化学热、火焰和电弧造成的危害，并将成熟的 Tychem®和 Nomex®技术结合到新的单层防护服中。Tychem® ThermoPro 为高风险环境制定了新标准，能够提供全方位三重危险保护，防止液体化学飞溅、闪火和电弧。

GORE® CHEMPAK® 超阻隔织物通过使用轻薄的高强度聚四氟乙烯薄膜，针对各种工业化学品、化学和生物制剂进行高水平的保护。即使暴露在石油、油、润滑剂和其他污染物中，GORE® CHEMPAK®超阻隔织物也能不受损伤而保持其完整性。

Kappler 公司的 Zytron®服装具有卓越的物理强度和对各种化学品的抵抗能力，对干燥颗粒物和飞溅物具有较好的防护功能。Frontline 300 具有很好的辐射热防护功能，可以针为最常见的石化危险进行高级别的防护，并提供了具有组合化学闪火防护功能的单一织物综合解决方案。

17.7.3 航天服装

Gon 在 2011 年对不同类型的宇航服、不同制造工艺、现代宇航服（EMU）结构和火星宇航服进行了介绍[26]。图 17.12 所示为航天服手臂部位结构，共有 14 层材料为太空行走时提高保护。图 17.13 所示的液体冷却和通风服装构成靠近人体的三层结构。在这件衣服的外部是包裹层，可以对身体产生适当的压力，并储存呼吸所需的氧气。包裹层外面为根据宇航员身体外形制作的固定层，是由与露营帐篷相同的材料制成。固定层外面为抗撕裂层。接下来的七层是聚酯薄膜绝缘层，使服装具有保温功能，这些服装层能够防止内部温度变化，还可以保护太空行走时免受在太空中飞行的小型高速物体造成的伤害。最外层由防水、防弹、防火三种织物混合而成。

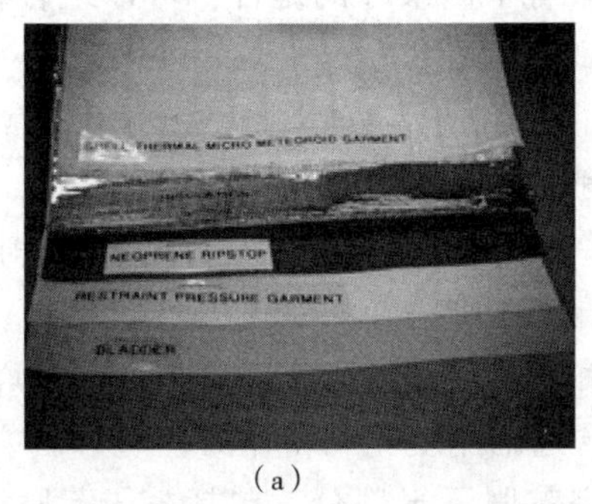

（a）

（b）

图 17.12　航天服装手臂部位结构和部分服装材料

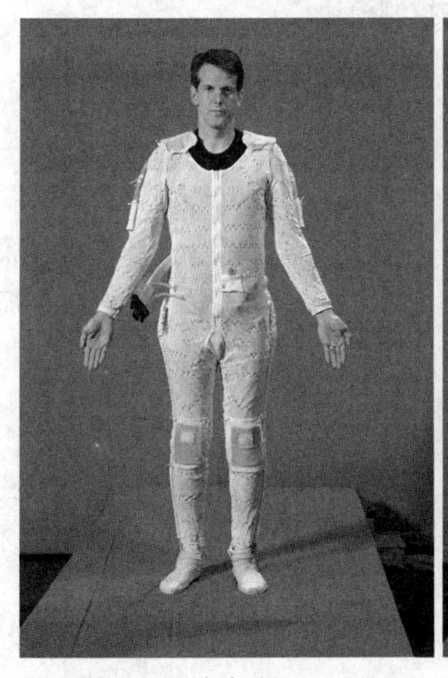

（a）

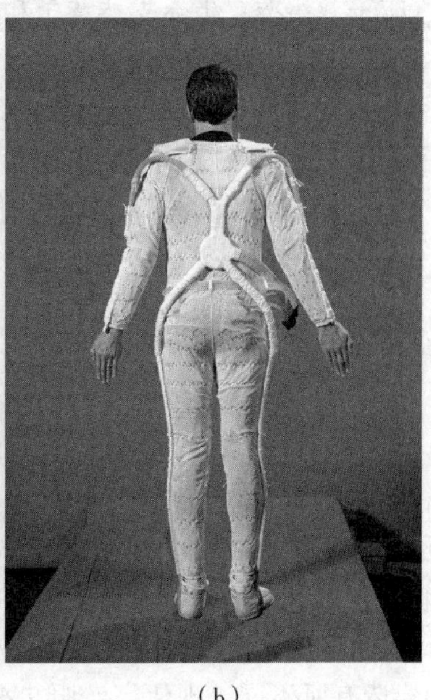

（b）

图 17.13　液体冷却和通风服装

17.7.3.1　现代宇航服：EMU

早期的宇航服完全是由柔软的织物制成，现今的宇航服则将柔软的织物和坚硬的部件结合在一起，具有支撑、机动和舒适的功能。现在的宇航服装通常有 13 层材料，包括冷却服（两层）、压力服（两层）、隔热微气候服（八层）、外罩

（一层）。使用的材料包括尼龙经编织物、氨纶、聚氨酯涂层尼龙、涤纶、氯丁橡胶涂层尼龙、聚酯薄膜、Gortex、Kevlar（防弹背心材料）和 Nomex。

所有层的材料通过缝合或黏合的方法结合在一起形成服装。与早期为每位宇航员量身定制的宇航服不同，现代宇航服有不同尺寸的组件，可以组合在一起适合任何宇航员。

现代宇航服由以下部分组成。

（1）全吸收服（MAG）——收集宇航员产生的尿液。

（2）液体冷却和通风服（LCVG）——去除宇航员在太空行走过程中产生的多余热量。

（3）电气线束（EEH）——与通信和生物仪器进行连接。

（4）通信载体组件（CCA）——包含通信用麦克风和耳机。

（5）下半身组件（LTA）——现代宇航服下半部分，包括裤子、膝盖、踝关节、靴子和腰部。

（6）硬质上半身躯干（HUT）——玻璃纤维组成的外壳以支撑不同的结构，包括手臂、躯干、头盔、生命支持背包和控制模块。

（7）手臂。

（8）手套——外部和内部手套。

（9）头盔。

（10）舱外遮阳板总成（EVA）——保护宇航员免受阳光照射。

（11）服装内置饮料袋（IDB）——为宇航员在太空行走时提供饮用水。

（12）初级阶段为宇航员提供饮用水生命支持子系统（PLSS）——提供氧气、电源、二氧化碳清除、冷却水、无线电设备和警报系统。

（13）二次氧气包（SOP）——保证应急氧气供应。

（14）显示和控制模块（DCM）——PLSS 运行状态显示和控制。

组合式隔热微气候服（TMG 或 ITMG）是宇航服的外层。TMG 有三个功能：隔离宇航员并防止热量损失，保护宇航员免受有害太阳辐射的伤害，保护宇航员免受可能刺穿宇航服并使其减压的微陨石和其他轨道碎片的危害。

在航天飞机和国际空间站上使用的现代宇航服上建造 TMG 与阿波罗/天空实验室 TMG 的建造有所不同。现代宇航服 TMG 包括 7 层镀铝聚酯薄膜复合层而不是 5 层复合层，并且不使用 Kapton 材料。最外层是白色 Ortho 面料，由 Gore-Tex、Kevlar 和 Nomex 混合制成。该层可承受-184.4～149℃的温度。外层可以反射大部分的太阳热辐射，具有微流星体和热保护功能。

17.7.3.2 压缩包装航天服装

未来的宇航员可能不必穿传统的、笨重的、充气加压的宇航服，而是轻便的、有弹性的宇航服，内衬肌肉状的螺旋线圈。麻省理工学院研发了 BioSuit 宇航服，

图 17.14　麻省理工学院 Dava Newman 教授研发的 BioSuit 宇航服

与目前的加压式太空服相比，具有更高的机动性和更轻的重量(图 17.14)。宇航员可以接通航天器的电源，使得螺旋线圈收缩而将服装裹在身上。这种紧身加压的宇航服不仅能为宇航员提供必要的防护，而且还能在宇航员进行探测活动过程中提供更大的自由活动空间。要脱下宇航服时，宇航员只需施加适度的力，使宇航服恢复到较宽松的状态。麻省理工学院的研究人员正按照这个思路设计灵活的“第二层皮肤”太空服：已经设计了主动式压缩服装，里面有弹簧状的小线圈，这些线圈在受热时收缩。这些线圈是由形状记忆合金（SMA）制成的，在弯曲或变形时，可以记忆原有的形状，加热后就可以回复到这个形状。

17.8　未来趋势

新型的特种纤维和纺织复合材料对开发新型纺织产品具有重要意义。人造纤维工业包括了将聚合物转化为纤维和纤维网，以及复合结构制造。所有这些成就都与材料科学、化学、物理、不同的工程分支、生物学、生物技术等跨学科研究有关。复合纺织材料有着广泛的应用领域，包括工业、技术、室内外用品和服装。功能和结构复合材料将继续为开发先进的高性能纺织材料打开新的大门。

复合材料将在以下几个方面得到进一步的改进和推广：①根据材料、制造工艺、应用要求、消费者需求等进行复合材料优化设计；②高性能多功能复合材料开发；③智能型复合材料开发；④纳米复合材料和仿生复合材料开发；⑤混合型复合材料开发；⑥新的、有效的制造方法开发；⑦以最佳的低成本制造方法和技术扩展复合材料的应用领域。

在自然界中，有许多具有优化结构的复合材料，如外壳由具有高强度和高阻力构成的多层结构。大自然是想象、设计和开发新型复合材料的重要来源，因此，仿生复合材料是一个非常有前途和创新的研究领域。

在未来的几年里，高强度聚合物、碳纤维或玻璃纤维等性能更成熟的纤维类别的研究和技术开发必须着眼于复合材料的生产效率的进一步提高以及二维片材和三维组件的加工，以提高复合材料与传统纺织材料的竞争力[1]。

廉价、可再生、可生物降解和可循环利用的聚合物增强型天然材料和合成材料是新兴的研究领域，有可能取代昂贵的纳米复合材料。在复合材料方面的持续努力也将体现在智能和交互式织物的生产，如将智能粒子、微胶囊、聚合物、先进材料嵌入织物层和结构中。

参考文献

[1] European Textile Platform, 2016. Towards a 4th industrial revolution of textiles and clothing a strategic innovation and research agenda for the european textile and clothing industry, ETP (European Textile Platform), October 2016.

[2] Wang, R. -M., Zheng, S. -R., & Zheng, Y. (2011). Introduction to polymer matrix composites. In Polymer matrix composites and technology, Woodhead Publishing Materials, Science Press.

[3] Chung, D. D. L. (2009). Composite materials science and applications (2nd ed.). Springer.

[4] Jose, J. P., Malhotra, S. K., Thomas, S., Joseph, K., Goda, K., & Sreekala, M. S. (2012). Advances in polymer composites: Macro- and microcomposites—State of the art, new challenges, and opportunities, introduction to polymer composites. S. Thomas.

[5] Zanoaga, M., & Tanasa, F. (2014). Complex textile structures as reinforcement for advanced composite materials. In: International conference of Scientific Paper Afases.

[6] Nishida, Y. (2013). Introduction to metal matrix composites, fabrication and recycling. Springer.

[7] Koros, W. J., Ma, Y. H., & Shimidzu, T. (1996). IUPAC terminology for membranes and membrane processes. Working party on membrane nomenclature. Pure and Applied Chemistry, 68 (7), 1479-1489.

[8] Camargo, P. H. C., Satyanarayana, K. G., & Wypyc, F. (2009). Nanocomposites: Synthesis, structure, properties and new application opportunities. Materials Research, 12 (1), 1-39.

[9] Hanemann, D. V. S. (2010). Polymer-nanoparticle composites: From synthesis to modern applications Thomas. Materials, 3, 3468-3517.

[10] Shishoo, R. (2002). Recent developments in materials for use in protective clothing. International Journal of Clothing Science and Technology, 14 (3/4), 201-215.

[11] Kayacan, O., Şahin, S. (2016). Performance Days Munich 2016. Kickoff Summer 2018 & Update Winter 2017/18, Report, June. Teksmer Technical Textiles Research & Development Center, Dokuz Eylül University.

[12] Ledbury, J., & Jenkins, E. (2015). Composite fabrics for functional clothing in materials and technology for sportswear and performance apparel. In Steven George Hayes & Praburaj Venkatraman (Eds.), Materials and Technology for Sportswear and Performance Apparel. CRC Press Taylor & Francis Group, pp. 103-153.

[13] Dastjerdi, R., & Montazer, M. (2010). A review on the application of inorganic nano-structured materials in the modification of textiles: Focus on anti-microbial properties. Colloids and Surfaces B: Biointerfaces, 79, 5-18.

[14] Aly, N. M., Saad, M. M., & Ali Marwa, A. (2014). Multifunctional laminated composite materials for protective clothing. International Journal of Engineering and Technology, 6 (5), 1982-1993.

[15] Wang, L., Kanesalingam, S., Nayak, R., & Padhye, R. (2014). Recent trends in ballistic protection. Textiles and Light Industrial Science and Technology, 3, 37-47.

[16] Owens, J. R. (2011). Key elements of protection for military textiles. In N. Pan & G. Sun (Eds.), Functional textiles for improved performance, protection and health, Woodhead Publishing, pp. 249-268.

[17] Wagner, N., & Brady, J. (2009). Shear thickening in colloidal dispersions. Physics Today, October, 27-32.

[18] National Institute of Justice (2014). Selection and Application Guide to Ballistic-Resistant Body Armor for Law Enforcement, Corrections and Public Safety: NIJ Selection and Application Guide-0101. 06. Available from: https: //www. ncjrs. gov/pdffiles1/nij/ 247281. pdf.

[19] Sinnppoo, K., Arnold, L., & Padhye, R. (2010). Application of wool in high-velocity ballistic protective fabrics. Textile Research Journal, 80 (11), 1083-1092.

[20] Nayak, R., Houshyar, S., & Padhye, R. (2014). Recent trends and future scope in the protection and comfort of fire-fighters' personal protective clothing. Fire Science Reviews, 3 (4), 1-19.

[21] Dolez, P. I., & Vu-Khanh, T. (2009). Recent developments and needs in materials used for personal protective equipment and their testing. International Journal

of Occupational Safety and Ergonomics, 15 (4), 347-362.
[22] Dammacco, G., Turco, E., Glogar M. I. Design of protective clothing in functional protective textiles. In S. B. Vukusic (Ed.) (pp. 1-32) University of Zagreb Faculty of Textile Technology. Available from: http://www.gradozero.eu/gzenew/im/books/Protective_ Clothing_ Design. pdf.
[23] Frydrych, I., Cichocka, A., Gilewicz, P., & Dominiak, J. (2016). Comparative analysis of the thermal insulation of traditional and newly designed protective clothing for foundry workers. Polymers, 348 (8), 1-12.
[24] Nuckols, M. L., Hyde, D. E., Wood-Putnam, J. L., et al. (2009). Design and evaluation of cold water diving garments using superinsulating aerogel fabrics. In: N. W. Pollock (Ed.), Diving for Science, Proceedings of the American Academy of Underwater Sciences 28th Symposium, Dauphin Island, AL: AAUS, pp. 237-244.
[25] Khalil, E. (2015). A technical overview on protective clothing against chemical hazards. AASCIT Journal of Chemistry, 2 (3), 67-76.
[26] Gon, D. P. (2011). Complex Garment systems to survive in outer space. Journal of Textile and Apparel Technology and Management, 7 (2), 1-25.

扩展阅读

[1] http://defense-update.com/products/m/m-5-fiber.htm.
[2] http://iffmag.mdmpublishing.com/how-the-development-of-body-armor-has-helpedfirefighters.
[3] http://millikenmilitary.milliken.com/en-us/products/flame-resistant-materials/Pages/flameresistant-materials.aspx.
[4] http://millikenmilitary.milliken.com/en-us/products/Pages/extreme-cold-wet-weather-fabrics.aspx.
[5] http://millikenmilitary.milliken.com/en-us/technologies/Pages/composites.aspx.
[6] http://millikenmilitary.milliken.com/en-us/products/Pages/impact-resistant-composites.aspx.
[7] http://newatlas.com/teijin-creates-next-gen-firefighting-suit/16639/.
[8] http://news.mit.edu/2014/second-skin-spacesuits-0918http://www.norafin.com/business-area/composites/overview/.
[9] http://safespec.dupont.com/safespec/productDetail? prodId ¼ 111 & showRel-

Prods¼Y&verify¼Y.

[10] http：//safespec. dupont. com/safespec/media/documents/SL_ tech. pdf.

[11] http：//science. howstuffworks. com/space-suit4. htm.

[12] http：//science. howstuffworks. com/space-suit4. htm.

[13] http：//web. mit. edu/course/3/3. 91/www/slides/cunniff. pdf.

[14] http：//ww1. prweb. com/prfiles/2013/01/25/10362363/LION_ Turnout_ Gear_ Composition. jpg.

[15] http：//www. army-technology. com/features/feature98985/.

[16] http：//www. bodyarmornews. com/kevlar-xp/#.

[17] http：//www. bristoluniforms. com/introduction-technical_ 2_ 2.

[18] http：//www. dupont. co. za/products-and-services/personal-protective-equipment/chemicalprotective-garments-accessories/brands/tychem. html.

[19] http：//www. dupont. com/products-and-services/personal-protective-equipment/thermalprotective/brands/nomex/products/nomex-nano-nano-flex. html.

[20] http：//www. dupont. com/products-and-services/personal-protective-equipment/thermalprotective/uses-and-applications/arc-protection. html.

[21] http：//www. dupont. com/products-and-services/personal-protective-equipment/controlledenvironments-apparel-accessories. html.

[22] http：//www. dupont. com/products-and-services/personal-protective-equipment/thermalprotective/brands/nomex/products/nomex-nano-nano-flex. html.

[23] http：//www. explainthatstuff. com/protectivematerials. html.

[24] http：//www. fabriclink. com/Consumer/TopTen-2012. cfm.

[25] http：//www. fabriclink. com/Consumer/TopTen-2012. cfm.

[26] http：//www. fabriclink. com/Consumer/TopTen-2012. cfm.

[27] http：//www. gore-workwear. co. uk/remote/Satellite/Innovations/AIRLOCK-Insulation.

[28] http：//www. gore-workwear. co. uk/remote/Satellite/GORE-CHEMPAK-Fabrics/GORECHEMPAK-Ultra-Barrier-Fabric.

[29] http：//www. innovationintextiles. com/industry-talk/aerotherm-aerogel-insulation-bringsspace-technology-to-everyday-life/.

[30] http：//www. kappler. com/index. php/products/zytron.

[31] http：//www. kappler. com/index. php/products/provent.

[32] http：//www. kappler. com/index. php/products/frontline500.

[33] http：//www. kappler. com/index. php/products/frontline300.

[34] http：//www. kappler. com/index. php/fabric_ development.

[35] http：//www. materialstoday. com/electronic-properties/news/smart-clothes-using-compositefibres/.
[36] http：//www. peakperformance. com/se/en/aerotherm/material - guide - aerotherm. html.
[37] http：//www. radshield. com/wp-content/uploads/2017/02/1445-DEMRON-ICE-E-Booklet. pdf.
[38] http：//www. radshield. com/product/demron-class-2-full-body-suit/.
[39] http：//www. space. com/27210-biosuit-skintight-spacesuit-concept-images. html.
[40] http：//www. starch. dk/private/energy/img/Spaceloft_ DS. pdf.
[41] http：//www. textiletoday. com. bd/high-performance-synthetic-compositesmanufacturing-recent-developments-and-applications/.
[42] http：//www. textiletoday. com. bd/wool-in-technical-textiles/.
[43] http：//www. thermablok. com/http：//www. courses. netc. navy. mil/courses/14014A/14014A_ ch12. pdf, Aircrew survival equipment.
[44] https：//spinoff. nasa. gov/Spinoff2008/ps_ 3. html.
[45] https：//technology. nasa. gov/patent/LAR-TOPS-201.
[46] https：//technology. nasa. gov/patent/GRC-QL-0019，Polymer Cross-Linked Aerogels（XAerogels）.
[47] https：//technology. nasa. gov/materials_ and_ coatings/mat-insulations. html.
[48] https：//technology. nasa. gov/patent/TOP3-411.
[49] https：//www. dupontcatalog. com/personalprotection/app. php？RelId¼6. 10. 6. 0. 1.
[50] https：//www. freudenberg-pm. com/materials/composites.
[51] https：//www. freudenberg-pm. com/materials/composites.
[52] https：//www. nasa. gov/audience/foreducators/spacesuits/home/clickable_ suit_ nf. html.
[53] https：//www. nasa. gov/pdf/617047main_ 45s_ building_ future_ spacesuit. pdf.
[54] https：//www. revolvy. com/main/index. php？s¼Thermal%20Micrometeoroid%20Garment.
[55] https：//www. revolvy. com/main/index. php？s¼Thermal%20Micrometeoroid%20Garment.
[56] https：//www. texport. at/en/products/firewear/11843/.
[57] https：//www. thefirefightingdepot. com/collections/morning - pride/products/morning-pridetails-turnout-gear-the-firefighting-depot-spec.

18.2.2　天气

天气情况随季节变化。在 Cairngorms 国家公园的大部分山区，2016 年平均日气温分布从冬季的最低 0.5℃ 到夏季的最高 15.7℃（表 18.1）。海拔高度每上升 100m，环境温度下降 0.5℃。因此，相比之下，2016 年峰区的低洼地区的平均日气温在 3.3~20.6℃波动[2]。

这些区域的气候条件还会受到大西洋及其相关压力系统模式的影响。实时气象系统跟踪了从西向东的天气情况，英国西部地区降水量和风速均高于东部地区。风还受到地形的影响，如在山峰和裸露的高地上风速加大。丘陵和山区的潮湿空气在低温时会结露，形成云和雨，这导致气候条件迅速变化，降水量大，日照少。还应注意，这些地区易受极端天气事件影响。

表 18.1　2016 年 Peak District、Snowdonia、Lake District、Loch Lomond 和 Trossachs 以及 Caingorms 五个国家公园的平均气候数据[2]

区域	平均温度（℃）		平均日照（h）		平均降雨量（mm）	
	冬季	夏季	冬季	夏季	冬季	夏季
Peak District	3.3	20.6	180.6	518.7	301.9	202.5
Snowdonia	3.1	18.6	135.7	472.6	728.2	372.6
Lake District	3.1	18.6	235.7	472.6	728.2	372.6
Loch Lomond 和 Trossachs	1.9	17.2	111.6	407.2	936.9	391.9
Caingorms	0.5	15.7	111.3	366.6	767.1	381.9

18.2.3　能量消耗和发热量

山地行走的代谢消耗是行走速度、体重、负重（背包）、坡度和地形类型的函数[3]。最有效的步行方式是在坚硬的地面上沿着缓坡行走[4]。爬坡时，肌肉会使身体克服重力作用向上移动，这需要增加代谢能量消耗[5]。在经过沼泽或泥浆等地形时，这种情况会进一步加剧，此时能量消耗主要用于克服环境的影响，而不是使身体向前运动[6]。高植被，如灌木丛，也会迫使人们改变步态，从而增加额外的能量消耗[7]。

肌肉收缩过程中化学能转化为机械能是一个低效的过程，会释放热量。步行时产生的热量与耗氧量成比例[8]。因此，当人们爬高、提速或遇到崎岖地形时，代谢消耗就会增加，体温也会升高[9]。同时，血液流动被下丘脑重新引流到皮肤，热量就可以通过传导、对流和辐射传递到周围的环境中[10]。然而，由于有效的热交换需要良好的温度梯度和对流条件，但服装会阻碍这些形式的热传递。因此，在户外运动中，出汗是身体降温的主要手段。

汗液必须蒸发以产生冷却效果，汗液蒸发消耗的潜热来自身体表面。当周围环境的相对湿度较低，且存在对流时，汗液就可以从皮肤表面有效扩散，这样的散热过程最为有效[11]。为了最大限度地提高蒸发能力，户外运动服装必须能够有效地转移水蒸气和液体汗液，否则汗液可能积聚在织物层中并导致不舒适的感觉[12]。

织物层中集聚的水分会将原来织物中的静止空气排挤出去，并将热量从皮肤表面传导出去，从而降低衣服的隔热性能[13]。集聚的水分越多，隔热性下降幅度越大[12]。在寒冷的环境温度下，穿着者面临低温的风险，尤其是在风速增大的情况下，这会加剧对流冷却速度[14]。这是一个严重的问题，并且在过去已经有导致死亡的案例，因为位置偏远、地形复杂和天气恶劣等原因，紧急援助人员需要相当长的时间才能到达[15]。因此，服装系统的外层应在雨雪或细雨期间具有防水能力，至少应该能够提供防风屏障[16]。

18.2.4 户外运动服装的特点

为户外运动打造高性能服装对产品开发商来说是一个复杂的设计问题。服装必须满足不断变化的舒适性需求，这些需求在相当长一段时间内会随着能量需求和天气条件而发生变化。服装应该能够促进汗液和湿气从人体表面蒸发和转移。在温暖的环境中，或在丘陵和崎岖地形行走时，应降低服装的隔热性能；在较冷的环境中，或在山顶、下坡，或以较低的强度运动、停下来休息和欣赏风景时，服装还必须能够提供一个缓冲微环境，以抵御风雨。

户外运动服装可设计为多层动态系统。紧贴皮肤穿着的为基础层，用于促进汗液快速地从身体表面散开、有效蒸发并防止冷却；中间层为透气层，用来保证服装的隔热性能；最外层为保护层，通常为透气、防水和防风外套。

个人可自行选择和管理服装系统。贴身服装作为日常穿着基本不变。经常携带的中间层服装数量可根据天气预报进行变化。外层只在寒冷、多风和潮湿的环境中才会穿上。为了保持舒适感，必须根据天气条件和人体感觉进行添加、脱下或调整着装组合。任何调整都应该是便捷有效的。服装必须能够在保证舒适性和其他性能的前提下，不会对穿着者的活动产生影响。与添加或脱下整件服装相比，首选的是简单地对着装进行调节，因为穿脱整件服装会导致运动中断。可以使用帽子和手套，这意味着必须在方便拿取的位置添加合适的口袋。前门襟的拉链，或可调节的袖口都可以用来快速调节服装系统透气能力，拆卸层可以用来改变整件服装的隔热性能。

设计时还应考虑服装的外形。服装要美观、贴身，同时要适应内层服装搭配。

服装外形还必须适应穿着者在攀爬、蹬梯和其他特定活动中的自由移动。织物和裁剪应该能够保证服装在四肢和关节周围部位产生适当的膨胀和收缩，而不会产生束缚作用或使皮肤暴露。

18.3　内层服装

18.3.1　内层服装的特征

内层服装用于管理皮肤表面的水分，快速分散汗液，防止产生寒冷感，并促使服装外表面的有效蒸发。理想情况下，与身体皮肤表面相邻的纤维保持干燥，而液体能扩散到外层服装较大的区域中，并可以快速干燥。水分沿纤维表面的移动被称为毛细效应[17]。服装是合身和有弹性的，允许织物与皮肤保持接触，同时保证穿着者运动自由，这是通过内层织物的纤维组成和构造来实现的。

制造内层织物所用的纤维要有利于水分的传递，同时防止水分的吸收。吸收了水分的服装会产生沉重和潮湿的感觉，这也会增加织物与皮肤摩擦，从而造成疼痛感觉。水分通过毛细作用进入织物，水分从高浓度区域扩散到低浓度区域，直到所有区域都同样潮湿。纤维之间的空隙会产生毛细作用，而毛细作用大小由毛细直径决定。水分传递也会受纤维表面化学结构的影响，亲水纤维表面容易吸引水分子，疏水纤维表面排斥水分子[18]。

18.3.2　纤维和织物

内层服装通常采用针织物以保证具有一定的机械拉伸和回复能力。较细的纱线可以形成比较疏松的织物结构，具有较高的透气性，从而提高水分蒸发能力和缩短织物干燥时间。同样，采用三维结构（如网格或通道）可以增加表面积和气体流动，以进一步改善透气透湿性能。

影响织物性能的最大因素是纤维成分。美利奴羊毛是常用的天然纤维，也可以采用具有较好水分管理性能的合成纤维。通过表面处理来改变纤维表面化学结构是一种低成本的方法，但纤维表面的化学助剂容易被洗掉。

聚酯纤维是最常用的纤维，其成本低，易保养，且易于进行改性处理。聚酯纤维是疏水性纤维，但可以通过改变其表面的化学性质或添加表面整理剂进行处理，使织物表面有利于水分运动，而并不吸收水分，使织物具有快干特性。超细纤维的直径非常小，这种纤维排列在织物内可以提高芯吸能力。此外，空气变形纱线可以提供不同的织物手感[19]。Coolmax 是一种改性聚酯纤维。Coolmax 空气变形技术是最近发展的一项技术，这种纤维具有螺旋形的微细中空截面。每种纤维都有四个芯吸通道，允许水分迅速散开和蒸发，同时具有较高的透气性，可缩短织物干燥时间[20]。从塑料瓶回收的聚酯也是一种有效和可持续的替代品。

聚丙烯纤维具有很低的吸湿能力和良好的芯吸性能，具有精细、柔软的手感，这对服装保暖性能非常有利。然而，这种纤维是亲油的，容易吸收油分，从而导致气味滞留。纤维的强度高很，但熔点较低，无法进行烘干[17]。

真丝是传统的轻型长丝材料，这种结构有助于纤维的毛细管吸湿和隔热。但是，真丝容易吸收水分，织物干燥速度缓慢。真丝的强度较高，但耐久性差，保养难度大[17]。

羊毛纤维具有卷曲状的结构，具有较强的拉伸回复能力和隔热能力。羊毛的吸湿性好，可以将水分吸入纤维结构的中心部分，因此不会使穿着者感到潮湿。当水分被吸收后，水分子中的氢键被打开，并与羊毛分子发生化学反应产生热量。因此，可在寒冷的条件下保暖，同时吸收汗水，有利于形成温暖感觉和进行运动条件下的温度调节。内层的织物中使用极细的纤维（$<19.5\mu m$），可以确保柔软感和舒适感[21]。羊绒是作为一种功能纤维推向奢侈品市场，选用超细纤维（$15\mu m$）制成具有极软手感的服装[22]。

服装性能也可以通过针织的方法赋予织物，通过将两种不同的纤维加工成双组分针织物可以弥补单一纤维的缺点。例如，Polartec 公司开发的 PowerWool 产品，里层为美利奴羊毛，外层为聚酯纤维。羊毛纤维可以进行水分管理、温度调节和气味控制特性；聚酯纤维具有快速干燥、耐用和形状保持的优势[23]。Patagonia 公司拥有可持续产品认证的品牌，已经将回收的聚酯纤维与美奴利羊毛加工成双组分针织物，并在全成型服装针织设备上进行生产，可以减少原料的浪费[24]。

应该指出的是，羊毛是一种可再生和可生物降解的纤维材料，因此成为可持续发展的优先选择。然而，最近，消费者对绵羊的生存状态产生了相当大的关注，这是基于羊毛是由密集型的工业化农耕生产的假设而产生的[25]。而且，人们对于品牌和行业认证的可信度以及道德标准也存在怀疑。为此，一些户外品牌与纺织交易所合作，制定了新的羊毛标准，以确保羊毛的饲养和加工过程符合现代道德标准。这将建成一个强大智能化监管链，可以提供农场和整个供应链的透明度和可追溯性，提升消费者对最终产品的信心[26]。

18.3.3 内层服装设计特点

内层服装具有基本的设计特征，通常包括有长袖或短袖的圆领衫。内层服装的功能性强，重量轻；有些可能还有前拉链、拇指环或钥匙袋。内层衣服都很合身，通常都有袖子，以提高服装手臂和肩膀部位的合身度。接缝采用具有弹性的绷缝结构，接缝处的织物是对接和叠放，更高价格的产品采用手针线缝进行拼接。

线缝设置在肩部或侧面，以减少与皮肤的摩擦。典型内层服装设计示例如图 18.3 所示。

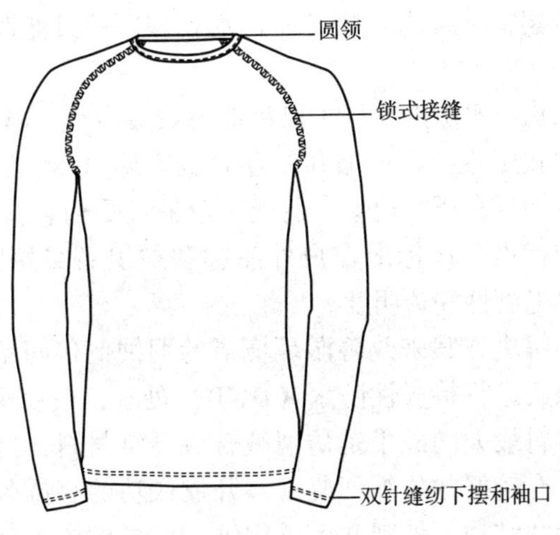

图 18.3　典型内层服装设计

18.4　中间隔热层服装

18.4.1　中间层服装特征

中间层服装用于将静止空气固定在皮肤表面并提供隔热性能。根据天气情况，可能会穿着或携带几层薄的服装。这些服装应具有较高的隔热重量比，并可压缩后储存在背包中。涤纶起绒织物、羽绒或合成纤维填充的夹克和上衣是最常用的隔热服装。

18.4.2　纤维和织物

起绒织物通常是由聚酯纤维制成的，聚酯纤维疏水，因此很容易干燥。聚酯纤维纱线织成织物后，通过剪断或拉毛的方法形成竖立的纤维绒毛。空气就集聚在纤维绒毛中，形成隔热层。这种面料质地轻盈、透气、耐用且易于保养[27]。

有各种各样的再生聚酯绒毛织物。例如，Unifi 制造公司将废弃的聚酯塑料瓶和服装生产过程中产生的聚酯纤维废料进行循环使用。这些废弃材料经过切碎、研磨、熔化和改造，制成聚合物切片，然后经过喷丝和变形处理制成纤维。与传统工艺相比，纤维的染色和表面处理所需的化学品、能源和水的消耗更少[28]。

近年来，绒毛等织物的微塑材料污染日益受到关注。在织物整理和正常洗涤过程中，这些微物质被排放到废水系统中，随着风和洋流扩散到更广泛的区域，这些微物质会逐渐聚集，并进入食物链。污水处理厂的过滤改进措施可能是解决这一问题的方法之一[29]。

羽绒具有三维结构，去除羽毛杆子以后能够聚集空气，具有很好的隔热性能。但是，羽绒的保养比较困难，在压缩和储存时很容易损坏。羽绒还可以吸收大量的水，随后就会出现倒伏和压紧现象。羽绒行业最近受到了鸟类保护人士的批评，目前建立了新的羽绒标准，该标准在户外品牌和纺织品交易所之间进行了沟通，可以提高供应链的可追溯性和透明度。

已经开发出几种解决方案来改善湿环境下的羽绒倒伏问题，这些解决方案包括对单个羽毛或羽毛簇进行持久性防水（DWR）处理，或使用羽绒和合成纤维混合物。然而，保暖材料最大的成果是仿羽绒合成纤维材料，这种材料的单位重量保暖性比羽绒高，具有较好的压缩回复性。开发成功的有持久性防水处理的合成纤维，以及有松散簇状结构、外观和手感像绒毛一样的胶囊封装式纤维。这种纤维没有过敏原和也不会涉及相关的动物保护问题[30]。

循环使用的纤维有使用回收的聚酯塑料瓶再生的纤维、服装和床上用品的再生纤维、用不含有害化学物质的工艺加工的清洁纤维等[31]。Ramtec 是由 Hobbs 合成纤维公司开发的产品，是一种由羊毛制成的轻薄型非织造材料，具有与传统羊毛纤维相当的隔热值[32]。

18.4.3 中间层服装设计特点

中间层服装通常采用立领设计，有全长拉链或半长拉链的门襟，通常为连肩袖。基本款型一般为斜插口袋，高档服装在细节上采用胸袋或袖子上的口袋，采用包缝线迹以保证穿着舒适。袖口、下摆和帽子的边缘采用弹性或抽褶处理。接缝采用弹性缝线缝制，采用四线包缝和上下折边缝，或平缝。典型的绒毛夹克设计示例如图 18.4 所示。

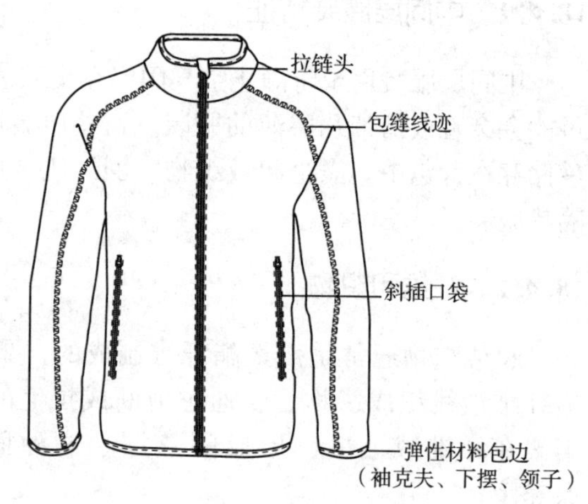

图 18.4 典型的绒毛夹克设计

18.5　外层服装

18.5.1　外层服装特征

外层服装可以保护中间层和里层免受水和风的侵入。在英国参加户外活动时，跑步除外，总是穿着或携带防水夹克。尤其是国家公园的天气变化莫测，因此，外层服装是重要的设备。然而，在大量体能消耗期间，人们可能会很快感觉到炎热和潮湿，这是由于服装对汗液的蒸发起到了阻碍作用，因此，织物必须透气，可以使水蒸气扩散到外部环境中。设计时，建立快速通风的服装系统是必要的。一般是采用棉细帆布之类的紧密平纹织物用于外套。这些织物中的纤维相互抱合，与织物表面保持平行。在干燥时，纱线能够保持疏松、透气的结构；在潮湿时，吸收水分发生膨胀，就会封闭纤维之间的空隙[33]。然而，除了一些专业领域的应用之外，此类材料都由防水性和透气性更好、重量更轻、更加耐用的高性能材料所取代。

18.5.2　纤维和织物

微孔织物是一种轻质的、紧密的结构，由聚合物涂层或层压而成，这就形成了一个耐久的微通道系统，它对水蒸气分子可渗透，但对较大的液态水分子不可渗透[33]。层压织物通常由更便宜的聚四氟乙烯（PTFE）和聚氨酯（PU）纤维织制[34]。第一个聚四氟乙烯层压织物是由 Gore-Tex 公司制造的，目前仍大量用于户外活动。

亲水性涂料和层压织物由聚氨酯或聚酯聚合物制成，水分通过这些材料中的化学分子运动产生转移，并可以在微孔织物表面形成薄层，以提高对油和其他污染物的抵抗力[35]。

水蒸气沿着温度和湿度梯度方向进行转移，直到在织物表面达到平衡。因此，当环境温度和湿度低于服装系统内部时，水分的扩散是非常有效的。在此条件下，研究表明，聚四氟乙烯层压织物具有最佳的透气性能，其次是亲水性和聚氨酯微孔层压织物，然后是聚氨酯涂层织物。然而，在潮湿阴冷的条件下，这些织物的微小孔隙就会被凝结的水汽和雨水堵塞，从而降低透气性。DWR（Durable Water Repellency）表面处理可以在一定程度上解决这个问题，但必须在清洗过程中重新激活，以保持性能的持久性[36-38]。

基布通常由尼龙或聚酯纤维材料制成，这些纤维具有疏水性、很高的拉伸强度和耐久性。这些性能很重要，因为服装必须能够抵抗背包、安全带和环境中其他物体的持续性磨损。服装还必须具备尺寸稳定和抗腐蚀的特性。通过使用衬里或在织物之间加入另外的材料，可以保护织物免受内层服装和污垢或油污的污染。

上述织物基布和薄膜复合结构为两层压膜织物。这是一种比较典型的外衣面料，在大多数山区散步和登山夹克中使用。2.5 层的压膜织物表面有一些保护性的凸起图案覆盖在薄膜上，这种材料的服装不需要内衬，可以减少整件服装的重量，以适合活动的轻便、快速性要求，如用于跑步和山地自行车运动的服装。在三层压膜织物中，膜夹在基布和柔软针织背衬材料之间，这种织物比较重但更耐用，适用于高端的徒步旅行和登山运动服装[34]。

还有一种柔软的复合材料可用于外衣面料，这种织物将中间层和外层之间连接起来形成稳定的空气层。这种复合材料由一种紧密织物作为基础，织物的背面是薄膜、芯吸材料或隔热的羊毛材料。这种织物的透气性比普通防水织物更好，并具有较好的保暖性、弹性和防风性，是为各种天气条件下使用的服装而设计的。

全氟化学（PFC）无膜织物和 DWR 涂层织物是外衣面料市场上的创新产品，得到了快速发展。PFC 织物具有优异的拒水性。然而，越来越多的证据表明它们对环境有害，这些化学物质会从纺织厂的废水中释放出来，并且会在食物链中积累，最终导致严重的健康问题，如激素紊乱、癌症和儿童免疫功能抑制等。绿色和平运动推动了可供选择的技术数量显著增加，一些户外品牌承诺到 2020 年完成无氟产品全覆盖[39]。Gore-Tex 最近承诺在 2023 年前从该公司 DWR 涂层和膜压制造工艺中消除影响环境的有害 PFC 物质[40]。其他不含 PFC 的技术包括由 Paramo 公司开发的 Nikwax 和 Schoeller 开发的 Ecopreel 产品。

层压织物市场的其他可持续创新产品有采用废弃的聚酯和尼龙生产的再生织物，以及 Toray 开发的生物植物基纱线，这将成为石油基聚酯技术的替代品。

18.5.3 外层服装设计特点

Gore-Tex 三层复合材料在外套市场上占据主导地位，其细节设计主要针对登山活动的需求；剪裁符合人体工程学，衣袖采用预弯设计；风帽预留了头盔的空间并可当作口袋，抽绳功能设计以保证适当时可佩戴安全带。典型外套夹克设计示例如图 18.5 所示。

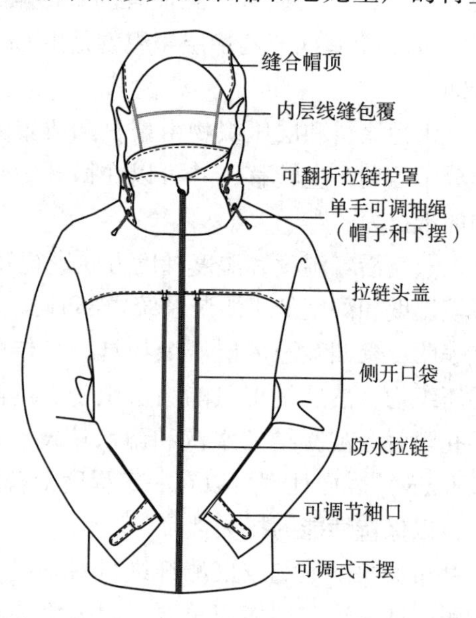

图 18.5 典型的外层夹克设计

服装采用锁式线迹和包缝结构，可以满足服装复杂造型的穿着灵活性的需要。特定张力下的拼缝还可以使用另外的贴条进行加固。聚酯缝纫线具有强度高、耐用和耐腐蚀的特点，也可以在线缝处加上防水涂层。用热风压烫机在线缝的反面贴上防水胶带，可以防止水分通过缝合针孔进入外套内部。胶带也是一种层压材料，通常包括黏合膜、薄膜和背衬条，具体取决于外套织物类型。宽的胶带可以提供更好的覆盖范围；薄的、窄的胶带可以在性能和重量之间达到平衡。高级服装可以用搭接结构进行黏合或融接，不需要使用胶带，此类接缝具有灵活、轻薄和防水的特性[41]。

18.6　户外运动服装的创新和未来趋势

18.6.1　市场

功能服装市场公布的数据表明，美国的户外服装销售已经开始下降[42]。欧洲户外集团数据表明，欧洲市场仍然相对积极，对户外服装的需求持续增长[43]。

这些部门的数据是同质化的，包含了所有的服装类型和户外运动服装的数据。然而，功能服装市场公布的数据显示，隔热服装的销量有所上升，而基础层服装的销量有所下降，外套的销售稳定[43]。这一点是由于最近隔热产品的发展而得以维持的，这可能意味着创新应以创造先进的功能性服装为目标，以满足特定户外运动用户的需求。

18.6.2　超轻服装

尽管在大多数长途比赛中，运动员必须穿戴全套服装和保护装备，但在较好的天气条件下，可以脱掉其中的一些服装，这已经成为一种普遍采用的做法，但长距离运动的情况比短距离运动复杂，必须权衡减少额外重量和保证服装功能这两个方面因素[16]。在这一领域已经有了许多创新，Berghaus 公司开发了一种夹克，据称是世界上最轻的三层结构服装，它采用整片裁剪的方法，减少接缝和故障点，并采用微细粘接技术，实现最轻的结构[44]。Gore-Tex 继续在其产品范围内进行创新，最近发布了新产品——Shakedry，据称是迄今为止最轻、最透气的产品，它使用薄膜和功能性衬垫（无基础织物），因此允许用户在必要时将其甩干并收藏起来[40]。Sympatex 公司采用量子技术开发了 Pertex 产品系列，使用 Y 形和菱形横截面纤维，这些纤维相互锁定在一起可以形成非常稳定的结构，这种产品重量轻、防水、防风，具有优异的耐磨性[44]。

气凝胶技术的最新突破导致了其生产成本大幅下降，为创新应用提供了条件。这种材料重量极轻，99%的部分为空气，具有很高的隔热值，而且强度高和压缩性也比较好。这种材料可以与服装中使用的聚氨酯薄膜相结合，研究已经表明，将这种材料用于服装可以解决着装时过热的问题[45]。

18.6.3 热调控服装

随着活动强度的增加，人们对能够调节隔热性能的服装越来越感兴趣，穿着这种服装可以减少增添或脱去某一层服装的需要，从而减少停止运动的次数。这类服装开发时是运用人体测量技术将各层服装和隔热材料定位在特定区域，以实现热调节。有许多隔热材料，同时也具有可变的热阻值。目前得到普遍认可的是相变材料（PCM），吸收、储存并释放多余的身体热量，以提供缓冲效果。然而，Thermore 最近发布了一种称为热缓冲的隔热产品，该产品包含一种特殊的聚合物，其结构随着环境温度的变化而变化，使得隔热材料的热导率随环境温度降低，反之亦然[24]。

利用红外线辐射的性能，将矿物质掺入纤维和纱线也是一种研究的趋势。有些材料能够吸收太阳或人造光源的能量，在寒冷的条件下提高服装的温度，而另一些材料则能够将体温表面的热量反射回皮肤。PolyChrome 实验室将这些功能结合成一种功能可逆的服装，可以利用或阻挡紫外线辐射。这种服装具有银色表面和深色哑光表面，可以反射或吸收紫外线。这种服装可根据天气条件和活动水平提供热适应缓冲效果[46]。

18.6.4 未来趋势

未来研究仍然继续向适应性材料和三维复合织物结构发展。微纤维、导电纤维技术和可穿戴技术的创新也是重要趋势。通过提供实时数据和监测体温、血压、脉搏和不同的出汗量来支持穿戴者体验的高性能运动服装已经成为现实，并最终会渗透到相关的各个运动领域，特别是在跑步和山地自行车运动时穿着的服装中得到应用。然而，利用可穿戴技术获得的数据将人们联系起来，创建支持社区，推动创新服装发展，对于维持人们对户外活动的兴趣至关重要。

参考文献

[1] Horsfield, D., & Thompson, D. (n. d.). Information and advisory note number 26. The Uplands: Guidance on Terminology Regarding Altitudinal Zonation and Related Terms. Edinburgh.

[2] Met Office. (2017). Climate summaries. http://www.metoffice.gov.uk/climate/uk/summaries (Accessed 30 March 2017).

[3] Givoni, B., & Goldman, R. F. (1971). Predicting metabolic energy cost. Journal of Applied Physiology, 30 (3), 429-433.

[4] Gottschall, J. S., & Kram, R. (2006). Mechanical energy fluctuations during hill walking: The effects of slope on inverted energy exchange. The Journal of Experimental Biology, 209, 4895-4900.

[5] Ainslie, N., Campbell, I. T., Frayn, K. N., Humphreys, S. M., Maclaren, D. P. N., & Reilly, T. (2002). hysiological and metabolic responses to a hill walk. Journal of Applied Physiology, 92, 179-187.

[6] Lejeune, T. M., Willems, P. A., & Heglund, N. C. (1998). Mechanics and energetics of human locomotion on sand. The Journal of Experimental Biology, 201, 2071-2080.

[7] Creagh, U., Reilly, T., & Nevill, A. M. (1998). Heart rate response to "off-road" running events in female athletes. British Journal of Sports Medicine, 32, 34-38.

[8] Johnson, A. T., Benjamin, M. B., & Silverman, N. (2002). Oxygen consumption, and muscular efficiency during uphill and downhill walking. Applied Ergonomics, 33, 485-491.

[9] Cheuvront, S. N., & Haymes, E. M. (2001). Thermoregulation and marathon running. Sports Medicine, 31 (10), 743-762.

[10] Robinson, D. (Ed.), (2000). Temperature and exercise. Milton Keynes: The Open University.

[11] Cheuvront, S. N., Carter, R., Montain, S. J., Stephenson, L. A., & Sawka, M. N. (2004). Influence of hydration and airflow on thermoregulatory control in the heat. Journal of Thermal Biology, 29, 471-477.

[12] Chen, Y. S., Fan, J., & Zhang, W. (2003). Clothing thermal insulation during sweating. Textile Research Journal, 73 (2), 152-157.

[13] Brownless, N. J., Anand, S. C., Holmes, D. A., Rowe, T., & Silva, A. D. (1995). The quest for thermophysiological comfort. Journal of Clothing Technology and Management, 12 (2), 13-23.

[14] Holton, J. R., Curry, J. A., & Pyle, J. A. (2003). Encyclopedia of atmospheric sciences (Vols. 1-6). Elsevier. Available at: http: //app. knovel. com/hotlink/toc/id: kpEASV0002/encyclopedia - atmospheric/encyclopedia - atmospheric.

[15] Ainslie, P. N., & Reilly, T. (2003). Physiology of accidental hypothermia in the mountains: A forgotten story. British Journal of Sports Medicine, 37 (4), 548-550.

[16] Burtscher, M., Kofler, P., Gatterer, H., et al. (2012). Effects of lightweight

outdoor clothing on the prevention of hypothermia during low intensity excercise in the cold. Clinical Journal of Sports Medicine, 22 (6), 505-507.

[17] Watkins, S. M., & Dunne, L. E. (2015). Functional clothing design: From sportswear to spacesuits. New York: Fairchild Books.

[18] Anonymous. (2014b). Moisture management fabrics: Key to wearer comfort. Performance Apparel Markets, 49 (2nd Quarter), 21-62.

[19] Taylor, M. A. (1999). Technology of textile properties (3rd ed.). London: Forbes Publications.

[20] Coolmax (2017). COOLMAX® AIR technology. https://coolmax.com/en/Technologies-and-Innovations/COOLMAX-PRO-technologies/AIR (Accessed 20 March 2017).

[21] The Woolmark Company. (2017). Merino wool base-layer. http://www.woolmark.com/inspiration/activewear/base-layer/ (Accessed 20 March 2017).

[22] Dhu Performance Cashmere. (2017). Performance cashmere. https://www.dhuperformance.com/performance-cashmere/ (Accessed 20 March 2017).

[23] Anonymous. (2014a). Product developments and innovations. Performance Apparel Markets, 48 (1st Quarter), 10-22.

[24] Anonymous. (2016a). Product developments and innovations. Performance Apparel Markets, 54, 14-35.

[25] Sneddon, J. N., Soutar, G. N., & Lee, J. A. (2014). Exploring wool apparel consumers' ethical concerns and preferences. Journal of Fashion Marketing and Management, 18 (2), 169-186.

[26] Textile Exchange. (2016). Responsible wool standard. Textile exchange. http://responsiblewool.org/wp-content/uploads/2016/06/RWS-standard.pdf (Accessed 22 March 2017).

[27] Polartec. (2017). Polartec classic. http://polartec.com/product/polartec-classic (Accessed 30 March 2017).

[28] Anonymous. (2015). Product developments and innovations. Performance Apparel Markets, 52 (1st Quarter), 13-25.

[29] Murphy, F., Ewins, C., Carbonnier, F., & Quinn, B. (2016). Waste water treatment works (WwTw) as a source of microplastics in the aquatic environment. Environment, Science and Technology, 50, 5800-5808.

[30] Anonymous. (2014e). Fast track: Overcoming the downside of down in insulated clothing. Performance Apparel Markets, 51 (4th Quarter), 4-8.

[31] Neokdun. (2017). Neokdun 100% eco-friendly recycled down. http://www.

neokdun. com/ (Accessed 30 March 2017).
[32] Hobbs Bonded Fibers. (2017). Ramtect. http://www. hobbsbondedfibers. com/ramtect/ (Accessed 30 March 2017).
[33] Holmes, D. A. (2000). Waterproof breathable fabrics. In A. R. Horrocks & S. C. Anand (Eds.), Handbook of technical textiles. Cambridge: Woodhead Publishing Ltd.
[34] Mukhopadhyay, A., & Midha, V. K. (2008). A review on designing the waterproof breathable fabrics. Part 2: construction and suitability of breathable fabrics for different uses. Journal of Industrial Textiles, 38 (1), 17-41.
[35] Lomax, G. R. (1991). Breathable, waterproof fabrics explained. Textiles, 20 (6), 12-16.
[36] Holmes, D. A., Grundy, C., & Rowe, H. D. (1995). The characteristics of a waterproof breathable fabric. Journal of Clothing Technology and Management, 12 (3), 142-158.
[37] Ruckman, J. E. (1997a). Water vapour transfer in waterproof breathable fabrics. Part 1: Under steady state conditions. International Journal of Clothing Science and Technology, 9 (1), 10-22.
[38] Ruckman, J. E. (1997b). Water vapour transfer in waterproof breathable fabrics. Part 3: Under rainy and windy conditions. International Journal of Clothing Science and Technology, 9 (2), 141-153.
[39] Cobbing, M., Campione, C., & Kopp, M. (2017). PFC revolution in the outdoor sector. Switzerland: Greenpeace Switzerland. http://www. greenpeace. org/international/Global/international/publications/detox/2017/PFC - Revolution - in - Outdoor-Sector. pdf (Accessed 20 March 2017).
[40] Anonymous. (2017b). New technology, new commitments. Textiles, 1, 16-17.
[41] Tyler, D., Mitchell, A., & Gill, S. (2012). Recent advances in garment manufacturing technology: Joining techniques, 3D body scanning and garment design. In R. Shishoo (Ed.), The global textile and clothing industry: Technological advances and future challenges (pp. 131-170). Cambridge: Woodhead Publishing Ltd.
[42] Anonymous. (2017a). Fast track: Key innovators in performance apparel at the outdoor retailer winter Market 2017. Performance Apparel Markets, 57, 4-16.
[43] European Outdoor Group. (2016). Retail sales barometer for outdoor products. Switzerland: European Outdoor Group. http://www. europeanoutdoorgroup. com/files/Q1_ 2016_ infographic. pdf (Accessed 30 March 2017).
[44] Anonymous. (2016b). Fast track: Innovators and trendsetters in apparel, accesso-

ries and equipment at Outdoor 2016. Performance Apparel Markets, 56, 4-13.

[45] Anonymous. (2014c). Fast track: Developments in aerogels provide new extremes in insulation for performance apparel. Performance Apparel Markets, 50 (3rd Quarter), 4-9.

[46] PolychromeLab. (2017). Design reversible jackets by Michele Stinco. http://polychromelab.com (Accessed 23 March 2014).

第 19 章　纺织材料中的芯片技术

T. Dias, P. Lugoda, C. R. Cork
诺丁汉特伦特大学，英国，诺丁汉

19.1　概述

纺织服装具有多种功能，例如，衬衫可以保暖、显示穿着者的地位、在某个位置还可放支笔。为了增强服装功能，已经开发了多种技术。主要的进展是采用合成纤维开发透气防水、易使用以及防冲击或阻燃等特殊功能织物。当然，任何技术的成功采用都取决于生产成本。16 世纪针织机的发展和工业革命的技术进步就带来了成本优势。如今的电子纺织品相对比较昂贵，但随着技术的改进，成本将明显降低。

第一代电子设备使用真空管，因此，体积大、易破碎。第二代电子元件将智能程度更高的晶体管封装在很小的盒子中，生产诸如收音机、个人计算机或手机等产品。在早期的电子纺织品中，预先封装的电子元件被放入袋式结构中，通过将导电纱织入织物中的方法赋予织物某种功能。现在已经能够将集成电路芯片完全封装在纺织纱线的纤维中，为许多应用提供了一个强大、廉价和灵活的平台。电子功能纱线的发展有望在纱线制造阶段就引入先进的电子功能，这将引发电子纺织品的一场革命。

19.2　电子纺织品的知识基础

早期的电子纺织品是在服装上附加一些组件；后来是将导电纱线织入织物中，加工成传感器、开关和执行器，改善了服装功能。在 20 世纪，出现了如电热毯之类早期产品的探索性专利。20 世纪 90 年代，人们对电子纺织产品的研究兴趣激增，开发了一系列该领域产品。然而，大部分仍然是在普通服装中附加电子元件，或生产臂带、胸带之类的专用产品。

人们利用电子纺织品技术进行了一系列的产品开发。例如，1911 年，出现了为飞行员设计的电热手套[1]。20 世纪 30 年代，成功开发了用于在毯子、被子和服装上的加热元件[2]，第二次世界大战为这项技术提供了新的动力，并申请了一项用于飞机电子座椅的专利[3]。1964年，英国的一项专利介绍了婴儿车用毯子[4]。1968年的一项专利涉及电热袜子[5]。

晶体管的出现促使人们在纺织品中加上基于晶体管的电子元件。例如，Schwartz和Meyer在1979年的一项专利中对发光服装进行了介绍[6]。20世纪80年代，加热纺织品在文献中的报导继续占据主导地位。例如，Appleton纸业公司在1983年开发出了可控加热服装[7]。此外，还研究出了一些复杂的相关技术。例如，1983年美国陆军研究实验室的一份报告中探讨了在战场上使用传感器监测伤亡人员的可行性[8]。

20世纪90年代，麻省理工学院是该领域最早工作的学术机构之一，乔治亚理工学院的研究也起步较早。那时已经开始出现将封装式电子元件附加在服装上的专利，还有研究提出了将导电纤维加工成织物的系统。1998年，美国陆军研究实验室和生物化学司令部编制了一份关于军队使用交互式织物的报告[9]。

2000年以来相关的专利数量激增，第一批电子纺织品开始出现。例如，Levi和Philips公司合作开发的ICD+夹克[10]。Deutsche Telekom[11]、Infineon[12]、Philips[13]和Sennheise[14]等公司分别在2002—2009年间在该领域申请了专利。此外，还有一些如能源收集之类的更复杂的应用的专利[15]。2000年，Clothing+公司声称以传感器绑带的形式生产了第一件纺织传感器产品[16]。

在一系列研究的支撑下，功能元素逐渐融入产品的结构中。Burton Amp公司在2002年推出了滑雪夹克[17]，夹克上的iPod通过织物开关控制，这项成果源于Apple公司和一家滑雪板设备制造商（Burton Snowboards）的合作。2004年，Textronics推出了心率感应运动文胸[18]，该文胸产品的织物中就含有导电纤维。

2004年的Wijesiriwardana等人介绍了可以用于运动和手势捕捉以及心电图测量的织物网格传感器的结构[19]。2005年Wijesiriwardana等人又描述了用于触摸和近场感测的电容式光纤传感器[20]。

2006年和2008年，Dias等人描述了全集成的纺织开关[21-22]。2009年的一项专利描述了用于应变测量的线性电子织物传感器[23]。人们发现需要更全面地集成组件，因此，许多专利不断出现以解决这个问题[24]。2008年和2009年的相关专利描述了半导体器件在纱线纤维中的封装方法[25-26]。

欧洲航天局（ESA）的iGarment项目开发了一种民用防护管理单元集成系统。Pilips公司利用LED技术开发了发光纺织品[27]。图像技术在可穿戴计算的应用具有很好的前景。美国陆军研究实验室2012年的一份报告[28]中讨论了基于石墨烯的纳米电子技术在可穿戴电子设备中的应用前景。电源一直是可穿戴电子设备的潜在问题，然而，LG Chem公司成功开发了柔性电缆电池[29]，使电子纺织品中电源问题得到初步解决。

Exo Technologies 公司开发了加热手套（图 19.1），供滑雪者、摩托车骑手和军方使用。加热元件是由新型聚合物 FabRoc 纱线编织而成。Zephyr 公司可为军事和体育的应用提供可穿戴的无线生理监测系统。

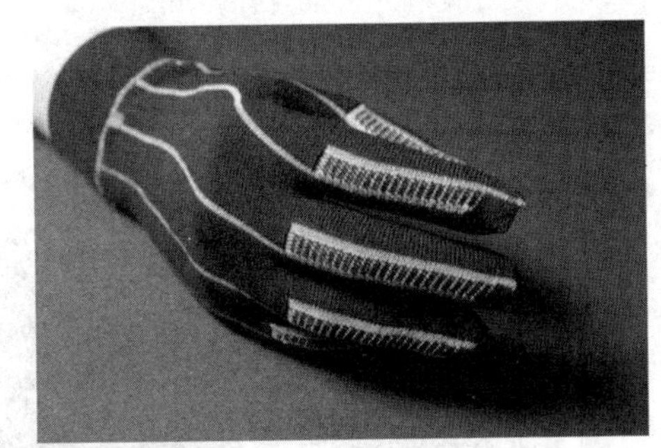

图 19.1　EXO 加热手套

可穿戴电子产品的发展集中在与人体相连的非纺织设备上。例如，Google 玻璃杯和 Apple 的 iPod 手表计算器。Cutecircit 公司与 Lucentury 公司为时尚和戏剧用途而生产的发光服装。

最近有文章介绍了用于兆赫频率通信的柔性绣花天线产品生产方法和技术[30-31]。此外，还有文章研究生产二氧化锡微型管织物用于制造柔性光电探测器[32]。最近，有团队在研究用碳纤维织物制造柔性非对称超级电容器[33]。

智能和互动纺织品是一个新兴行业，预计每年增长幅度可以达到 40%，到 2021 年将达到 25 亿美元的规模。

19.3　纱线中全集成电子元件——新一代电子纺织品

有许多生产电子纺织品的方法，其中包括将预先封装好的电子产品插入口袋、将服装部件缝合到电子元件的表面、使用导电线集成功能、使用打印技术、将电子产品集成到带状织物中等。最终目标是将电子元件的功能附加到纺织品上，而不损害所需纺织品的柔软性、灵活性和舒适性。此外，为了最大限度地降低成本，必须在传统纺织设备上进行电子纺织品的生产加工。一种新的方法是将半导体芯片封装在纱线中。由于纺织品必须符合包覆物体的形状，有些区域会发生弯曲，有些区域会发生剪切变形。这两种变形对衣物的悬垂感[34]和适体性都很重要。针织物和机织物需要具备一定的弯曲和剪切性能才能够符合不同造型的要求。例如，聚合物薄膜可以弯曲，但由于不能剪切，造型时会产生起拱和褶皱。

英国诺丁汉特伦特大学正在探索的方法是将半导体芯片连接到细铜丝上，并将细铜丝并入纱线的纤维中；然后，将电子芯片用聚合物材料包覆起来；包覆材料上的微孔有助于保持所需的织物特性；然后使用传统的纺织设备，采用机织或针织的方法将这种电子功能纱线加工成织物。这种纱线截面如图 19.2 所示。

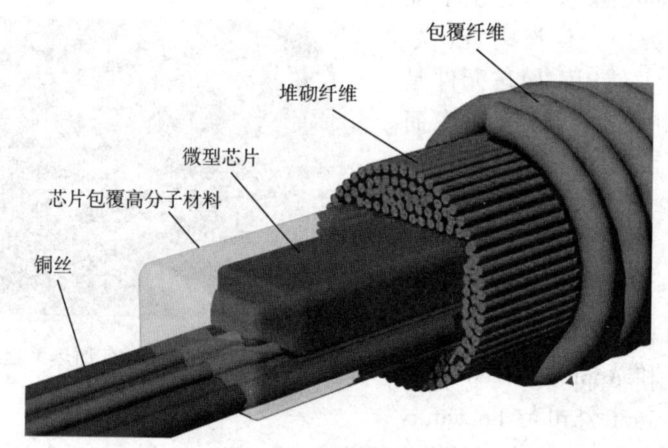

图 19.2 导电功能纱线截面图

19.4 电子温度感应纱线

采用上述方法，将半导体芯片和相应的连接件植入纱线的纤维中，将热敏电阻集成到电子温度感应（ETS）纱线中，使用微型热敏电阻以确保电子元件不会外露。

ETS 纱线可以测定特定位置的温度，因此，可以通过在针织袜的预定位置加入 ETS 纱线来获得温度分布图。温度分布的分辨率将取决于织物结构中 ETS 纱线的数量和位置。

19.4.1 ETS 纱线的加工

为了制作电子温度感应纱线，采用熔焊方法将热敏电阻（Murata NCP15XH103F03RC，NTC）固定在直径为 100μm 的单股铜丝上。热敏电阻和连接件由聚酯纤维（两根 167dtex/48 聚酯纱线）包覆，使用紫外线固化的聚合物树脂形成微孔。最后，使用填充纤维覆盖载体纱和带微孔的连接线（细铜线），然后将其并入经编织物中，形成 1.7mm 的 ETS 纱（图 19.2）。

19.4.1.1 连接线

在微芯片和铜线之间建立一个坚固有效的连接是形成电子元件互连的关键步骤之一。英国诺丁汉特伦特大学纺织品研究小组的研究证明，焊锡可以在细铜线和芯片之间建立具有一定机械强度和导电效率的连接。这些焊点是由 PDR 有限公司提供的红外熔焊方法加工而成的。在焊接过程中，必须牢牢固定微芯片和铜线，因此，研究组还开发了一种特殊的夹具，并制作了一个微型模具。

将热敏电阻放置在微型槽内，并使用 Nordson EFD 有限公司生产的分配器 “Ultimus1” 将 9×10^{-5}g 锡膏沉积在热敏电阻的焊接点上。然后，将细铜线铺设在焊接点上。焊接工艺完成后，用锋利的刀片去除两个焊接点之间残留的短铜线，以免造成短路。焊接芯片的示例如图 19.3 所示。

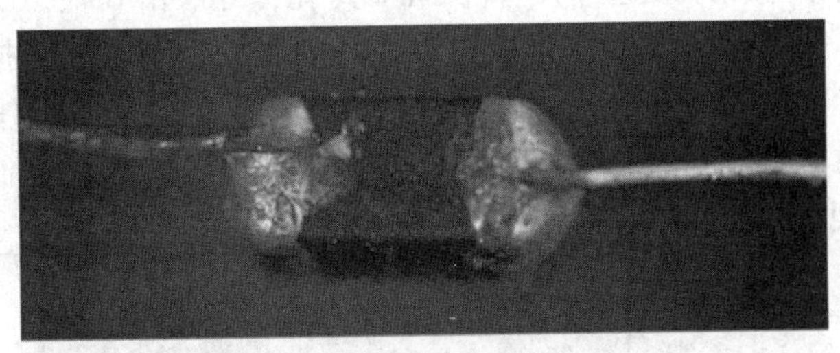

图 19.3　刚性压电电阻芯片

19.4.1.2　微芯片包覆

热敏电阻芯片和焊点被封装成微型聚合物柱状物。芯片和焊接点必须被包覆起来，以防电子纱线在织物和服装加工过程中或使用过程中受到机械、热和化学物的作用而损坏。在清洗和干燥过程中，微型柱状物的包覆材料可以起到保护芯片的作用。因此，形成微型柱体是一个重要的环节。通过 Dymax 公司生产的两种紫外光固化树脂，即 Multi-Cure 9-20801（导热）和 Multi-Cure 9001-E-V3.5；选用 EFD Nordson 公司的 Ultimus1 来控制树脂材料的分布；并使用 Dymax 公司的紫外线点固化系统进行固化，从而形成微型柱体。

为了控制微型柱体的体积和形状，将热敏电阻、互连线和载体纱放置在一个内径为 0.85mm、长度为 1.0mm 的中空 Teflon 管内。此后，从管的两侧注入树脂。由于纺织纱线通常是圆柱形的，所以选择圆柱形的微型柱体。微型电极的最小长度就是热敏电阻芯片的长度。封装的芯片如图 19.4 所示。

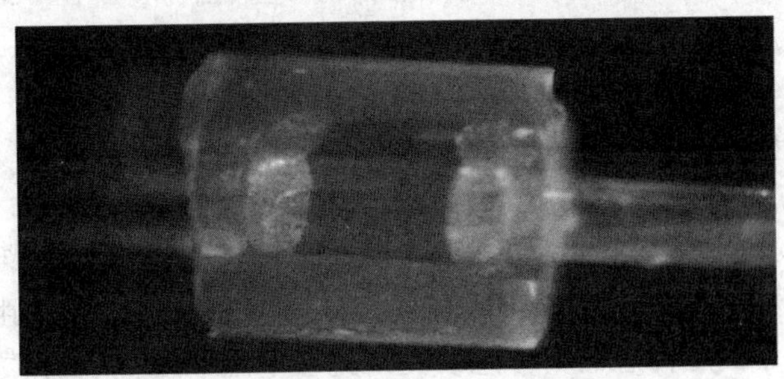

图 19.4　封装的热敏电阻

19.4.1.3 包覆

电子纱线制造的最后一个阶段是用纤维护套将微型柱体、连接线和聚酯载体纱包裹起来，使连接线在使用过程中免受机械应力而受损。这道工序采用 RUIS MC-2 小直径圆筒经编机完成。该机器由一个直径为 10mm 的空心针管和 6 根舌针组成，空心针管内径为 2mm。舌针上穿入 6 根 167dtex/48 涤纶长丝。由微型柱和铜丝导线组成的聚酯载体纱通过针管的 2mm 内孔，外层由 6 根 167dtex/48 聚酯长丝包覆，以便在合成的 ETS 纱中形成对载体纱的紧密包覆。这项技术确保了电子芯片和连接线能够被隐藏在合成纱线中，并可以用其他类型的纺织纤维构成纤维护套。合成后的 ETS 纱线直径为 1.7mm，这是根据微芯片的尺寸而确定的。合成的 ETS 纱线外观如图 19.5 所示。

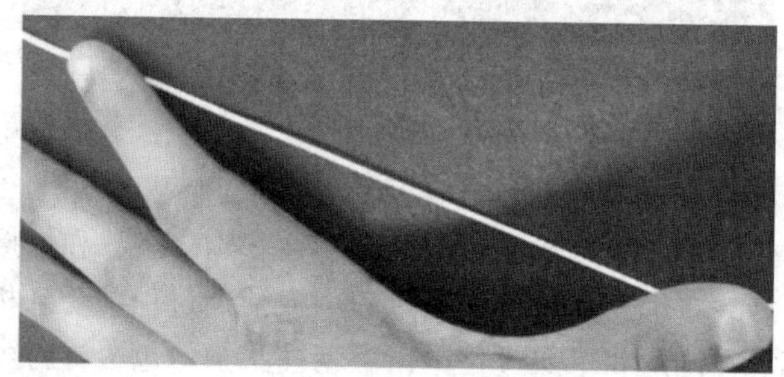

图 19.5　ETS 纱线

应该注意的是，为了商业化利用这项技术，需要开发自动化方法进行加工。

19.4.2 ETS 纱线测试

19.4.2.1 响应和恢复时间

响应时间（RPT）和恢复时间（RCT）是可穿戴式温度传感器的重要参数，因为 ETS 纱线中的热敏电阻微芯片与被测表面没有直接接触，热量必须通过聚合物微型柱体和周围的纤维传递。因此，聚合物微型柱体和 ETS 纱线纤维对传感器 RPT 和 RCT 非常重要。

通过观察热敏电阻的热时间常数（TTC），可以分析其 RPT 和 RCT。TTC 给出的是系统对输入响应速率的度量。定义为系统达到稳态值相对于初始值的 63.2% 所需的时间[35]。TTC 受传感器设计、安装配置和环境条件的影响[36]。使用 Electronic Micro Systems 有限公司的 1000-1 型精密电子热板测定仪对 RPT 和 RCT 进行测定。将热板温度设置为 65℃，将两个热电偶和样品放置在由硅酮制成的传感器支架上，用于固定传感器，传感器支架先在室温下放置 60s；之后将其放置在热板上，并使用 1kg 的重量将其固定，放置 360s，从而获得样品的 RPT。接下来，将热电偶和样品从传感器支架上取下，置于室温条件下测量 RPT 和 RCT。测试结果可以用于确定样本的随机对照试验。

将热电偶连接到 PICO TC-08 装置上，采用 NI USB 6008 DAQ 构建的电位分压电路对热敏电阻的电阻值进行测量。PICO TC-08 和 NI 6008 DAQ 均与 PC 机连接。用 Agilent 34410A 6½数字万用表测量电位分压电路中使用的电阻值，精度为 1Ω。纱线传感器的各种配置的 RPT 和 RCT 如图 19.6 所示。

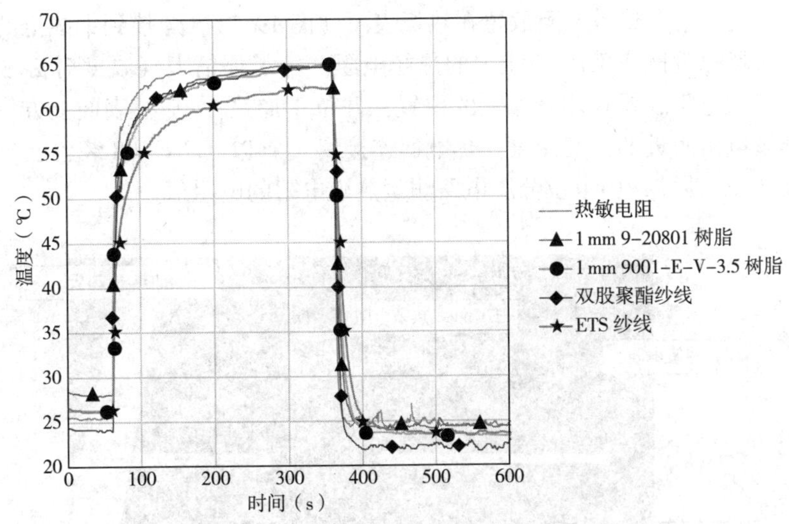

图 19.6　响应时间和恢复时间测试结果

所选配置的 TTC 见表 19.1。热敏电阻的响应在 5s 以下。聚合物微粒的加入会增加响应时间，导热树脂封装的热敏电阻和非导热树脂封装的热敏电阻之间几乎没有差别。

表 19.1　热时间常数（TTC）

种　类	圆柱直径（mm）	响应时间（s）	恢复时间（s）
热敏电阻	—	4.7	4.0
导热树脂封装热敏电阻	1.0	9.2	6.6
非导热树脂封装热敏电阻	1.0	8.2	8.5
ETS 纱线	1.7	15.0	12.2

上述结果表明，封装对传感器的 RPT 和 RCT 影响不大。由于使用的聚合物树脂体积很小，因此，黏合剂的热导率对传感器的 RPT 和 RCT 没有重大影响。此外，封装中的聚酯长丝（载体纱）也不会影响 RPT 和 RCT。但是，添加填充纤维加工的 ETS 纱线，TTC 值增加（表 19.1）。

19.4.2.2 性能分析

为了了解聚合物微型柱体和 ETS 纱线的纤维对温度测量精度的影响，必须设计并建立一套测试装置，该装置必须能在较长时间内逐渐升高温度。在实验中，使用 1 级公差的 K 型热电偶（即精度为 1.5°）来监测室温。据制造商介绍，用于生产 ETS 纱线的 Murata NTC NCP15XH103F03RC 热敏电阻的公差为 1%。

测试设备由 Torrey Pines Scientific 公司的 Echotherm 加热/冷却电子加热板构成。ETS 纱线和两个热敏电阻放置在热板表面（图 19.7）。焊接到铜线上的两个热敏电阻尽可能靠近嵌入 ETS 纱线中的热敏电阻。为了评估大气温度对 ETS 纱线的影响，将热敏电阻放置在相互靠近的位置，并位于加热/冷却板表面上方，这样可以测量热敏电阻附近的大气温度。热电偶连接到一个 PICO TC-08 装置上。采用 NI USB 6008 DAQ 器件，用电位分压电路测量热敏电阻的电阻值。

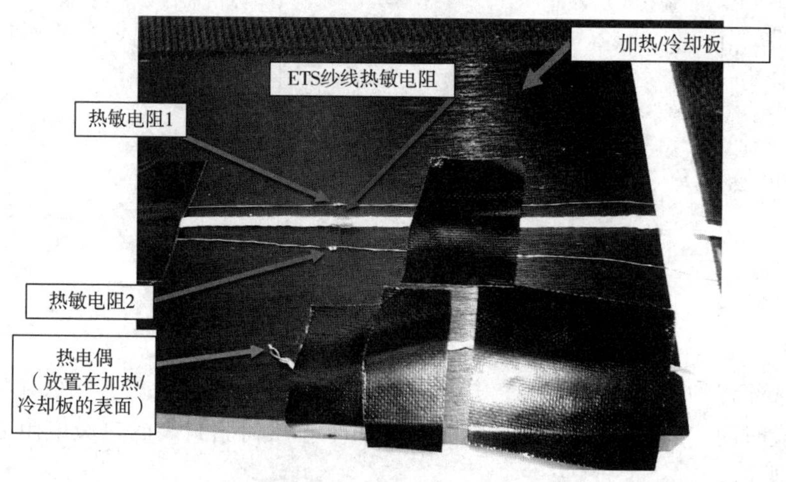

图 19.7 热性能测试装置

PICO TC-08 和 NIUSB 6008 DAQ 均与计算机连接。用 Agilent 34410A 6½数字万用表测量电位分压电路中使用的电阻值，精度为 1Ω。每 10min 加热板温度增加 10℃，并记录测得的电阻值。由导热 9-20801 树脂制成的 0.85mm 微型柱体封装热敏电阻的测试结果如图 19.8 所示。

结果表明，热敏电阻值在 0~40℃ 的温度范围内相差很小，而这个温度完全在人体体温波动范围内。可以得出，聚合物微型柱体和纱线纤维对 ETS 纱线的温度测量结果影响不大。

19.4.2.3 拉伸试验

纱线在织造、染色、穿着使用过程中会受到机械应力的作用。因此，研究应变力对 ETS 纱线的影响具有重要意义。

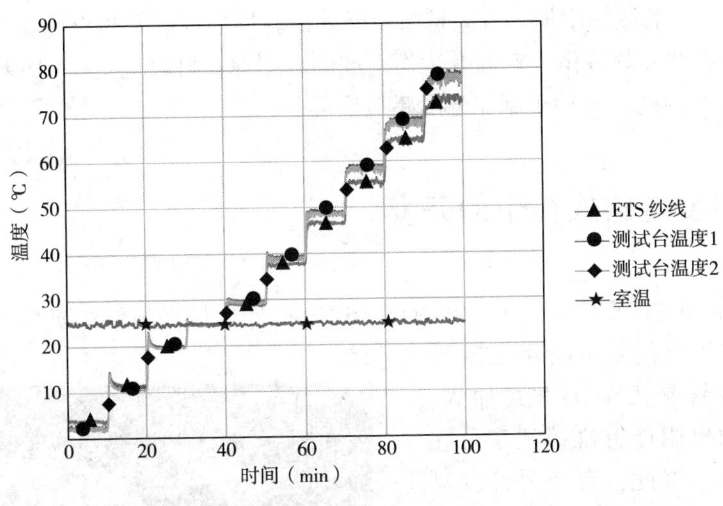

图 19.8　ETS 纱线性能

采用 Zwick/Roell 2.5 型试验机对 ETS 纱线的机械强度进行测试。首先，确定了无载体纱线（仿真 ETS 纱线）的断裂强力，在仿真 ETS 纱线断裂强力 60%的水平上进行 ETS 纱线的循环拉伸试验。将测试的 ETS 纱线连接到分压电路，然后连接到 Zwick/Roell 2.5 型试验机的模拟输入；使用电源提供 5V 电压，并使用 10kΩ 电阻作为电路分压器；用连接到 Arduino Bluesmirf 的 Arduino Pro 微型控制器测量热敏电阻的电压。LabVIEW 用于编程和创建用户界面。

通过对热敏电阻电压的测量，研究了在机械应力作用下 ETS 纱线的性能。图 19.9 表明，当 ETS 纱线进行循环拉伸试验时，电压只有微小的变化。电压在 100 个周期内变化约为 0.034V，这意味着测试期间，ETS 纱线的电阻几乎保持不变。

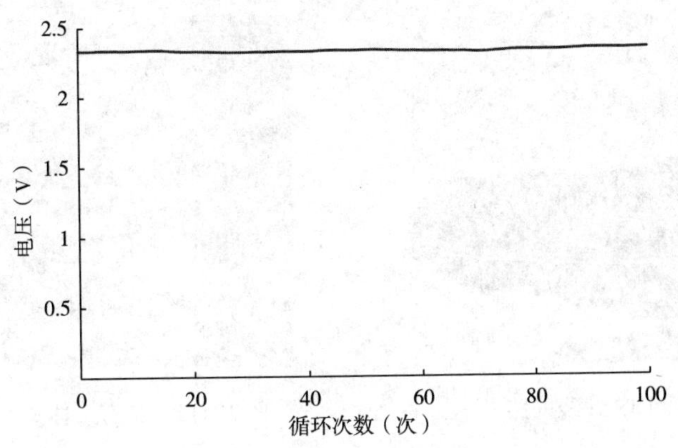

图 19.9　反复拉伸 ETS 纱线的电压变化

温度出现0.7℃的微幅增加，可能是由于循环试验期间纤维和聚合物微粒之间的摩擦、ETS的铜线发热或由于室温变化而造成的。因此，可以确定，ETS纱线对应变力反应良好，因此，可用于制作温度感应服装。

19.5 温度传感式袜子的开发

在Shima Seiki（型号SWG 091 N3，15NPI）计算机平板针织机生产无缝针织袜，袜底采用直径2.0mm的ETS纱线。ETS纱线是用手工方式加入，以保证热敏电阻能够准确地定位在袜子的底部。因此，有必要开发具有专门ETS纱线通道的短袜生产技术，因为目前的手工方式只能进行小批量生产。与所有针织材料一样，针织物结构在制造后会松弛和收缩，然后在使用时可以进行拉伸。因此，为了确保传感器在穿着时处于正确的位置，专门创建了一个以金属螺柱作为定位标记的模拟脚。脚部模型和生产的袜子如图19.10所示。

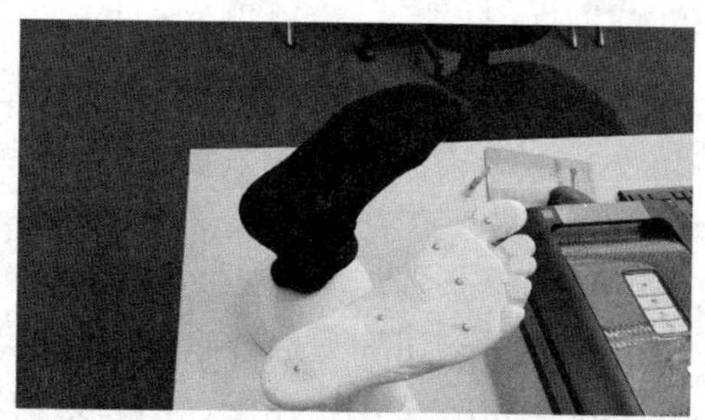

图19.10 袜子与传感器定位的脚部模型

将五根ETS纱线织入袜子中，研制出了智能温度传感袜。图19.11所示的袜子和脚部模型中显示了典型ETS纱线的路径。图19.12所示为带有一体式ETS纱线的针织袜，其中热敏电阻的位置已用黑点标记出。

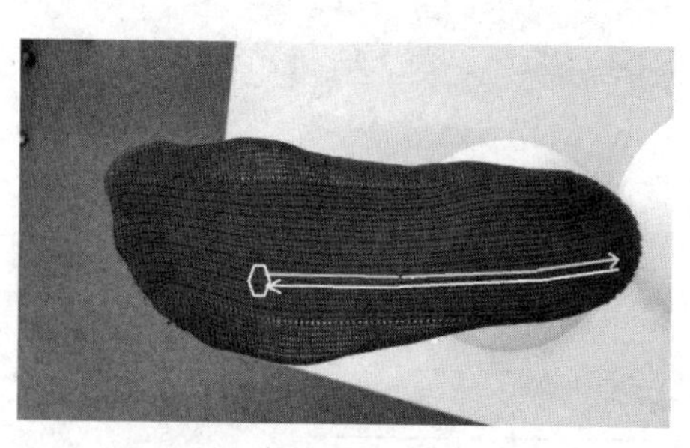

图19.11 ETS纱线的路径

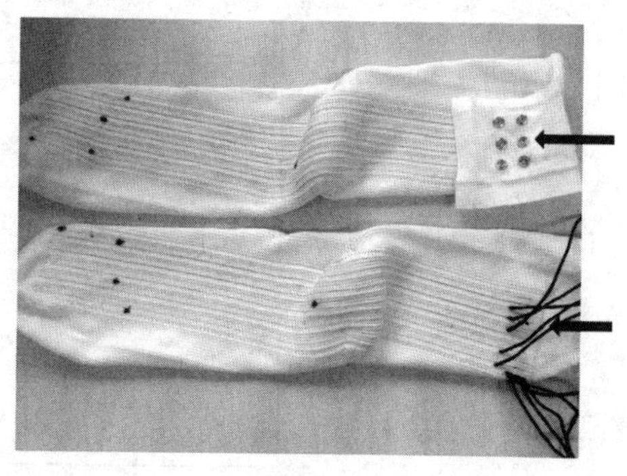

图19.12 带有一体式ETS纱线针织袜

使用连接到计算机的USB 6008 DAQ装置，用分压电路测定热敏电阻的电阻值。用 Agilent 34410A 6½数字万用表测定分压电路中使用的电阻值，精度为 1Ω。软件是在 LabVIEW 中开发出来的，以适应五组电子纱线测试的需要。相应的温度由热敏电阻制造商提供的电阻/温度转换方程确定。测试结果保存在计算机电子表格中。

为了测试传感器的性能，重要的是要了解当袜子在穿着前、穿着时、穿鞋后以及穿鞋走路时等不同状态下，袜子温度测量值的变化情况。

测试的袜子上有五个热敏电阻，分别位于五个不同的位置，这些热敏电阻连接到分压电路，然后再连接到仪器上 NI-DAQmx 模块的五个模拟输入端。此后，使用 LabVIEW 获得五个热敏电阻的温度（图 19. 13）。

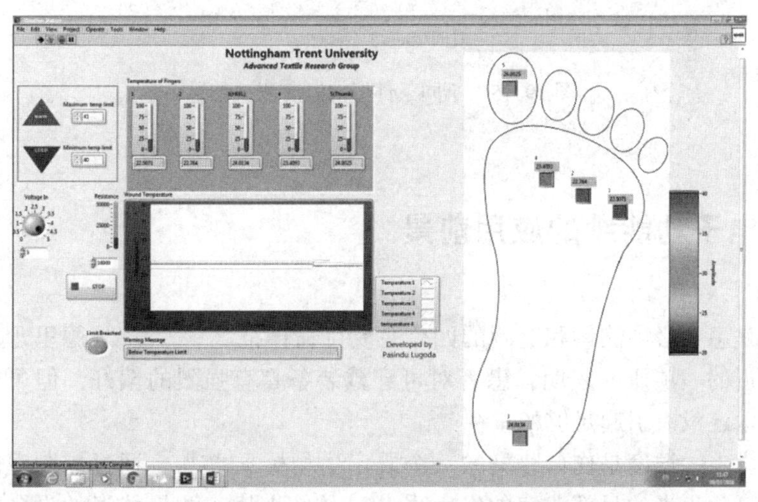

图 19. 13　袜子的温度监测

最初的测试是由三名志愿者进行的。带有 NI-DAQmx 接口的袜子如图 19. 14 所示。前 5min，不穿袜子；然后穿上袜子，测试随后 5min 内的温度；然后，穿上鞋子，测试随后 5min 内的温度；最后，双脚连续走动一步，以获得步行时的温度。

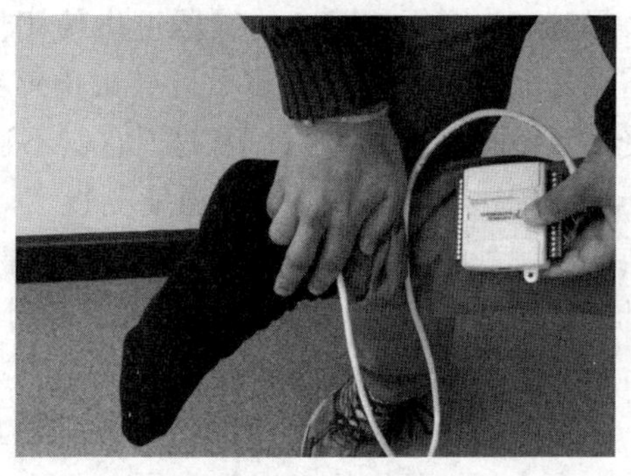

图 19. 14　带有 NI-DAQmx 接口的感温袜子

不同条件下的测试结果如图 19. 15 所示。从结果可知，穿袜子时，温度会升高；穿上鞋子，温度也会升高；然而，无论脚是移动的还是静止的，温度测量结果都相同。

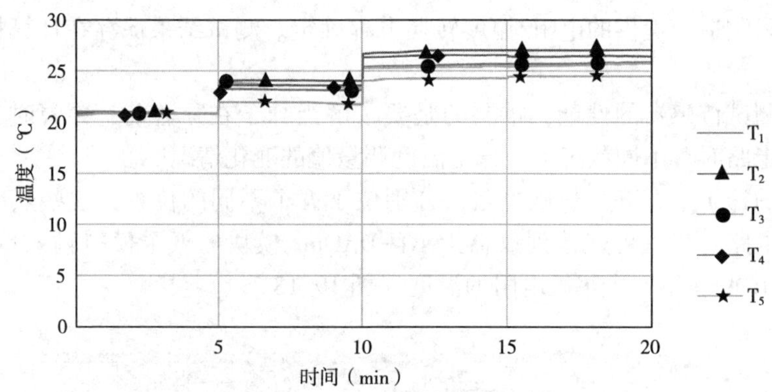

图 19.15　不同条件下的温度测试结果

19.6　电子功能纱的应用前景

体温是患者必须测量和监测的四个主要生命体征之一[37]。马德里理工大学研究人员最近的一项研究表明，患者对可穿戴装备具有强烈的偏好，但可穿戴设备的开发技术还没有引起足够的重视[38]。

在医学上，温度是伤口感染的一个既定生物标志[39-41]。通过控制温度也可控制糖尿病高危患者的足部溃疡的发生[42-43]。传统上用于测量体温的设备是水银温度计、数字温度计、化学温度计和红外温度计，这些温度计可以用于静态测量，并不适用于连续的动态温度测量。

尽管有许多柔性温度传感器可供使用，但大多数都不能被外层织物遮挡以致暴露在外面[44-46]。而且大多数可穿戴传感器不具有纺织特性[47-48]。有些温度计还会受到环境相对湿度影响，因此，它们不适用于受湿度影响的应用[49]。目前可用的纺织品传感器无法提供局部温度测量[50]，也无法以电子方式存储数据[51]。因此需要开发一种能够测量温度的电子温度传感（ETS）纱线。这种纱线可以通过机织或针织生产智能服装/智能伤口敷料，可用于监测人体预定位置的皮肤温度或伤口愈合情况，而不会干扰伤口。重要的是，集成了电子元件的织物可以进行机洗和烘干，这是通过将微芯片用树脂材料进行封装来实现的。此外，由于微型柱体之间存在自由纤维，织物可以保持柔软性和柔韧性。在纱线阶段引入电子元件的技术对大批量电子组件制造的成本控制具有重大影响。

热敏电阻已经通过上述方法加入纺织品中，当微芯片变得越来越小时，许多其他电子元件也可以加入到纺织品中，这项技术将被用于电子纺织品的推广应用，并在未来还会有更多的应用。目前主要应用于医学、体育和国防领域。表19.2所示为一些应用的领域。

表19.2 潜在应用分析

微芯片	应用目标	应用领域
湿度/温度	人体监测	医疗、国防、消防、体育
脑电波/脉搏	人体监测	医疗、国防、消防、体育
化学分析	有害气体检测	国防
防辐射	离子辐射检测	国防、核电工业
防辐射	非离子辐射检测	沙滩服装、儿童服装
RFID	追溯、防伪	制造、零售
压力	绑带和压力服装	医疗
力/应力	绳束和复合材料监测	国防、体育、汽车、航天
振荡器	隐身装备	国防
无线电接收/发射	信息交流	国防、搜救、消防、体育
MEM	定位和定向	国防、体育
LED	隐蔽	国防
LED	时尚	零售
LED	社交	零售

19.7 未来趋势

随着越来越多的纺织生产过程自动化，电子纺织品的成本将大幅降低。未来将开发出基于更小的半导体芯片的纺织产品，这些电子纺织品可以具有更细的纱线和更薄的织物厚度，将会拥有更复杂的功能和更高的智能水平。基于石墨烯的电子技术的进步将会促进这方面的发展步伐，石墨烯具有高强度和优异的电学性能，可替代电子器件中的硅材料。IBM、Samsung和Nokia已经在石墨烯技术上进行了投资，到20世纪20年代末，石墨烯技术可能已经成熟，这项技术为嵌入式电子元件的进一步小型化提供了可能。

参考文献

[1] Carron, A. L. (1911). Electric-heated glove. US Patent US1011574.

[2] Grisley, F. (1936). Improvements in blankets, pads, quilts, clothing, fabric, or the like, embodying electrical conductors. GB Patent GB445195.

[3] Summers, A. V. (1945). Improvements relating to electrical heated clothing, flying equipment and the like. GB Patent GB571985.

[4] Hornsby, G. E. (1964). Heated baby carriage blanket. GB Patent GB955279.

[5] Costanzo, R. J. (1968). Electrically heated socks. GB Patent GB1128224.

[6] Schwartz, B., & Meyer, S. M. (1979). Illuminated article of clothing. US Patent US4164008.

[7] Appleton Paper Inc. (1983). Controllably heated clothing. US Patent US4404460.

[8] Geddes, L. A., & Tacker, W. A. (1983). Sensing of living casualties on the modern integrated battlefield. Report to U. S. Army Medical Research and Development Command Contract No. DAMDI7-82-K-OO01.

[9] Leitch, P., Tassinari, T., Winterhalter, C., et al. (1998). Interactive textiles front end analysis. PHASE 1NATICK/TR-99/004, March.

[10] Tuck, A. (2000). The ICD+ jacket: Slip intomyoffice, please. The Independent. 4 September 2000.

[11] Deutsche Telekom. (2002). Intelligent clothing item provided with sensor e. g. for monitoring vital functions of wearer, has sensor electrical line acting as antenna. German patent DE10047533.

[12] Infineon Technologies. (2006). Article of clothing for attaching e. g. ID systems and blue tooth modules comprises electrical internal and external componentsarranged on the surface of the article so that electrical lines extend between the external components. German patent DE102004039765.

[13] Koninklijke Philips N. V. (2009). Textile-based electronic device and manufacturing method therefore. Taiwan patent TW200933651.

[14] Sennheiser Electronic. (2007). Textile material for an article of clothing comprises electrical and/or electronic components and/or lines embedded in the material. German patent DE102005033643.

[15] Muglia, H. A., Refeld, J., Eiselt, H. (2005). Generator device for converting motion energy of person's respiration into electrical energy is integrated into clothing item normally arranged at one or more positions on person that undergoes

change in dimensions during respiration. German patent DE10340873.

[16] A. Clothing+. (2012). Smart fabrics conference, Miami, April.

[17] Greenfield, A. (2006). Everyware: The dawning age of ubiquitous computing. AIGA.

[18] Numetrex. (n. d.). The heart rate monitor sports bra. http: //http: //www. numetrex. com/wearabletechnology/ (Accessed 4 April 2016).

[19] Wijesiriwardana, R., Mitcham, K., & Dias, T. (2004). Fibre-meshed transducers based real time wearable physiological information monitoring system. In Eighth international symposium on wearable computers. ISWC.

[20] Wijesiriwardana, R., Mitcham, K., Hurley, W., & Dias, T. (2005). Capacitive fiber-meshed transducers for touch and proximity-sensing applications. IEEE Sensors Journal, 5 (5), 989-994.

[21] Dias, T., & Hurley, W. (2006). Switches in textile structures. University of Manchester. WIPO patent WO2006045988.

[22] Dias, T., et al. (2008). Development of electrically active textiles. Advances in Science and Technology, 60, 74-84.

[23] Dias, T., & Hurley, W. (2009). Linear electronic transducer. Chinese Patent CN102084048.

[24] Japan Science & Tech Corp. (2003). Hybrid integrated circuit by fabric structure, and electronic and optical integrated device thereof. Japanese Patent JP2003161844.

[25] Dias, T., Fernando, A. (2008). Operative devices installed in yarns. University of Manchester. European Patent EP1882059.

[26] Dias, T., & Fernando, A. (2009). Operative devices installed in yarns. US Patent US2009139198.

[27] Van De Pas, L. (2012). Bring spaces alive. In Smart fabrics conference, Miami.

[28] Dubey, M., et al. (2012). Graphene-based nanoelectronics. U. S. Army Research Laboratory. European Space Agency iGarment Project. (n. d.). I-Garment. http: //telecom. esa. int/telecom/www/object/index. cfm? fobjectid ¼12843 (Accessed 14 August 2013).

[29] Fingas, J. (n. d.). LG Chem develops very flexible cable batteries, may leave mobile devices tied up in knots. Engadget. http: //www. engadget. com/2012/09/02/lg-chem-develops-veryflexible-cable-batteries/ (Accessed 4 April 2016).

[30] Acti, T., Zhang, S., Chauraya, A., et al. (2011). High performance flexible fabric electronics for megahertz frequencycommunications. Loughborough University, [PDF] https: //dspace. lboro. ac. uk/dspace - jspui/bitstream/

2134/9992/6/LAPC2011_ Wearables_ paper_ WGW. pdf (Accessed 4 April 2016).

[31] Chauraya, A., Zhang, S., Chauraya, A., et al. (2012). Addressing the challenges of fabricating microwave antennas using conductive threads. In Proceedings of the 6th European conference on antennas and propagation (EUCAP) pp. 1365-1367.

[32] Liu, B., Wang, X., Wang, Z., Wang, Q., Chen, D., & Shen, G. (2013). SnO_2-microtubes-assembled cloth for fully-flexible self-powered photodetector nanosystems. Nanoscale, 5, 7831-7837.

[33] Xu, J., Wang, Q., Wang, X., et al. (2013). Flexible asymmetric supercapacitors based upon Co_9S_8 nanorod//Co_3O_4@ RuO_2 nanosheet arrays on carbon cloth. ACS Nano, 7 (6), 5453-5462.

[34] Cusick, G. E. (1965). The dependence of fabric drape on bending and shear stiffness. Journal of the Textile Institute Transactions, 56 (11). Cutecircuit. (n. d.). http: //www. cutecircuit. com/ (Accessed 4 April 2016).

[35] Ressler, K., Brucker, K., & Nagurka, M. (2003). A thermal time-constant experiment. International Journal of Engineering Education, 19, 603-609.

[36] TDK. (2011). SMD NTC thermistors, general technical information—pdf - general-technical information. pdf. http: //de. tdk. eu/blob/188468/download/4/pdf-general-technical-information. pdf.

[37] McCallum, L., & Higgins, D. (2012). Body temperature is a vital sign and it is important tomeasure it accurately. Nursing Times, 108, 20-22.

[38] Thomas, K. (2015). Spanish researchers test patient reactions to wearables for Parkinson monitoring EMDT—European Medical Device Technology. European Medical Device Technology, http: //www. emdt. co. uk/daily-buzz/spanish-researchers-test-patient-reactionswearables-parkinson-monitoring.

[39] Nakagami, G., et al. (2010). Predicting delayed pressure ulcer healing using thermography: A prospective cohort study. Journal of Wound Care, 19, 465-472.

[40] Mufti, A., Coutts, P., & Sibbald, R. G. (2015). Validation of commercially available infrared thermometers for measuring skin surface temperature associated with deep and surrounding wound infection. Advances in Skin & Wound Care, 28, 11-16.

[41] Chaves, M. E. A., et al. (2015). Evaluation of healing of pressure ulcers through thermography: A preliminary study. Research on Biomedical Engineering, 31, 3-9.

[42] Armstrong, D. G., et al. (2007). Skin temperature monitoring reduces the risk for diabetic foot ulceration in high-risk patients. American Journal of Medicine, 120, 1042-1046.

[43] Yusuf, S., et al. (2015). Microclimate and development of pressure ulcers and superficial skin changes. International Wound Journal, 12, 40-46.

[44] University of Tokyo. (2015). Fever alarm armband: A wearable, printable, temperature sensor—ScienceDaily. http://www.sciencedaily.com/releases/2015/02/150223084343.htm.

[45] Giansanti, D., Maccioni, G., & Bernhardt, P. (2009). Toward the design of a wearable system for contact thermography in telemedicine. Telemedicine Journal and E-Health: The Official Journal of the American Telemedicine Association, 15, 290-295.

[46] Nasir Mehmood, A. H. (2015). A flexible and low power telemetric sensing and monitoring system for chronic wound diagnostics. Biomedical Engineering Online, 14.

[47] Krzysztof, G. (2009). Temperature measurement in a textronic fireman suit and visualisation of the results. Fibres & Textiles in Eastern Europe, 17 (No. 1, 72), 97-101.

[48] Webb, R. C., et al. (2013). Ultrathin conformal devices for precise and continuous thermal haracterization of human skin. Nature Materials, 12, 938-944.

[49] Ziegler, S., & Frydrysiak, M. (2009). Initial Research into the Structure and Working Conditions of Textile Thermocouples. Fibres & Textiles in Eastern Europe, 17, 84-88.

[50] Husain, M. D., Kennon, R., & Dias, T. (2013). Design and fabrication of temperature sensing fabric. Journal of Industrial Textiles. https://doi.org/10.1177/1528083713495249.

[51] Van der Werff, L. (2011). Heat sensitive bandage could combat infection, Monash University. http://monash.edu/news/show/heat-sensitive-bandage-could-combat-infection.

扩展阅读

Hudson, A. (2011). Is graphene a miracle material? BBC News, May. http://news.bbc.co.uk/1/hi/programmes/click_online/9491789.stm (Accessed 4 April 2016).